Alicia Sommerfeld
Künstliche Intelligenz und Rhetorik

Rhetorik-Forschungen

Herausgegeben von
Francesca Vidal, Gert Ueding, Arne Scheuermann
und Markus Mülke

Band 25

Alicia Sommerfeld

Künstliche Intelligenz und Rhetorik

—

Kulturwissenschaftliche Untersuchungen der Rhetoriken Künstlicher Intelligenz

DE GRUYTER

Begründet von Joachim Dyck, Walter Jens und Gert Ueding

Der Band basiert auf einer Dissertationsschrift, die durch die Konrad-Adenauer-Stiftung gefördert wurde.

ISBN 978-3-11-221527-2
e-ISBN (PDF) 978-3-11-119971-9
e-ISBN (EPUB) 978-3-11-119989-4
ISSN 0939-6462

Library of Congress Control Number: 2023938631

Bibliografische Information der Deutschen Nationalbibliothek
Die Deutsche Nationalbibliothek verzeichnet diese Publikation in der Deutschen Nationalbibliografie; detaillierte bibliografische Daten sind im Internet über http://dnb.dnb.de abrufbar.

© 2025 Walter de Gruyter GmbH, Berlin/Boston.
Dieser Band ist text- und seitenidentisch mit der 2023 erschienenen gebundenen Ausgabe.
Satz: Integra Software Services Pvt. Ltd.
Druck und Bindung: CPI books GmbH, Leck

www.degruyter.com

Für meine Eltern

Danksagung

Während man promoviert – das ist vielleicht das Schönste an diesem Weg – trifft man auf so viele bereichernde Menschen, von denen jeder auf seine Weise einen Anteil an dem Projekt hat, dass es unmöglich ist, an dieser Stelle alle von ihnen aufzuzählen. Ich möchte mich jedoch ganz besonders bei folgenden Personen und Institutionen bedanken: Zuallererst danke ich meinen beiden Gutachtern Prof. Dr. Francesca Vidal und Prof. Dr. Ralph-Miklas Dobler für die hervorragende Betreuung. Insbesondere Prof. Dr. Francesca Vidal danke ich von Herzen dafür, dass sie mit ihren anregenden Hinweisen sowie ihren wertvollen und ermutigenden Ratschlägen nicht nur Dozentin, sondern gleichzeitig auch Mentorin und Vorbild für mich war und ist.

Ebenso danke ich der Konrad-Adenauer-Stiftung, die diese Arbeit gefördert hat. Vielen Dank für das Vertrauen, den Glauben an mich und das Projekt sowie die großartigen Chancen, Begegnungen und Herausforderungen, die mir durch das Stipendium ermöglicht wurden. Über die Stiftung habe ich unter anderem Linda Schlegel und Markus Globisch kennenlernen dürfen, die mit ihren genialen Hinweisen, der ehrlichen Kritik, und nicht zuletzt den aufbauenden Worten und ihrem Humor in unserer Interpretationsgruppe maßgeblich zum Gelingen dieser Arbeit beigetragen haben – vielen Dank dafür!

Weiterer großer Dank gilt dem Interdisziplinären Promotionszentrum der ehemaligen Universität Koblenz-Landau für das Anschubstipendium für Nachwuchswissenschaftlerinnen, mit dem ich mich erfolgreich auf die Förderung der Konrad-Adenauer-Stiftung bewerben konnte; dem Institut Kulturwissenschaft, das nicht nur mein akademisches Zuhause geworden ist und mir so viele Türen geöffnet hat; dem Center for Science, Technology, Medicine, and Society der University of California, Berkeley für den buchstäblich lebensverändernden und in jeder Hinsicht bereichernden Forschungsaufenthalt sowie den Teilnehmerinnen und Teilnehmern des Doktorandenkolloquiums meiner Doktormutter für das so hilfreiche Feedback. Und zuletzt, und dennoch allen voran, danke ich meinen Eltern, ohne deren Liebe und Unterstützung diese Arbeit nicht möglich gewesen wäre – und Max – ohne dich wäre überhaupt so vieles nicht möglich.

Inhaltsverzeichnis

Danksagung —— VII

1	**Einleitung —— 1**	
2	**Grundzüge des kulturwissenschaftlichen Programms einer Medienkulturrhetorik – Disziplinäre und theoretisch-methodologische Verortung —— 11**	
2.1	Medien – Kultur – Medienkultur(en) —— 16	
2.2	Rhetorik – Medien – Medienrhetorik —— 33	
2.3	Medienkultur – Medienrhetorik – Medienkulturrhetorik —— 43	
3	**Künstliche Intelligenz – disziplinäres Wissen und die medienkulturrhetorische Perspektive —— 46**	
3.1	Künstliche Intelligenz, Algorithmen, Machine Learning & Co. – worum geht es eigentlich? —— 47	
3.2	KI, Algorithmen und die Kulturwissenschaften —— 54	
3.2.1	Critical Algorithm Studies —— 56	
3.2.1.1	Algorithmische Filterblase —— 57	
3.2.1.2	Algorithmische Opazität —— 62	
3.2.1.3	Algorithmic Governance/Das algorithmische Subjekt —— 66	
3.2.1.4	Algorithmen als „Massenvernichtungswaffen" —— 73	
3.2.1.5	Algorithmen und Rassismus —— 77	
3.2.1.6	Algorithmus-Kritiken – erstes Zwischenfazit —— 87	
3.2.2	„Post-critical" Algorithm Studies —— 89	
3.2.2.1	„Post-critical" Algorithm Studies – ein innerdisziplinärer Perspektivwechsel —— 89	
3.2.2.2	Forschungsansätze und Anwendungsfelder eines postkritischen *Algorithmen-als-Kultur*-Ansatzes —— 97	
4	**Medienkulturrhetorische Fallstudie – Die Untersuchung der Rhetoriken Künstlicher Intelligenz —— 102**	
4.1	Forschungsdesign —— 110	
4.2	Forschungsergebnisse —— 119	
4.2.1	These I: Die KI-Technologien werden zum Schauplatz von Bedeutungskämpfen diskursiver Kontinuitäten —— 120	
4.2.2	These II: Social-Media-Kommunikation bildet ein diskursives Gegengewicht, das gleichermaßen Gefahren wie Potenziale für demokratische Gesellschaften birgt —— 167	

4.2.3	These III: Die Ergebnisse medienkulturrhetorischer Untersuchungen Künstlicher Intelligenz erlauben eine kritische Reflexion der gegenwärtigen (Un-)Möglichkeitsbedingungen des Orators —— **193**
4.2.4	Medienkulturrhetorische Fallstudie – zweites Zwischenfazit —— **252**
4.3	Reflexion —— **253**

5 Schluss —— 261

Literaturverzeichnis —— 273

Anhang —— 285

1 Einleitung

How are we free when we let algorithms take control?[1] lautet eine Zeile des Songs *Followers* des niederländisch-amerikanischen Duos *Area21* aus dem Jahr 2021, in dem die Beschränkungen des Selbst in der gegenwärtigen, von sozialen Medien geprägten, Lebenswirklichkeit reflektiert werden. Eine beiläufige Frage, wie sie in vielen anderen popkulturellen und massenmedialen Erzeugnissen aufgeworfen werden könnte und wird – in Filmen, Romanen, Zeitungsartikeln, Social-Media-Postings. Sie dreht sich um die Figur des *Algorithmus* und instanziiert zugleich eine Wahrheit über ebendiese: *Wir Menschen haben Algorithmen die Kontrolle über unsere Freiheit übernehmen lassen.* Spannend ist daran, dass ein vormals insbesondere in mathematischen und informatischen Kontexten vorkommender Begriff wie der des *Algorithmus* mittlerweile auf eine Weise in den öffentlichen Diskurs migriert ist, dass er in scheinbar unbedeutenden symbolischen Versatzstücken wie demjenigen eines beliebigen Musikstücks *en passant* eingestreut wird, voraussetzend, dass die Rezipienten[2] damit etwas anfangen können. In solchen Versatzstücken findet sich somit ein Hinweis darauf, dass „der" *Algorithmus* zu einer Deutungskategorie spätmoderner Gesellschaften geworden ist, die es zu examinieren gilt. Eng damit verbunden ist der oftmals im selben Atemzug genannte Begriff der *Künstlichen Intelligenz* (KI).

KI-Anwendungen sind heutzutage geradezu omnipräsent und finden sich in mannigfaltigen Alltagsbereichen: In der Arbeitswelt werden neben einfachen Arbeitsaufgaben zunehmend auch komplexere Tätigkeiten durch KI übernommen wie etwa das (kreative) Schreiben oder das Lösen juristischer Fälle. In der Freizeit werden Kaufentscheidungen (z. B. Amazons Empfehlungs-Algorithmus), Restaurantbesuche (z. B. Bewertungsportale wie TripAdvisor oder Yelp), aber auch Wissensbestände (zu denken wäre an Wikipedia oder Google) zunehmend durch KI-Systeme figuriert. Algorithmen werden die neuen „Gatekeeper" von Verlagen, Beethovens unvollendete 10. Sinfonie wird durch KI „vollendet"[3]. In der Kriegsführung wird auf „intelligente" Drohnen, in der Medizin auf „intelligente" Diagnostikverfahren vertraut. Die immense Bedeutungszunahme von KI-Technologien in den letzten Jahren schlägt sich nicht nur implizit in beiläufigen Songzitaten nieder, sondern auch explizit in der öffentlichen Diskussion. Über die (Un-)Möglichkeitspoten-

---

1 Vgl. https://genius.com/Area21-followers-lyrics; letzter Zugriff: 14.03.2023.
2 Im Folgenden werden aus Gründen der besseren Lesbarkeit sowohl das generische Maskulinum und Femininum als auch punktuell Beinennungen verwendet, während auf Sonderzeichen wie Doppelpunkte, Sternchen, Unterstriche etc. verzichtet wird. Wenn nicht explizit anders gekennzeichnet, sind damit alle Geschlechter, binäre wie non-binäre, gleichermaßen gemeint.
3 Die Uraufführung der durch KI vollendeten *Unvollendeten* Beethovens fand am 9. Oktober 2021 im Bonner Telekom-Forum statt.

ziale von KI und Algorithmen wird leidenschaftlich debattiert. Elon Musk und Mark Zuckerberg stehen paradigmatisch für den Streit um die Zukunft der Menschheit im Lichte *Künstlicher Intelligenz*, zwischen Dystopie und Utopie.[4]

Ein Blick in die Mediengeschichte lehrt, dass neue[5] Technologien stets von Aneignungspraktiken begleitet werden, die über den Erfolg der Technologie und die Art von deren Implementierung entscheiden. Die *Form* des Mediums präfiguriert zwar bestimmte Nutzungsweisen, determiniert diese jedoch nicht. Was mit einem Medium geschieht, ist technologisch nicht vollends kontrollierbar, sondern zeigt sich erst im komplexen Wechselspiel von Kultur und Technologie, Subjekt und Objekt, Materie und Diskurs.[6] Das „Neue" und Gegenwärtige scheint dabei stets das *Exzeptionelle*, das *Singuläre*, zu sein, das mit seinem disruptiven Potenzial *diesmal alles radikal verändert*. So verhält es sich gegenwärtig auch mit KI, die diskursiv als *revolutionäres* „Agens" heraufbeschworen wird.[7] Mit dem sogenannten *Deep Learning*, einer Unterform des maschinellen Lernens (vgl. dazu S. 51), wurden in den letzten Jahren immense Fortschritte im Hinblick auf die Automatisierung, mithin *Autonomisierung*, komplexer Prozesse erzielt, die diese Diskussionen beflügeln. Dabei darf nicht außer Acht gelassen werden, dass im Diskurs getätigte Aussagen über KI-Technologien nicht allein konstativen, sondern auch *performativen* Charakter haben. Mit anderen Worten: Die Rhetoriken[8], die sich um die KI-Technologien formieren, *sind selbst bedeutsam*, insofern sie die Gegenwart und Zukunft unserer Kultur(en) nicht nur beschreiben, sondern *mitgestalten*.

Das Stichwort *Kultur(en)* ist gefallen – genuiner Forschungsgegenstand der Kulturwissenschaften. Kulturwissenschaftlerinnen und -wissenschaftler haben es

---

4 Mark Zuckerberg nennt sich selbst *optimistisch* im Hinblick auf KI, während Elon Musk KI als potenziell gefährlicher als Atomwaffen bezeichnet hat. Der „Streit" zwischen den beiden wurde auch persönlich (vgl. dazu https://www.nytimes.com/2018/06/09/technology/elon-musk-mark-zuckerberg-artificial-intelligence.html; letzter Zugriff: 14.03.2023).
5 Vgl. zur Diskussion der Kategorie des „Neuen" S. 88.
6 Diese Begriffe werden hier forschungspragmatisch als analytische Kategorien bzw. Teilnehmerkategorien im Diskurs aufrechterhalten (vgl. dazu S. 27).
7 Vgl. zur Rhetorik des Revolutionären und Unhintergehbaren rund um KI S. 121.
8 Von Rhetorik im Plural zu sprechen, „und nicht etwa von Sinnzuschreibungen oder Diskurspositionen" (Sommerfeld 2021, 128), bedeutet hier, „die zirkulierende Kommunikation aus einem ganz bestimmten Blickwinkel heraus zu betrachten, nämlich jenem der Rhetorik" (ebd.). Dies ist besonders wichtig, da unter *Rhetoriken Künstlicher Intelligenz* auch etwas gänzlich anderes verstanden werden könnte, wie etwa die Rhetoriken, die eine KI selbst hervorbringt (vgl. dazu z. B. Peter Seeles (2020) Unterhaltung mit Chatbots oder auch Nida-Rümelin/Weidenfeld 2018, 134–139) und die freilich in einer größer angelegten Studie auch darunter fallen könnten, dies aber hier nicht tun. Vgl. dazu auch S. 3f. Das hiesige Verständnis von Rhetorik wird im Unterkapitel *2.2 Rhetorik – Medien – Medienrhetorik* erläutert.

sich zur Aufgabe gemacht, gegenwärtige Kultur(en) in all ihren Facetten zu erforschen. Wenn Kultur(en) dabei heutzutage nur als *Medien*kultur(en) zu begreifen sind, KI-Technologien die aktuellen Medien maßgeblich prägen, womöglich selbst als neue Medien zu verstehen sind[9], und deren Transformationskraft von den Kräften des Diskurses nicht zu trennen ist, dann führt für die Kulturwissenschaften[10] kein Weg daran vorbei, sowohl KI-Technologien als auch deren Diskursivierung und Rezeption zu untersuchen. So haben sich die Kulturwissenschaften in den vergangenen Jahren auch vermehrt der Erforschung *Künstlicher Intelligenz* gewidmet, sodass ein disperser Forschungsstrang entstanden ist, der unter dem Begriff der *Critical Algorithm Studies* firmiert (vgl. S. 56). Im Vordergrund steht dabei die kritische Frage, welchen Einfluss KI-Technologien, insbesondere festgemacht an der Figur „des" Algorithmus, auf unsere Gesellschaften haben und wie damit umgegangen werden kann. Es geht um *Echokammern* und algorithmische *Opazität*, die Überwachung und „Algorithmisierung" des Subjekts, die Verwandlung der Gesellschaft in eine „Numerokratie" und das diskriminierende (wie etwa rassistische und sexistische) Potenzial der Technologien.[11]

Diese Studien, die als Pionier-Studien ein vormals exklusives Feld aus den MINT-Disziplinen der kulturwissenschaftlichen Forschung zugänglich machen, werfen ein Licht auf die Restriktionen und bedenklichen Tendenzen, die mit den KI-Technologien einhergehen und ebnen damit den Weg, als Gesellschaft zu intervenieren. Doch auch sie können sich nicht der Performativität und Selbstrekursivität ihrer eigenen Sprechakte entziehen, sodass Forscher wie Nick Seaver (2017) und Tarleton Gillespie (2017) vor akademischen Erzählungen warnen, die ein spezifisches Bild „des" Algorithmus zementieren, das gleichermaßen mit Vorstellungen im öffentlichen Diskurs intraagiert.[12] Sie rufen dazu auf, sich den Praktiken, Narrativen und Diskursen rund um die Technologien *bottom up*, d. h. empirisch, zu widmen, um sich so einem holistischen Verständnis gegenwärtiger „Algorithmuskulturen" annähern zu können. Die vorliegende Arbeit knüpft an dieses Desideratum an, indem sie das zum Forschungsgegenstand macht, was hier als *Rhetoriken Künstlicher Intelligenz* bezeichnet wird. Von *Rhetoriken* im Plural zu sprechen bedeutet, dass diskursive Versatzstücke rund um KI-Technologien aufgespürt werden sollen, die sodann

---

9 Eine solche Sichtweise hängt freilich von der zugrundeliegenden Mediums-Definition ab (vgl. dazu S. 17).
10 Wenn von Kulturwissenschaften im Plural geschrieben wird, so ist dieser Begriff als Dachbegriff gemeint; wenn von Kulturwissenschaft im Singular geschrieben wird, dann bezieht sich der Begriff auf die akademische Disziplin, wie sie beispielsweise an der Universität Koblenz-Landau gelehrt wird.
11 Vgl. dazu S. 171.
12 Vgl. dazu S. 27.

von der Warte der Kulturwissenschaft und der Wissenschaft der Rhetorik aus perspektiviert werden.

Dafür wird im Kapitel 2. *Grundzüge des kulturwissenschaftlichen Programms einer Medienkulturrhetorik – Disziplinäre und theoretisch-methodologische Verortung* in einem ersten Schritt ein *medienkulturrhetorisches Forschungsprogramm* entworfen. Da die Kulturwissenschaft als akademische Disziplin im Singular noch verhältnismäßig jung ist, wird zunächst die disziplinäre Ausgangsposition dieser Arbeit erläutert. Kulturwissenschaft, so das hiesige Verständnis, lässt sich nicht anhand eines spezifischen Kanons fixieren; kulturwissenschaftlich zu arbeiten heißt gleichzeitig auch immer, diese Disziplin ein Stück weit selbst (fort) zu schreiben, wie ein Detektiv (Vidal, vgl. dazu S. 13f.) nicht nur nach empirischen, sondern auch nach akademischen Spuren zu suchen, mit denen sich der *Wunderkammer* Kultur (Goldstein, vgl. dazu S. 13) angenähert werden kann. Die Rhetorik wird dann in gewisser Weise zur flankierenden Querschnittsdisziplin, die alles zusammenhält und vor Beliebigkeit und Willkür schützt: Denn, mit der Wissenschaft der Rhetorik gesprochen, wird es stets um das intersubjektiv *Persuasive* gehen, an dem sich alles Konstatierte messen lassen muss.

Im Unterkapitel *2.1 Medien – Kultur – Medienkultur(en)* werden die Grundbegriffe *Medien*, *Kultur* und *Medienkultur(en)* genauer examiniert, da sie die Grundlage dieser Arbeit bilden, auf deren Hintergrundfolie der spezifische Forschungsgegenstand erst in den Blick genommen werden kann. Die Arbeit stützt sich auf einen engen „technischen" Medienbegriff, wie ihn auch der Medienwissenschaftler Michael Klemm (vgl. dazu S. 16) verwendet, und orientiert sich sodann am „Koblenzer" *Kulturbegriff*, da mit dessen fünf Dimensionen die Essenzialien von Kultur grundsätzlich erfasst werden, ergänzt diesen jedoch explizit um Aspekte der kulturwissenschaftlich (aktuell) bedeutsamen Strömungen des Poststrukturalismus und Posthumanismus. Daraus ergibt sich, zusammengeführt, das spezifische Verständnis gegenwärtiger Medienkultur(en) als Ausgangsbasis der weiteren Explorationen.

Das Unterkapitel *2.2 Rhetorik – Medien – Medienrhetorik* setzt sich im Anschluss daran mit den Begrifflichkeiten und Disziplinen der Rhetorik und Medienrhetorik auseinander. Hier gilt es insbesondere herauszuarbeiten, wie sich unser Alltagsverständnis von Rhetorik, das mitunter von den Vorstellungen rhetorischer *Soft-Skills*-Seminare geprägt ist, vom Wissenschaftsverständnis der Disziplin der Rhetorik unterscheidet. Da diese Arbeit jedoch nicht selbst der Wissenschaft Rhetorik zuzuordnen ist, sondern sich in erster Linie als *kulturwissenschaftliche* Arbeit versteht, können zugleich nur für das hiesige Vorhaben wesentliche Aspekte behandelt werden, die im Sinne eines „textuellen Wilderns" (de Certau; Jenkins[13]) angeeignet werden. Als besonders fruchtbar für dieses Unternehmen erweist sich dabei die „Bindestrich"-Rhetorik der *Medienrhetorik*, wie sie u. a. von Arne Scheuermann und Francesca Vidal (2016a) herausgearbeitet wurde, und die Ausführungen der Rhetorikerin und Kulturwissenschaftlerin Francesca Vidal (2010) zu einer *Rhetorik der konkreten Virtualität*, da darin Kulturwissenschaft und Rhetorik zusammenkommen, wie dies auch in dieser Arbeit der Fall ist, um die Bedingungen spätmoderner Subjektivität (be-)greifbar zu machen. Vidal wirft insbesondere die Frage auf, wie Subjekte im virtuellen Zeitalter kulturschöpferisch tätig werden können – eine Frage, die es in dieser Arbeit mit spezifischem Fokus auf KI-Technologien aufzugreifen und zu aktualisieren gilt. Im letzten Unterkapitel des theoretisch-methodologischen Abschnitts dieser Arbeit, *2.3 Medienkultur – Medienrhetorik – Medienkulturrhetorik*, werden die vorangegangenen beiden Unterkapitel miteinander synthetisiert, sodass sich daraus die in diesem Vorhaben eingenommene Perspektive ergibt.

In Kapitel *3. Künstliche Intelligenz – disziplinäres Wissen und die medienkulturrhetorische Perspektive* geht es anschließend um die akademische, insbesondere geisteswissenschaftliche, Auseinandersetzung mit *Künstlicher Intelligenz*, die untersucht wird, um die Forschungslücke deutlich werden zu lassen, in die sich die vorliegende Arbeit einfügt. Dafür wird in Unterkapitel *3.1 Künstliche Intelligenz, Algorithmen, Machine Learning & Co. – worum geht es eigentlich?* zunächst ein Blick auf die Begrifflichkeiten geworfen, die sich um KI-Technologien ranken. Auf der Hintergrundfolie einer knappen Skizze der Geschichte von KI werden Begriffe wie *Künstliche Intelligenz, Algorithmus, Machine Learning* und *Deep Learning* erläutert, um eine „technische" Basis zu haben, von der aus sich die Narrativierung ebendieser Begriffe im Diskurs examinieren lässt.

Im nächsten Schritt geht es im Unterkapitel *3.2 KI, Algorithmen und die Kulturwissenschaften* dann um die schon erwähnte, spezifisch kulturwissenschaftliche Perspektive auf KI-Technologien. Mittels eines „Parforcerittes" durch wichtige Forschungsergebnisse aus den *Critical Algorithm Studies* soll ein Licht auf den gegenwärtigen kulturwissenschaftlichen Forschungsstand zu KI geworfen werden, aus dem sich Thematiken ergeben, die für den weiteren Verlauf der Arbeit von besonderer Bedeutung sind. Im Unterkapitel *3.2.1.1 Algorithmische Filterblase* steht das Thema sogenannter *Filterblasen* bzw. *Echokammern* im Zentrum, in die Subjekte laut Eli Pariser (2012) durch die Nutzung algorithmisch kuratierter Plattformen geführt werden. Im darauffolgenden Unterkapitel *3.2.1.2 Algorithmische Opazität*

---

[13] Vgl. zu den Begrifflichkeiten des *Wilderns* bzw. *textuellen Wilderns* Krönert 2009 und Deterding 2009.

wird mit Frank Pasquale (2015) ein Blick auf die *Blackbox*-Thematik, mithin das Verborgene und Verbergende der KI-Technologien, geworfen. Im Unterkapitel *3.2.1.3 Algorithmic Governance/Das algorithmische Subjekt* geht es um den Einfluss von KI-Technologien auf Subjekte und ihre Identitätsbildung unter den Bedingungen einer „numerokratischen" (Mau 2017) Gesellschaft; im Unterkapitel *3.2.1.4 Algorithmen als „Massenvernichtungswaffen"* mit Cathy O'Neil (2016) um die Exklusionsmechanismen, die von den Technologien instanziiert werden, die im Unterkapitel *3.2.1.5 Algorithmen und Rassismus* anhand der spezifischen Thematik eines algorithmisch evozierten bzw. verstärkten Rassismus noch eingehender behandelt wird, bevor schließlich in Unterkapitel *3.2.1.6 Algorithmus-Kritiken – erstes Zwischenfazit* ein Zwischenfazit dieser Studien gezogen wird.

Im Unterkapitel *3.2.2 „Post-critical" Algorithm Studies* wird auf der Hintergrundfolie der Ausführungen zu den *Critical Algorithm Studies* ein analytischer Einschnitt zwischen kritischen und postkritischen Algorithmusforschungen in den Kulturwissenschaften vorgenommen (vgl. dazu auch Sommerfeld 2022a). Die als postkritisch bezeichneten Studien ließen sich zwar ebenso zu den *Critical Algorithm Studies* zuordnen wie jene im diesem Unterkapitel vorangehenden Abschnitt diskutierten Arbeiten. Jedoch geht es mit der Zuspitzung auf die Kontrastierung von Kritischem und Postkritischem darum, eine Verschiebung innerhalb des Forschungsprogramms einzufangen, die für diese Arbeit von besonderer Bedeutung ist. Im Unterkapitel *3.2.2.1 „Post-critical" Algorithm Studies – ein innerdisziplinärer Perspektivwechsel* wird sich mit dieser Verschiebung ausführlich auseinandergesetzt. Im Zentrum stehen dabei die Bedeutungskämpfe zwischen Kulturwissenschaften und Informatik auf der einen Seite und innerhalb der Kulturwissenschaften auf der anderen Seite um die „richtige" Definition von *Algorithmen* und die „richtige" Herangehensweise im Hinblick auf deren kulturwissenschaftliche Erforschung.

Die Kulturwissenschaften stehen vor der Herausforderung, dass sie im Themenfeld *Künstlicher Intelligenz* mit „fachfremden"[14] Begrifflichkeiten aus den MINT-Disziplinen zu operieren haben. Müssen sie diese jedoch in derselben Weise verstehen, wie dies etwa Informatikerinnen und Informatiker tun, was sie vielleicht gar nicht leisten können, oder sind diese Begrifflichkeiten durch deren kulturelles Eingebettetsein nicht ihrerseits *kulturelle Artefakte*, die gerade nur an der (analytischen) Schnittstelle von Kultur und Technologie sinnvoll gelesen werden können, mithin als *Oberfläche*, wie dies von Benjamin (2019) getan und postuliert wird

---

14 Der Begriff *fachfremd* wird im Fließtext bewusst in Anführungszeichen gesetzt, da eine konsequent gedachte Kulturwissenschaft im Grunde keine fachfremden Gegenstände kennt, ist ihr doch gerade die Überwindungen von Dichotomien wie jener der Natur-Kultur-Dichotomie ein Anliegen und damit einhergehend auch die Überwindung des Grabens zwischen den „zwei Kulturen" (Snow) Naturwissenschaften und Kulturwissenschaften.

(vgl. S. 81)? Oder machen es sich die Kulturwissenschaften mit ihren weiten systemischen Begriffen von *Algorithmen* zu einfach, verwässern diese bis zur Unkenntlichkeit und wissen letztlich nicht, wovon sie eigentlich sprechen? Tappen sie, wie dies Gillespie (2017; vgl. S. 55) formuliert, mit ihren Erzählungen von „dem" Algorithmus in eine epistemologische Falle? In Auseinandersetzung mit verschiedenen Positionen zu dieser Thematik wird in dieser Arbeit ein *postkritischer Algorithmen-als-Kultur*-Ansatz vorgeschlagen, der sich als Synthese der, mitunter nur *scheinbar* konfligierenden, Ansätze versteht und Algorithmen als *immer schon kulturelle* Agenzien in ihrem Wechselspiel von enger technischer und weiter systemischer Definition in Intraaktion mit Kultur begreift. Im sich daran anschließenden Unterkapitel *3.2.2.2 Forschungsansätze und Anwendungsfelder eines postkritischen Algorithmen-als-Kultur-Ansatzes* werden schließlich ausgewählte Studien vorgestellt, die sich als das „Postkritische" der *Critical Algorithm Studies* abschöpfen lassen und den Weg für die empirische Forschung dieser Arbeit weisen.

Im Kapitel *4. Medienkulturrhetorische Fallstudie – Die Untersuchung der Rhetoriken Künstlicher Intelligenz* wird das spezifische Forschungsdesign der für diese Arbeit durchgeführten Studie erläutert und werden anschließend die Ergebnisse präsentiert, bevor diese im Gesamtkontext der Arbeit noch einmal gesondert reflektiert werden. Wie aus dem Vorangegangenen deutlich geworden ist, geht es in dieser Arbeit nicht um einen per se kritisch-interventionistischen Blick auf die Agenzien *Künstlicher Intelligenz*. Vielmehr geht es um die Fragestellung, wie wir als „Algorithmuskultur" *über uns selbst diskutieren*, d. h. auf *welche Weise die Figur „des" Algorithmus* im öffentlichen Diskurs als Deutungskategorie sprachlich-symbolisch ausgestaltet und mit einer ihrerseits performativ wirksam werdenden Handlungsmacht versehen wird. Dafür gilt es, den Myriaden symbolischer Spuren der Diskursivierung *Künstlicher Intelligenz* zu folgen und diese zu analysieren, um schließlich die tieferliegenden Sinnstrukturen dahinter rekonstruieren zu können. Wenngleich sich postkritische Ansätze in diesem Themenfeld erst in jüngster Zeit herauskristallisieren, existieren bereits einige fruchtbare Forschungsansätze, an denen ein solches Vorhaben ansetzen kann – seien es empirische Studien zur massenmedialen Rezeption (inter-)nationaler KI-Strategien (Bareis/Katzenbach 2021; Köstler/Ossewaarde 2021), die Ermittlung von *Folk Theories* über KI-Systeme (Dogruel 2021; Karizat et al. 2021; Siles et al. 2020) oder die Detektion spezifischer KI-Diskursmuster (Thimm/Bächle 2019).

Folk Theories über Algorithmen – d. h., vereinfacht dargestellt, Nutzer-Narrative über Funktions- und Wirkweisen von KI (vgl. dazu S. 104) – sind dabei nicht ohne die im öffentlichen Diskurs zirkulierenden Bedeutungen der KI-Technologien denkbar. In den bislang existierenden Studien wird jedoch entweder die Ebene des „hegemonialen" Diskurses, etwa durch Analyse massenmedialer und politischer Texte, oder die der Nutzer-Perspektive untersucht. Der These von Diskursforscherin Jana Tereick

(2016) folgend, dass sich gerade in sozialen Medien Spuren des öffentlichen Unsagbaren ausmachen lassen (vgl. S. 110), wird in der hiesigen Forschung beides zusammengebracht, indem sowohl die massenmediale Berichterstattung zu KI als auch Nutzerdeutungen in sozialen Medien examiniert werden. Im Unterkapitel *4.1 Forschungsdesign* wird dargelegt, wie die empirische Studie konkret angelegt ist. Da sich hier nicht für ein spezifisches „KI-Ereignis", im Sinne einer diskursiven Zäsur, oder für ein bestimmtes Thema, wie etwa die Rezeption von KI-Strategien Deutschlands bzw. der EU oder anderen Diskursaspekten wie der *Filterblase, KI und Rassismus* etc., interessiert wird, sondern ein panoramischer Blick auf die *Rhetoriken Künstlicher Intelligenz* geworfen werden soll, musste ein Einschnitt in das diskursive Kontinuum vorgenommen werden. Mit dem Kulturphilosophen Dirk Quadflieg (2019; vgl. S. 12) geht es darum herauszufinden, wer wir *jetzt, in diesem Moment der Geschichte,* sind bzw. zu sein glauben. Die Wahl fiel daher auf Berichterstattungen aus dem Jahr 2019, in dem KI als Thema besonders virulent war (vgl. S. 111). Diese wurden mit ihrer jeweiligen Rezeption im sozialen Netzwerk Facebook gespiegelt. Ausgewertet wurden die Korpora mittels (medien-)kulturwissenschaftlicher Analysekategorien und -werkzeuge wie *Frame*-Analyse, *multimodaler Analyse* und *Sozialsemiotik* (Kress/van Leeuwen 2021) und dabei stets rhetorisch perspektiviert.

Im Unterkapitel *4.2 Forschungsergebnisse* werden anschließend die Ergebnisse der medienkulturrhetorischen Fallstudie dargestellt. Aus dem empirischen Material emergierten, auch aufgrund der Offenheit der kulturwissenschaftlichen Grundfragestellung (vgl. S. 14), eine Vielzahl an heterogenen Befunden. Diese wurden in Form von drei sich daraus ergebenden übergeordneten Thesen dargestellt, welche die Ergebnisse – auf das medienkulturrhetorische Projekt ausgerichtet – zuspitzen und so intelligibel machen sollen. Es wird sich zeigen, wie sich spezifische Verdichtungen aus einem komplexen Geflecht aus multimodalen semantischen Versatzstücken herauskristallisieren. Das Unterkapitel *4.2.1 These I: Die KI-Technologien werden zum Schauplatz von Bedeutungskämpfen diskursiver Kontinuitäten* behandelt die Thematik, dass sich in den Korpora zeigt, dass KI mitunter zu einer Art Nebenschauplatz bzw. Platzhalter gerät, anhand dessen grundsätzliche ontologische, anthropologische, philosophische, medienwissenschaftliche oder gesellschaftstheoretische Fragestellungen diskutiert werden, die über die gegenwärtige Beschaffenheit der Technologien weit hinausgehen und auch wiederum auf deren Emergenz aus einer historisch-kulturellen Gewachsenheit verweisen. Wenn sich – wie dies, mediengeschichtlich betrachtet, immerzu der Fall war – im Hinblick auf KI gefragt wird, in welcher Medienwirklichkeit wir derzeit leben, ist hier besonders relevant, dass KI-Technologien diskursiv als das *Besondere, Revolutionäre* und *Unhintergehbare* instanziiert werden, das nur in sozialen Medien überhaupt infrage gestellt wird. Dadurch dass in dieser Arbeit die multimodale Ebene der Zeitungsartikel und

Social-Media-Postings berücksichtigt wird, kann aufgezeigt werden, wie sich solche Deutungsmuster nicht nur textuell, sondern auch bildlich sowie bildich-textuell konstituieren.

In Unterkapitel *4.2.2 These II: Social-Media-Kommunikation bildet ein diskursives Gegengewicht, das gleichermaßen Gefahren wie Potenziale für demokratische Gesellschaften birgt* geht es darum, inwiefern die in sozialen Medien auffindbaren Kommentierungen von Nutzerinnen und Nutzern ein Gegengewicht zu hegemonialen Positionen bilden können. Wie bereits angedeutet, scheinen die Regeln des im öffentlichen Diskurs geltenden Sagbarkeitsregimes in gewisser Hinsicht außer Kraft gesetzt. Während Journalisten im untersuchten Material beispielsweise kein Jenseits „des" Algorithmus entwerfen, finden sich in den Social-Media-Kommentierungen durchaus Fragmente alternativer Visionen, sei es auch nur, dass die Technologien *als solche* verunglimpft werden. Zudem wird die These aufgestellt, dass Auseinandersetzungen in den Kommentarspalten von Facebook als mediumsimmanente „Anti-Filterblasen"-Mechanismen wirken können. Hier deutet sich also das deliberativ-demokratische Potenzial der sozialen Medien an. Gleichzeitig – darauf haben auch andere Forscherinnen und Forscher in ihren Studien hingewiesen (vgl. Fn. 201) – werden auf Facebook auch Diskriminierungen wie Sexismen reproduziert, die in dieser Drastik und Explizitheit im massenmedialen Diskurs nicht artikuliert werden. Somit wird das Fazit in diesem Unterkapitel lauten, dass sich Social-Media-Kommentierungen als janusköpfig erweisen, und es darauf ankommen wird, wie wir als Gesellschaft mit dieser Ambivalenz umgehen.

Im letzten Unterkapitel vor der Reflexion, *4.2.3 These III: Die Ergebnisse medienkulturrhetorischer Untersuchungen Künstlicher Intelligenz erlauben eine kritische Reflexion der gegenwärtigen (Un-)Möglichkeitsbedingungen des Orators*, wird es noch einmal explizit um die Einsichten aus dem empirischen Material für das medienkulturrhetorische Projekt gehen, das immer auch, im Sinne der Rhetorik, auf Emanzipation und Gestaltung der Gesellschaft ausgerichtet ist. Es ist die hier vertretene Auffassung, dass Studien wie die für dieses Vorhaben durchgeführte Fallstudie Hinweise darauf geben, wie es um den Orator – verstanden als kulturschöpferisch tätig werdendes Subjekt (vgl. S. 35) – gegenwärtig bestellt ist. In den *Critical Algorithm Studies* sowie in posthumanistischen und poststrukturalistischen Theorien wird der Mensch (oftmals) als heteronomes Subjekt gezeichnet, das gegenwärtigen Strukturen unterworfen ist. Im theoretischen Kapitel dieser Arbeit besteht ein Ziel darin, das scheinbar Unvereinbare miteinander zu vereinen, und im Lichte dieser Theorien – sei es auch nur agnostisch – mit der Wissenschaft der Rhetorik an der prinzipiellen Handlungsfähigkeit des Subjekts festzuhalten, das seine Kultur aktiv *(mit-)gestalten kann* (vgl. z. B. S. 42). Das empirische Material bietet Anknüpfungspunkte für eine Reflexion der Werkzeuge, mit denen Subjekte ausgestattet werden müssen, um informiert kulturschöpferisch tätig werden zu können. Abschließend wird ein zweites Zwischenfazit gezogen (vgl. *4.2.4 Medienkulturrhetorische Fallstudie – zweites Zwischenfazit*), bevor im Unterkapitel *4.3 Reflexion* alle Ergebnisse auf Basis der theoretischen Grundlage dieser Arbeit reflektiert und perspektiviert werden, und in Kapitel *5. Schluss* ein Fazit gezogen wird.

Insgesamt verfolgt die Arbeit damit drei Ziele: (1) Es soll zur innerakademischen Diskussion um die Ausrichtung einer Kulturwissenschaft im Kollektivsingular beigetragen werden, indem insbesondere dafür plädiert wird, die Erkenntnisse der (Medien-)Rhetorik mit ihrem analytischen und emanzipativen Potenzial mit vorherrschenden theoretischen Strömungen in dieser Disziplin zusammenzubringen. (2) Auf der Hintergrundfolie dieses „Programms" soll sich einer für das Verständnis unserer gegenwärtigen Kulturen essenziellen Thematik angenähert werden, namentlich KI-Technologien, indem die sich andeutende programmatische Verschiebung innerhalb der kulturwissenschaftlichen KI-Forschung terminologisch ernstgenommen und weitergedacht wird und somit auch hier ein innerakademischer Beitrag geleistet werden kann. (3) Schließlich soll mit der kontinuierlichen Befragung der Forschungsergebnisse auf die (Un-)Möglichkeitsbedingungen der Entwicklung des Subjekts zum Orator hin eine Ausgangsbasis für eine praktische Nutzbarmachung dieser Forschungen erarbeitet werden.

KI-Technologien befinden sich heutzutage in diversen technischen Anwendungen und ihr Einflussgebiet scheint sich immer weiter zu vergrößern. Eine große Anzahl an Akteuren hat sich deshalb der Thematik angenommen, seien es prominente Silicon-Valley-Unternehmer wie Mark Zuckerberg oder Elon Musk, seien es Wissenschaftlerinnen und Wissenschaftler aus dem MINT-Bereich, seien es Politikerinnen und Politiker oder die vielen Nutzerinnen und Nutzer, die sich die technischen Endgeräte, mitunter widerständig, aneignen und damit ihren Alltag gestalten. Die Kulturwissenschaften haben verstanden, dass auch sie sich dieser „Schlüsseltechnologie" widmen müssen, wenn sie ihrem Anspruch gerecht werden wollen, soziale Wirklichkeit zu verstehen und verstehbar zu machen. Hier haben sich in den letzten Jahren viele fruchtbare, aber auch disparate Ansätze herausgebildet. Es ist einer Kulturwissenschaft, verstanden *als Disziplin*, nicht als Dachbegriff, eigen, vorhandene Ressourcen zu bündeln, scheinbar Dichotomes zusammenzubringen und so eine neue Perspektive auf die drängenden Herausforderungen unserer Zeit zu entwickeln. Das übergeordnete Ziel dieser Arbeit besteht daher darin, zu beweisen, dass sie dies zu leisten imstande ist.

2 Grundzüge des kulturwissenschaftlichen Programms einer Medienkulturrhetorik – Disziplinäre und theoretisch-methodologische Verortung

Die Kulturwissenschaft, als äußerst junge akademische Disziplin, kennt im Grunde nur eine Eindeutigkeit: dass es keine Eindeutigkeiten gibt. Schon allein der Versuch, die Disziplin selbst zu definieren, wäre ein ungeheuerliches Unterfangen, das sich zwischen einer Fülle von Fragestellungen und Kontroversen zerreiben ließe. Reden wir von Kulturwissenschaft (im Singular) oder von Kulturwissenschaften (im Plural)? Ist damit also – wie beispielsweise an der Universität Koblenz-Landau – der programmatische Anspruch verbunden, verschiedene Einzeldisziplinen, von der Ethnologie, über die Philosophie, über die Medienwissenschaft bis hin zur Theologie zu einer einzigen *transdisziplinären* Disziplin[15] zusammenzuschmelzen? Oder stehen sich, wie an der Universität Leipzig, vier Subdisziplinen – Kultursoziologie, Kulturgeschichte, Kulturphilosophie und Kulturmanagement – einander gegenüber, die fraglos Überschneidungen aufweisen, aber prinzipiell auch ohne einander auskämen? Sind Kulturwissenschaften nur ein Synonym für Geisteswissenschaften, weil heutzutage alles Kultur ist und der „Geist" zu sehr nach „Elfenbeinturm" klingt? Worin genau besteht eigentlich der Unterschied zwischen Soziologie und Kulturwissenschaft, zwischen ihren Gegenständen *Gesellschaft* und *Kultur*? Wenn sich, wie Stephan Moebius (2016) vorschlägt, kurzerhand die von Hans Joas und Wolfgang Knöbl (2017/[2004]) formulierten drei Fragen der Soziologie *Was ist soziales Handeln?*, *Was ist soziale Ordnung?* und *Was bestimmt sozialen Wandel?* auf die Kulturwissenschaft übertragen lassen, indem man *sozial* durch *kulturell* ersetzt, kann man dann noch glaubwürdig einen substanziellen Unterschied zwischen beiden konstatieren?

Einführungen in die Kulturwissenschaft/en und in die Vielzahl an Debatten und *Turns* dieser Disziplin gibt es reichlich (vgl. z. B. Assmann 2017; Bachmann-Medick 2010; Böhme/Matussek/Müller 2007; Fauser 2011; Hansen 2011; Nünning/Nünning 2008), und diese Arbeit verfolgt nicht das Ziel, dieser langen Reihe ein weiteres Werk hinzuzufügen. Vielmehr geht sie von der Annahme aus, dass es *die* Kulturwissenschaft/en als solche, als konsensuales Wissenschaftsdiskursivum,

---

[15] So schreiben etwa Michael Klemm und Sascha Michel (2014a, 191): „Die sich immer deutlicher als eigene akademische Disziplin konstituierende Kulturwissenschaft steht geradezu programmatisch für Transdisziplinarität". Nun ist dieser Text schon ein paar Jahre alt, doch es lässt sich noch immer von einer sich im Prozess befindenden Konstituierung der Kulturwissenschaft als eigenständige Disziplin im akademischen Gefüge sprechen.

weder gibt noch geben kann. Wer kulturwissenschaftlich forschen will, der muss, so der hier vertretene Standpunkt, dieses widerspenstige disziplinäre Geflecht erst selbst *disziplinieren,* nachgerade seine eigene Kulturwissenschaft forschend *erschaffen.* Was so zunächst womöglich nach Willkür, Beliebigkeit und Eklektizismus klingen mag, ist dabei nichts anderes als der offene und transparente Umgang mit Unumstößlichkeiten. Kulturwissenschaft, nimmt man sie ernst und betreibt man sie im Singular, womit bereits der erste Eckpfeiler dieser Arbeit bestimmt wäre, lebt gerade von ihrer Vielfalt, ihrer theoretisch-methodologischen Flexibilität, ihrem Holismus. Einen inspirierenden Impuls für ein Nachdenken darüber, was Kultur eigentlich ist, hat Dirk Quadflieg in Anlehnung an Michel Foucault gegeben. Kultur, so Quadflieg (2019), sei die *Frage der Moderne:* „Wer sind wir jetzt, in diesem Moment der Geschichte?" Vielleicht wäre es sogar noch passender zu sagen: Kulturwissenschaft ist die *post*moderne Frage danach, *wer wir jetzt, in diesem Moment der Geschichte* sind. Kultur, und somit ihr Forschungsgegenstand, wäre dann zu betrachten als die Antwort auf ebendiese Frage.

Der Kulturphilosoph Jürgen Goldstein (2017) hat in seinem Werk *Blau* einen gewinnbringenden Ansatz vorgestellt, der neue Möglichkeiten eröffnet, *Kultur* und *kulturwissenschaftliche Forschung* zu begreifen. Goldstein überträgt das Prinzip der *Wunderkammer* auf die Erforschung der Farbe *Blau,* indem er scheinbar unzusammenhängende essayistische Portraits verschiedener Sinnausschnitte, die in irgendeiner Weise etwas mit *Blau* zu tun haben, manchmal auf offensichtliche, manchmal auf weniger offensichtliche Weise, nebeneinanderstellt. Wunderkammern, so schreibt Goldstein,

> waren in der Spätrenaissance und dem Barock Refugien des Außergewöhnlichen. Wer in sie eintrat, kam aus dem Staunen nicht heraus. Unglaubliches gab es zu sehen. Dem neugierigen Betrachter bot sich auf kleinstem Raum ein kostbares Allerlei an unterschiedlichsten Seltenheiten: Gemälde, Schnitzereien, Bücher, Silber- und Goldgeschirre, kunstvolle Uhrwerke, Mineralien, seltsame Gewächse, Straßeneier, Rhinozeroshörner, Schreibautomaten, Skelette, Muscheln, Schlangenhäute, Münzen und vieles mehr. Eine Wunderkammer glich einem Füllhorn an Kuriositäten. Ihr überbordender Reichtum ermöglichte dem Betrachter eine Schwelgerei der Sinne. Sie war der Inbegriff eines sinnlichen Flanierens auf kleinstem Raum (ebd. 14).

Das Entstehen von Museen wie dem Louvre mit seinem spezifischen Systematisierungsprinzip sorgte dafür, dass Wunderkammern abgelöst wurden und schließlich in Vergessenheit gerieten. Goldstein konstatiert hier einen „ungeheuerlich[en]" (ebd. 16) Verlust und macht „im Untergang der Wunderkammern den symbolischen Ausdruck eines bedenklichen Siegeszuges des modernen Ordnungswillens" (ebd.) aus. „Aufgrund der Monokultur der eigenen Erwartungen findet niemand mehr, was er nicht gesucht hat" (ebd. 17), so Goldstein weiter. Im Zeitalter der *Künstlichen Intelligenz* lässt sich mithin eine weitere Verschärfung dieses

Ordnungswillens und der „Monokultur" beobachten. Wenn es etwa beim *Machine Learning* um „pattern recognition", also Mustererkennung geht, und Konsumenten fortlaufend klassifiziert und „geordnet" werden, wird dies nur allzu deutlich. Auch die Begriffe *Filterblase* und *Echokammer*[16] mögen einem in den Sinn kommen. Da ein Ergebnis dieser Arbeit jedoch ist, dass diese diskursiv immer wieder reproduzierten Kategorien infrage gestellt werden müssen, werden sie dem benannten Aspekt an dieser Stelle unter Vorbehalt hinzugefügt.[17]

Für Goldstein ist die Fähigkeit, Bedeutungen herzustellen, eine genuin menschliche Fähigkeit. Damit reiht er sich in die kulturphilosophische Tradition um Ernst Cassirer ein, die den Menschen als *animal symbolicum* verstehen. „Bedeutungsnetze", so stellt Goldstein fest, „sind Sicherheitsnetze gegen anthropologische Sinnabstürze" (ebd. 193). Unabhängig davon, dass die Netz-Metapher, worauf Vidal (2010, 113) hinweist, erstaunlicherweise diskursiv geradezu durchweg positiv konnotiert ist, ist Kultur in dieser Perspektive immer auch dasjenige, das vor dem „existenziellen Schrecken" schützt. Bedeutungen sind niemals isoliert, sondern stets netzartig miteinander verknüpft. Um diese Tatsache weiter greifbar zu machen, zieht Goldstein für Kultur die Metaphern *Koralle*, *Rhizom*[18] und *Archipel* heran. Koralle und Rhizom verweisen darauf, „dass in der Sinnstruktur des Menschen tatsächlich alles mit allem zusammenhängt" (Goldstein 2017, 196); mit dem Archipel hebt Goldstein zudem die untergründige, unsichtbare Verbindung dieser Sinnstruktur hervor.

Was aber macht dann *gute* kulturwissenschaftliche Forschung noch aus? Welchen Qualitätsmaßstab können an kulturwissenschaftliche Forschungen angelegt werden, wenn die Forschenden *bricoleure* (Lévi-Strauss) sind, die ihre Disziplin selbst aus einer schier unendlichen Anzahl semiotischen Materials zusammen*basteln*, wenn ihre Forschungen wie Wunderkammern daherkommen? Kann dann jede machen, was sie will? Wer oder was verbürgt sich für die Qualität einer solcherart aufgefassten Kulturwissenschaft? Die Rhetorikerin und Philosophin Francesca Vidal (2013) vergleicht Kulturwissenschaftler mit Detektiven. Denn ein „Detektiv ist ein Faktensammler und kombinatorischer Rätselrater" (ebd. 99), und wie der Detektiv

---

[16] Der Begriff der *Filterblase* geht auf Eli Parisers (2012/[2011]) gleichnamiges Werk zurück (i. O. *The Filter Bubble*). Schon im Erscheinungsjahr der Erstausgabe von Parisers Werk führten Martin Feuz, Matthew Fuller und Felix Stalder (2011) eine empirische Untersuchung zur Suchmaschine Google durch, deren Ergebnisse nahelegten, dass der Personalisierungs-Mechanismus nicht besonders stark ins Gewicht fällt. Diese Einsichten wurden mittels empirischer Untersuchungen jüngeren Datums verdichtet. Dort kommt man zu dem Ergebnis, dass von der Existenz genuiner Filterblasen nicht ausgegangen werden kann (vgl. z. B. Dubois/Blank 2018; Krafft/Gamer/Zweig 2018). Vgl. dazu S. 57.
[17] Vgl. dazu z. B. S. 194.
[18] Der Begriff des *Rhizoms* ist Deleuze/Guattari 1977 entlehnt.

den Kriminalfall *rekonstruiert* die Kulturwissenschaftlerin *Kultur*, indem sie sich auf Spurensuche nach tieferliegenden Sinnstrukturen, nach Bedeutungssedimenten, begibt, geleitet von der basalen kulturwissenschaftlichen Grundfrage *Was machen die da eigentlich?*.

> Methodisch", so schreibt Vidal (ebd. 100) „orientiert sich ein solcher Detektiv immer an den Gesetzen der Logik und – dies aber viel versteckter – an den Regeln der Rhetorik, denn überzeugt wird der Leser gerade dadurch, dass er in den Prozess des Findens involviert wird. Insofern ist der Erfolg der am Ende präsentierten Lösung immer auch Ergebnis eines persuasiven Aktes.

In diesem Zitat findet sich eine Antwort auf die oben aufgeworfenen Fragen, gegeben mit der Wissenschaft der Rhetorik: das *Persuasive* kulturwissenschaftlicher Forschungen lässt sich als deren Qualitätsmaßstab heranziehen.

Es ist kulturwissenschaftlicher Forschung eigen, dass sie in einem infiniten Reflexionsregress gefangen ist. Viele Gegenstände kulturwissenschaftlicher Forschung sind *sprachlich* verfasst. Die Präsentationsform der Kulturwissenschaft aber ist selbst Sprache. Sie kann also gar nicht anders als ihren Gegenstand beim Erforschen und beim Präsentieren ihrer Forschung *laufend* weiter fortzuschreiben. Selbst dann, wenn sie sich mit materieller Kultur befasst, mit Fluiden wie Performanzen, praxeologisch mit sich im Raum bewegenden Körpern, dann verstrickt sie sich in das von Christopher Tilley (2001, 268) benannte Paradox, die Dinge zu verändern, zu domestizieren und diese damit der ihnen eigenen, fundamentalen non-verbalen Qualitäten zu berauben.[19]

Diese Selbstreferenzialität ist unumgänglich und mag durch posthumanistische Einsichten in die *Gemachtheit* naturwissenschaftlicher Forschungsgegenstände, mithin *Apparate*, relativiert werden. Ersetzt man den Begriff der Selbstreferenzialität jedoch durch den der *Rhetorizität* wird eine andere Perspektive ermöglicht. Kulturwissenschaftliche Texte sind in besonderem Maße selbst *rhetorisch*. Das Ziel desjenigen, der sich der Rhetorik bedient, besteht darin, zu *überzeugen*. Anstatt also nach einem theoretisch-methodologischen Kanon der Kulturwissenschaft Ausschau zu halten, sollte das Augenmerk darauf gerichtet werden, ob ein kulturwissenschaftlicher Text mit der von ihm bestimmten disziplinären Sichtweise und theoretisch-methodologischen Vorgehensweise zu *überzeugen* weiß. Die folgenden Ausführungen zu Grundzügen einer Medienkulturrhetorik sollen daher im Lichte

---

19 Meine Übersetzung; im englischen Original lautet das vollständige Zitat: „The great paradox, or aporia, of all material culture studies is that to write about things is to transform, domesticate and strip away the fundamental non-verbal qualities of the things we are investigating through this very process" (Tilley 2001, 268).

dieser konstatierten Rhetorizität gelesen werden, verfolgen sie doch dementsprechend das Ziel der *Persuasion*.

Der Begriff der Medienkulturrhetorik setzt sich aus den drei Begriffen *Medien*, *Kultur* und *Rhetorik* zusammen, die im Folgenden als ein *Theory-Method-Package* miteinander sinnvoll verbunden werden sollen und in diesem Verbund ein spezifisches Verständnis der kulturwissenschaftlichen Disziplin zum Ausdruck bringen. Es geht dabei keineswegs darum – und könnte es, wie oben bereits angedeutet, auch gar nicht – jeden dieser drei Begriffe definitorisch zu fixieren. Vielmehr werden diese Begriffe hier mit einem bestimmten theoretisch-methodologischen Einschlag entwickelt, um sodann ein Werkzeug – besser noch: eine Werkzeug*kiste* – vorliegen zu haben, mit der sich, als analytisches Vermögen, aktuelle kulturelle Themen, wie das in dieser Arbeit behandelte Thema *Künstliche Intelligenz*[20], kulturwissenschaftlich erforschen lassen. Der Begriff ist dabei angelehnt an das, was Michael Klemm und Sascha Michel als Medienkultur*linguistik* bezeichnet haben (vgl. Klemm/Michel 2014a; Michel 2018) und hier, anknüpfend an die, insbesondere von Vidal entwickelten, Projekte einer *Virtuellen Rhetorik* (vgl. Vidal 2010), einer *Medienrhetorik* (Scheuermann/Vidal 2016a), einer *Audiovisuellen*[21] bzw. *Social-Media-Rhetorik* (Klemm 2016a, 2017a), von der Linguistik zur Rhetorik verschoben wird[22].

Der Anspruch in der Entwicklung des Konzepts einer *Medienkulturrhetorik* besteht nicht darin, eine gänzlich neue Methodologie hervorzubringen – auch davon gibt es freilich genug. Stattdessen geht es darum, als Signum einer genuinen Kulturwissenschaft im Singular, ein für dieses Vorhaben geeignetes Instrumentarium zu entwickeln, das eine Vielzahl von gewinnbringenden theoretischen Strängen und methodologischen Ansätzen zusammenbringt und so gleichsam auch eine *neue* Perspektive in Anschlag bringt. Neu ist daran insbesondere der Versuch, die Grundprinzipien der traditionsreichen Rhetorik, die von einem gestalterisch auf Kultur einwirkenden *Orator* ausgeht (der nicht nur ein einzelnes Subjekt, sondern auch eine Gruppe von Subjekten meinen kann)[23], in die aktuelle kulturwissenschaftliche Theorien- und Methoden-Bildung hineinzutragen, in der dem Orator durch Post-

---

20 Im Folgenden wird der Terminus *Künstliche Intelligenz* auch mit *KI* abgekürzt. KI und deren englisches Äquivalent *Artificial Intelligence* (abgekürzt als *AI*) werden synonym verwendet.
21 Vom 8. bis zum 10. Juni 2018 fand an der Universität Koblenz-Landau, Koblenz, die Tagung *Audiovisuelle Rhetorik brisanter Diskurse* statt, organisiert von Michael Klemm und Francesca Vidal, die als weiterer Schritt in diese Richtung verstanden werden kann.
22 Das bedeutet nicht, dass die Linguistik für das medienkulturrhetorische Projekt nicht weiterhin bedeutsam wäre. Im Gegenteil, Einsichten aus der Linguistik werden hier als sehr wertvoll erachtet. Stattdessen handelt es sich um eine Fokusverschiebung, bei der insbesondere die Figur des handlungsfähigen Orators in den Vordergrund gerückt wird, wie im weiteren Verlauf der Arbeit zu sehen sein wird.
23 Vgl. zum Begriff des Orators S. 35.

strukturalismus und Posthumanismus in gewisser Weise zunehmend seine Fähigkeit der Rede abgeschnürt wird. Zu zeigen aber, dass die Oratorin im poststrukturalistisch und posthumanistisch verstandenen und *algorithmisch geprägten Diskurs* weiterhin handlungsfähig ist, ja, *sein muss*, eine Medienkulturrhetorik somit also keine *contradictio in adjecto* ist – das soll im Folgenden herausgearbeitet werden.

2.1 Medien – Kultur – Medienkultur(en)

Was sind Medien? Was ist Kultur? Was ist bzw. sind Medienkultur(en)? Zweifelsohne hat man es hier mit inflationär verwendeten, ubiquitären Begriffen zu tun; oft sind sie *Explanans* und *Explanandum* zugleich und damit nicht mehr als leere Hülsen, um nahezu *alles* greifbar zu machen. Michael Klemm (2008, 127), der auf die „(unvermeidbare) Vagheit" dieser „zentrale[n]" Begriffe hinweist, konstatiert, dass es bei einer Begriffsbestimmung nur um Grenzziehungen im Wittgensteinschen Sinne gehen kann (vgl. ebd.). Die Grenzen, die er, auch zusammen mit Sascha Michel (vgl. Klemm/Michel 2014a) zieht, überzeugen. „Kommunikation", so Klemm (2008, 129), sei heute „in weiten Teilen Medienkommunikation". Wirklichkeit erfahren wir geradezu ausschließlich als *Medien*wirklichkeit, da wir in einer *mediatisierten* (z. B. Krotz 2007) Welt leben, in der Medien in unsere tiefste Intimsphäre vorgedrungen sind und unser Erleben derart stark prägen, dass sie sich im Sinne des Posthumanismus gar nur analytisch vom menschlichen Sein trennen lassen (vgl. S. 27). Wenn aber selbst Luft oder Geld zum Medium, weil *vermittelnd*, werden kann, dann verliert „[der Medienbegriff] schnell seine Erklärungskraft, wird zum beliebigen Spielball in modischen Diskursen" (Klemm 2008, 129).

Klemms Vorschlag, um dem entgegenzuwirken, besteht darin, den Medienbegriff enger zu fassen und phänomenale Differenzierungen durch Hinzunahme anderer Begrifflichkeiten kenntlich zu machen – *Zeichensystem* für Sprache; *Kommunikationsform* für verschiedene Merkmalsbündel, die dafür sorgen, dass sich beispielsweise WhatsApp von Instagram unterscheidet; *Textsorten* für sich unterscheidende konventionalisierte Sprachhandlungsmuster (z. B. ein Kommentar, ein Liebesbrief). Was ist dann ein *Medium*? Klemm definiert Medien mit Stephan Habscheid als „von Menschen geschaffene [...] Hilfsmittel zur Ermöglichung oder Verbesserung von Kommunikation, das heißt vor allem zur Erweiterung der raum-zeitlichen Beschränkungen von ‚natürlicher' oder ‚direkter' Kommunikation" (ebd. 130). Mit Werner Holly unterscheidet er zwischen primären, sekundären und tertiären Medien; primäre als „körpernahe Ausdrucksmittel" (ebd.) wie Schminke, aber auch ein Megafon, Stift oder Farbe; sekundäre Medien als technisch produzierte Hilfsmittel wie ein Buch oder eine Postkarte und tertiäre Medien, „bei denen Herstellung, Übertragung und Rezeption technisch bewerkstelligt werden müssen, wie Telefon, Radio, Film, Fernsehen oder Computer" (ebd. 131). Wenn im Folgenden von *Medien* die Rede ist, dann sind damit im Sinne Klemms, eng gefasst, diese tertiären Medien gemeint, als vom Menschen produzierte, zumindest vordergründig[24] *externalisierte* Kommunikationshilfen. Künstliche Intelligenz, der Forschungsgegenstand dieser Arbeit, wäre dann nicht selbst als Medium zu begreifen, sondern als spezifische Technologie, die in Medien zum Einsatz kommen kann; mit Margaret A. Boden (2018, 3) gesprochen: eine *virtuelle Maschine*.[25]

Kultur wird, gemäß dem „Koblenzer" Kulturbegriff, von Klemm anhand von fünf Dimensionen abgesteckt: *Holismus, Semiotik, Konstruktivismus, Pluralismus, Sozialität*.[26] Mit *Holismus* ist gemeint, dass Kultur ganzheitlich in den Blick genommen werden muss. Das birgt zwar das Potenzial einer Entgrenzung des Begriffs, ist aber notwendig, um Kultur nicht, etwa im Sinne eines von Herbert Marcuse (1973) kritisierten *affirmativen* Kulturbegriffs, zum der menschlichen Lebenswirklichkeit entrückten *Idealen, Schönen* zu verkürzen, dieses gleichwohl jedoch zu inkludieren. Eine holistische Betrachtungsweise bezieht „die Gesamtheit der Institutionen, Handlungen und symbolischen Formen, welche die von den Menschen vorgefundene ‚Natur' in einen sozialen Lebensraum transformieren [...]" (Klemm 2008, 134) mit ein. Die Anführungszeichen, in die der Naturbegriff gesetzt ist, sind dabei nicht unwesentlich, impliziert eine holistische Sichtweise doch auch, dass eine Natur-Kultur-Dichotomie negiert wird.

Der Bezug zur *Semiotik* meint dann, dass Kultur im Sinne Clifford Geertz' als Text zu verstehen ist, der anhand der Rekonstruktion zirkulierender Zeichen und Symbole (kulturwissenschaftlich) interpretierbar, lesbar ist; denn „[k]ulturelle Praktiken", so schreiben etwa Michael Klemm und Sascha Michel (2014a, 190), „sind fast immer auch kommunikative Praktiken"[27]. Diese Dimension bedarf jedoch, das sei hier vorweggenommen, im Lichte aktueller kulturwissenschaftlicher Erkenntnisse, einer Rejustierung bzw. Erweiterung, worum es weiter unten gehen wird (vgl. S. 27). Kultur muss als *konstruktivistisch* aufgefasst werden, „da Kultur nicht gegeben, sondern von Menschen im symbolischen Handeln gemacht wird" (ebd.).

---

[24] Geht man auf der Hintergrundfolie posthumanistischer Einsichten nicht von der Trennung von Mensch und Technologien aus, so kann der Begriff des *Externalisierten* nur als analytischer aufrechterhalten werden (vgl. dazu auch S. 27).
[25] Wenn im Folgenden dennoch im Zusammenhang mit KI von Medien geschrieben wird, dann in dem Sinne, dass KI und Medien eng miteinander zusammenhängen, es zwar Medien ohne KI und KI ohne Medien gibt, jedoch unsere gegenwärtige *Medienwirklichkeit* maßgeblich durch KI geprägt wird.
[26] Im Original werden die Dimensionen nicht als Substantive, sondern als Adjektive aufgezählt.
[27] „Und kommunikative kulturelle Praktiken", so schreiben die Autoren weiter, „sind heute mehr denn je mediale Praktiken, via Individual- wie Massenmedien" (Klemm/Michel 2014a, 190), womit der Bogen zum Medienbegriff gespannt wird.

Hier kann Peter L. Bergers und Thomas Luckmanns (2016/[1966]) klassisches Werk *Die gesellschaftliche Konstruktion der Wirklichkeit* ins Feld geführt werden, da die Autoren mit ihrer dialektischen Denkfigur „Gesellschaft ist ein menschliches Produkt. Gesellschaft ist eine objektive Wirklichkeit. Der Mensch ist ein gesellschaftliches Produkt [kursiv i. O.]" (ebd. 65) die Beschaffenheit soziokultureller Konstitutionsprozesse auf den Punkt bringen. Denn Gesellschaft – oder Kultur – ist originär vom Menschen geschaffen, gerinnt durch die fortlaufende Performation und Iteration von Problemlösungsmodellen zu zunehmend verfestigten Institutionen, die dem Menschen dann wiederum – weil er nie an den Ursprung zurückkommen kann, immer schon in eine Geschichte, ein Kontinuum hineingeboren wird – als quasi-objektiv, als ontologisch, erscheint.

Die Dimension des *Pluralismus* erinnert daran, dass Kultur vielfältig, divers, heterogen ist und aus mannigfaltigen Subkulturen besteht. Es gibt nicht *die eine* (z. B. deutsche) Leitkultur, auch wenn diese Debatte in Deutschland immer wieder auflebt. Zugleich ist Kultur – mit den *Cultural Studies* (vgl. z. B. Marchart 2018) gedacht – immer auch Schauplatz von Bedeutungskämpfen, treten verschiedene Positionen, Lebensweisen, Subkulturen miteinander in Konflikt, treffen die Mächtigen auf die Ohnmächtigen, die Erstgenannte mit ihren subversiven Praktiken herausfordern können. Kultur muss darüber hinaus als *sozial* aufgefasst werden, da es eine Denkunmöglichkeit ist, allein, isoliert, *kulturell* zu wirken. Es ist gerade Definiens von Kultur, „an überindividuelle Symbol- und Wertesysteme" (Klemm 2008, 135) geknüpft zu sein. All das zusammengenommen ergibt ein kaleidoskopisches Bild von Kultur, das ob seiner Vagheit und Breite in gewisser Weise unbefriedigend bleibt. Doch für mehr Klarheit und engere Grenzen zu sorgen, würde den kulturellen Wirklichkeiten, wie sie sich darbieten, nicht gerecht werden. Wenngleich hier von Kultur im Singular die Rede ist, zwingt der Pluralismus von Kultur dazu, diese – ebenso wie Kulturwissenschaft als deren „Beobachterin" – als *Kollektiv*singular zu denken.

Nimmt man nun den eng gefassten *technischen* Medienbegriff und diese fünf Dimensionen von Kultur zusammen, sind bereits erste wichtige Eckpfeiler dessen abgesteckt, was eine Medienkulturrhetorik zu untersuchen hat: Es geht um die Erforschung technisierter semiotischer Datenspuren, mithin *Medienkommunikate*, die von pluralen sozialen Akteuren fortwährend produziert werden, um so Rückschlüsse darauf zu ziehen, *wer wir jetzt, in diesem Moment der Geschichte, sind*. Um ein solches Forschungsprogramm jedoch anschlussfähig an aktuelle kulturwissenschaftliche Entwicklungen zu machen, bedarf es noch der Ergänzung um zwei gewichtige theoretische Strömungen, die zum Vorangegangenen explizit in Verbindung gesetzt werden sollen: jene des *Poststrukturalismus* und jene des *Posthumanismus*[28].

Kaum eine theoretische Stoßrichtung hat so viel Einfluss auf Kulturwissenschaft in ihrer gegenwärtigen Form genommen wie der Poststrukturalismus. Dabei fängt hier schon das Problem an. Denn ebenso wenig, wie es *die* Kultur, *die* Kulturwissenschaft oder *die* Medien gibt, gibt es *den* Poststrukturalismus. Vielmehr handelt es sich dabei um ein heterogenes Theorienbündel verschiedener, insbesondere französischer, Autoren in der zweiten Hälfte des 20. Jahrhunderts, die – wie der Begriff bereits andeutet – in engem Verhältnis zum Strukturalismus stehen und sich doch gleichzeitig von diesem abgrenzen wollen und lassen. Stefan Münker und Alexander Roesler (2012, IX) gehen in ihrer Einführung zum Poststrukturalismus gar so weit zu sagen: „Über den Poststrukturalismus schreiben heißt, ihn zu erfinden [kursiv i. O.]". Diese Ansicht wiederum deckt sich mit der hier vertretenen Überzeugung, dass Kulturwissenschaft bedeutet, diese forschend zu „erfinden". Kulturwissenschaft, wie sie hier verstanden wird, ist im Kern poststrukturalistisch verfasst. *Forschend zu erfinden*, darauf verweisen auch Münker und Roesler, sei jedoch keineswegs mit Beliebigkeit gleichzusetzen. Denn freilich lassen sich *Sinnverdichtungen* ausmachen, die beides zusammenhalten. Je nachdem, wie und mit welchen Nennungen bzw. Auslassungen man diese erzählt, „erfindet" die Forschende neu, was sie darlegt.

Auch über „den" Poststrukturalismus ist bereits Mannigfaltiges publiziert worden, und es ist hier nicht der Ort, eine genuine „Neu-Erfindung" des Poststrukturalismus zu vollziehen, sondern es sollen im Folgenden knapp einige poststrukturalistische Fixpunkte rekapituliert werden, die für die hiesige Medienkulturrhetorik von besonderer Bedeutung sind. Spricht man über poststrukturalistische Theorien, dann denkt man sogleich an Namen wie Jacques Derrida, Gilles Deleuze, Félix Guattari, Jean-Francois Lyotard, Jean Baudrillard oder Michel Foucault. Begriffe und Dikta wie *Diskurs, Macht, Wissen, Dispositiv*, das *Ende der großen Erzählungen, Gouvernementalität, Subjekte*, vielleicht auch *Chaos*, mögen in den Sinn kommen. Was haben diese Denker gemeinsam, was lässt uns überhaupt von Poststrukturalismus sprechen? Münker und Roesler halten als allen Autoren gemeinsame Kennzeichen die folgenden fest: **„ein unverkennbarer intellektueller**

---

[28] An dieser Stelle ist wichtig zu betonen, dass der Begriff *Posthumanismus* in dieser Arbeit wertneutral im Sinne des *New Materialism* (vgl. dazu z. B. Eickelmann 2017) und nicht im Sinne des *Transhumanismus* verwendet wird (vgl. z. B. Bostrom 2018), bei dem es (affirmativ) um die Verschmelzung von Mensch und Technologie geht, um den Menschen zu „optimieren", was gerade beim Gegenstand *KI* ein vielbeachtetes Thema ist, in dieser Untersuchung jedoch nicht behandelt werden kann.

Stil [fett i. O.]" (ebd. X), den „**kritischen Einspruch gegen totalisierende Tendenzen philosophischer Theorien** [fett i. O.]" (ebd.), „**[d]ie zentrale Bedeutung Hegels** [fett i. O.]" (XI), die „**kritische[] Selbstreflexion der Moderne** [fett i. O.]" (ebd.), die „**Kritik des Logozentrismus** [fett i. O.]" (XIII), die „**radikale Dezentrierung des modernen Subjektbegriffs [fett i. O.]**" (ebd.).

Der Poststrukturalismus ist nur vor dem Hintergrund seines Vorgängers, dem Strukturalismus, zu verstehen. Der Strukturalismus wurde im Wesentlichen durch de Saussures Gedanken zur *langue* und *parole* geprägt, über die die Welt nur auf der Hintergrundfolie einer binär codierten, sprachlichen Struktur zu verstehen sei. Während der Strukturalismus eher Methode als Theorie ist, verhält es sich beim Poststrukturalismus genau umgekehrt (vgl. ebd. 28). Das Verhältnis von Poststrukturalismus zu Strukturalismus ist ambivalent, wie es wohl bei so vielen „Post"-Begriffen zu ihrem Ursprung ist, impliziert *post* doch das Danach, das immer an das „Davor" gekoppelt bleiben muss. „Der Poststrukturalismus gibt mithin die Idee der Struktur nicht einfach auf; ja, man könnte sogar sagen, er radikalisiert sie zunächst noch einmal: „**Alles** [...] **ist Struktur** – und ***nirgends* hat sie ein Zentrum** oder eine Grenze [fett i. O.]" (ebd.). Statt nach ahistorischen Invarianten in der sprachlichen Struktur zu suchen, betont der Poststrukturalismus das Unkontrollierbare der Sprache (vgl. ebd. 31).

Ein für den Poststrukturalismus und die Kulturwissenschaft besonders wichtiger Theoretiker ist zweifelsohne Michel Foucault. Kaum ein anderer hat diese junge Disziplin mit seinem Œuvre so entscheidend geprägt wie er. „Foucaults Werk [ist]", wie Tanja Gnosa (2016, 9) es formuliert, „kulturwissenschaftliches Œuvre par excellence". Insbesondere sein Diskurs- und Dispositiv-Begriff sind für die Kulturwissenschaft als auch für das hiesige Forschungsvorhaben von großer Bedeutung, helfen sie doch, sich einem Verständnis des kulturellen Gesamtzusammenhangs anzunähern, in dem sich eine Medienkulturrhetorik bewegt. In unzähligen Arbeiten hat man sich mit Foucaults Forschung auseinandergesetzt und versucht, seiner Begrifflichkeiten habhaft zu werden. Gerade der Diskurs-Begriff ist das immer gegenwärtige *Explanans*, das eine intuitive Zugänglichkeit oder gar semantische Eindeutigkeit suggeriert, die es so jedoch nicht gibt. Immerzu ist von *dem Diskurs* oder *Diskursen* die Rede, doch in Foucaults Werk unterliegt der Begriff semantischen Schwankungen (vgl. Parr 2014, 233). Wenngleich man mit dem Versuch, Foucaults Diskurs-Begriff zu definieren, weder dem Diskurs selbst noch Foucault gerecht werden kann, ist es an dieser Stelle unerlässlich, zumindest eine begriffliche Annäherung zu unternehmen, auf der im Fortgang der Arbeit aufgebaut werden kann.

Auch im Werk von Jürgen Habermas spielt der Diskurs eine besondere Rolle. Dort ist er jedoch – anders als bei Foucault – ethisch aufgeladen, das Ideal eines herrschaftsfreien Kommunikationsraumes (Habermas 2016/[1981]). Foucaults Diskurs, so schwer greifbar er auch sein mag, ist immer *conditio sine qua non* der Subjektgenese, *Regulativ, machtdurchzogen*. Der Diskurs reguliert das Sagbare und das Nicht-Sagbare, sanktioniert, diszipliniert, ist produktiv, insofern er – und hier lässt sich der frühe Foucault noch als Strukturalist bezeichnen[29] (vgl. Münker/Roesler 2012, 24) – Strukturen wie Gegensatzpaare hervorbringt: normal/nicht normal, Wahnsinn/Vernunft, wahr/falsch (vgl. Parr 2014, 235). Der Diskurs, so schreibt Foucault (2020/[1969], 116) an einer Stelle, ist das „allgemeine[] Gebiet aller Aussagen", die „individualisierbare Gruppe von Aussagen" und „schließlich regulierte Praxis, die von einer bestimmten Zahl von Aussagen berichtet"; Aussagen hier jedoch nicht als Sprechakte verstanden, sondern „vielmehr als tatsächlich Ausgesagtes […], das zwar durchaus Propositionen aufweisen, mit der Einheit des Satzes zusammenfallen oder einen Sprechakt beinhalten kann, ohne dass es jedoch mit einer dieser Einheiten in eins fallen muss" (Gnosa 2016, 25). In Abgrenzung zur *Äußerung* handelt es sich bei *Aussagen* um „ein Konzept höherer Ordnung […]; sie bilde[n] die Struktur des Diskurses" (Waldschmidt/Klein/Korte 2009, 55), und Aufgabe von Diskursanalysen ist es, diese in ihrer Existenzbedingung und Ereignishaftigkeit herauszuarbeiten.

Der Begriff *Diskurs*, so schreibt etwa Diskursforscherin Jana Tereick (2016, 19), „tritt […] an die Stelle der alten Begriffe der ‚Wahrheit' und der ‚Wirklichkeit'". Im Diskurs existieren stets verschiedene Wahrheiten, die um Deutungshoheit konkurrieren und historisch kontingente Machtkonstellationen hervorbringen, wodurch sich das, was als das Sagbare, als das „Wahre", mithin als „Fakt", gilt verändern kann. Es besteht eine Wechselwirkung zwischen dem Mach- und Sagbaren, das vom Diskurs instanziiert wird, aber auch seinerseits den Diskurs prägt (vgl. ebd. 21). Tereick (ebd. 22) schlägt folgende operationalisierbare Diskursdefinition vor:

> Eine Menge von Aussagen und Praktiken, die innerhalb eines Formationssystems bestimmt, was wahr, richtig, sagbar und machbar ist.
> Verschiedene Diskurse konkurrieren miteinander und widersprüchliche Diskurse können nebeneinander existieren. Um hegemoniale Diskurse zu schützen, bildet eine Diskursgemeinschaft Ausschlussmechanismen und Institutionen heraus, die diese stärkt und erhält. Der Diskurs entwickelt eine eigenständige Macht und konstituiert und festigt dadurch bestimmte Macht- und Herrschaftsverhältnisse. Gegen diese bilden sich Widerstand und subversive Diskurse heraus. Diskurse lassen sich analysieren, zu welchem Zwecke man sie nach Zeit, Thema, Medium u. a. eingrenzen kann.

---

[29] Foucault selbst wollte weder als Strukturalist noch als Poststrukturalist bezeichnet werden, da er sich – konsequenterweise – gegen Klassifizierungen solcher Art im Allgemeinen wehrte (vgl. Tereick 2016, 18 f.).

Reiner Keller (2013, 30) definiert Diskurse in seinen Ausführungen zur *Wissenssoziologischen Diskursanalyse* pointiert als „historisch entstandene und situierte, geregelte Aussagepraktiken, welche die Gegenstände konstituieren, von denen sie handeln" und betont zugleich, dass das Soziale nicht im Diskursiven aufgeht (vgl. ebd. 32).[30] Im Anschluss an diese beiden Definitionen muss es dem medienkulturrhetorischen Projekt im Allgemeinen darum gehen, das gegenwärtig als *Wahres*, als *Wissen*, gesetzte in seinen spezifischen Konstitutionsbedingungen herauszuarbeiten, und dieser Arbeit im Besonderen, dies im Hinblick auf das *Wissen um KI-Technologien* zu tun.

Nicht weniger wichtiger für eine medienkulturrhetorische Untersuchung ist Foucaults Dispositiv-Begriff. Gerade in der Medienwissenschaft ist diesbezüglich oft die Rede von einem spezifischen *Medien*dispositiv. Foucaults ausführlichste und vielzitierte Definition lautet:

> Das was ich mit diesem Begriff zu bestimmen versuche, ist erstens eine entschieden heterogene Gesamtheit, bestehend aus Diskursen, Institutionen, architektonischen Einrichtungen, reglementierenden Entscheidungen, Gesetzen, administrativen Maßnahmen, wissenschaftlichen Aussagen, philosophischen, moralischen und philanthropischen Lehrsätzen, kurz, Gesagtes ebenso wie Ungesagtes. Das sind die Elemente des Dispositivs. Das Dispositiv selbst ist das Netz, das man zwischen diesen Elementen herstellen kann.
>
> Zweitens ist das, was ich im Dispositiv festhalten möchte, gerade die Natur der Verbindung, die zwischen diesen heterogenen Elementen bestehen kann. So kann irgendein Diskurs mal als Programm einer Institution, mal im Gegenteil als ein Element erscheinen, das es erlaubt, eine Praktik zu rechtfertigen oder zu verschleiern, die selbst stumm bleibt, oder er kann als Sekundärinterpretation dieser Praktik funktionieren und ihr Zugang zu einem neuen Rationalitätsfeld verschaffen. Kurz, zwischen diesen diskursiven oder nicht-diskursiven Elementen gibt es gleichsam ein Spiel, gibt es Positionswechsel und Veränderungen in den Funktionen, die ebenfalls sehr unterschiedlich sein können.
>
> Drittens verstehe ich unter Dispositiv eine Art – sagen wir – Gebilde, das zu einem historisch gegebenen Zeitpunkt vor allem die Funktion hat, einer dringenden Anforderung nachzukommen. Das Dispositiv hat also eine dominante strategische Funktion [...] (Foucault 2016/[1994], 392 f.).

Das Dispositiv ist nach dieser Bestimmung also die *heterogene Gesamtheit* aus diskursiven und nicht-diskursiven Elementen, „[a]llerdings besteht das Dispositiv nicht aus diesen Teilen, sondern damit ist bloß die Verknüpfung dieser Teile zu einem ‚Netz' bezeichnet" (Gnosa 2016, 161). Das Dispositiv ist das Netz selbst, die *Natur der Verbindungen* (Foucault), das Konnektiv, das zusammenhält, prä- und konfiguriert. Es ist überdies „durchdrungen von Machtstrategien" (Gnosa 2016, 162).

In der Medienwissenschaft wird der Dispositiv-Begriff mitunter im Sinne von *Rahmenbedingungen* gelesen. Der Medienwissenschaftler Michael Klemm (2017a, 9 f.)

---

30 Vgl. zum Außerdiskursiven im Sinne des Posthumanismus auch S. 27.

definiert das Dispositiv etwa als „technische, ökonomische, politische und kulturelle Rahmung [Herv. d. Verf.] einer Kommunikationsform", „als komplexes Beziehungsgeflecht", und verweist gemeinsam mit Sascha Michel (Klemm/Michel 2014a, 192) exemplarisch auf den Unterschied zwischen *Fernseh-* und *Kino-*Dispositiv (vgl. auch Hickethier 1995) sowie die Bedingungen spezifischer Dispositive, beispielsweise das des Handys, das u. a. durch einen Erreichbarkeits-Imperativ gekennzeichnet ist. Michel (2018, 46) schlägt als Synthese der Ansätze Foucaults und Hickethiers (1995) das Konzept vom *Mediensprachdispositiv* vor,

> das einerseits nach den außersprachlichen (medialen) Rahmenbedingungen (Akteure, Institutionen, Wissensbestände) fragt, die mediensprachliches Handeln beeinflussen, andererseits aber deren mediensprachliche Sedimentierung im Blick hat, die sich im Rahmen von Diskursanalysen herauskristallisieren.

Nach dem *Außersprachlichen* des KI-Diskurses zu fragen, würde dann beispielsweise auch bedeuten zu fragen, inwiefern das *Agens* der KI-Technologien selbst bestimmte Sprech-, mithin *Denk*weisen, hervorbringt und bedingt, die durch die Untersuchung des extrahierten Sprechakts verborgen bliebe.[31]

Man kann, wie es Gnosa (2016, 159) tut, an der vielfältigen disziplinären Anschlussfähigkeit des Dispositiv-Begriffs kritisieren, dass diese zu einer „Unschärfe des [...] Konzepts" führt, weswegen sie diesen selbst in der notwendigen Tiefe präzisiert. Für das hiesige Forschungsvorhaben ist ein „oberflächlicheres" Verständnis vom Dispositiv jedoch ausreichend, da eine generalistische kulturwissenschaftliche Perspektive, nimmt man sie ernst, nicht umhin kommt, *Oberflächen zu lesen* (vgl. Benjamin 2019), was im Sinne einer *dünnen Beschreibung* (Jackson, ebd.) auch einen Vorzug bedeuten kann.[32] Wenn im Folgenden die Begriffe *Diskurs* und *Dispositiv* verwendet werden, dann wird dies auf der Hintergrundfolie der Einsicht in ebenjene Komplexitäten getan, die im Vorangegangen nur anklingen konnten, hier aber funktional einer empirischen Praktikabilität dienen soll. Insbesondere wird es um Diskurse in *sozialen* Medien gehen, die, worauf etwa Ralph-Miklas Dobler (2018) hingewiesen hat, besonders schwer analytisch einzufangen sind.[33]

---

[31] Wenngleich eine Analyse der *Rhetoriken* Künstlicher Intelligenz auch die Analyse der Rhetorizität umfasst, die als Teil des Dispositivs begriffen werden kann, muss die Frage danach im Rahmen dieser Studie als Desideratum für zukünftige Forschungen weitestgehend offenbleiben (vgl. auch *5. Schluss*).
[32] Vgl. dazu auch S. 81.
[33] So fragt Dobler (2018, nicht paginiert) hinsichtlich des Bilddiskurses in sozialen Medien: „Ist ein einzelner Beitrag auf Facebook, ein Tweet, ein Snap auf Snapchat bereits ein Diskurs? Gehören die schnellen affektiven und vorgegebenen Reaktionen über die Bewertungs-Emojis nicht auch dazu? Oder fängt der eigentliche Diskurs erst mit den erwarteten aber nicht zu kontrollierenden oder gar manipulierten Antworten und Kommentaren an? Und müsste man die Antwor-

Nun soll sich einer weiteren Theoretikerin zugewandt werden, die nicht nur für die queere/feministische Theorienbildung – und damit auch für die gegenwärtige Kulturwissenschaft – von übergeordneter Bedeutung war und ist, sondern auch für „den" Poststrukturalismus: Judith Butler. Münker und Roesler befassen sich in ihrer Poststrukturalismus-Einführung erst im letzten Kapitel „Rezeptions- und Wirkungsgeschichte des Poststrukturalismus" unter „Gender- und Queer-Theorie" mit Butler – hier soll ihr in diesem Kontext jedoch aus dreierlei Gründen ein prominenterer Platz eingeräumt werden. Erstens, weil sie eine poststrukturalistische Denkerin *par excellence* ist, die mit ihrer Dekonstruktion von *sex* und *gender* (vgl. insb. Butler 2020/[1991]) einen essenziellen Beitrag zu kulturwissenschaftlicher Theorie und queerer/feministischer Praxis geleistet hat. Zweitens, weil eine ihrer bedeutendsten Referenzpunkte Foucault ist, wodurch sie sich unmittelbar an das Vorangegangene anschließen lässt und drittens, weil ihr Werk jüngst auch im *Big-Data*-Kontext, um den es auch in dieser Arbeit geht, fruchtbar gemacht worden ist (vgl. Eickelmann 2017).

Foucault wird oft vorgeworfen, dass sich mit ihm keine Handlungsmacht des Subjekts denken lasse, sondern das Subjekt vielmehr im Diskurs aufgehe, nachgerade zum Diskursivum werde, das durch Diskurse beständig aufs Neue hergestellt, aber damit auch *festgelegt* wird. Rolf Parr (2014, 237) begegnet dieser Kritik mit dem Hinweis darauf, „dass auch die Subjekte zu denjenigen diskursiven Elementen gehören, um die und mit denen gekämpft wird", wodurch sie zu „aktiv Handelnden [werden], die ihre Spielräume aus denen der Diskurse und deren Tendenz zum allmählichen Zerfall gewinnen". Bei Butler nun, insbesondere in ihren jüngsten Werken (Butler 2016, 2020), aber auch in *Haß spricht*[34] (2013/1997), nimmt die Frage nach der Transformation bestehender Machtverhältnisse, nach deren *Bruch*, mithin *Brüchigkeit*, einen zentralen Stellenwert ein. Sie geht – wie Foucault – von der grundsätzlichen Heteronomie von Subjekten aus, die schon damit anfängt, dass diese ins Soziale gerufen werden, nie aber sich selbst ins Soziale rufen können.[35] Auch übernimmt sie Foucaults dezentralen Machtbegriff,

---

ten auf Kommentare dann auch bedenken? Was ist, wenn sich der Diskurs dabei inhaltlich vom ursprünglichen Beitrag löst? Oder wäre es sinnvoller, alle Beiträge eines Teilnehmers als Diskurs dieser Person zusammenzufassen?". Er kommt zu dem Schluss, dass ein singulärer Post bereits einen Diskurs darstellen kann. Immer aber geht es um die Verweisstruktur, die ein solcher Post impliziert: „Die völlig neuartigen Kommunikationsstrukturen des 21. Jahrhunderts, die eine weltumspannende Vernetzung und eine dezentrale Verbreitung von Wissen und Information in Echtzeit kennzeichnen, bringen jedenfalls komplexe und multimodale Diskurse mit sich" (ebd.).

34 Kurzform von: Butler, Judith (2013/[1997]): Haß spricht. Zur Politik des Performativen. [4]Berlin: Suhrkamp.

35 Dies konstatiert sie in Anschluss an Louis Althusser (vgl. ebd. 46).

verwirft damit monokausalistische und unidirektionale Handlungs- und Machtkonzeptionen. Um eine genauere Bestimmung des Verhältnisses von Subjekt und Diskurs wird es weiter unten noch gehen (vgl. S. 34), hier soll zunächst auf den für das hiesige Vorhaben relevanten Aspekt des *Bruchs des („leibperformativen") Sprechakts* aus Butlers Œuvre[36] eingegangen werden.[37]

In *Haß spricht* entwickelt Butler auf der Grundlage einer Reinterpretation der Sprechakttheorie John Langshaw Austins (2002/[1962]) ein Erklärungsmodell für diskursive Transformationen, das zugleich als Appell für die (Wieder-)Aneignung kulturell hochgradig aufgeladener Invektiven wie das N-Wort oder *Slut/Schlampe* und damit einhergehender Subjektivationsmodi verstanden werden kann. Ihre Auseinandersetzung mit Austins Gedanken führt Butler zu dem Ergebnis, dass die Temporalität des Sprechakts sowohl auf einer „diachronen" als auch auf einer „synchronen" Bedeutungskluft gründet. Zwar bedeutet etwa die Verwendung rassistischen Vokabulars gleichsam das Einstimmen in einen „Chor von Rassisten" (Butler 2013/[1997], 218) und damit die Reproduktion rassistischen Gedankenguts, da die entsprechenden Semantiken unumstößlich an ihre historischen Verwendungskontexte gekoppelt sind, doch jede Wiederholung der Verletzung muss zwangsläufig eine verschiebende Wiederholung sein. In „diachroner" Hinsicht verschiebt sich die gegenwärtige Aufrufung des verletzenden Wortes von ihrem geschichtlichen Anknüpfungspunkt fort; in „synchroner" Hinsicht geht es um die Fehlbarkeit perlokutionärer Effekte.

Nach Butler lassen sich zwei (Denk-)Modelle vom Sprechakt unterscheiden: ein *illokutionäres*, bei dem eine Äußerung und ihr Effekt als ineinander fallend betrachtet werden, und ein *perlokutionäres*, bei dem Äußerung und Effekt gerade als getrennt gedacht werden. Butler selbst sieht in letztgenanntem Modell die einzig adäquate Annäherung an den Sprechakt, da sich allein damit die Widerständigkeit symbolischer Praktiken fassen lässt, wie sie beispielsweise der *Montgomery Bus Boycott* (vgl. ebd. 230), der Bedeutungswandel des N-Wortes (vgl. auch Kennedy 2002) oder die Umdeutungs-Offensive von *Slut/Schlampe* im Kontext des *SlutWalks*

---

[36] An dieser Stelle sei auf die immer kritischere öffentliche Rezeption der Person Butlers und ihres Œuvres in jüngerer Zeit verwiesen, etwa, was ihre Position zum Staat Israel oder prinzipiell antiliberale Haltungen betrifft (stellvertretend sei hier dieser Artikel aus der FAZ angeführt: https://www.faz.net/aktuell/karriere-hochschule/judith-butler-gesellschaftlicher-rueckschritt-als-fortschritt-16330489.html; letzter Zugriff: 14.03.2023).

[37] Die nachfolgenden Ausführungen zu Butler, Barad und Eickelmann sind in abgewandelter und gekürzter Form der 2019 am Campus Koblenz der Universität Koblenz-Landau eingereichten und von Frau apl. Prof. Dr. Francesca Vidal betreuten, unveröffentlichten Masterarbeit *Empowerment 2.0. Theoretische Perspektivierung des Phänomens Selbstermächtigung und empirische Fallstudie einer Counter Speech-Gruppe auf Facebook als Beispiel selbstermächtigter Praktiken in sozialen Medien* der Verfasserin entnommen; im Folgenden als *Empowerment 2.0* abgekürzt.

(vgl. Govrin 2013) belegt. Jeder Sprechakt, auch der verletzende, ist damit immer zugleich ein *gebrochener*, der die couragierte Okkupation semantischer Leerstellen, die Verstrickung in Bedeutungskämpfe, das eigenmächtige Resignifizieren verletzender Performativa ermöglicht. „Die Resignifizierung des Sprechens", schreibt Butler (2013/[1997], 71), „erfordert, daß wir neue Kontexte eröffnen, auf Weisen sprechen, die noch niemals legitimiert wurden, und damit neue und zukünftige Formen der Legitimation hervorbringen". Die Möglichkeit der Subversion ist zwar in der Struktur des Sprechakts bereits angelegt, doch die Umdeutung bleibt, wie dieses Zitat verdeutlicht, ein Konstitutionsakt.

Mit ihrem Werk *Anmerkungen zu einer performativen Theorie der Versammlung* (2016) vollzieht Butler, der die Überbetonung des Semiotischen und die konzeptuelle Vernachlässigung von Körper und Materie in ihrem Œuvre vorgeworfen wurde (vgl. z. B. Barad 2012), eine „leibliche Wende". Bei ihrer Analyse von Versammlungen geht es ihr nicht länger um die Sprachlichkeit des Widerstands, sondern um Expressionsformen, die sich allein aus dem Akt der Zusammenkunft verschiedener Körper zu einer Protestaktion, Kundgebung oder Demonstration ergeben. Die Performativitätstheorie der Sprechakte überträgt Butler auf das Leibliche und stellt die Frage danach, was versammelte Körper letztlich „sagen", noch bevor sie irgendeine Art der Forderung verbalisiert haben. Im Beispiel des *SlutWalks* treffen ihre Gedanken von 1997 mit jenen von 2016 zusammen: Der *SlutWalk* ist eine Protestaktion, die sich gegen Sexismus und für mehr Gender-Gerechtigkeit einsetzt und qua ihrer Form jene nonverbalen Performationen aufführt, die Butler als das leibliche „Mehr" des Sprechakts identifiziert. Gleichzeitig geht es dem *SlutWalk* jedoch auch um die Resignifizierung eines ganz konkreten verletzenden Sprechakts – *Slut* (Schlampe). Durch die orchestrierte Aktion vulnerabler[38] Subjekte, die ihren Leib und ihre Stimme einsetzen, um das Bestehende zu transformieren, entsteht letztlich ein komplexes Geflecht selbstermächtigter Praktiken.

Wenngleich Butler gerade in ihren jüngeren Arbeiten das *Leibperformative* in Anschlag bringt und den Sprechakt auf das ausdehnt, was der Körper nonverbal „sagt", lässt sich mit ihr nicht die Handlungsmacht nicht-menschlicher Akteure, das Verhältnis von Körper und Medien, denken. Hier haben sich andere Forscherinnen und Forscher in den letzten Jahren verdient gemacht; besonders prominent dabei Bruno Latour und Karen Barad, deren Theorien man auch unter den Begriffen *New Materialism* oder *Posthumanismus* fasst.[39] Für eine *Medienkul-*

---

[38] Mit Vulnerabilität bezeichnet Butler „gegenüber einer sozial erzeugten Prekarität" (Butler 2016, 33) das universelle Attribut potenzieller Verletzlichkeit, über das jedes Individuum verfügt und das dieses unumstößlich zum Teil der menschlichen Weltgemeinschaft macht.
[39] Vgl. z. B. Barad 2012; Latour 2014, Latour 2017/[1991].Vgl. zum *New Materialism* auch Eickelmann 2017, 29–60.

turrhetorik, zumal für eine solche, die es sich zur Aufgabe gemacht hat, Algorithmen zu untersuchen, ist es unerlässlich, das Agens von Materie und das Körper-Medien-Verhältnis zumindest knapp theoretisch zu skizzieren. Gestützt wird sich dabei auf Karen Barad und Jennifer Eickelmann, von denen Letztgenannte im Kontext ihrer Arbeit über die mediatisierte Verletzbarkeit von Subjekten auf der Basis von Barads und Butlers Theorien eine Konzeption verletzbarer Medienkörper entwickelt hat (vgl. auch Sommerfeld 2018, 2021).

Barads Unternehmung besteht darin, Einsichten des Physikers Niels Bohr für die Philosophie fruchtbar zu machen, was in ihrem Konzept des *Agentiellen Realimus* mündet. Damit erfüllt Barad das kulturwissenschaftlich oftmals prononcierte Desideratum der Überwindung des Natur/Kultur-Dualismus. So wünschenswert es auch ist, die *zwei Kulturen* (Snow) Kulturwissenschaft und Naturwissenschaft in einen Dialog zu bringen, so muss hier doch vorab angemerkt werden, dass ein gewisser „methodischer Agnostizismus" vonnöten ist, um mit Barads Forschungsergebnissen zu arbeiten. Denn ohne als Forschende selbst über einen naturwissenschaftlichen Hintergrund zu verfügen, können ihre Thesen nicht angemessen kritisch überprüft werden, und es ist zudem davon auszugehen, dass sich eine 1:1-Translation naturwissenschaftlicher Forschung in kulturwissenschaftliche Termini nur bedingt durchführen lässt.[40]

Diese Einschränkungen im Hinterkopf behaltend, soll nun ein Blick auf Barads Verständnis von Diskurs und Materie geworfen werden. Von besonderem Interesse sind hier dabei die Begriffe *Intraaktivität/Intraaktion, agentieller Schnitt* und *Apparat*. Wie auch der Akteur-Netzwerk-Theorie (ANT) um Latour geht es Barad darum, der Dominanz des Diskursiv-Semiotischen etwas entgegenzusetzen, indem die Materie ihres passiven Seins-Status enthoben wird. „Materie", so Barad (2012, 14 f.), „wird produziert und ist produktiv, sie wird erzeugt und ist zeugungsfähig. Materie ist ein Agens und kein festes Wesen oder eine Eigenschaft von Dingen". Das Verhältnis von Materie und Diskurs fasst sie mit dem Neologismus der *Intraaktivität*, der jegliches „Dazwischen", das es beim Begriff der Interaktion noch gibt, bereits formal negiert; jegliche weltliche Aktivität ist in dieser Perspektive als eine innerphänomenale Wechselwirkung zu denken, die wirksame Kategorien und Deutungsmuster des Sozialen überhaupt erst als *agentielle Schnitte* konstituiert.

Bei *agentiellen Schnitten* handelt es sich dementsprechend um die (diskursiven) Strukturierungen und Relevanzsetzungen, die sich aus phänomenaler Intraaktivität ergeben. Sie definieren auch die Grenzen zwischen Mensch und Technik

---

[40] Für den Hinweis auf die Problematik der Übertragbarkeit danke ich Rainer E. Zimmermann, der selbst Philosoph und Physiker ist.

bzw. Apparat. Am Beispiel des Stern-Gerlach-Experiments veranschaulicht Barad ihre Gedanken. Bei diesem Versuch ermöglichte erst der durch das Rauchen billiger Zigarren verursachte schwefelhaltige Atem eines Assistenzprofessors, dass Spuren von Raumquantisierung sichtbar wurden, die andernfalls verborgen geblieben wären (vgl. ebd. 63 f.).[41] Andere bekannte Beispiele wie etwa die zufällige Entdeckung einer frühen Form der Fotografie, der Daguerreotypie, stützen Barads These, dass die äußeren Grenzen von (nicht nur naturwissenschaftlichen) Apparaturen nicht schlichtweg gegeben und visuell sind, sondern dass vielmehr „,Objekte' und ,Subjekte' […] durch bestimmte Arten von materiell-diskursiven Praktiken gleichzeitig hergestellt [werden]" (ebd. 68).

Eickelmann macht sich diese Einsichten für ihre medientheoretische Ausarbeitung zunutze, indem sie diese auf die Wirklichkeitsebenen Realität und Virtualität sowie Mensch und Medientechnologien anwendet. Diese seien als intraaktive Prozessualitäten zu konzeptualisieren, die zutiefst miteinander verschränkt sind. Der Mensch bildet in dieser Perspektive keine in sich geschlossene Entität, sondern ist ein *Cyborg*, sein Körper ein *Medienkörper*, dessen Genese sich gerade „im Spannungsfeld der miteinander verwobenen Realitätsdimensionen Virtualität und Realität" (Eickelmann 2017, 67 f.) ereignet. So lässt sich auch verstehen, warum internetbasierte Sprechakte manchmal eine buchstäbliche Wucht entfalten können, die ich an anderer Stelle, in Anlehnung an Petra Gehrings (2007) Körperkraft, als *Medienkörperkraft* bezeichnet habe (vgl. Sommerfeld 2018). Denn der Körper erscheint im Lichte des *Agentiellen Realismus* als Fluidum, das sich gleichermaßen in reellen wie in virtuellen Räumen bewegt und seine Vulnerabilität dort stets und unumgänglich exponiert.

Beim zweiten essenziellen Aspekt, den Eickelmanns Monographie offeriert – jenem der Kontingenz – stützt sie sich insbesondere auf Butlers perlokutionäres Modell vom Sprechakt und unterzieht dieses einer Übersetzung in medienwissenschaftliche Kontexte. Sprachpraktiken im Internet besitzen demnach reelle Handlungsmacht und können, mitunter gravierende, Effekte zeitigen, ihre potenziellen Wirkungen sind in ihrem Ausgang jedoch nicht vorhersehbar. Was für Kommunikationssituationen von Angesicht zu Angesicht schon zutrifft, verschärft sich durch die Beschaffenheit eines hypermedialen Internets, das durch Algorithmen, Codes, unüberschaubare Datenmengen und Ähnliches[42] konfiguriert wird. Eickelmann tritt vor dem Hintergrund dieser Überlegungen für die endgültige Abschaf-

---

41 Die Zigarre bildet hier einen kontingenten Faktor für die Sichtbarkeit der Spuren und in diesem Sinne eine gewissermaßen beliebig ersetzbare Variable.
42 Vgl. zu einer profunden Darlegung der Geschichte und „Beschaffenheit" des Internets Eickelmann 2017, 75–87. Vgl. zu den Agenzien *Künstliche Intelligenz* und *Algorithmen* in dieser Arbeit S. 47.

fung der (neoliberalen) Idee souveräner Subjekte ein und lässt sich damit der poststrukturalistischen Denktradition Butlerscher Prägung zuordnen.[43] Dies hat jedoch nicht nur theoretische, sondern auch methodologische Konsequenzen.

Eickelmann verwendet die an Donna Haraway angelehnte und aus der Optik stammende Metapher der *Diffraktion*, die sich ungefähr als *Beugung* übersetzen lässt (vgl. Eickelmann 2017, 17 f., 71–74), um damit die Dichotomisierung von Theorie und Empirie, von Theorie und Methodologie zu überwinden und einen neuen Blickwinkel auf die Analyse (sozialer) Daten zu entwickeln. Wenngleich die Verwendung der Metapher als Methode in meinen Augen nicht gänzlich überzeugen kann[44], überzeugt sie als Perspektive umso mehr. Phänomene diffraktiv zu analysieren bedeutet, deren Vorannahmen zu zerstreuen und nach deren Konstitutionsbedingungen zu fragen. „Eine diffraktive Perspektivierung hat sich", so Eickelmann, „[...] der Aufgabe zu stellen, mediatisierte Missachtung[45] jenseits von Dualismen, [sic!] wie Täter/Opfer, Online/Offline, Physis/Psyche usw. zu beschreiben" (ebd. 73).

Poststrukturalistische und posthumanistische Einsichten, so die Ausgangsprämisse des Vorangegangenen, bilden ein wichtiges Fundament des hiesigen Forschungsvorhabens, da sie auch für die Kulturwissenschaft als Disziplin von besonderer Bedeutung sind. Nicht ausgespart werden soll dabei jedoch, dass an diesen auch Kritik geübt wird – nicht nur Detailkritik[46], sondern mitunter auch Kritik fundamentaler Art, wenngleich diese eher aus dem „intellektuellen Schattenreich" stammt. Im Jahr 2017 veröffentlichte die Publizistin Helen Pluckrose in der Online-Zeitschrift *Areo Magazine* den Artikel *How French ‚Intellectuals' Ruined the West: Postmodernism and Its Impact, Explained.*[47] Darin argumentiert sie, wie der Titel des Artikels bereits verrät, dass französische Intellektuelle wie die Poststrukturalisten Jean-Francois Lyotard, Michel Foucault und Jacques Derrida mit ihrem Denken eine Bedrohung für die westlich-demokratische Ord-

---

43 Vgl. Butler 2016; Herrmann 2013.
44 Zwar will *Diffraktion als* Methode die genannten Dichotomien aufheben, sie führt jedoch durch ihre antonymische Ausrichtung zu klassischen Methoden bzw. Methodologien deren Begrifflichkeit(en) ad absurdum, weswegen es womöglich sinnvoller wäre, den Begriff *Methode* im Kontext der Diffraktion gar nicht erst zu verwenden.
45 Eickelmanns Forschungsgegenstand ist *Mediatisierte Missachtung*, wie sie symbolische Verletzungen nennt – die Aussagen, die sie zu deren Erforschung trifft, lassen sich jedoch problemlos auf eine Vielzahl anderer Themen und Gegenstände anwenden.
46 Vgl. z. B. Eickelmanns (2017, 29–51) Auseinandersetzung mit Latour und Barad.
47 Der Artikel ist nicht paginiert und abrufbar unter: https://areomagazine.com/2017/03/27/how-french-intellectuals-ruined-the-west-postmodernism-and-its-impact-explained/ (letzter Zugriff: 14.03.2023).

nung darstellten. Es sei diesen Autoren, so Pluckrose, darum gegangen, die *sciences*[48] „and its goal of attaining objective knowledge about a reality which exists independently of human perceptions" zu attackieren, weil sie dieses Ziel als „merely another form of constructed ideology dominated by bourgeois, western assumptions" (ebd.) betrachteten. Die „kulturwissenschaftliche Linke" würde im Anschluss an die Theorien der Poststrukturalisten das Recht auf freie Meinungsäußerung untergraben (vgl. ebd.). Dabei kämen sie letztlich argumentativ nicht aus ihrer eigenen Selbstreferenzialität heraus und würden die *großen Erzählungen* durch eine neue Meta-Erzählung, den Poststrukturalismus, ersetzen. Das Problem daran sei, dass rechte Populisten sich der poststrukturalistischen Argumentationslogik bedienten und auf deren Basis alternative Fakten – oder *Fake News* – in Umlauf brächten.[49] Überspitzt dargestellt, suggerieren Pluckroses Ausführungen: Die Poststrukturalisten haben Donald Trump hervorgebracht.[50]

---

48 Da sich der Begriff *science* nicht 1:1 ins Deutsche übersetzen lässt, da damit nicht Wissenschaften im Allgemeinen, sondern eher Disziplinen mit naturwissenschaftlicher Ausrichtung gemeint sind, wird der Begriff hier im Original übernommen.

49 Pluckrose hat in einem viel beachteten Artikel gemeinsam mit Co-Autoren den Versuch beschrieben, 20 frei erfundene Artikel in renommierten Publikationsformaten der Geistes- und Kulturwissenschaften unterzubringen (vgl. Lindsay/Boghossian/Pluckrose 2018, nicht paginiert). Das Besondere an diesen erfundenen Artikeln war, dass sie diese im Sinne einer – wie die Autoren selbst sagen – „peculiar academic culture" (ebd.) verfassten, die auf einer parteiischen Bezugnahme zu Themen sozialer Ungleichheit basiert. Sie wollten damit beweisen, dass jeder noch so absurde Forschungsbeitrag mit noch so fragwürdigen Methoden von den „akademischen Gatekeepern" (in dem Fall Gutachterinnen und Gutachter renommierter Fachjournale) akzeptiert würde, wenn er nur mit deren ethischen Prämissen übereinstimmte. Die Bilanz dieses Experiments war die folgende: Zum Zeitpunkt der Veröffentlichung war es den drei Autoren gelungen, dass 7 der 20 Artikel angenommen waren, 7 sich noch in Prüfung befanden und nur 6 wegen grober Mängel o. Ä. abgelehnt worden waren (vgl. ebd.). Mikko Lagerspetz (2021) unterzieht das Experiment einer sorgfältigen Überprüfung und kommt zu dem Schluss, dass dieses letztlich von mangelnder Qualität im Design war und sogar beweise, dass es um die Qualitätssicherungsmechanismen geisteswissenschaftlicher Journale grundsätzlich gut bestellt ist. Simon Strick (2021, 330–345) bezeichnet das Experiment als *bösartige Mimikry* und interpretiert diese als weitere Evidenz für seine These, dass die *Alternative Rechte* „linke" Argumentationslinien aufgreife und subvertiere. Er wirft den Autoren vor, nichts Inhaltliches ausgesagt zu haben und fasst das Vorhaben so zusammen: „Ein Betrug sollte zeigen, dass das Betrogene ein Betrug ist" (ebd. 333). Wenngleich das Experiment der Autoren in der Tat fragwürdig ist, ist die Kritik an *Peer-Review*-Verfahren im Allgemeinen nicht neu und auch nicht gegenstandslos (vgl. dazu z. B. Kriegeskorte 2012; Kriegeskorte/Deca 2012). Mit Lagerspetz (2021, 420) lässt sich die sinnvolle Lehre aus diesem medienwirksamen Versuch ziehen, dass Wissenschaft „part of an ongoing discussion, not separate pieces of knowledge" sei. Der Dialog sei wichtiger als das Gatekeeping (vgl. ebd.), was sich aus der Perspektive der Rhetorik nur unterstreichen lässt.

50 In diesem Zusammenhang sei auf ein zu diesem Thema passendes empirisches Fundstück verwiesen. Dabei handelt es sich um eine Google-Rezension zum *Department of Rhetoric* der *UC*

Auch Latour wird mitunter vorgeworfen, (natur-)wissenschaftliche Fakten zu leugnen und mit seiner Akteur-Netzwerk-Theorie die reelle Welt zu dekonstruieren. Das verwundert zunächst nicht, hat er in seiner Forschung doch aufgezeigt, dass (natur-)wissenschaftliche Fakten keine objektiven Gegebenheiten sind, sondern aus einem komplexen Zusammenspiel verschiedener menschlicher und nichtmenschlicher Agenzien eines Netzwerks heraus *als* Wissen produziert werden. Wissenschaft, selbst die oftmals als rein „erkennend", Wirklichkeit abbildend daher kommende, nomothetische Naturwissenschaft, ist nie eine standortlose, isoliert von kulturellen Zusammenhängen. Darauf hat schon Thomas S. Kuhn (1967) mit seiner Arbeit zum Paradigmenwechsel hingewiesen. Auch Donna Haraway (1995), beispielsweise mit ihrer Analyse der Primatenforschung, und Karen Barad mit ihrem *Agentiellen Realismus* ließen sich nahtlos in diese Reihe von Theoretikern einfügen. Doch leugnen diese Forscherinnen und Forscher die Wirklichkeit?

Poststrukturalistische Einsichten führen uns das Brüchige von Wissen vor Augen, das wir nun als das vielleicht immer schon Verlorene empfinden, was auch dazu beitragen mag, dass uns eine (existenzielle) Orientierungslosigkeit plagt, die sich nicht leicht überwinden lässt. Was ist heute noch Wissen, was Wahrheit? Wofür machen wir uns noch die Mühe, uns um den Erwerb von Erstgenanntem zu kümmern und um Letztgenanntes zu streiten, wenn, wie Pluckrose (2017) schreibt, ein Text von Derrida auch gelesen werden und im Anschluss, im scheinbaren Einklang mit dem Gelesenen, behauptet werden könne, es sei um eine „story about bunny rabbits" (ebd.) gegangen? Allein aber „den" Poststrukturalismus auf seine problematische Selbstreferenzialität hinzuweisen, bietet keinen Ausweg aus dem theoretischen Dilemma. Worin bestünde auch die Alternative? Wissen schlichtweg als „richtiges" Wissen zu setzen, mithin *überholtes* und potenziell *diskriminierendes* Wissen? Ein solch trotziges und nachgerade infantiles Verhalten beobachten wir dieser Tage in der Sphäre der Politik im Sekundentakt. Die Einsicht, dass Wissen iteriert, immer wieder neu hergestellt, überprüft, verworfen werden muss, zwingt

---

Berkeley. Ein sichtlich aufgebrachter Rezensent bringt in emotionalen und stark wertenden Worten seine Frustration über die gelehrten kritischen Theorien am *Department of Rhetoric* zum Ausdruck. Der Rezensent spricht davon, dass das dort Gelehrte Übelkeit in ihm verursache, dass er bereue, jemals in die Falle getappt zu sein, dort zu studieren, weil man ihn dort einer Gehirnwäsche unterzogen habe. Er macht die poststrukturalistischen Denker für den Aufstieg Donald Trumps verantwortlich und fragt sarkastisch, ob sie nun glücklich darüber seien, gegenwärtige Gesellschaften zum Zusammenbruch getrieben zu haben. Seinen Beitrag schließt er mit dem Wunsch, dass die Geschichtsschreibung die angeklagten Wissenschaftler ob der Straftaten, die sie verübt haben, zerstören möge. Quelle: eigener Screenshot. Gibt man bei Google „UC Berkeley Department of Rhetoric" ein und klickt dann auf die Google-Rezensionen zum Department, wird einem die zitierte Rezension angezeigt (zuletzt durchgeführt am: 14.03.2023).

uns vielmehr dazu, dieses *an der Welt* und im Rahmen *rhetorischer Debatten* zu erproben und zur Disposition zu stellen.

Was aber ist diese Welt, an der der aktuelle Stand unseres Wissens sich beweisen muss? Wurde diese nicht durch Latour und seine Gefolgschaft ebenso infrage gestellt – erst das Wissen, dann die Welt? Latour vorzuwerfen, er leugne die Richtigkeit (natur-)wissenschaftlicher Fakten (vgl. Kofman 2018), zeugt von einem grundlegenden Missverständnis seiner Theorie. Denn Latour, wie auch Barad, bringt gerade das Agens von Materie und nicht-menschlichen Akteuren in Anschlag, was sich epistemologisch nur dann bewerkstelligen lässt, wenn man auch ontologisch von Materie und nicht-menschlichen Akteuren ausgeht. Er sensibilisiert jedoch für die Fragilität und Instabilität (natur-)wissenschaftlicher Fakten sowie für die Rolle des Forschers und damit des Menschen, den er gewissermaßen konzeptuell *in das Weltgeschehen involviert*. Es wäre also absurd zu behaupten, dass Verfechter der Latourschen Gedanken davon ausgingen, man könne aus einem Hochhaus springen, ohne sich zu verletzen, weil ebenjene physikalischen Gesetze, die uns gerade von solchen Handlungen in der Regel abhalten, *fabriziert* seien.[51] Dieses Wissen hat dem Prüfstand der Welt standgehalten. Im Anschluss an Latour und mit Barad ist vielmehr von einem *prozessontologischen* Weltverständnis auszugehen, das fortlaufend (re-)konfiguriert wird, jedoch freilich auch recht stabile Fundamente aufweist. Dem „poststrukturalistischem Dilemma" eines infiniten Reflexionsregress, so der hier vertretene Standpunkt, lässt sich am sinnvollsten mit Erkenntnissen und intellektuellen Fähigkeiten aus der Wissenschaft der Rhetorik begegnen (vgl. dazu *2.2 Rhetorik – Medien – Medienrhetorik*).

An dieser Stelle soll Folgendes festgehalten werden: Die hier vertretene kulturwissenschaftliche Perspektive ist eine *medien*kulturwissenschaftliche, insofern sie von der Zentralität von Medien für unsere Weltwahrnehmung und -konstitution ausgeht. Sie schließt sich dem „Koblenzer" Kulturverständnis an, indem sie Kultur *ganzheitlich* als *pluralistisches, konstruktivistisches, soziales* und *semiotisches* Gebilde versteht. Theoretisch stützt sich das hier vertretene Kulturverständnis insbesondere auf poststrukturalistische und posthumanistische Strömungen und meint damit, dass Kultur mit den Wahrheiten, die sie setzt, (1) als *brüchig* angesehen werden muss – mit Butler ließe sich von Kultur als *brüchigem*,

---

51 Ava Kofman beschreibt in ihrem New-York-Times-Artikel *Bruno Latour, the Post-Truth Philosopher, Mounts a Defense of Science* den Konflikt zwischen Latour, seinen Anhängern und einem Kritiker, bei dem es zu folgender Situation gekommen sein soll: „At the height of the conflict, the physicist Alan Sokal, who was under the impression that Latour and his S.T.S. colleagues thought that,the laws of physics are mere social conventions,' invited them to jump out the window of his 21st-floor apartment" (https://www.nytimes.com/2018/10/25/magazine/bruno-latour-post-truth-philosopher-science.html; letzter Zugriff: 14.03.2023).

leibperformativen Sprechakt reden – dass aber (2) das Semiotische nur auf der Hintergrundfolie einer angenommenen *handlungsfähigen* Materie konzeptualisiert werden kann. Im nächsten Kapitel soll es nun um die Rolle des „sprechenden Subjekts", mithin des *Orators* in diesem poststrukturalistischen, posthumanistischen Gefüge gehen: Wie ist es um die Handlungsfähigkeit des Orators in der Postmoderne bestellt? Welche Chancen bietet eine *virtuelle Rhetorik*, um das komplexe kulturelle Gesamtgefüge zu verstehen?

2.2 Rhetorik – Medien – Medienrhetorik

Die Anfänge der Rhetorik reichen bis in die Antike zurück. Wobei schon die begriffliche Rahmung der Rhetorik als *Wissenschaft* jene, die der Rhetorik ein Alltagsverständnis zugrunde legen, stutzig machen könnte: Ist Rhetorik nicht vielmehr *Sprecherziehung* oder Bestandteil des Kanons sogenannter *Soft Skills*, die sich in Rhetorik-Coachings erlernen lassen und heute auf dem Arbeitsmarkt äußerst gefragt sind? Joachim Knape (2000, 9) stellt fest, dass Rhetorik Diverses sei: „eine kommunikative Praxis, die darauf bezogene Theorie, ein kommunikationstechnisches Schulungsfach und eine wissenschaftliche Disziplin". Wer sich also mit Rhetorik beschäftigt, begibt sich – wie bei der Beschäftigung mit *Kultur* oder *Kulturwissenschaft* – auf ein weites Feld. Gert Ueding und Bernd Steinbrink (2011, 7) proklamieren für die Rhetorik, dass von ihr „nur sinnvoll im systematischen Zusammenhang zu denken und zu reden" sei. „Rhetorisches Denken ohne Systematik", so die Autoren weiter, „ist Dilettantismus, landet entweder in der Gegend gängiger Populär-Rhetoriken oder verliert sich in Spezialisierung, die, so elaboriert sie auch sein mögen, ohne wenigstens perspektivische Ordnung reduktionistische Denkformen bleiben" (ebd. 8).

Die Stichworte *Dilettantismus* und *Reduktionismus* sind gefallen. Hier wird davon ausgegangen, dass eine solche Sichtweise auf Rhetorik sich insbesondere gegen diejenigen richtet, die Rhetorik auf *Soft Skills* reduzieren wollen. Eine Kulturwissenschaft, die sich der Rhetorik bedienen will, muss als generalistische Wissenschaft verkürzen, darf diese dabei jedoch freilich nicht ihres „Wesenskerns" berauben. Im Folgenden geht es um die Entwicklung eines ganz spezifischen Rhetorikverständnisses[52], von Rhetorik als *Medien*rhetorik, die an ihre Ideengeschichte ge-

---

52 Das bedeutet auch, dass die folgenden Ausführungen nicht erschöpfend sind und daher nicht alle wichtigen Grundbegriffe der Rhetorik – wie etwa *logos, ethos* und *pathos* – enthalten (können), wenngleich diese in einem anderen Kontext bzw. mit einem anderen Fokus besonders relevant wären. Vielmehr werden hier nur diejenigen Aspekte der *Medien*rhetorik behandelt, die für die Fragestellung dieser Untersuchung von Bedeutung sind.

koppelt bleibt, jedoch vor allem darauf befragt wird, welche ihrer Konzepte für gegenwärtige Mediendiskurse besonders gewinnbringend sind. Hingegen geht es hier nicht darum, die grundsätzliche Frage nach einer gelingenden rhetorischen Praxis in Medienkulturen zu stellen, wenngleich die Frage nach gelingender Medienkommunikation im Laufe dieser Arbeit immer wieder berührt wird.

Vielmehr soll in diesem Unterkapitel die Frage nach den Grundzügen einer virtuellen, mithin einer „algorithmischen" Rhetorik, ins Zentrum gestellt werden, die um die Figur des *Orators* als rhetorisch Handelndem kreist. Dieser Blick auf Rhetorik kommt dabei dem nahe, was Volker Friedrich (2018) als eine *Rhetorik der Technik* skizziert hat.

> Technik und Rhetorik der Technik", so schreibt Friedrich (ebd. 249), „stehen in einer Wechselwirkung, die zu betrachten einer der Gegenstände einer Rhetorik der Technik wäre: Technik artikuliert sich, und Technik wird artikuliert. Wie spricht Technik zu uns, wie sprechen die Techniker über Technik, wie die Nicht-Techniker? Können wir Technik – nicht allein, aber eben auch – als rhetorisches Phänomen, als Rhetorik begreifen? Können wir Rhetorik nutzen, um Technik zu begreifen?

Er umreißt acht Aspekte bzw. Untersuchungsgegenstände, die für eine solche *Rhetorik der Technik* von besonderer Bedeutung wären: 1. „die Untersuchung der Sprache der Technik" (ebd. 253); 2. „die Untersuchung der Sprache, mit der über Technik und eine technisierte Welt gesprochen und geschrieben wird" (ebd. 254); 3. „die Untersuchung der Sprache und der Argumente, mit der Persuasion für oder gegen Technik herbeigeführt wird" (ebd. 255); 4. „die Untersuchung der Metapherologie der Technik" (ebd. 256); 5. „die Rhetorizität der Technik" (ebd.); 6. „eine Narratologie der Technik" (ebd. 257); 7. „die Geschichte der Rhetorik der Technik" (ebd. 258) und 8. „Wechselwirkungen zwischen Technik und Rhetorik der Technik"[53] (ebd.). In der hier entwickelten panoramischen *medienkulturrhetorischen* Perspektive spielen all diese Aspekte – in unterschiedlicher Gewichtung – ineinander.

Es soll gefragt werden: Wenn der Sprechakt immer schon *brüchig* ist, die Souveränität von Subjekten auf der Basis poststrukturalistischer Theorien in Zweifel zu ziehen ist, und sich auch andere, „nicht-menschliche Agenzien" – wie Algorithmen oder (Social) Bots – „ins Gespräch einmischen", was hat dann der rhetorisch Handelnde noch zu „sagen"? Ist er dabei, in der Bedeutungslosigkeit zu verschwinden? Ist auch er letztlich nur ein Phantasma? Oder lässt sich ein durchaus souveräner Orator in das posthumane Netzwerk „einweben" – und wenn ja, *wie*? Ein solches theoretisches Unterfangen setzt dabei keineswegs im luftleeren Raum an. Die Medienrhetorik ist zwar eine junge Subdisziplin, doch weist sie – nicht

---

[53] Kursiv bei allen acht Punkten im Original.

zuletzt aufgrund ihrer reichen Ideengeschichte – schon einige fruchtbare Ansätze vor. Sie lässt sich verstehen „[a]ls grundsätzliche Sicht auf die Rhetorik, die stets an Medien gebunden ist. Und als grundsätzliche Sicht auf die Medien, die stets auch rhetorisch wirksam sein können" (Scheuermann/Vidal 2016b, 1). Essenziell für die Medienrhetorik ist, dass der medienkulturelle Wandel dazu geführt hat, dass „[d]ie Unmittelbarkeit der Rede [...] zugunsten einer Mittelbarkeit aufgegeben [wird]" (Schanze 2016, 67) – eine Mittelbarkeit, die es zu erforschen gilt. Die folgende Untersuchung stützt sich dafür insbesondere auf Vidals Monographie *Rhetorik des Virtuellen. Die Bedeutung rhetorischen Arbeitsvermögens in der Kultur der konkreten Virtualität*[54] (2010), in der die beiden von Scheuermann und Vidal benannten Perspektiven zusammentreffen und in der vieles bereits vorweggegriffen wurde, was noch heute von großer Bedeutung ist. Vidals Gedanken sollen rekapituliert sowie im Hinblick auf aktuelle (algorithmische) Tendenzen aktualisiert und erweitert werden.

In ihrer Habilitationsschrift *Rhetorik des Virtuellen* (2010) tritt Vidal dafür ein, den reichhaltigen Erfahrungs- und Wissensschatz der Rhetorik als wissenschaftliche Disziplin ins digitale Zeitalter zu überführen und sich deren methodische Werkzeuge einerseits für eine (ideologie-)kritische Analyse aktueller gesellschaftlicher Entwicklungen zunutze zu machen und andererseits den Menschen „virtuell-rhetorisch", jenseits von (kommerziellen) Rhetorik-Trainings, zu bilden, um ihn so nachhaltig zum mündigen Orator auszubilden, der kulturschöpferisch handeln kann. Der Begriff des Orators ist nun schon mehrfach gefallen. Was ist damit aus Sicht der Rhetorik gemeint? Vidal definiert den Orator als denjenigen, „der durch Rede persuasiv handelt" (ebd. 34), „der durch sein rhetorisches Handeln Einfluss auf [...] Prozesse nimmt" (ebd. 344). Der Orator ist also derjenige, der rhetorisch gebildet ist und in der öffentlichen Sphäre, der *Agora*, Rededuelle, mithin *Debatten*, in seinem Sinne zu entscheiden versucht. In Vidals Untersuchung geht es um die Frage nach den Bedingungen der Möglichkeit, im virtuellen Zeitalter zum Orator zu werden, und die Bedeutung dieser Frage hat sich auf der Hintergrundfolie algorithmischer Entwicklungen weiter verschärft. Die rhetorische Handlungstheorie geht vom Subjekt aus, das sie in eine Position rhetorischer Handlungsfähigkeit zu versetzen sucht. Kritische Textanalyse und die Fähigkeit zur Textproduktion gehen damit bei der Rhetorik miteinander einher.

Von der (potenziellen) Handlungsfähigkeit des Subjekts auszugehen, heißt aber auch, sich technikdeterministischen und kulturpessimistischen Sozialtheorien zu entziehen. Rhetorik und Utopie sind dementsprechend eng miteinander verknüpft. Vidal wirft deshalb die Frage auf, „ob die immer auch entstehenden

---

54 Im Folgenden abgekürzt als *Rhetorik des Virtuellen*.

Hohlräume nicht im Sinne eines utopischen Gegenentwurfs gefüllt werden können" (ebd. 13). Mit Ernst Bloch erinnert sie an das „Unabgegoltene der Emanzipationsgeschichte" (ebd. 384), das als verpflichtend begriffen werden müsse. Die unerfüllten Hoffnungen der Vergangenheit – man könnte hier gleichsam an die großen utopischen Hoffnungen erinnern, die an das Internet geknüpft waren, etwa in Form von Brechts Radiotheorie oder Enzensbergers Baukasten[55] – bergen Möglichkeitspotenziale; sie tragen das in sich, was noch nicht, *diesmal* nicht, war, aber noch werden könnte. Enttäuschte Hoffnungen sind laut Vidal mit Bloch also „nicht gegen die Hoffnung" (Vidal 2022, 132) zu lesen, sondern *mit ihr*, „weil in ihnen das Unabgegoltene sichtbar bleibt" (ebd.). Mit Blick auf das „algorithmische Zeitalter" geht es indes darum, ebendieses Unabgegoltene aufzuspüren und es an den veränderten Rahmenbedingungen zu testen. Bezogen auf Internet-Utopien stellt sich heute drängend die Frage: Kann das deliberative Potenzial, das noch nicht abgegolten ist, uns auch inmitten von Daten, Codes und Algorithmen noch *leiten*? Ist es heute noch zu rechtfertigen, so wie Vidal im Jahr 2010 an *utopischem Denken festzuhalten* (vgl. Vidal 2010, 13)? Provokativ gefragt: Bedarf es mithin dieser Tage überhaupt noch der Rhetorik und ihrem Orator?

Vidals Leitannahme für den Entwurf einer *Rhetorik des Virtuellen* ist diejenige, dass die „Gesellschaft" (ebd. 21) – gerade im digitalen Zeitalter – „auf die Wissenschaft der Rhetorik angewiesen ist". Neben der wissenschaftstheoretischen Perspektive aus *Analyse* und *Bildung* stehen für sie der *Orator* und die *Rhetorizität* der Medien im Vordergrund. Die *Rhetorizität* des Medialen kann als deren „Rhetorisch-Sein" (ebd. 46) definiert werden, ein bekannter medientheoretischer Gedanke, der sich schon, worauf auch Vidal hinweist, in McLuhans berühmtem Diktum *The Medium is the Message* wiederfindet. Es ließe sich auch Georg Simmel ins Gedächtnis rufen, der McLuhans Gedanken, dass zuerst wir die Werkzeuge formen und dann die Werkzeuge uns[56], mit seiner Beschreibung einer immanenten Entwicklungslogik von Kulturprodukten vorweggriff und sich problemlos ins mediatisierte Zeitalter übertragen lässt:

> Diese eigentümliche Beschaffenheit der Kulturinhalte […] ist das metaphysische Fundament für die verhängnisvolle Selbständigkeit, mit der das Reich der Kulturprodukte wächst und

---

[55] Gemeint sind Bertolt Brechts Text *Der Rundfunk als Kommunikationsapparat* (1967), in dem dieser die Vision eines Radios als dialogischem und deliberativem Medium entwirft, und Hans Magnus Enzensbergers *Baukasten zu einer Theorie der Medien* (1970), in dem Enzensberger, bezugnehmend auf Brechts Radiotheorie, eine konstruktive Mediennutzung skizziert.
[56] Dieses Diktum wird oftmals McLuhan zugeordnet, stammt jedoch von John M. Culkin (1967), der in einem Artikel über McLuhan schreibt: „We shape our tools and thereafter they shape us" (ebd. 70). Es trifft jedoch McLuhans Gedanken auf den Punkt, weswegen dieses im Fließtext ihm zugeordnet wird.

wächst, als triebe eine innere logische Notwendigkeit ein Glied nach dem andern hervor, oft fast beziehungslos zu dem Willen und der Persönlichkeit der Produzenten und wie unberührt von der Frage, von wie vielen Subjekten überhaupt und in welchem Maße von Tiefe und Vollständigkeit es aufgenommen und seiner Kulturbedeutung zugeführt wird (Simmel 1983, 201).

Von der Rhetorizität eines Mediums zu sprechen bedeutet, dieser Tatsache Rechnung zu tragen und sich zu fragen, was das Medium selbst „sagt" bzw. wie es medial vermittelte Rhetoriken durch die ihm eigene Dynamik *prägt*. Man muss dabei nicht Simmels Kulturpessimismus teilen, um zu dem Schluss zu gelangen, dass das Medium *an sich* Kommunikationsprozesse strukturiert. Aufgabe des Orators bzw. desjenigen, der zum Orator werden will, ist es, sich dieser Strukturierungen bewusst zu sein/zu werden und sie als *rhetorische Widerstände* gekonnt in das eigene rhetorische Handeln einzubeziehen bzw. diese zu überwinden:

Die Rhetorizität des Mediums in den Blick zu nehmen heißt, sich auf die vom Medium generierten Bedingungen zu konzentrieren, seine indirekt zum Vorschein kommende semiotische Bedeutung zu bewerten, um die eigene Botschaft darin angemessen zu implizieren (Vidal 2010, 57).

Der Redner muss sein rhetorisches Handeln stets auf sein Publikum ausrichten und bei sozialen Medien insbesondere die Ebene des *situativen Widerstands*[57] in seiner Rede berücksichtigen. Anders als in einem „analogen" oder „traditionellen" Face-to-Face-Setting kann er die Beschaffenheit seines Adressatenkreises – zu/mit *wem* spreche ich, zu/mit *wie vielen*? – nicht genau einschätzen, erfordert die Verstetigung von Kommunikaten durch deren Speicherung im Internet besonderen Mut (vgl. Balfanz 2016, 101), muss er mit Operatoren wie „@"-Adressierungen und Hashtag-Verlinkungen (#) sowie mit multimodalen Ressourcen (z. B. Memes, vgl. dazu S. 182f.) und Interface-Vorgaben wie der beschränkten Zeichenanzahl eines Tweets bei Twitter etc. umgehen (vgl. Klemm 2016a, 2017a).[58] Klemm (2017a, 28) fasst dies so zusammen:

Wer […] soziale[] Medien […] gut beherrschen und nutzen will, muss nicht nur deren Dispositive, Kommunikationsstrukturen und Eigenlogiken durchschauen: etwa den Zwang zum

---

[57] Knape (2000, 58–63) benennt fünf Ebenen von Widerstand beim rhetorischen Handeln: die Ebene des *kognitiven Widerstands*, die Ebene des *sprachlichen Widerstands*, die Ebene des *textuellen Widerstands*, die Ebene des *medialen Widerstands* und die Ebene des *situativen Widerstands*.
[58] Dirk Balfanz (2016, 102) weist dabei zurecht darauf hin, dass die sozialen Medien nicht nur Herausforderungen, sondern auch Chancen für den Redner bieten, denn: „In situ recherchierte Sachinformationen können einen in der Darstellung des Orators unverständlichen Sachverhalt möglicherweise instantan aufklären, soziale Netzwerke die Glaubwürdigkeit des Orators stützen und ein *tweet thread* eine positive Stimmung befördern."

kontinuierlichen ‚Bedienen' der selbstgewählten Community und zur zunehmend audiovisuellen Selbstpräsentation. Er muss auch sehr unterschiedliche rhetorische Fähigkeiten aufweisen, schriftliche, mündliche, aber auch technische wie bei der Produktion von Fotos und Videos. Gefragt ist einerseits eine ‚Rhetorik der semiotischen Überfülle' wie bei [...] Blogs oder Instagram-Posts, andererseits eine ‚Rhetorik des Minimalen', die für Tweets oder Meme gefragt ist – beides kann gleichermaßen anspruchsvoll sein.

Vidal (2010, 61) zieht allerdings in Zweifel, ob sich der durchschnittliche Mediennutzer tatsächlich reflexiv mit der Rhetorizität der von ihm genutzten Medien auseinandersetzt. Wird ein Medium neu in Kulturen eingeführt, kann kaum von einer breiten Literazität im Umgang mit ebendiesem ausgegangen werden. So kommt dieses – auch das ist medientheoretischer Konsens und knüpft an das Vorangegangene an – nicht als fertiges Produkt in eine Gesellschaft, sondern als (technisches) *Sinnangebot*, das auf der Basis vielfältiger und konfliktärer kultureller Aushandlungsprozesse[59] seinen Weg in den Alltag der Subjekte findet oder auch in der Bedeutungslosigkeit verschwindet.[60] Das Medium ist dynamisch, *dynamisiert Kulturen* und *wird selbst dynamisiert*, mithin geformt. Das gilt gleichermaßen für die verschiedenen Kommunikationsformen eines Mediums. Als Facebook im Jahr 2004 gegründet wurde, waren Algorithmen und *Filterblasen*, in die man durch Algorithmen hineinmanövriert würde, kaum jemandem ein Begriff. Heute wissen die Nutzer mehr, haben Skandale wie jener um *Cambridge Analytica* für Reflexionsanstöße gesorgt. Von einer *Digital* oder gar *Algorithmic Literacy* sind wir dennoch weit entfernt.

Entscheidend ist hier aber die Perspektive der Rhetorik, die handlungstheoretisch vom Subjekt ausgeht, das als *Orator* in Entscheidungsprozesse eingreifen kann. Es geht um die Frage, „wie es in Zukunft möglich wird, auf den durch die Einführung neuer Technologien mitbedingten kulturellen Wandel im demokratischen Prozess Einfluss zu nehmen" (ebd. 65). Wenn eine *Algorithmic Literacy* als Bildungsziel in der Breite erreichbar wäre – und spannend ist es hier, sich zu fragen, welche Rolle dabei Kulturwissenschaft und Rhetorik spielen können –, wenn also algorithmisch mündige Bürgerinnen und Bürger ausgebildet werden könnten, dann wären diese dazu fähig, den medialen Aushandlungsprozess gerichtet, intentional und selbstwirksam mitzugestalten. Levi Checketts hat beispielsweise in seinem Vortrag *Through a Techno-Mirror Darkly: Created Co-Creators, AI and*

---

59 Vgl. dazu die *Cultural Studies* (z. B. Marchart 2018).
60 So wurde das erste Telefonbuch mit seinen rund 180 Einträgen als „Buch der 99 Narren" (vgl. https://www.telekom.com/de/blog/konzern/artikel/das-telefonbuch-vom-buch-der-99-narren-zum-bestseller-64524; letzter Zugriff: 14.03.2023) verspottet – heute ist ein Leben ohne Telefon, ohne Smartphone, für die meisten Menschen hingegen kaum denkbar. Die technischen Möglichkeiten für die Bildtelefonie waren wiederum schon in den 1930er Jahren gegeben, und dennoch bedurfte es im Grunde erst einer Pandemie, um diese vollumfänglich alltagsfähig zu machen.

Consciousness Uploading am *Center for Theology and the Natural Sciences* in Berkeley[61] von einem christlichen Standpunkt aus die Frage aufgeworfen, ob eine technologische *Singularität* – also eine Kulmination von KI in einer den Menschen übertreffenden Form der Intelligenz –, sollte sie denn jemals technisch machbar sein, überhaupt *gewollt* sein kann. Das *Center for Humane Technology* in San Francisco setzt sich seinerseits für die „Humanisierung", mithin Domestizierung, der neuen Technologien ein, sodass diese dem Menschen dienen können, anstatt (einseitig) *ihn* zu formen.[62]

In diesen Beispielen kommen Haltungen zum Ausdruck, die sich einem Technikdeterminismus dezidiert entgegenstellen. *Singularität* wird bei Checketts nicht allein bezogen auf die technische Realisierbarkeit diskutiert, sondern mit Blick auf das Wohl des Menschen.[63] Dem Blochschen Gedanken, dass utopisches Denken nach dem Unabgegoltenen im Vergangenen suchen muss, ließe sich mit Blick auf die *Singularität* hier hinzufügen, dass dies auch beinhalten müsse, das dystopisch Unabgegoltene im Zukünftigen zu verhindern. Das *Center for Humane Technology* setzt an den Ausgangspunkt seiner Mission die pragmatische Prämisse, dass reaktionäre Positionen, die sich eine prä-technologische Welt erträumen, unhaltbar sind, und daher vielmehr gefragt werden muss, wie mit dem Unausweichlichen umgegangen werden kann. Vidal stellt bezogen auf die diskursivierte Macht der Bilder fest, dass diese tendenziell überhöht werden, anstatt dass „die Frage nach einem möglichen kritischem Umgang" (Vidal 2010, 250) gestellt würde. Macht man sich die performative Dimension des Sprachlich-Diskursiven bewusst, wird auf diese Weise, d. h. etwa durch die Überhöhung von Bildern, die Entmündigung des Bürgers im Umgang mit Bildern nicht schlichtweg konstatiert, sondern auch *hergestellt*.[64] Die Rhetorik geht stattdessen davon aus, dass es handlungsfähiger Subjekte bedarf, die die Mittel an die Hand bekommen, sich informiert und persuasiv in die Gestaltung mediatisierter Welten einzubringen.

---

61 Vortrag vom 05.11.2019 (vgl. https://www.ctns.org/events/through-techno-mirror-darkly-created-co-creators-ai-and-consciousness-uploading; letzter Zugriff: 14.03.2023).
62 Link zum Center: https://www.humanetech.com (letzter Zugriff: 14.03.2023).
63 Auch Vidal weist auf die Diskrepanz von technisch Machbarem und Wünschenswertem hin, wenn sie schreibt: „Im Blick auf den Menschen heißt die Frage dann nicht, was technisch möglich ist, sondern welche Möglichkeiten der Mensch auf welche Weise nutzen will" (Vidal 2010, 307f.).
64 Vidal schreibt diesbezüglich: „Entscheidend für den kulturellen Wandel ist aber, dass diese Bilder nicht einfach die Ereignisse der Welt repräsentieren und es erlauben, einen breiteren Einblick in die Realität zu erhalten, sondern eine eigene Realität nach den Gesetzen der Bildlogik erst erschaffen" (ebd. 223f.).

Strategien zu und Regulierungen von Medientechnologien[65] sind in erster Linie Textdokumente und insofern genuin rhetorisch, als sie – im Idealfall – das Ergebnis einer auf Persuasion gerichteten Debatte bzw. Aushandlung sind.

Vidal geht es in ihrer Untersuchung darum, nach den Bedingungen der Möglichkeit zu fragen, den Willen auszubilden, zum Orator zu werden (ebd. 71). Zum Orator wird derjenige, der sich mit dem Ziel der Persuasion[66], kommunikativ in die öffentliche Sphäre, die *Agora*, begibt.[67] Um persuasiv handeln zu können, gilt es jedoch, rhetorische Widerstände zu überwinden (vgl. ebd. 103 f.). „[P]ersuasives Handeln [meint] immer strategisches Handeln" (ebd.). Wenn das Internet die „neue Agora" (ebd. 119) bildet, also etwa soziale Medien zum Schauplatz eines rhetorischen Kampfs um Deutungshoheit werden, muss, so Vidal, „explizit nach den Formen des rhetorischen Handelns in Netzwerken (gesehen als öffentlicher Raum der Streitkultur) gefragt [werden]" (ebd.). Eine wichtige Frage ist dabei, wie der Internetnutzer im Internet *Aufmerksamkeit* generiert. Das Datengesamtvolumen des Internets betrug 2017 etwa 23 Zettabytes[68]; es gibt derzeit knapp 2 Milliarden[69] Webseiten im Internet. Wie kann der Nutzer bei einem solch entgrenzten Datenaufkommen auf sich aufmerksam machen? Oder, in Vidals Worten: „Wie und unter welchen Bedingungen handeln Menschen in diesen Umgebungen noch rhetorisch und inwieweit ist das System der Rhetorik darauf ausgerichtet, persuasives Hadeln im Virtuellen zu lehren?" (ebd. 200).

Vidal sieht einen Schlüssel zu einem kompetenten Umgang mit dem Internet darin, die Eigenlogik des Internets, und konkreter: den Hypertext, zu verstehen. Der Hypertext ist kein linearer Text, sondern eine weit verzweigte Verweisstruktur, deren Produktion und Konsumtion jedoch – zumindest in Teilen – erlernbar ist (vgl. ebd. 139). Hypertexte müssen „entsprechend ihrer Funktion und ihrer Ziele rhetorisch gestaltet werden" (ebd.). Ferner ist der Hypertext auch aus anderen Gründen kein Text im herkömmlichen Sinne, insofern er *multimodal* ist, also

---

[65] Zu denken wäre im Kontext des spezifischen Untersuchungsgegenstands dieser Arbeit *Künstliche Intelligenz* etwa an die KI-Strategie der Bundesregierung (2018) (vgl. dazu auch Bareis/Katzenbach 2021; Köstler/Ossewaarde 2021).

[66] So schreibt Aristoteles etwa, dass es Aufgabe der Rhetorik sei, „zu erkennen, was [...] jeder Sache an Überzeugendem zugrunde liegt" (Rhetorik I, 1355b10).

[67] Vidal schreibt zur Beziehung von Rhetorik und Öffentlichkeit: „Rhetorik versteht Öffentlichkeit als Forderung nach Teilnahme am politischen und gesellschaftlichen Geschehen, was im Sinne der Rhetorik immer die Möglichkeit zu Debatte und Diskurs impliziert" (Vidal 2010, 292).

[68] https://blog.wiwo.de/look-at-it/2018/11/27/weltweite-datenmengen-sollen-bis-2025-auf-175-zetabyte-wachsen-8-mal-so-viel-wie-2017/; letzter Zugriff: 14.03.2023.

[69] Da sich kaum seriöse Quellen für die Anzahl der weltweit verfügbaren Internetseiten finden lassen, sei hier, unter Vorbehalt, auf https://www.websiterating.com/de/research/internet-statistics-facts/ (letzter Zugriff: 14.03.2023) verwiesen.

aus verschiedenen audiovisuellen symbolischen Ressourcen bestehend. Für Vidal ist eine Bildrhetorik essenzieller Bestandteil einer virtuellen Rhetorik (vgl. ebd. 235). Hier ließe sich konstatieren, dass eine virtuelle Rhetorik immer zugleich eine *multimodale Rhetorik* sein muss, insofern es neben klassischen Textinhalten und Bildern auch darum geht, Videos, Grafiken, Emojis oder Memes (vgl. dazu auch S. 182f.) nicht nur zu *lesen* und zu verstehen, sondern diese auch selbst produzieren zu können, um das virtuelle Publikum *angemessen* adressieren zu können.

Zudem stellt sich heutzutage die Frage, inwiefern und in welchem Maße die Oratorin algorithmisch bzw. datenkompetent sein muss. Reicht eine *Interface Literacy* aus, d. h. die Fähigkeit, mit digitalen Bedienoberflächen umzugehen? Muss sie einen (Quell-)Code selbst verstehen und modifizieren können, ein oberflächliches Maß an Kenntnissen über die Funktionsweise maschineller Lernverfahren und die Bedeutung von Daten im Datenkapitalismus[70] besitzen, sodass sie beispielsweise den strukturellen Zwang von reCAPTCHA[71] versteht, der sie zum unfreiwilligen Datenlieferanten für ein selbstlernendes Programm macht? Muss sie sich tiefergehende Kenntnisse über diese Mechanismen aneignen? Welche Alternativen[72] bieten sich demjenigen, der die externen Zwänge versteht, denen er sich konstant bei der Nutzung verschiedener Internetdienste, wie z. B. auch sozialer Medien, unterwerfen muss? Kann der algorithmisch kompetente Orator sich in die Gestaltung dieser Strukturen einbringen oder allein diese zu seinen eigenen Gunsten nutzen?

Auch Vidal hält es, im Einklang mit der zuvor ausgeführten posthumanistischen Einsicht in die Verschränkung von virtueller und reeller Welt (vgl. S. 27), für entscheidend, diese Dichotomie zu hinterfragen (vgl. ebd. 186). Denn die „Frage der Rhetorik des Virtuellen ist [...] immer eine nach den Gestaltungsmöglichkeiten" (ebd.). Nur wenn aber Grenzen überschreitend gedacht wird, das „Vir-

---

70 Vgl. zu diesem Begriff Mayer-Schönberger/Ramge 2017.
71 CAPTCHA steht für *completely automated public Turing test to tell computers and humans apart*. Als reCAPTCHA bezeichnet man dementsprechend eine automatisierte Sicherheitsprüfung, die etwa daraus besteht, dass man von einem Pool von gezeigten Bildern diejenigen anklicken soll, auf denen ein bestimmter Gegenstand zu sehen ist, beispielsweise ein Schornstein oder eine Ampel, um so zu beweisen, dass man kein Bot, sondern ein Mensch ist. Diese Prüfungen sind unumgänglich und sorgen gleichzeitig dafür, dass das System durch die Handlungen der Nutzer immer besser trainiert wird.
72 So gibt es beispielsweise gewisse Taktiken zur Umgehung der Strukturen und Strukturierungen des Internets, sei es das regelmäßige Löschen von Cookies, um Datenspuren zu reduzieren, das Verwenden eines VPN, um anonym(er) surfen zu können, oder die Nutzung des „Darknets", das – anders, als der Name suggeriert –, nicht nur für „dunkle", d. h. kriminelle, Praktiken genutzt wird, sondern auch für die Organisation von Widerstand gegen unterdrückerische Regime etc.

tuelle" als integraler Bestandteil des heute Reellen anerkannt wird, so ließe sich sagen, scheinen Gestaltungsmöglichkeiten überhaupt erst auf. Wer virtuelle Welten nicht als das genuin Eigene, das genuin Reelle denkt, wird kaum dazu in der Lage sein, den Willen zur Partizipation zu entwickeln, sondern passiver Konsument bleiben.

Es zeigt sich bereits sehr deutlich, warum die Rhetorik einerseits als Disziplin große Potenziale für einen versierten Umgang mit Internetkommunikation, die heute mehr denn je über demokratische Teilhabe entscheidet, bietet, und sich andererseits als eine solche *Medien*rhetorik in einen fruchtbaren Dialog mit der Kulturwissenschaft bringen lässt. Eine virtuelle Rhetorik erkennt die restringierenden Strukturierungen des Internets, des Web 2.0, mit all seinen Agenzien, an, hält aber dennoch am handlungsfähigen Subjekt fest, das sie handlungstheoretisch als Redner in den Blick nimmt (vgl. ebd. 367):

> Das Besondere dieses Ansatzes ist es, der Systemtheorie einerseits zu folgen, indem die Bedeutung selbstorganisierender Systeme hervorgehoben wird, dabei dann auch den Menschen im Sinne eines solchen Systems zu begreifen und ihn trotzdem als handelnden Menschen zu sehen, der interaktiv Informationen erzeugen kann, indem er sie mit anderen teilt, sich mit anderen abstimmt oder auch indem er diesen mir persuasiver Absicht begegnet (ebd. 320).

Rhetorik will Vidal zudem immer auch als ideologiekritische Wissenschaft verstanden wissen[73], die im Sinne Blochs an utopischem Denken festhält. Rhetorik ist somit insgesamt weit mehr als eine „Schlüsselqualifikation" (ebd. 301), die sich „durch kurze Trainings" (ebd. 370) erlernen lässt. Sie ist, das hat sie mit der Kulturwissenschaft gemeinsam, eine Querschnittsdisziplin, die das Semiotische als Arena des Ringens um Deutungshoheit begreift und im Sinne des *Verstehens* von Medienkommunikation auch die dekonstruktivistische Analyse der Medienkommunikate an den Ausgangspunkt setzt. Es ist ihr zugleich aber auch, und hier kann sie die Kulturwissenschaft sinnvoll ergänzen, immer um die Emanzipationsfähigkeit des Subjekts zu tun, das sie in die Lage versetzen will rhetorisch, d. h. *kulturschöpferisch*, zu handeln. Es geht darum, die *Kultur der konkreten Virtualität* (Vidal 2010) sowohl zu verstehen als auch handlungsfähig in dieser zu agieren. Die Frage nach einer möglichen *Algorithmic* oder *Data Literacy* wird als entscheidende Frage der Medienrhetorik deshalb im Fortgang der Untersuchung im Hinterkopf zu behalten sein, da die medienrhetorische Perspektive einen wichtigen Bestandteil des hier entwickelten Programms darstellt.

---

73 Vidal (2010, 384) schreibt diesbezüglich: „Aufgerufen wird an dieser Stelle, es als gesellschaftliche Herausforderung zu begreifen, Rhetorik ideologiekritisch zu betreiben."

2.3 Medienkultur – Medienrhetorik – Medienkulturrhetorik

Nach diesem Parforceritt durch wichtige kulturwissenschaftliche Strömungen und durch die (Medien-)Rhetorik stellt sich die Frage, welches Gesamtbild einer *Medienkulturrhetorik* sich für diese Arbeit nun ergibt. Dafür sollen im Folgenden die Ergebnisse der vorangegangenen Ausführungen rekapituliert und synthetisiert werden. Begonnen wurde mit Annäherungen an die Begriffe *Medien*, *Kultur* und *Medienkultur*. Das hier verfolgte medienkulturrhetorische Forschungsprogramm setzt an einem *engen*, d. h. insbesondere technischen, Medienbegriff an, der also technisierte Produktions- und Ausstrahlungsmedien wie das Telefon oder Smartphone, das Fernsehen oder den Film sowie das Internet u. a. umfasst und innerhalb dieser Medien verschiedene Kommunikationsformen (z. B. Social-Media-Plattformen wie Facebook, Apps wie WhatsApp, TikTok etc.) und Textsorten (z. B. Liebesbrief, Facebook-Post, Tweet etc.) voneinander unterscheidet.

Anschließend wurde sich mit dem Kulturbegriff auseinandergesetzt. Die fünf Dimensionen des „Koblenzer" Kulturbegriffs (vgl. auch Klemm 2008) *Holismus*, *Semiotik*, *Konstruktivismus*, *Pluralismus* und *Sozialität* wurden aufgegriffen und insbesondere die Dimension des Semiotischen um posthumanistische Einsichten in das Agens von Materie ergänzt. Von übergeordneter Bedeutung für ein profundes Verständnis von Kultur wird „der" Poststrukturalismus angesehen, vor allem um den Denker Michel Foucault, der mit seinem Diskurs- und Dispositiv-Begriff essenzielle kulturwissenschaftliche Kategorien herausgearbeitet hat, und um die Philosophin Judith Butler, bei der insbesondere die Brüchigkeit des leibperformativen Sprechakts als Leerstelle für individuelle wie kollektive Transformationskraft ins Zentrum gerückt wurde. Diskurse und Mediendispositive sind wirkmächtig – doch sie lassen sich *verschieben*. Gleichzeitig müssen diese immer auch in ihrer materiell-diskursiven Beschaffenheit gedacht werden, was der Posthumanismus konzeptuell möglich macht.

Anhand der Philosophie Karen Barads und insbesondere deren Begrifflichkeiten *Intraaktion* und *agentieller Schnitt* wurde argumentiert, dass Dichotomien wie Diskurs/Materie *als* Dichotomien (bzw. agentielle Schnitte) erst durch das Intraagieren verschiedener Phänomen-Ebenen kulturell erzeugt werden. Mit Eickelmann ließ sich das Baradsche Gedankengut spezifisch auf die Sphäre der Medien übertragen. Der von Butler in den Fokus gerückte *Körper*, der etwa qua seines Erscheinens zu Versammlungen Rechte und Grundbedürfnisse artikuliert, kann in der heutigen Zeit nur als *Medienkörper* gedacht werden. Kulturelle Phänomene müssen, im Sinne Eickelmanns, *diffraktiv* gelesen, d. h. durcheinander hindurch, gebeugt, zerstreut werden. Zusammenfassend ergibt sich daraus folgendes Verständnis von Medienkulturen: Der Begriff Medienkultur ist in gewisser Hinsicht tautologisch, als gegenwärtige Kulturen nur als Medienkulturen gedacht werden können.[74] Medien sind dort nicht nur omnipräsent, sondern nachgerade, der posthumanistischen Perspektive folgend, mit dem Menschen *verwoben*. Gegenwärtige Kulturen, als Medienkulturen, werden von soziomateriellen Diskursen figuriert, in denen Agenzien wie Technologien Künstlicher Intelligenz eine große Rolle spielen.

Obwohl vieles für die Heteronomie des Subjekts in diesem „postsouveränen" Kulturgefüge spricht, wird hier – und das ist entscheidend – mit der Wissenschaft der Rhetorik an der Idee des Orators, als kulturschöpferisch tätigem Subjekt, festgehalten. Der Orator fügt sich in die Leerstellen potenzieller kultureller Transformation ein, in die *Brüchigkeit* des „leibperformativen" Sprechakts, um Kultur aktiv zu gestalten. Es ist auch die Rhetorik, mit der es gelingt, der Kritik am Poststrukturalismus, dass dieser Wissen beliebig mache und sich in einem infiniten Regress verheddere, entgegenzutreten. Einerseits kann, so die hier vertretene Überzeugung, von der *Dezentralität, Gemachtheit* und *Brüchigkeit* des Diskursiven im Wechselspiel mit einer „agentischen" Materie ausgegangen werden, andererseits aber auch von einem handlungsfähigen Orator, der Weltwissen prozessiert, sich kommunikative Kompetenzen aneignet und sich mit seinem erlangten *Zertum* handelnd in der Welt bewegt und in diese einbringt. Was letztlich als *Wissen* Bestand hat, ist gerade nicht beliebig, sondern Ergebnis eines fortwährenden rhetorischen Aushandlungsprozesses, in dem dasjenige sich durchsetzt, das überzeugt, das am glaubhaftesten ist. Kategorien von Wahrheit und Objektivität werden im hiesigen medienkulturrhetorischen Verständnis somit durch die Kategorien des *Persuasiven* und des *Glaubhaften* ersetzt.

Medienkulturrhetorik fragt danach, um Quadflieges Formulierung erneut aufzugreifen, *wer wir jetzt, in diesem Moment der Geschichte* sind, und, spezifischer, wie die Rahmenbedingungen der heutigen mediatisierten, mithin „algorithmisierten", Welt beschaffen sind, in denen Subjekte versuchen, zum Orator zu werden. Wie bereits mehrfach erwähnt, sind Agenzien wie Algorithmen und Künstliche Intelligenz Transformatoren der heutigen Zeit. Wer gegenwärtige Medienkultu-

---

[74] Einerseits muss hier betont werden, dass es sich um eine Perspektive handelt, die insbesondere für westliche Industrienationen ihre Gültigkeit beansprucht, da nach wie vor knapp die Hälfte der Weltbevölkerung keinen Internetzugang besitzt (vgl. https://www.destatis.de/DE/Themen/Laender-Regionen/Internationales/Thema/wissenschaft-technologie-digitales/Internetnutzung.html, Stand 2019; letzter Zugriff: 14.03.2023). Andererseits wird die Lebenswirklichkeit derjenigen, die nicht an das Internet und dessen wirtschaftliche wie partizipative Möglichkeiten angeschlossen sind, *ex negativo* konfiguriert, wenn etwa ein *global digital divide* die Ausgangsbedingungen ohnehin bereits abgehängter Bevölkerungsgruppen weiter verschlechtert. Vielleicht lässt sich auf diese Weise der oben formulierte Satz in seiner Gültigkeit ausweiten.

ren verstehen will, kommt nicht umhin, sich mit diesen auseinanderzusetzen. So soll es im nächsten Kapitel zunächst darum gehen, welches Wissen über diese Agenzien aktuell kursiert und wie die Kulturwissenschaft(en) mit diesen umgeht bzw. umgehen, bevor der Fokus darauf gerichtet wird, wie diese Technologien diskursiv angeeignet werden.

3 Künstliche Intelligenz – disziplinäres Wissen und die medienkulturrhetorische Perspektive

Will man Künstliche Intelligenz aus einer kulturwissenschaftlichen Perspektive erforschen, sieht man sich mit einer Reihe von Herausforderungen konfrontiert. Der Forschungsgegenstand ist ein hochgradig technisch-mathematischer, um den in seiner technischen Dimension verstehen zu können, sich ein MINT-Zweitstudium lohnen würde. Zudem begibt man sich bei ihm in den *Big-Data*-Bereich, der durch exponentielles Datenwachstum gekennzeichnet ist und sich fortlaufend verändert. Wie Algorithmusforscherin Safiya Umoja Noble (2018, 42) schreibt: „Inevitably, a book written about algorithms or Google in the twenty-first century is out of date immediately upon printing". Gleiches ließe sich auch über diese Arbeit konstatieren. Kaum ist ein Satz aufgeschrieben, schon scheint er bereits veraltet zu sein. Doch das kann kein Grund sein, sich dieser Herausforderung zu verweigern. Kulturwissenschaftler, das ist die tiefe Überzeugung der Verfasserin dieser Arbeit, *müssen* sich in die Diskussion um Künstliche Intelligenz – weiterhin – einbringen.

Gerade aus dem Bereich der *Science and Technology Studies* (STS) ist so auch in den letzten Jahren eine geradezu unüberschaubare Vielzahl an Forschungen, Methodenreflexionen und Theoretisierungsversuchen rund um KI hervorgegangen. Im Folgenden wird es nicht darum gehen (können), diese gänzlich zu rekapitulieren. Vielmehr sollen anhand der Linien einer heuristischen Grenzziehung zwischen *Critical Algorihm Studies* und *Post-critical Algorithm Studies* Grundsatzthematiken der kulturwissenschaftlichen Algorithmusforschung herausgearbeitet und untersucht werden. Es geht um das Spannungsverhältnis zwischen technischer Mikro- und sozialer Makro-Perspektive, zwischen einem „politischen" und einem „apolitischen" Zugriff auf den Forschungsgegenstand. Einerseits ist nicht von der Hand zu weisen, dass unsere Lebenswirklichkeit algorithmisch „sortiert" wird; gesellschaftlich geltende Wahrnehmungsweisen und Wahrheiten werden mitunter algorithmisch konstituiert. Doch reicht es, wenn wir pragmatistisch feststellen, dass nun einmal Komplexität reduziert werden müsse und wir algorithmische Gegenentwürfe erproben, wie dies etwa Andreas Birkbak und Hjalmar Bang Carlsen (2016) tun? Oder ist die Lage zu ernst, um mit neutraler wissenschaftlicher Neugierde an das Thema heranzugehen, bedarf es nicht lautstarker Kritik wie jener Nobles oder Ruha Benjamins (z. B. 2019), um die „Oligarchie" der sogenannten *Big Five*[75] aufzubrechen? Wie viel „Technik" muss es sein, um informiert über KI diskutieren zu können?

---

[75] Als *Big Five* bezeichnet man gemeinhin die „Internetgiganten" Amazon, Apple, Facebook (Meta), Google (Alphabet) und Microsoft.

Die nachfolgende Untersuchung ist wie folgt aufgebaut: Zunächst sollen bedeutende mit KI einhergehende technische Begrifflichkeiten genauer examiniert werden, um zu operationalisierbaren Arbeitsdefinitionen zu gelangen. Im Sinne Paul Dourishs (2016) wird es hier insbesondere um „emische" Definitionen gehen, also um solche, wie sie vonseiten der *Computer Sciences* in Umlauf gebracht werden. Diese werden im weiteren Verlauf im Lichte kulturwissenschaftlicher Algorithmusforschung jedoch auf den Prüfstand gestellt. In einem zweiten Schritt wird das (heterogene) Forschungsprogramm der *Critical Algorithm Studies* anhand einschlägiger Fachliteratur skizziert und kritisch diskutiert. Anschließend werden Forschungen vorgestellt, die hier unter dem Begriff *Post-critical Algorithm Studies* gefasst werden, insofern sie bestehende kulturwissenschaftliche Algorithmusforschung herausfordern und neue theoretische wie methodische Herangehensweisen vorschlagen. Im letzten Schritt dieses Kapitels wird die Leitfrage, ob und in welchem Maße politische kulturwissenschaftliche Algorithmusforschung angebracht ist, reflektiert und in Zusammenhang mit der zuvor erarbeiteten spezifischen medienkulturrhetorischen Forschungsperspektive gebracht.

3.1 Künstliche Intelligenz, Algorithmen, Machine Learning & Co. – worum geht es eigentlich?

Algorithmen und Künstliche Intelligenz (KI) sind technologische Produktionsformen, die den gegenwärtigen gesamtgesellschaftlichen Diskurs maßgeblich prägen, da sie in immer mehr Lebensbereiche hineindringen und dabei sukzessive unsere Alltagswirklichkeit transformieren. Laut der von der ehemaligen Bundesregierung herausgegebenen *Strategie Künstliche Intelligenz* (Bundesregierung 2018) ist KI als eine „Schlüsseltechnologie" (ebd. 4) zu begreifen, deren „Entwicklungen mitsamt Chancen und Risiken soweit es geht [antizipiert]" (ebd.) werden müssen. KI hat einen „globalen Wettbewerb" (Ernst et al. 2019, 13) entfacht, dessen Verlauf mit weitreichenden Konsequenzen für unsere Gegenwart und Zukunft verbunden ist. Technologische Innovationen entwickeln sich dabei nicht im luftleeren Raum. Sie sind historisch und soziokulturell gewachsen. Ein Blick in die Mediengeschichte verrät, dass sie in der Regel mit Wellenbewegungen einhergehen, zunächst große Emotionen – von der Angst bis zur Euphorie – auslösen und sich dann allmählich zum Alltäglichen „abkühlen". Zu denken wäre nur an das Telefon, das Walter Benjamin und Marcel Proust noch in Schrecken versetzte[76], heute jedoch in Form des

---

[76] Vgl. z. B. https://www.sueddeutsche.de/digital/150-jahre-telefon-das-pferd-isst-keinen-gurkensalat-1.1169313-2; letzter Zugriff: 14.03.2023.

Smartphones schier omnipräsent ist. Transhumanisten fantasieren von der Verschmelzung von Mensch und Technologie, von der Schöpfung einer „Superintelligenz", die alle gegenwärtigen Probleme zu lösen vermag – Journalisten prophezeien den Verfall der Arbeit, Tech-Visionär Elon Musk hält KI für gefährlicher als Atomwaffen. Würde man die Geschichte Künstlicher Intelligenz durch die zuvor skizzierte medienkulturgeschichtliche Schablone hindurch betrachten, könnte man es sich leicht machen und feststellen, dass wir uns dann wohl aktuell noch auf einer hochschäumenden Welle bewegen, die voraussichtlich bald brechen müsste. Ist KI letzten Endes gar nicht so außergewöhnlich, wie uns deren diskursive Erscheinung glauben machen lässt, nur ein Hype unter vielen? Handelt es sich womöglich gar nicht um eine Disruption, sondern einzig um eine Weiterentwicklung des Bestehenden?[77]

Ideengeschichtlich reicht KI bis in die griechische Antike zurück. Hier schon kursierten in der Mythologie Vorstellungen „artifizieller Wesen, seien es die mechanischen goldenen Dienerinnen von Hephaistos [...] oder Pygmalions Galatea" (Sudmann 2018a, 18). Üblicherweise wird in der (geisteswissenschaftlichen) Fachliteratur zu KI deren Geschichte auf folgende Weise grob skizziert (vgl. Lenzen 2018; Ramge 2018, Sudmann 2018a): Mit der berühmt gewordenen *Dartmouth Conference* (McCarthy et al. 1955) wurde der Begriff *Künstliche Intelligenz* (*Artificial Intelligence*) geprägt, es gab einen regelrechten Boom in der KI-Forschung, bei dem große Machbarkeits-Fantasien einer „starken"[78] KI auflebten. Als sich die Lösung zur Herstellung solch intelligenter Systeme jedoch als komplizierter erwies als ursprünglich angenommen, folgte der sogenannte „KI-Winter", in dem die KI-Forschung – beinahe – zum Erliegen kam, bis sie dann wieder, insbesondere mit der Implementierung Künstlicher Neuronaler Netze (KNN) (oder auch *Deep Learning* (DL); vgl. S. 51) erneut auflebte und seitdem kaum noch Grenzen zu kennen scheint.

Was also ist Künstliche Intelligenz? Stuart Russell und Peter Norvig (2021, 19–22) führen in ihrem KI-Standardwerk allein acht KI-Definitionen auf, in denen KI entlang der Vektoren von Denkprozessen bzw. Verhalten sowie deren Anthropomorphität bzw. Rationalität bestimmt wird. Madeleine Clare Elish und Tim Hwang (2016, 8) definieren Künstliche Intelligenz, weit gefasst, als „a characteris-

---

[77] So schreibt Thomas Christian Bächle (2015, 41) in seiner Untersuchung des *Mythos Algorithmus* etwa: „Formen des traditionellen Wissens sind grundlegend, um die Genese der Formen vermeintlich neuen Wissens nachzeichnen zu können und den kontinuierlichen Verlauf der Veränderung des Wissens zu verstehen, der keine Brüche kennt". Neues Wissen ist in dieser Perspektive nur *vermeintlich* neu, *Brüche*, d. h. auch Disruptionen, gibt es nicht.
[78] Mit *starker* bzw. *allgemeiner* KI wird – im Unterschied zu *schwacher* KI – eine autonome Form von KI bezeichnet, die über bereichsspezifische KI-Anwendungen weit hinausgeht, insofern sie über Intentionalität verfügt (vgl. dazu Searle 1980). Eine solche KI existiert bis dato nicht und ob sie dies jemals tun wird, ist umstritten (vgl. dazu auch S. 151).

3.1 Künstliche Intelligenz, Algorithmen, Machine Learning — 49

tic or a set of capabilities exhibited by a computer that resembles intelligent behavior". Dort wird die Ähnlichkeitsbeziehung zu einer nicht näher spezifizierten Intelligenz in den Vordergrund gerückt, die zu definieren – so die Autoren – *zentral*, jedoch umstritten sei. Manche, so die Autoren weiter, definieren die Intelligenz von KI im Sinne kybernetischer Fähigkeiten, andere wiederum im Hinblick auf das Prozessieren symbolischer Inhalte wie z. B. die Fähigkeit zur (Imitation der) menschlichen Sprache. Da KI sich über deren lange (Vor-)Geschichte hinweg stets, mitunter *substanziell*, verändert hat, plädieren die Autoren dafür, KI als instabiles „moving target" (ebd.) zu konzeptualisieren.

Wird heutzutage von Künstlicher Intelligenz gesprochen, ist damit zumeist eine spezifische Form des maschinellen Lernens gemeint, nämlich das *Deep Learning*.[79] *Machine Learning* (ML) ist nach Elish und Wang (2016, 10) ein spezialisierter Subprozess von KI und „refers to a type of computer program or algorithm that enables a computer to ‚learn' from a provided dataset and make appropriate predictions based on that data". Zwei Begriffe tauchen hier auf, die ebenfalls genauer in den Blick genommen werden müssen: der des *Algorithmus*, und der des *Lernens*, der insbesondere in pädagogischen, psychologischen, bildungswissenschaftlichen wie -politischen Fachdiskursen von zentraler Bedeutung ist, aber auch dort als höchst ambiger Terminus in Erscheinung tritt. Algorithmen, auf die weiter unten noch näher eingegangen wird[80], gelten zuweilen als der „Geist" in der Maschine[81] (vgl. Gillespie 2017, 75), als „beating heart of […] network technologies" (Gillespie 2016, 27). Zunächst einmal handelt es sich dabei um ein „Verfahren zur schrittweisen Umformung von Zeichenreihen", einen „Rechenvorgang nach einem bestimmten [sich wiederholenden] Schema"[82]. Subrata Dasgupta (2016, 36) benennt mit Donald Knuth als essenzielle Charakteristika von Algorithmen die vier Aspekte *Finiteness* (Geschlossenheit), *Definiteness* (Präzision, die Absenz von Ambiguität), *Effectiveness* (Durchführbarkeit) und *Input and Output* (die Existenz von mindestens einem Input und einem Output). Beispiele für solche Algorithmen sind Sortier-Algorithmen wie *Quicksort* oder *Bubblesort*, die mittels Programmiersprachen von

---

79 Der Begriff *Deep Learning* wird synonym zu *Künstlichen Neuronalen Netzen* (KNN) verwendet.
80 Vgl. dazu insbesondere das Unterkapitel *3.2 KI, Algorithmen und die Kulturwissenschaften*. Im weiteren Verlauf dieser Arbeit wird der Algorithmus-Begriff entweder als diskursive Teilnehmerkategorie übernommen oder im Sinne eines postkritischen Algorithmen-*als*-Kultur-Ansatzes verwendet (vgl. dazu Kapitel 3.2).
81 Beim Maschinen-Begriff handelt es sich um eine vielfach im Diskurs verwendete Teilnehmerkategorie, mit der zumeist KI und deren Hardware bezeichnet werden, die aber auch teils als Synonym zum Medienbegriff gebraucht wird. Wenn der Begriff im weiteren Verlauf genutzt wird, dann als eine solche Teilnehmerkategorie.
82 Dies ist die Definition des Online-Dudens (https://www.duden.de/rechtschreibung/Algorithmus; letzter Zugriff: 14.03.2023; eckige Klammern im Original).

Programmierern „von Hand" in Code übersetzt werden können, um etwa Listen auf bestimmte Weisen zu sortieren; der Output ist dementsprechend eine spezifisch sortierte Liste. Bei *maschinellen Lernverfahren* kommen jedoch komplexere Algorithmen zum Einsatz – die Computerwissenschaftler Michael Kearns und Aaron Roth (2020, 6; 9) sprechen von *Meta-Algorithmen* –, deren Output seinerseits ein komplexer Algorithmus oder ein *Modell* zur Analyse großer Datenmengen ist. Ausgegangen wird bei diesen Verfahren von einem enggefassten Verständnis von *Lernen*, das sich im Wesentlichen auf „the capacity for a program to recognize a defined characteristic in a dataset in relation to a defined goal and to improve the capacity to recognize this characteristic by repeated exposure to the dataset" (Elish/Wang 2016, 10) bezieht. Das Lernverständnis im Bereich des *Machine Learning* ist damit ein instrumentelles, das an einem konkreten Output gemessen wird, und mit jenen Auffassungen aus anderen Fachdiskursen wenig gemein hat.

Andreas Sudmann (2018a, 10) definiert als wichtiges Merkmal von *Machine-Learning*-Verfahren, „dass sie einen Computer in die Lage versetzen, aus Erfahrungen zu lernen, um bestimmte Aufgaben zu lösen und Vorhersagen zu treffen, ohne für diese Funktion explizit programmiert worden zu sein [...]". Unterschieden wird beim ML zwischen *Supervised*[83], *Unsupervised* und *Reinforcement Learning*. Beim (1) *Supervised Learning* (überwachtem Lernen) wird ein System anhand von mit einem Label versehenen Daten trainiert (z. B. Bilder einer Katze mit der entsprechenden Verschlagwortung), um anschließend aus einem Input von neuen Daten einen spezifischen Output zu generieren (z. B. Input = Bilder von Tieren; Output = alle Bilder, auf denen Katzen abgebildet sind); beim (2) *Unsupervised Learning* (nicht-überwachtem Lernen) sind die Daten ohne Label, die als Input in das System eingespeist werden; ein bestimmter Output wird nicht definiert[84]; und beim (3) *Reinforcement Learning* wird der Lernprozess von KI-Systemen mittels „Belohnungen" unterstützt. Typ (1) eignet sich beispielsweise dazu, um ein bestimmtes (zukünftiges) Ergebnis vorherzusagen und Daten zu klassifizieren (z. B. Welches dieser Bilder (ohne Label) ist ein Bild von einer Katze?); Typ (2), um neue Einsichten, Auffälligkeiten oder versteckte Strukturen in Daten zu erkennen; und Typ (3), um etwa Roboter spezifische motorische Fähigkeiten in der Interaktion mit ihrer Umgebung erlernen zu lassen (z. B. ein Tischtennis spielender Roboter). Dabei weisen Elish und Hwang (2016, 9) darauf hin, dass alle Prozesse maschinellen Lernens „a guiding human hand"[85] benötigen, denn „an algorithm cannot begin to learn on its own".

---

83 Zudem gibt es *semi-überwachtes Lernen*, bei dem manche Daten mit Label versehen sind und manche nicht.
84 Vgl. zum Unterschied von *Supervised* und *Unsupervised Learning* auch Sudmann 2018a, 10.
85 Rhetorisch interessant ist an dieser Stelle, dass hier die menschliche „spender-konzeptuelle" Intelligenz synekdochisch aufgerufen wird, und damit zugleich ein impliziter Schnitt zwischen

Deep Learning lässt sich als eine von der (Neuro-)Biologie inspirierte Unterform des maschinellen Lernens bestimmten. DL operiert auf der Grundlage parallel ablaufender Prozesse, die – anders als die statistischen Ansätze anderer Verfahren maschinellen Lernens – deutlich schwieriger zu verstehen und zu durchschauen sind (vgl. ebd.). Hier kommt das Element des Unüberschaubaren, nicht Kontrollierbaren ins Spiel, das auch unter dem Begriff *Black Box* gefasst wird.[86] Elish und Hwang (ebd.) gehen noch weiter und rufen den semantischen Bereich des Magischen, Zauberhaften, des nachgerade Suprahumanen, auf: „Neural nets are often presumed to be magical because little is known about how or why they work in certain contexts". Diese Metaphorik kommt auch in Seavers (2017, 3) ethnographischer Feldforschung in einem Musikempfehlungssysteme-Unternehmen zum Tragen. So zitiert Seaver eine Software-Ingenieurin mit folgender Aussage: „It's very much black magic that goes on in there; even if you code a lot of it up, a lot of that stuff is lost on you'". Von dieser mystischen Semantik grenzen sich Elish und Hwang (2016, 10) jedoch ein Stück weit ab, wenn sie schreiben, dass DL als sich jenseits der menschlichen Erkenntnisfähigkeit befindend gerahmt werde, wenn „in fact, it is simply currently unknown".

Sudmann (2018b, 60) beschreibt die technische Funktionsweise von DL mit diesen Worten:

> Die Architektur von KNN besteht aus Schichten von Knoten, d. h. simulierten Neuronen. Jedes Netzwerk verfügt über eine Eingabe-Schicht von Knoten, die die Input-Daten repräsentieren (z. B. Pixel eines Bildes), und eine Ausgabe-Schicht von Knoten, welche entsprechend die Output-Daten darstellen. Dazwischen befinden sich bei DL-Architekturen mehrere sogenannte verdeckte Schichten. Typischerweise sind sämtliche Knoten einer Schicht mit denen der nachfolgenden Schicht verbunden. Ist ein Input-Knoten aktiviert, wird die Aktivierung über die Verbindung an die Knoten der nächsten Schicht weitergeleitet. Den einzelnen Relationen zwischen den Knoten (simulierten Neuronen) ist dabei jeweils ein Gewicht als Parameter zugeordnet. Im Rahmen des Lernvorgangs werden die Gewichte auf Grundlage der Beispieldaten aus der Trainingsphase optimiert. Ziel des Lernprozesses ist es, Input-Daten korrekte Output-Daten zuzuordnen. Ausschlaggebend hierfür ist die jeweils auftretende Abweichung zwischen Ist- und Sollwert des Outputs.[87]

---

dem *Menschlichen* und dem *Technologischen*, dem *Maschinell-Lernendem* und dem *Algorithmischen* vorgenommen wird.

86 Vgl. dazu das Kapitel *3.2.1.2 Algorithmische Opazität*. Dies ist auch der Grund für Bemühungen um eine sogenannte *Explainable Artificial Intelligence* (XAI; *Erklärbare Künstliche Intelligenz*), über die KI-Prozesse für den Menschen intelligibel gemacht werden sollen.

87 DL-Verfahren verfügten, wie Sudmann (2018b, 56) argumentiert, mit *Backpropagation* über eine Art „Masteralgorithmus'", der „bei nahezu allen KI-Anwendungen zum Einsatz [kommt], die derzeit als Innovationen in Erscheinung treten."

Bei KNN handelt es sich also um eine Anwendung mit vielen verschiedenen Schichten aus simulierten Neuronen (Knoten), von denen eine die Eingabe-/Input-Schicht und eine die Ausgabe-/Output-Schicht ist. Die Daten durchlaufen diese Schichten vom Input über die verborgenen Schichten bis zum Output. DL bzw. KNN kam als Technologie schon in den 1950er Jahren auf, fand jedoch im Laufe der Jahre weniger Beachtung („KI-Winter"). Das hatte in erster Linie etwas mit der Machbarkeit zu tun, oder besser: mit der Diskursivierung von deren Machbarkeit, was wiederum auf die *produktive Kraft* sich in öffentlicher Rhetorik manifestierender Glaubenssätze verweist. Wenn das Unmögliche im Diskurs *als* Unmögliches hervorgebracht wird, korrespondiert dies zwangsläufig – wie beim „KI-Winter" – mit der *Unmöglichkeit des Handelns*, konkreter: in der Kürzung von Fördergeldern und dem Schließen von KI-Laboren (vgl. dazu z. B. Ramge 2018, 38). In den 1980er Jahren hatte DL eine Art konjunkturelles Hoch, jedoch wurde das Verfahren erst ab den 2000er Jahren besonders populär. Sudmann benennt die Studie *ImageNet classification with deep convolutional neural networks* (Krizhevsky/Sutskever/Hinton 2012) als eine Zäsur im DL, da es den Autoren gelungen sei, die Fehlerrate in Bilderkennungsverfahren zu halbieren (vgl. Sudmann 2018b, 61).

Doch reichen solche Fortschritte aus, um von KI als Medienrevolution sprechen zu können? Ist KI tatsächlich derart disruptiv wie etwa die Erfindung der Elektrizität?[88] Revolutionen, so Sudmann (ebd. 58) im Anschluss an Lorenz Engell, seien ein „Spezialfall historischer Beschreibungen", da sie „im Modus der Selbstbeobachtung [operieren]. Sie sind geschichtliche Transformationsprozesse, die sich selbst als solche begreifen und dabei Gegenwärtiges als historische Form behandeln". Hier schaut also die Gesellschaft auf sich selbst im grammatikalischen Futur II, um aus der Perspektive der Gegenwart nicht zu prognostizieren, sondern schon zu *deklarieren*, was *gewesen sein wird*. Sudmann bedient sich zur Behandlung der Frage, ob KI (medien-)revolutionär sei, Kuhns berühmten Ausführungen zu *wissenschaftlichen Revolutionen*, will KI aber gerade nicht als Paradigmenwechsel verstanden wissen, da wir es bei KI nicht mit einem Wandel „von grundsätzlichen Weltsichten oder Theorien, sondern zunächst mit einem von Technologien zu tun [haben]" (Sudmann 2018b, 58).

Die „Revolutionsrhetorik" (ebd. 70), die mit KI einhergehe, sei verfrüht und nehme, so lassen sich Sudmanns Ausführungen lesen, zu viel Raum im aktuellen Diskurs ein, jedoch ließen sich gegenwärtig bereits bestimmte technologische Entwicklungstendenzen ausmachen, „die sicherlich auch als epistemisch-technische Zäsuren beschreibbar sind" (ebd. 71). Sudmann macht das Besondere derzeitiger

---

[88] Sudmann (2018b, 57) zitiert den DL-Wissenschaftler Andrew Ng, der 2016 tweetete: „AI is the new electricity. Electricity transformed countless industries; AI will now do the same".

DL-Verfahren zuvorderst an deren konkreter Technologie fest. Er arbeitet heraus, dass sich DL von digitalen Technologien wie jenen nach dem Vorbild der Von-Neumann-Architektur[89] erschaffenen in essenziellen Punkten unterscheidet. So sei DL beispielsweise nicht rein binär codiert, da die Verbindungsstärke künstlicher Neuronen oftmals durch negative wie positive Fließkommazahlen repräsentiert wird (vgl. ebd. 66). Auch handelt es sich bei DL nicht um ein sequenzielles Verfahren, sondern um eines, dessen Informationsverarbeitung auf „extreme[r] bzw. massive[r] Parallelität" (ebd. 67) basiere. Das rechtfertige es, DL „eher' als analog denn als digital zu beschreiben" (ebd.), wobei Sudmann den Begriff des *Postdigitalen* vorzieht.[90]

Mit Sudmann ließe sich das Fazit ziehen, dass – anstatt schon jetzt von einer Revolution durch KI zu sprechen – die aktuellen Entwicklungen zunächst einmal weiter (und nüchterner) beobachtet werden sollten. Beobachten, im Sinne der Durchführung Beobachtungen zweiter Ordnung, wie Gesellschaft über sich selbst, ihre Produktionsformen und Entwicklungen diskutiert, ist eine Aufgabe dieser Untersuchung. An dieser Stelle soll das Vorangegangene als „technische" Arbeitsdefinition noch einmal zusammengefasst werden: Künstliche Intelligenz verfügt über eine lange medientechnologische Geschichte und eine noch längere Ideengeschichte. Wird heute von KI gesprochen, so ist zumeist von jenem technischen Durchbruch die Rede, der als *Deep Learning* oder *Künstliche Neuronale Netze* bezeichnet wird. Mit diesem hochkomplexen maschinellen Lernverfahren, das auf mehreren dem Gehirn nachempfundenen neuronalen Schichten basiert, lassen sich innerhalb kürzester Zeit enorme Datenmengen analysieren, strukturieren und klassifizieren. Von zentraler Bedeutung sind dafür Algorithmen – verstanden als jene hochentwickelten Meta-Algorithmen bzw. Modelle –, die den Output maschineller Lernverfahren bilden und für diese Analysen zum Einsatz kommen, dabei jedoch zusehends undurchschaubarer werden, weil sie sich der Unmittelbarkeit des menschlichen Zugriffs immer weiter entziehen, ohne davon jedoch genuin autonom „agieren" zu können. Weil Algorithmen wie der eigentliche „An-

---

[89] „Neuronale Netzwerke", so schreibt Sudmann (2018b, 66), „ob künstlich oder natürlich, stellen jedoch in mindestens zweifacher Hinsicht ein Gegenmodell zur Funktionsweise digitaler Computer gemäß der seriell organisierten Von-Neumann-Architektur dar". Neuronale Netzwerke seien „quasi-analog" (ebd.), da die Gewichtung von Neuronen durch Fließkommazahlen repräsentiert würden, und zudem Neuronen parallel feuern (vgl. ebd. 67).
[90] „Es ist sicherlich diskussionswürdig, KNN eher als analoge statt als postdigitale Informationstechnologie zu kennzeichnen. Meine Position ist jedoch, dass die Entwicklung von KNN eben weitaus stärker mit der Geschichte digitaler Computer verzahnt ist, als mit der Geschichte analoger Computer, weshalb mir das Attribut ‚postdigital' geeigneter erscheint" (Sudmann 2018b, 67, Fn. 7).

triebsmotor" dieser Verfahren erscheinen, wie der „Geist in der Maschine", sind sie zu einem zentralen Forschungsgegenstand der Geistes-, Sozial- und Kulturwissenschaften geworden. Darum wird es im Folgenden gehen.

3.2 KI, Algorithmen und die Kulturwissenschaften

Machine Learning und *Deep Learning* sind hochtechnisierte Verfahren aus den Computerwissenschaften, die auf den ersten Blick wenig Berührungspunkte mit den Kulturwissenschaften haben. Wenngleich die Überwindung der Natur/Kultur-Dichotomie, dieser *zwei Kulturen* (Snow), ein fortbestehendes Desiderat in den Kulturwissenschaften darstellt, dem zunehmend nachgekommen wird[91], sind die meisten Kulturwissenschaftler weder Programmierer noch Mathematiker. Was also bewegt sie dazu, sich dennoch dieses „fachfremden" Gegenstands anzunehmen? Eine klare Zuordnung von *KI* zur Domäne der Computerwissenschaften und der großen Tech-Unternehmen würde verkennen, wie sehr KI-Technologien in unsere Gesellschaft eingebettet sind, diese formen und von dieser geformt werden. „Smarte" Technologien sind gerade keine bloßen Konsumgüter, die von den Konsumenten nach Vorstellung der sie produzierenden Unternehmen eingesetzt werden. Sie werden gemeinhin als expansiv, invasiv und transformativ, mithin *disruptiv*, angesehen. Sie *wirken* gesellschaftlich, sie *intervenieren*, sie *prägen* unsere Erfahrungswirklichkeit. Die Kulturwissenschaften, mit ihren methodischen Beobachtungen zweiter Ordnung, sind also nicht nur in besonderem Maße dazu geeignet, sich mit diesen Technologien zu beschäftigen, sie sind nachgerade in der *Pflicht*, dies zu tun. Denn, darauf macht Ruha Benjamin (2019, 12) aufmerksam: „private industry choices are in fact public policy decisions".

Die Kulturwissenschaften haben insbesondere in den 2000er Jahren begonnen, sich dem Themenkomplex *Künstlicher Intelligenz*, insbesondere anhand der Figur des Algorithmus, zu widmen, und haben mittlerweile „bereits einen gewissen Reifegrad erreicht" (Roberge/Seyfert 2017, 11). Diese frühen kulturwissenschaftlichen Studien haben damit einen geradezu seismographischen Charakter, greifen sie doch viele Problematiken auf, die sich seitdem noch weiter verschärft haben. Früh hat man dort erkannt, dass Algorithmen weit mehr als mathematische Formeln sind, sondern stattdessen *machtvolle Agenzien*, die Fragen der staatlichen Überwachung, der Autonomiefähigkeit von Subjekten und der Polarisierung von Diskursen berühren. Diese Studien lassen sich unter dem Dachbegriff der *Critical Algorithm Studies* oder *Kritischen Soziologie der Algorithmen* fassen (vgl. die Reading List von Gilles-

---

91 Zu denken wäre etwa an den *New Materialism* bzw. Posthumanismus (vgl. dazu S. 26ff).

pie/Seaver 2015; vgl. auch Cheney-Lippold 2011; Galloway 2006; Mager 2012; Pasquale 2015a; Uricchio 2011) und werden aktuell etwa durch die Untersuchung der Zusammenhänge von KI und Rassismus (vgl. Benjamin 2019; Noble 2018) fortgesetzt.

Die Frage, wie sich Algorithmen theoretisch wie methodisch fassen lassen, ist derzeit in den Sozial- und Kulturwissenschaften virulent. Francis Lee und Lotta Björklund Larsen (2019) rekonstruieren die aktuellen Forschungstendenzen in Form von fünf Idealtypen, rund um die Metapher einer Motorhaube: Idealtyp 1 *Under the hood* umfasst diejenigen Forschungen, die die Politiken der Technologien selbst in den Blick nehmen; bei Idealtyp 2 *Working above the hood* geht es um Studien, die sich auf die sozialen Praktiken rund um Algorithmen konzentrieren; Idealtyp 3 *Hoods in relations* bildet eine Art Mittelposition zwischen Idealtyp 1 und 2, insofern Algorithmen in Relation zu sozialen Praktiken erforscht werden, während bei Forschungen des Idealtyps 4 *Lives around hoods* große, im weiteren Sinne, algorithmische Systeme und deren Einfluss auf menschliche Leben kritisch perspektiviert werden, und Idealtyp 5 *The mobile mechanics* Studien zusammenfasst, die den Blick noch stärker weiten und allgemeine Klassifikationssysteme zum Forschungsgegenstand machen. Zusätzlich zu diesen fünf Idealtypen nennen die Autorinnen die Möglichkeit von Meta-Studien wie jener von Daniel Moats und Seaver (2019), bei der etwa die eigenen Vorannahmen beim Entwurf eines Algorithmus-Experiments thematisch werden.[92]

Wenngleich diese Idealtypen – die *als* Idealtypen ebenfalls Komplexität reduzieren (müssen) – die derzeit existierenden Ansätze kulturwissenschaftlicher Algorithmusforschung differenzierter in den Blick nehmen können, werden diese Forschungen hier heuristisch zu zwei übergeordneten Herangehensweisen verdichtet, um dadurch ein konkretes Argument herausarbeiten zu können[93]: der *kritischen* und der *postkritischen* Herangehensweise. Denn nicht nur vonseiten der Computerwissenschaften, sondern auch innerhalb der Kulturwissenschaften, sind kritische Stimmen zu den *Critical Algorithm Studies* zu vernehmen (vgl. z. B. Beer 2017, Gillespie 2017, Kitchin 2017 und Seaver 2017). So stellt Tarleton Gillespie (2017, 75) eine Art Gretchenfrage der kulturwissenschaftlichen Algorithmusforschung: „Könnte es indes sein, dass der Enthusiasmus, der mit der Einführung eines neuen Forschungsgegenstandes [derjenige der Algorithmen, Anm. d. Verf.] verbunden ist, uns (mich eingeschlossen) in eine der offensichtlichsten intellektuellen Fallen hat tappen lassen?" Diese Falle oder auch Gefahr

---

[92] Es bestehen noch andere Versuche, die Forschungsliteratur zu klassifizieren, z. B. aus soziologischer Perspektive (vgl. Liu 2021).
[93] Vgl. dazu S. 89.

besteht darin, eine Erzählung von Ursache-Wirkungs-Beziehungen einzustudieren, welche ‚den Algorithmus' als einzelne und geschlossene Entität behandelt sowie eine vorgängig stabile und unbefleckte ‚Kultur' entwirft, um sodann nach den Effekten von Algorithmen auf kulturelle Praktiken und Sinnstrukturen zu suchen, die innerhalb einer solchen Erzählung freilich meist besorgniserregend erscheinen (ebd. 75f.).

Könnte es also sein, dass die Kulturwissenschaften ihren neuen Forschungsgegenstand letztlich *selbst* erschaffen haben? Oder ist es doch so, dass Algorithmen die Stabilität unserer Gesellschaften bedrohen? Die Antwort, die Gillespie darauf gibt, lautet: weder noch. Denn einerseits gibt es keinen archimedischen Punkt, von dem aus die Kulturwissenschaften eine monokausale und monodirektionale Wirkungsweise des Algorithmus auf Kulturen konstatieren könnten. Andererseits wäre es gleichermaßen zu kurz gegriffen zu behaupten, dass sich die Algorithmusstudien schlichtweg in jenem bereits benannten (vgl. S. 29) infiniten Reflexionsregress der Postmoderne verfingen. „Kulturelle Artefakte", so Gillespie (2017, 76) „werden in Erwartung auf den Wert gestaltet, den Personen ihnen zuschreiben könnten und in Hinblick auf die Mittel entwickelt mithilfe derer sie zirkulieren". Mit anderen Worten: „Der" Algorithmus ist ein Diskursivum, insofern ihn zirkulierende diskursive Vorstellungen als Figur formen, doch geht er nicht im Diskurs auf.

Im Folgenden sollen Kernthemen und -thesen der *Critical Algorithm Studies* genauer untersucht werden, um ein differenziertes Bild der von Gillespie festgestellten Fallstricke dieser Forschungen zu erhalten. Anschließend wird sich mit kulturwissenschaftlichen Algorithmusforschungen jüngsten Datums auseinandergesetzt. Dadurch soll einerseits eine weitere Kartographierung des KI-Fachdiskurses vorgenommen werden, insofern Schlüsselbegriffe, -themen und -aspekte destilliert werden, und andererseits soll sich an das Verhältnis von Algorithmen und Diskurs, mithin an die Beschaffenheit des *Agens* von Algorithmen, angenähert werden. Auf dieser Basis wird sodann eine methodologische Diskussion und Schärfung vorgenommen, um anschließend die *Rhetoriken Künstlicher Intelligenz* zu untersuchen.

3.2.1 Critical Algorithm Studies

Bei den sogenannten *Critical Algorithm Studies* handelt es sich nicht um ein homogenes Forschungsprogramm, sondern vielmehr um einen Sammelbegriff, der verschiedene kritische Forschungsansätze rund um das Thema *KI* und *Algorithmen* miteinander in Verbindung bringt. Die Grenzziehung zwischen *Critical Algorithm Studies* und *Post-critical Algorithm Studies* ist, wie bereits erwähnt (vgl. S. 47), als ein ganz spezifischer Versuch anzusehen, Ordnung in das „Chaos" zu bringen, zugespitzt auf die Frage: Wie *politisch* und *top down* sollte die kulturwissenschaftliche Algorithmus-Forschung sein? Wenn im Folgenden also *Critical-Algorithm-Studies-*

Forschungen skizziert und diskutiert werden, werden sie dies unter dem Banner der ganz bewusst generalisierenden Kategorie des Politischen. Doch auch diesbezüglich muss eine Auswahl getroffen werden. Das Programm der *Critical Algorithm Studies* wird hier anhand folgender, nur analytisch getrennter, thematischer Verdichtungen behandelt: (1) *Algorithmische Filterblase* (2) *Algorithmische Opazität* (3) *Algorithmic Governance/das algorithmische Subjekt* (4) *Algorithmen als „Massenvernichtungswaffen"* (5) *Algorithmen und Rassismus*.

3.2.1.1 Algorithmische Filterblase

Eines der meistzitierten Werke der kritischen Algorithmusstudien ist zweifelsohne Eli Parisers Monographie *The Filter Bubble* aus dem Jahr 2011, ist es doch zugleich auch eines der Frühwerke der *Critical Algorithm Studies*.[94] Mittlerweile ist der Begriff *Filter Bubble* respektive *Filterblase* in den alltäglichen Sprachgebrauch übergegangen. Es herrscht eine – zumindest implizite – Vorstellung, dass wir uns im Internet in *Echokammern* bewegen könnten, die uns unsere eigenen Überzeugungen und Präferenzen immer wieder als „Echo" zurückwerfen und diese dadurch verfestigen. Politisch links eingestellten Personen, so die Annahme, wird Facebook die Beiträge ihrer ebenfalls linken Bekannten prominent anzeigen, Konservativen diejenigen ihrer konservativen Bekannten. Ähnliches ließe sich über Twitter, Google & Co. sagen, wo es bei Letzterem etwa um spezifische Werbeanzeigen und Suchergebnisse geht. Hinter dieser Einsicht verbirgt sich ein bekanntes konstruktivistisches Argument: Es gibt keine allgemeingültige *objektive* Welt, sondern lediglich konstruierte *Wirklichkeiten* im Plural. Durch einen bestimmten Mechanismus im Internet aber, und hierauf zielt Pariser, hat diese Einsicht eine besondere Brisanz bekommen, nämlich jener der *Personalisierung*.[95] Es lohnt sich, Parisers vielzitierte Monographie genauer zu betrachten und seine Gedanken nachzuvollziehen, um so einer diskursiv bedeutsamen Annahme über Algorithmen auf den Grund gehen zu können.

Zwei Ereignisse bestimmt Pariser als zentral für die Entwicklung desjenigen, was er als *Filterblase* bezeichnet. Zum einen die Gründung von Amazon im Jahr

---

94 Vgl. zur Zuordnung Parisers zu den *Critical Algorithm Studies* Gillespie/Seaver 2015.
95 Interessant sind in diesem Zusammenhang die Gedanken Celia Lurys und Sophie Days (2019), die die problematisierte Personalisierung aufgreifen und sich fragen, welche Art von Subjekt der Mechanismus hervorbringt. Sie kommen zu dem Schluss: „Our conclusion is that the familiar recognition that personalization seems to provide – knowing you better than you yourself do – should not be considered as merely a more precise form of individuation. To the contrary, personalization also constrains who and how we can be" (ebd. 19). Durch Personalisierung wird nach Meinung der Autorinnen demnach ein Individuum nicht allein – im deskriptiven – Sinne erfasst, sondern – im präskriptiven Sinne – eingeschränkt bzw. normiert.

1995 und zum anderen die Veränderung des *PageRank*[96]-Algorithmus von Google hin zu einem auf Personalisierung angelegten Algorithmus. Amazon ging aus der Idee hervor, den Buchhandel zu zentralisieren und war dabei von Anfang an, wie Pariser schreibt, „a bookstore with personalization built in" (Pariser 2012, 28). Besucht man die Amazon-Webseite, wird einem beim Anklicken eines Produkts beispielsweise angezeigt, welche Produkte von anderen Kunden noch gekauft werden, die den Artikel, für den sich die Kunden interessieren, bereits gekauft haben bzw. Artikel, die einem zusätzlich gefallen könnten. Diese Empfehlungen waren von Anfang an eines der Erfolgsrezepte von Amazon. Was aber Amazon lediglich für einen Industriezweig geleistet hat, übertrugen Larry Page und Sergey Brin auf die „whole world of online information" (ebd. 29), indem sie die Suchmaschine Google erfanden. Hier macht Pariser eine zweite bedeutende Zäsur in der Entwicklung des Internets aus, und zwar einen unscheinbaren Post auf dem Google-Blog vom 4. Dezember 2009, in dem Google eröffnet, dass es seinen Algorithmus *personalisiere* (vgl. ebd. 2). „You could say that on December 4, 2009", so ordnet Pariser diesen Post und seine Konsequenzen ein, „the era of personalization began" (ebd. 3).

Ebenjene Konsequenzen bewertet Pariser als massiven Einschnitt in die Art und Weise, wie wir uns im Internet bewegen – er zeichnet diese Entwicklungen aber auch als allgemeine, über Google weit hinausreichende, Tendenzen in der „Beschaffenheit" des *World Wide Web* nach. Durch Cookies, Klicksignale, soziale Medien, in denen Nutzer Posts teilen oder „liken", durch Einkäufe in Online-Shops wie, kurz, ein allumfassendes *Tracking* der jeweiligen Nutzeraktivitäten zerfällt das nach Pariser vormals unpersonalisierte Internet, mit seiner „unparalleled richness and diversity" (ebd. 102), in Milliarden von fragmentierten Teilöffentlichkeiten auf der Basis von Nutzerprofilen, oder, wie es Pariser formuliert, *Theorien*, die die einzelnen Online-Services über ihre Nutzer erstellen (vgl. z. B. ebd. 9). Dabei seien diese *Theorien* keineswegs unabhängig voneinander, sondern verstrickten sich hinter den Kulissen zunehmend miteinander (vgl. ebd. 45). Worin aber besteht das Problem solcher Filtermechanismen, die dafür sorgen, dass Internetnutzer vor allem diejenigen Produkte und Neuigkeiten zu sehen bekommen, die sie interessieren? Könnte man nicht sagen, dass die Internetdienste dem Nutzer schlichtwegs eine Arbeit abnehmen, die er in der „analogen" Welt ohnehin (mühevoll) selbst erledigt hätte? Wäre die Nutzerin nicht ohnehin in einem Buchladen zielsicher auf die von ihr bevorzugten Krimis zugesteuert, ohne die Komödien überhaupt wahrzunehmen? Hätte der Nutzer sich nicht ohnehin die

---

[96] Beim *PageRank*-Algorithmus handelt es sich um jenen prominenten, nach Google-Mitgründer Larry Page benannten, Algorithmus, der Internetseiten gewichten und dementsprechend sortieren kann und mittlerweile nur noch ein Bestandteil des neuen Google-Algorithmus *Hummingbird* ist.

Zeit statt der *Bild-Zeitung* gekauft und so nie etwas über andere Sichtweisen als die von der *Zeit* kuratierten erfahren?

Laut Pariser ergeben sich durch die Online-Filtermechanismen einige Probleme, die es in der „analogen" Welt bzw. dem nicht-personalisierten Internet nicht in gleicher Weise gegeben habe bzw. gibt. Denn es sei zwar so, dass sich Subjekte stets von denjenigen Angeboten besonders angezogen fühlen, die ihrem eigenen Interessenshorizont (sehr) nahestehen. Jedoch sorgen die algorithmischen Filter laut Pariser dafür, dass bestimmte Optionen und Neuigkeiten *vollkommen* ausgeblendet werden. Das heißt, selbst wenn die Kundin im Buchladen nur Augen für das Krimi-Regal hätte, entwickelt sie dennoch zwangsläufig ein Gefühl dafür, dass sie eine bewusste Auswahl trifft und es andere Menschen mit anderen Interessen gibt, die zu einem anderen Regal gehen. Selbst wenn sie die *Zeit* der *Bild-Zeitung* vorzieht, weiß sie dennoch, dass es die *Bild-Zeitung* überhaupt gibt. Und wenn sie sich in der *Zeit* vor allem für den Sportteil interessiert, so kommt sie nicht umhin wahrzunehmen, dass es vielleicht eine verheerende Katastrophe in einem „Dritte-Welt"-Land gegeben hat, die zwar ihre unmittelbare Alltagswelt nicht berührt, es jedoch auf die erste Seite ihrer präferierten Wochenzeitung geschafft hat. Im personalisierten Internet, so Pariser, werde es jedoch möglich, „to skip [the front page] entirely" (ebd. 75).

Den Mechanismus der Personalisierung beschreibt Pariser als einen Dreischritt: „First, you figure out who people are and what they like. Then, you provide them with content and services that best fit them. Finally, you tune to get the fit just right" (ebd. 112). Pariser macht auf eine sich durch die *Filterblase* ergebende – tiefgreifende – Problematik aufmerksam, die er unter dem Begriff *You Loop*, also der „Du-Schleife", fasst und der eng mit dem Konzept der *Selbsterfüllenden Prophezeiung* zusammenhängt. Gemäß Marshall McLuhans berühmtem Diktum (vgl. dazu Fn. 56), dass erst wir die Werkzeuge formen und dann diese uns, stellt auch Pariser fest:

> Media also shape identity. And as a as result, these services may end up creating a good fit between you and your media by changing ... [Punkte i. O.] you. If a self-fulfilling prophecy is a false definition of the world that through one's actions becomes true, we're now on the verge of self-fulfilling identities, in which the Internet's distorted picture of us becomes who we really are (ebd.).

In anderen Worten: Zuerst speise ich als Nutzerin den Online-Diensten meine Präferenzen und Einstellungen ein, woraufhin ebendiese eine „Theorie" über mich erstellen, die sodann festlegt, was ich im Folgenden zu sehen bekommen werde; und diese Inhalte, die ich sehe, wirken auf mich zurück und machen mich forthin zu derjenigen Person, die mehr von dem sehen will, was sie bereits sieht – eine ewige, rekursive Ich-Schleife, da es *mein* personalisierter Ausschnitt des Internets ist, der mit den Ausschnitten so manch anderer Nutzer möglicherweise gar keine Berührungspunkte mehr hat.

Die zentrale und bei Pariser stets mitschwingende Frage, die sich im Hinblick auf diese Entwicklungen aufdrängt, ist diejenige, welche Auswirkungen es auf unsere Demokratien hat, wenn ein gemeinsamer Verständigungsraum – ein intersubjektiv geteiltes Konzept von Öffentlichkeit – zunehmend bedroht wird. Eine Frage, die insbesondere für die Rhetorik von hoher Relevanz ist. Die Bedingung der Möglichkeit des Orators ist die Existenz eines Publikums; die Bedingung der Möglichkeit von Persuasion ist die Existenz von unentschlossenen Subjekten, die sich prinzipiell von der überzeugendsten Rede *überzeugen lassen*. Was aber geschieht, wenn es keine Zusammenkunft von unterschiedlich eingestellten Subjekten mehr gibt, die gemeinsam das Gemeinwohl gestalten wollen? Wie kann ein Redner im Web 2.0 zu überzeugen versuchen, wenn er ohnehin nur diejenigen erreicht, die bereits „überzeugt" sind, da sie sich in der Filterblase des Redners befinden, und Subjekte außerhalb der Filterblase nicht erreicht werden können? Erschöpft sich Persuasion im 21. Jahrhundert auf sogenanntes *Persuasion Profiling*, Datenaggregate, die Werbenden verraten, auf welche Weise und zu welcher Uhrzeit etc. sich Nutzerinnen und Nutzer am ehesten von Werbeanzeigen ansprechen lassen? Wird in der ewigen Du- bzw. Ich-Schleife überhaupt noch *entschieden, gestaltet* oder nur noch konsumiert?

Wenngleich Pariser nicht dezidiert die rhetorische Perspektive bemüht, so sind die Fragen und Sorgen, die in seinem Werk anklingen, doch ganz ähnlicher Art. Pariser warnt vor den ernsten Konsequenzen, die die Filterblase für Demokratien nach sich zieht: „In the filter bubble, the public sphere – the realm in which common problems are identified and adressed – is just less relevant" (ebd. 148). Während im Fernsehen noch ein sogenanntes „mean world syndrome" (ebd.) (gemeine/schlechte Welt-Syndrom) vorgeherrscht habe bzw. vorherrsche, sei die Filterblase mit einer „rosafarbenen" Wohlfühlblase zu vergleichen. Das, was nicht gefalle (in Facebook-Logik nicht mit einem „Like" versehen wird), verschwinde. „The filter bubble", so schreibt Pariser weiter, „will often block out the things in our society that are important but complex or unpleasant" (ebd. 151). Er geht noch weiter, wenn er feststellt, dass Personalisierung für eine öffentliche Sphäre gesorgt habe, „sorted and manipulated by algorithms, fragmented by design, and hostile to dialogue" (ebd. 164). Zudem sind laut Pariser Tendenzen erkennbar, die die Personalisierungs-Logik immer weiter entgrenzen, wie zum Beispiel *Ambient Intelligence*, das *Internet der Dinge* oder *Smart Homes*.

Dennoch räumt Pariser die Möglichkeit einer Umgestaltung ein:

> Imagine for a moment", so regt Pariser (ebd. 235) zum Nachdenken an, „that next to each Like button on Facebook was an Important button. Alternately, Google or Facebook could

place a slider bar running from ‚only stuff I like' to ‚stuff other people like that I'll probably hate' at the top of search results and the News Feed, allowing users to set their own balance between tight personalization and a more diverse information flow.

Neben dem „Like"-Button noch einen „Wichtig"-Button zu implementieren, sind konkrete Design-Entscheidungen, die Gestaltungsräume für Online-Publika eröffnen würden. So könnten die Nutzerinnen und Nutzer dann etwa das Katzenvideo mit einem „Like", aber das Video über das Krisengebiet mit einem „Wichtig" versehen. Darüber hinaus fordert Pariser neben mehr algorithmischer Transparenz, folgende Variablen stärker in die Gestaltungsprozesse einzubeziehen: „more serendipity, a more humanistic and nuanced sense of identity, and an active promotion of public issues and cultivation of citizenship" (ebd. 233). Diese Formen der Gestaltung sind mitsamt ihrem Aushandlungscharakter dabei auch als zutiefst rhetorische Prozesse zu deuten, insofern sie auf sprachsymbolische[97] Entscheidungsfindung hinauslaufen. Die Bedingungen der Möglichkeit solcher rhetorischen Prozesse im algorithmischen Zeitalter und mitunter deren konkrete Verwirklichungen werden weiter unten noch zu diskutieren sein (vgl. *4.3 Reflexion*).

An dieser Stelle sei jedoch darauf hingewiesen, dass die Existenz der *Filterblase* bzw. deren Relevanz von Forschungen jüngeren Datums zunehmend infrage gestellt wird (vgl. z. B. Dubois/Blank 2018; Krafft/Gamer/Zweig 2018). Wenn etwa der Medienkonsum von Subjekten *ganzheitlich*, anstatt etwa durch die Fokussierung auf ein Einzelmedium, betrachtet werde, komme man zu dem Schluss, dass sich nur sehr wenige Nutzer in genuinen Echokammern (vgl. Dubois/Blank 2018, 742) befinden. Vorweggreifend sei hier festgestellt, dass es auch eine aus der empirischen Forschung abgeleitete These dieser Arbeit ist, dass die Partizipation in Social-Media-Kommunikation mitunter für eine Konfrontation mit konträren Meinungen und politischen Einstellungen sorgt, die gerade *gegen* die Existenz einer genuinen Filterblase spricht, auch auf einzelne Kommunikationsformen wie Facebook bezogen (vgl. S. 184). Gleichzeitig wird, auch darauf sei hier vorweggegriffen, die Idee von der Filterblase etwa in den untersuchten Zeitungsartikeln reproduziert (vgl. S. 192f.). Dies verweist auf den hier interessierenden Nexus aus technologischer Produktionsform, akademischen Annahmen und diskursiver Aneignungen, den eine Medienkulturrhetorik zu untersuchen hat, um rhetorische Gestaltungsräume fundiert ergründen zu können.[98]

---

[97] Hier wird ein weiter Sprachbegriff angelegt, der visuelle Ausdrucksmöglichkeiten ebenso impliziert wie textuelle.
[98] Zudem lassen sich mit Akane Kanai und Caitlin McGrane (2021) „Filterblasen" auch anders perspektivieren, da es z. B. auch *feministische Filterblasen* gibt, die bewusst als *Safe Spaces* kon-

3.2.1.2 Algorithmische Opazität

Eng verbunden mit der Filterblasen-Thematik ist auch diejenige der algorithmischen Opazität, das von vielen kritischen Algorithmusforscherinnen und -forschern ins Feld geführt wird[99].[100] Algorithmen werden auch im öffentlichen Diskurs oftmals als *Black Box(es)* beschrieben. Schwarz, weil sie dunkel, uneinsichtig, opak sind; Boxen, weil sie Daten, die in Software-Anwendungen eingespeist werden, sammeln, aggregieren. Sie erhalten einen Daten-Input und generieren daraus eine Form des Outputs, dessen Konstitution für den Konsumenten nicht einsehbar ist, der jedoch reelle Konsequenzen für dessen Leben haben kann. Das sind Aspekte, die mit der Black-Box-Metapher einhergehen. Dem Thema der algorithmisch erzeugten Opazität ist besonders prominent der Rechtswissenschaftler Frank Pasquale in seinem Werk *Black Box Society: The Secret Algorithms That Control Money and Information* (2015a) nachgegangen. Zu Beginn seiner Monographie weist er auf die Doppelbedeutung der Metapher hin, die wegweisend für seine weiteren Ausführungen ist:

> But first, we must fully understand the problem. The term ‚black box' is a useful metaphor for doing so, given its own dual meaning. It can refer to a recording device, like the data-monitoring systems in planes, trains, and cars. Or it can mean a system whose workings are mysterious; we can observe its inputs and outputs, but we cannot tell how one becomes the other. We face these two meanings daily: tracked ever more closely by firms and government, we have no clear idea of just how far much of this information can travel, how it is used, or its consequences. [...] (Pasquale 2015a, 3).

Die *Black Box*, so Pasquale, hat zwei Hauptbedeutungen: Einerseits ist damit der Flugschreiber eines Flugzeugs gemeint, andererseits der oben schon skizzierte mysteriöse Gegenstand, der aus einem Input einen bestimmten Output erstellt. Pasquales Diagnose für unsere heutigen Gesellschaften lautet, dass sie auf der chiastischen inneren Logik dieser Doppelbedeutung basieren: Wir, als Konsumenten, stellen den Input bereit, speisen ihn der Black Box ein und wissen nicht, was dann passiert. Die *Black Box* aber überwacht uns, weiß mithin alles über *uns*,

---

struiert werden und zwar von den Autorinnen auch kritisiert werden, jedoch auf den ambivalenten Charakter von Filterblasen-Phänomenen verweisen.

99 Vgl. z. B. das Spezialthema *Revisiting The Black Box Society by Rethinking the Political Economy of Big Data*, herausgegeben von Benedetta Brevini und Frank Pasquale, zur Black-Box-Thematik, das 2020 in der Zeitschrift *Big Data & Society* erschienen ist und in dem die im Folgenden dargelegten Gedanken Pasquales im Lichte aktueller Entwicklungen diskutiert werden (https://journals.sagepub.com/page/bds/collections/revisitingtheblackboxsociety; letzter Zugriff: 14.03.2023).

100 Vgl. dazu auch S. 63.

und konfrontiert uns mit ihren für uns idiosynkratischen Ergebnissen, die unsere Leben massiv beeinflussen.

Pasquale fokussiert sich bei seiner Untersuchung auf den US-amerikanischen Kontext und, genauer, zwei gesellschaftliche Sektoren, die sich zu den Metonymien *Silicon Valley* und *Wall Street* verdichten lassen; Metonymien deshalb, weil sich diese Begriffe als Ortsbezeichnungen metonymisch auf den gesamten Technologie- und Finanzsektor der USA beziehen, die in einer globalisierten Welt, mit der wirtschaftlichen, politischen und kulturellen Stärke der USA, eine hohe Bedeutung für die gesamte Welt haben. Weil Pasquale aus einer US-amerikanischen rechtswissenschaftlichen Perspektive auf die Sachverhalte blickt und sich dabei insbesondere auf (fehlende) Regulierungen algorithmischer Opazität im US-Kontext konzentriert, muss die Bedeutung seines Werks für die hiesige Arbeit jedoch als eingeschränkt betrachtet werden. Im Folgenden werden daher nur diejenigen Gedanken Pasquales aufgegriffen, die für die kritische Algorithmusforschung im Allgemeinen bedeutsam sind; spezifische Details der US-amerikanischen Banken- und Unternehmensregulierung werden hier außer Acht gelassen, wenngleich sie einen erheblichen Teil der Monographie ausmachen.

Schon bei der Filterblasen-Thematik, wie sie von Pariser problematisiert wird, ist der Aspekt der Intransparenz angeklungen. Wenn Online-Dienste Profile von ihren Nutzerinnen und Nutzern erstellen, meist ohne dass diese sich dessen bewusst sind, dann sind die spezifischen Parameter und deren Gewichtungen, die diese Profile ergeben, für jene Nutzer nicht einsehbar. Pasquale geht auf den Mechanismus der Personalisierung konkret ein, wenn er das Beispiel von Bekannten anführt, die ihre Positionierung in den Google-Suchresultaten einordnen:

> I don't know how often I've heard someone say, ‚I'm the top Google result for my name!' But if I searched for your name, would I see the same thing? Only Google knows, but very likely not. We can only guess at how our Google-mediated worlds differ (ebd. 78).

Anders als Pariser geht es Pasquale nicht vorrangig darum, was ein zunehmend personalisiertes Internet mit unserer Weltwahrnehmung macht, sondern darum, dass wir den Output der Online-Dienste *nicht nachvollziehen* können, da dessen Konstitutionsmechanismen im Verborgenen bleiben.[101]

Zunächst soll sich dem von Pasquale untersuchten US-amerikanischen Technologie-Sektor zugewendet werden. Für Pasquale ist Google eines der instruktivsten Beispiele um zu veranschaulichen, wie die „Black-Box-Kultur" sich entwickelte

---

101 Aus einer postkritischen Aneignungsperspektive, die weiter unten ausgeführt wird (vgl. dazu insbesondere das Unterkapitel *3.2.2 „Post-critical" Algorithm Studies*), wäre zunächst – jenseits einer kritischen Einordnung – interessant, dass es diese Interpretation ist, zu der laut Pasquale eine Vielzahl von Menschen greift, wenn diese sich selbst bei Google als ersten Namen entdecken.

(vgl. ebd. 64). Vor Google sei das Internet ungeordnet gewesen; Google habe mit seinem *PageRank*-Algorithmus sodann Ordnung ins Chaos gebracht. Wenngleich Google nie gänzlich die Mechanismen seiner Web-Indexierung veröffentlichte, so waren manche Aspekte dennoch bekannt: „The voting is weighted; web pages that are themselves linked to by many other pages have more authority than unconnected ones" (ebd.). Pasquale konstatiert nun, dass je mehr über die Funktionsweise des Google-Algorithmus publik wurde, desto mehr wurde versucht, diesen zu den eigenen Gunsten zu manipulieren. Daraus resultierte ein „Katz-und-Maus-Spiel" wechselseitiger Optimierungsversuche, „and with it the rush to methodological secrecy that makes search the black box business that it is" (ebd. 65).

Sich auf die Wahrung von Betriebsgeheimnissen zu berufen, gibt Internet-Giganten wie Google, Facebook, Amazon, Twitter und Co. eine immense Macht. In Googles Fall beispielsweise die Macht, Anbieter von Konkurrenz-Produkten und -services im Internet nachgerade verschwinden zu lassen. Wenn sich Betroffene sodann auf unfaire – und ggf. kartellrechtswidrige – Praktiken Googles berufen, kann sich Google auf die komplexen und undurchdringlichen Wirkweisen seines algorithmischen Systems berufen[102] – „[t]here's plenty of complexity, too, should secrecy fail" (ebd. 51). Google's Vormachtstellung, so Pasquale, sei so vollkommen, Googles Technologie derart komplex, „that they have escaped pressures for transparency and accountability that kept traditional media answerable to the public (ebd. 61). Das gelte jedoch auch für die anderen *global player* des Internets. Das Silicon-Valley-Narrativ, dass es jede und jeder schaffen könne, mit einer genialen Tech-Idee ein Start-up zum großen Erfolg zu bringen, sei mittlerweile außer Kraft gesetzt.

> Even with millions in venture capital funding, even with computing space leased from Amazon", so Pasquale (ebd. 82), „a start-up with valuable new search technology is far, far more likely to be bought up by Google than to displace it.

Pasquale beruft sich auf Wissenschaftlerinnen und Wissenschaftler, die das Machtgefüge im Internet mit dem System des mittelalterlichen Feudalismus vergleichen (vgl. ebd. 98). In jüngerer Zeit hat Evgeny Morozov in diesem Zusammenhang von der Emergenz eines „Feudalismus 2.0" gesprochen, wenn die Internet-Giganten ihr sogenanntes *Freemium*-Modell, das auf der Bereitstellung kostenloser Services beruht, abschaffen. Lebensnotwendige Gesundheitsleistungen wären in diesem System nahezu vollständig privatisiert und technisiert, sodass Szenarien denkbar

---

[102] So entgegnete man laut Pasquale (2015a, 68) bei Google im Fall einer in den Google-Suchergebnissen nicht vorkommenden Konkurrenz-Suchmaschine etwa, dass das System funktioniere und: „Search is hard."

wären, in denen Zahlungsrückstände dazu führen könnten, dass ein Herzschrittmacher abgeschaltet würde.[103]

Als Nächstes soll mit Pasquale ein Blick auf die US-amerikanische Finanzbranche geworfen werden, die im Zuge der Weltwirtschaftskrise um das Jahr 2008 herum in Verruf geriet. Pasquale setzt sich mit den Mechanismen auseinander, die zu jener Bankenkrise führten, und untersucht, welche Konsequenzen daraus gezogen wurden. Die genauen und äußerst komplexen Details der Krise sollen hier, wie oben bereits angedeutet, nicht näher ausgeführt werden. Vielmehr sollen aus Pasquales Ausführungen allgemeine Problematiken algorithmischer Opazität im Finanzsektor abgeleitet werden.

> You would think", so benennt Pasquale (ebd. 102) ein algorithmisches Paradoxon, „that information technology would be making finance clearer, rather than more opaque. Algorithms were supposed to rationalize finance, replacing gut instinct and bias with sound decision frameworks.

Stattdessen sei jedoch eine Art algorithmische Hyperkomplexität entstanden, die insbesondere auch von der Realwirtschaft gänzlich losgekoppeltes *High Frequency Trading* (HTF) ermöglichte. Beim HTF geht es nicht länger um reale Marktentwicklungen, sondern einzig allein darum, wer früher an Informationen gelangt, dementsprechend früher kauft und wieder verkauft, und, profaner, wer über die bessere Rechenleistung verfügt, wenn es um Transaktionen innerhalb von Millisekunden geht (vgl. dazu ebd. 129 ff.). Bekanntermaßen wird eine Vielzahl von Transaktionen an der Börse heute nicht mehr von Menschen, sondern von eigenständig operierenden Computersystemen getätigt. Was sie genau tun, ist dabei, wie bei den Technologien der Internet-Unternehmen, viel zu komplex und nach außen opak, um es nachvollziehen zu können. Den Banken-Crash habe es gebraucht, so Pasquale, „to call attention to just how complex megabanks had become" (ebd. 118). Problematisch an dieser Komplexität ist auch, dass sie Subjekte, die vorsätzlich unlautere oder gar illegale Geschäftspraktiken vollzogen haben, mitunter davor schützt, rechtlich belangt zu werden, insofern kaum intelligibel ist, was tatsächlich passiert ist. Letztlich geht es auch um die Unmöglichkeit, ein marodes *System* zur Verantwortung zu ziehen.[104]

---

103 Morozov (2017, 118) berichtet von dem realen Fall, dass amerikanischen Bürgern „ihr Wagen per Fernsteuerung deaktiviert wird, wenn sie mit den Raten für ihren Autokredit in Rückstand geraten". Dadurch relativiert sich die mögliche Absurdität dieser Gedanken.
104 Im Grunde scheint hier der poststrukturalistische Gedanke einer postsouverän gedachten Gesellschaft durch. So führt Butler, freilich in einem anderen Kontext, die Unmöglichkeit vor Augen, die *Historie* einer symbolischen Verletzung auf die Anklagebank zu bringen (vgl. dazu Butler 2013/[1997], 128-131).

Insgesamt lenkt Pasquale mit seinem Werk die Aufmerksamkeit auf die opaken Praktiken in beiden Sektoren, die gesellschaftlich so bedeutend sind, dass er von einer Black-Box-*Gesellschaft* spricht. Opazität ist für Pasquale das Ergebnis von „secrecy, and obfuscation" (ebd. 7), also Geheimhaltung/Verschwiegenheit und Verschleierung. „The point of black boxes", so Pasquale (ebd. 137), „is to hide critical facts about what is going on. They undermine any confident assertions about the precise nature of firms' investment, accounting or documentation practices". Doch die Opazität, von der Pasquale spricht, ist auch eine „remediable incomprehensibility" (ebd. 7), und damit potenziell heilbar. Pasquale schlägt eine ganze Reihe von Maßnahmen vor, um dem Problem der algorithmischen Hyperkomplexität entgegenzuwirken, auf die im Folgenden nur kursorisch eingegangen werden kann.

Die allgemeine Antwort auf Praktiken der Opazität könne nicht, so Pasquale, eine gänzlich transparente Gesellschaft sein, da dies „a nightmare of privacy invasion, voyeurism, and intellectual property theft" (ebd. 142) darstellen würde.[105] Vielmehr müsse es eine Form von *qualifizierter Transparenz* geben, wenn etwa bestimmte Expertinnen und Experten mit der Aufsicht von Banken- und Unternehmenspraktiken betraut werden. Mehrfach verweist Pasquale auf die Europäische Union als Positivbeispiel im Ringen mit Internet-Giganten wie Google, die zeige, dass es eben doch möglich sei, zu einem gewissen Grad Regulierungen vorzunehmen (vgl. ebd. 197). Zudem fordert Pasquale manche Praktiken *als solche* heraus: Wenn Transaktionen beispielsweise zu komplex seien, um sie Außenstehenden zu erklären, „[they] may well be too complex to be allowed to exist" (ebd. 16). Pasquale fordert den schrittweisen Übergang von einer *Black-Box-* zu einer intelligiblen Gesellschaft, wenngleich dies (zunächst) kosten- und zeitintensiver sein könne (vgl. ebd. 189–218; hier 213). Aus Sicht der Rhetorik muss ebenfalls gefragt werden: Ist es in einer „Black-Box-Gesellschaft" überhaupt möglich für den Redner, sein *Zertum* zu erlangen, wenn für die Gesellschaft wesentliche Vorgänge nicht nachvollziehbar sind? Kann also nur eine solche „intelligible" Gesellschaft eine genuin „rhetorische" Gesellschaft sein? Diese Frage wird im weiteren Verlauf noch eine Rolle spielen (vgl. insb. *4.3 Reflexion*).

3.2.1.3 Algorithmic Governance/Das algorithmische Subjekt
Im Folgenden soll es um die, ebenfalls häufig unter dem Banner der *Critical Algorithm Studies* behandelte, Frage gehen, wie sich in einem zunehmend algorithmi-

---

[105] Auch Daan Kolkman (2022, 105) kommt in seiner jüngsten Studie zum Verständnis von algorithmischen Modellen durch Experten zu dem Schluss, dass das Erreichen von Transparenz „at best problematic and at worst unattainable for non-experts" sei, da selbst Experten Probleme mit dem Verstehen der Systeme haben.

schen „Regime" Identitäten herausbilden und verändern. So hat der Medienwissenschaftler Thomas Christian Bächle (2015) etwa die These aufgestellt, „dass die Logik der gegenwärtigen Wissens- und Wahrnehmungsmuster des Menschen, seiner Erkenntnis und Selbsterkenntnis, der Algorithmus ist" (ebd. 11). Er entwickelt die Figur des Algorithmus, mit Bezug auf Roland Barthes, als *Mythos*, im Sinne eines geradezu unhintergehbaren Sinnsystems. Mit dem Soziologen Steffen Mau (2018) ist diese These in abgewandelter Form aktualisiert worden. Mau spricht vom *metrischen Wir* und macht damit aktuelle Tendenzen einer *soziometrischen* (Selbst-)Bestimmung von Subjekten auf der Basis immer expansiverer numerischer Parameter greifbar. Was nicht quantifizierbar, in Zahlen ausdrückbar, ist, hat kaum noch einen Wert. Subjekte definieren sich immer stärker über die Anzahl von Likes unter ihren Postings, über Ratings und Rankings. John Cheney-Lippold und Frank Pasquale bringen Ähnliches zum Ausdruck, wenn sie Begriffe wie *Neue Algorithmische Identitäten* (Cheney-Lippold 2011) oder *Algorithmisches Selbst* (Pasquale 2015b) verwenden.[106]

Zunächst soll ein genauerer Blick auf Bächles Ausführungen zum Algorithmus als kulturellem Sinnsystem geworfen werden.[107] Indem Bächle die Figur des Algorithmus als Mythos konzeptualisiert, setzt er einen weiten, man könnte auch sagen, *entgrenzten*, Algorithmus-Begriff an seine Untersuchungen an. Während der hiesigen Arbeit die Frage zugrunde liegt, *in welcher Medienwirklichkeit wir leben*, haben wir es bei Bächle mit der Frage zu tun, *welche Subjekte von der aktuellen Medienwirklichkeit hervorgebracht werden*. Die Medienwirklichkeit, nach der hier gefragt wird, wird von Bächle als eine vom *Mythos Algorithmus* strukturierte und strukturierende entwickelt, in der die Praktiken und Identitäten von Subjekten einer grundlegenden Formalisierungs-Logik unterworfen sind. „Diese Logik […]", so schreibt Bächle (ebd. 12 f.), „wird bestimmt durch die Kulturtechnik des Computers, die Logik des Algorithmus, die zum universellen Deutungsmuster der Welt und damit eines spezifischen Menschen wird".

---

[106] Auch zu nennen ist in diesem Zusammenhang Lucas D. Intronas (2017) Formulierung vom *beeindruckbaren Subjekt* (im Original *impressionable subject*), das durch das Internet bzw. durch Online-Werbung hervorgebracht werde. „[…] [D]ie Subjekte halten sich letztlich", so schreibt Introna (ebd. 43), „für das, was das Wissensregime aus Ihnen [sic!] macht: ‚Ich bin ein guter Schüler' oder ‚Ich bin stets bemüht'". Intronas (ebd. 70) zentrale These ist, „dass die performative Hervorbringung des beeindruckbaren Subjekts die notwendige Bedingung für das permanente Entstehen des Internets ist – es ist die grundlegende Logik des sozio-materiellen Ganzen."

[107] Es geht an dieser Stelle nicht darum, seine gesamte Argumentation nachzuvollziehen, sondern vielmehr sollen einzelne Aspekte herausgegriffen werden, die sich auf die hier im Fokus stehende Gouvernementalitäts-Thematik beziehen.

Es sei dies eine regulative Logik, die Körper im Sinne Foucaults diszipliniert und zur Selbstüberwachung nötigt. Sie sage uns: „Das ist Dein Körper, so funktioniert er, so funktioniert Dein Geist, Dein Gedächtnis, Deine Psyche. So kannst Du seine (Deine) Prozesse steuern und optimieren!" (ebd. 18). Dabei betont Bächle, dass die mythische Qualität dieser Formalisierungs-Logik gerade darin besteht, dass sie den Anschein phänomenaler Grundlagen erweckt. Wenn beispielsweise das Gehirn mit einem Computer gleichgesetzt wird, dann scheine es so, als werden phänomenale Funktionsweisen miteinander in Verbindung gebracht. Jedoch sei, das ist eine zentrale These Bächles, gerade nicht „von einer Konvergenz der Phänomene, sondern vielmehr von einer Konvergenz der Modelle auszugehen" (ebd. 77). Das menschliche Gehirn, der menschliche Körper, wird nach der Maßgabe computationaler Technologien modelliert, wodurch diskursiv das „Computer-Gehirn" produziert wird.

Bächle verwendet den Begriff *Selbstalgorithmisierung*, um damit eine Vielzahl von Techniken und Praktiken formalisierter „Selbsthervorbringung und Selbstnormierung" (ebd. 27) von Subjekten fassbar zu machen. Instruktiv sind hier Bächles Ausführungen zu den Wissensregimen der „Psy-Wissenschaften", allen voran der Psychologie, die ein Wissen vom Menschen als optimierbarem Körper instanziieren, das immer zugleich auch normierende Wirkung entfaltet. Wenn beispielsweise in psychologischen Studien herausgefunden wird, auf welche Weise man sein individuelles Glück und seine Leistungsfähigkeit verbessern kann, so verbirgt sich darin auch immer ein impliziter Imperativ: *Mach dir dieses Wissen zunutze, wende es an, sonst bist Du selbst schuld daran, wenn Du depressiv wirst oder keine Karriere machst*. Bächle setzt als ein Beispiel für die Variablen der einfachen algorithmische Formel „IF X, THEN Y" Liebeskummer und Depression ein:

> Um dies zunächst sehr einfach zu illustrieren, lassen sich für die Variablen X und Y – beides beobachtbare Einheiten – Werte einsetzen: X = LIEBESKUMMER und Y = DEPRESSION. Diese beiden Phänomene werden durch ihre Beobachtung zu Kategorien des Selbst singularisiert, wodurch sie in einen Kausalzusammenhang gebracht werden können. Die verlassene, den Liebeskummer durchleidende Person erlebt sich selbst als potentiell durch eine Depression gefährdet und wird auch so wahrgenommen. Gleichzeitig ist bei einem diagnostizierten Y, X eine mögliche Ursache. Sowohl X als auch Y sehen bestimmte formalisierte Skripte von Handlungen vor (Ablenkung, sozialer Kontakt, Wohnortwechsel etc.), die ausgeführt werden müssen, damit am Ende ein Z steht – die Kategorie des ‚überwundenen Liebeskummers' oder des ‚Neu-verliebt-Seins' (ebd. 195).

Die Freiheit, die durch ein solches psychologisches Körperwissen suggeriert wird, ist, wie bereits angedeutet, eine vermeintliche Freiheit. Denn so gibt es zwar keinen *realen* Zwang, sich dieses Wissens zu bemächtigen, und manch ein Vertreter der *Quantified-Self*-Bewegung würde wohl argumentieren, dass sich durch ein solches Wissen zugleich Handlungsspielräume eröffnen, ein besseres und gesünderes Leben zu führen. Doch weisen all diese Freiheiten, so konstatiert Bächle mit Bezug auf Anthony Giddens, „ein zwanghaftes Element auf, das Selbst als verbesserungsbedürftiges ‚Projekt' zu formen" (ebd. 117).

Grosso modo reihen sich Bächles Ausführungen letztlich in die bekannten Argumentationen der *Kritischen Theorie* ein, die ökonomische Rationalität (Marx) oder instrumentelle Vernunft in Form von strategischem statt kommunikativem Handeln (Habermas) als problematischen Treiber von Kulturen sehen. Hartmut Rosa hat diese Theorien 2016 in seinem vielzitierten Werk *Resonanz* zu rehabilitieren versucht, indem er menschliches Welterleben auf die zwei Grundmodi *Resonanz* und *Entfremdung* heruntergebrochen hat. Bezogen auf Bächles Formalisierungsthese ließe sich in Rosas Worten feststellen, dass unsere Kultur von einem *entfremdeten* Weltbezug gekennzeichnet ist, bei dem die mathematisch-formale Logik universalisiert wird. Jedoch muss hier auch ein entscheidender Unterschied benannt werden: Während Rosa den vielen Praktiken und Erfahrungen nachspürt, in denen ein resonantes Verhältnis zur Welt aufleuchtet, also ein solches, das durch die Dialektik von Berühren und Berührtwerden gekennzeichnet ist, jenseits von jeglicher Verdinglichung und Instrumentalisierung, stellt Bächle gerade die These auf, dass der Mythos Algorithmus beinahe vollumfänglich unhintergehbar ist. Selbst der Schmerz und die Lust lassen sich ihm zufolge letztlich nicht als *reine* Erfahrungen beschreiben, da sie kulturell stets auch in irgendeiner Weise formal codiert sind.[108] Lediglich in der Ekstase macht Bächle ein genuines Freiheitsmoment aus: „über Ekstase lässt sich nichts sagen. Hier ist das Negativ des Mythos Algorithmus, die Freiheit" (Bächle 2015, 355).

Problematisch an Bächles Werk ist nun gerade die Entgrenztheit des ihm zugrunde gelegten Algorithmus-Begriffs. Bächle schreibt:

> Die Kernthese der vorliegenden Arbeit geht über dieses mathematisch-informationstechnische Verständnis des Algorithmus weit hinaus. Die Kulturtechnik des Algorithmus, so die Annahme, ist die zentrale logische Determinante des Wissens um den Menschen und derjenigen Handlungen, die ihn als Einheit des Wissens sinnvoll hervorbringen können (ebd. 24).

---

[108] Zum Schmerz schreibt Bächle (2015, 326 f.): „[Es, d. Verf.] ist deshalb festzustellen, dass auch der Schmerz keinen Bereich der Freiheit von der universellen Formalisierbarkeit markiert: Auch Schmerz ist nicht rein, sondern stets kulturell überformt. Phänomenologie und diskursive Analyse stellen nicht zwei trennscharf voneinander zu scheidende Perspektiven dar, in gewisser Weise geht auch die Phänomenologie im Mythos Algorithmus auf". Zum Begehren zieht er das Fazit: „Zusammenfassend lässt sich die im breiteren Kontext seit langem konsolidierte These anführen, nach der Sexualität und Lust sowie die Ausrichtung des Begehrens nicht ‚rein' sind, sondern mit Hilfe spezifischer Techniken erst produziert werden – konstruiert durch kulturell und interaktionistisch hergestellte Repräsentationen und Muster sowie Anforderungen von Medientechniken […]" (ebd. 339).

In der Tat lässt sich feststellen, dass Bächles Algorithmus-Begriff über ein mathematisches Verständnis weit hinausgeht; man könnte sogar sagen, dass er damit kaum mehr etwas zu tun hat. Weiter unten (vgl. S. 91) wird die Kritik an systemischen Algorithmus-Begriffen, zum Beispiel aus der Kulturanthropologie, thematisch werden. Hier sei jedoch bereits angemerkt, dass ein solch weiter Algorithmus-Begriff kulturwissenschaftlich kaum operationalisierbar ist und daher im Rahmen dieser Arbeit entschieden zurückgewiesen werden muss. Denn wenngleich hier die, weiter unten noch auszuführende (vgl. S. 96), Auffassung vertreten wird, dass sich Algorithmen nur als kulturelle Agenzien fassen lassen und damit nie allein auf ihre Formelhaftigkeit reduziert werden können, ist vor allem die Zirkularität von Bächles Theorie zu kritisieren.

Nicht nur ist es so, dass Bächle sich in das postmoderne Dilemma verstrickt, kein Außerhalb des Mythos Algorithmus zur Verfügung zu haben, von dem aus er jenen Mythos beobachten kann – das erkennt auch er an.[109] Vielmehr scheint es so, als biege sich Bächle den Algorithmus-Begriff gerade so zurecht, wie er ihn für die Bestätigung seiner Hypothese benötigt. Der Algorithmus wird nur dann zur „zentrale[n] logische[n] Determinante des Wissens" (ebd. 24), wenn man jegliche regulativ-formalisierende Praktik, sei es im Bereich der Sexualität, Krankheit oder des Empfindens, als *algorithmische* deutet. Der Algorithmus-Begriff wird damit selbst *total* und dadurch derart verwässert, dass er nicht mehr zu benennen imstande ist. Die von Rosa ins Feld geführten Begrifflichkeiten oder diejenigen Maus (2018), auf die im Folgenden eingegangen werden wird, vermögen analytisch deutlich mehr Erkenntniswert zu stiften und sind daher als zeitdiagnostische Kategorien der Begrifflichkeit des Algorithmus als Mythos-System vorzuziehen.

Die Thesen Maus und Bächles ähneln sich, wie bereits angedeutet, insofern Mau mit dem Begriff des *Metrischen Wir* oder auch der *Soziometrie* die gleiche gesellschaftliche Tendenz greifbar machen möchte; nämlich diejenige, dass das Soziale zunehmend numerisch – Bächle würde sagen *algorithmisch* – strukturiert wird. Auch Mau streift die Frage, welche Subjekte in dieser „Numerokratie" hervorgebracht werden, interessiert sich aber aus einer makrosoziologischen Perspektive

---

[109] So schreibt Bächle (2015, 56): „Dieser konstruktivistische Teilbereich subjektiver Vorstellungen ist notwendig für die argumentative Geschlossenheit des hier zu entwickelnden Mythos-Modells. Mit Frege sei jedoch darauf verwiesen, dass sich die Perspektive des Einzelbeobachters stets einem Zugriff von außen entziehen muss. Gleichwohl ist wechselseitige Prägung von individuellen Wahrnehmungen und dem von Frege ‚Sinn' genannten Bereich zumindest stark wahrscheinlich. Der Mythos berücksichtigt als Modell die Zirkularität beider Perspektiven. Die hier vorgenommene Untersuchung von Menschbildern hat nicht den Anspruch der Reinigung subjektiver Wahrnehmungen, da diese sich jedem Modell verschließen."

stärker für die Herausbildung neuer Ungleichheits-Regime. Dadurch, dass vormals nicht vergleichbare Qualitäten nun numerisch erfasst, d. h. quantifiziert werden, findet, so beobachtet Mau, eine Ausdehnung von Wettbewerb (vgl. Mau 2018, 17) und „Vergleichsdispositiven" (ebd. 52–56) statt. Die neuen Metriken sind dabei stets mit neuen Wertigkeitshierarchien verknüpft, sodass sie neue Normen und Standards instanziieren, entlang deren differenziell gesellschaftliche Stati zugewiesen werden. Gemäß dem Matthäus-Effekt, dass dem gegeben wird, der bereits hat (vgl. ebd. 283), werden so bestehende Ungerechtigkeiten weiter zementiert.

Der kritische Impetus von Maus Werk spiegelt sich dabei insbesondere in seiner Wahl spezifischer Begrifflichkeiten, Neologismen und Komposita wider. Dem Versuch, mit dem pragmatischen Argument, „dass Zahlen und Daten selbstverständlich eine wichtige und unabdingbare Funktion für moderne Gesellschaften haben" (ebd. 20), seine Kulturkritik etwas abzumildern[110], stehen Ausdrücke und Diagnosen wie „Kultur der Optimierung" (ebd. 46), „Klassen der Vergleichbarkeit" (ebd. 56) „Biopolitik des Marktes'" (ebd. 119), „Bewertungsgesellschaft" (ebd. 140), „Bewertungsimperativ" (ebd.), „Bewertungskult" (ebd. 141), „Kult der Selbsterforschung" (ebd. 172), „Überwachungs-, Kontroll- und Bewertungsgesellschaft" (ebd. 242), „Bewertungsuniversalismus" (ebd.), „Selbstquantifizierer" (ebd. 254), „Universalisierung des Wettbewerbs" (ebd. 259), „Verdatung des Sozialen", „Hyperindividualisierung [kursiv i. O.]" (ebd. 272) oder „Numerokraten" (ebd. 286) gegenüber.

Zwar erkennt Mau auch Spielräume des *Empowerments* an, wenn er auf die Möglichkeiten von Subjekten verweist, Arbeitgeber, Ärztinnen, Hotels und Restaurants etc. zu bewerten (vgl. ebd. 141 f.). Insgesamt aber zeichnet er das Bild einer (globalen) Gesellschaft, die auf der Basis der wachsenden Bedeutung des Numerischen zunehmend kompetitiver und, damit einhergehend, fremdgesteuerter wird. „Zahlen machen Politik", schreibt Mau (ebd. 189) an einer Stelle lapidar, und wir haben diese Tatsache wohl kaum jemals stärker gespürt als in den Zeiten der COVID-19-Pandemie, in der unser Leben ganz konkret von Inzidenzzahlen, R-Faktoren, Mortalitäts- und Hospitalisierungsraten bestimmt wurde. Die politischen Mechanismen, die im Pandemie-Management in Deutschland zutage treten, indizieren dabei immer auch den Konstruktionscharakter des Numerischen. Eine Zahl per se bedeutet zunächst nichts, ihr müssen erst Bedeutungen zugeschrieben werden. Wenn dem Fußballfan der durch ein vom Gesundheitsministerium des Landes bewilligtes Sicherheitskonzept ermöglichte Stadionbesuch in letzter Mi-

---

[110] Mau schreibt zu dem von ihm behandelten Forschungsgegenstand selbstreflexiv: „Man muss sich bei diesem Thema davor hüten, in die Falle platter und allzu einseitiger Kulturkritik zu geraten, da sich letztlich jeder Quantifizierungsschritt wegen der damit verbundenen Reduktion von Komplexität und der Steigerung von Kontrolle wohlfeil anprangern lässt" (Mau 2018, 20), gibt aber gleichzeitig zu, dass er dem nur „halbwegs" (ebd.) entgehen könne.

nute verwehrt wird, weil die politisch gesetzte Inzidenzzahl bis zum Spieltag noch überschritten werden könnte[111] oder Beherbergungsverbote ohne konkret nachweisbaren Zusammenhang zum Infektionsgeschehen erlassen werden, dann verwischen die Grenzen zwischen genuinem Infektionsschutz und dem „kalte[n] Charisma" (ebd. 28) der Zahl, die die ihr inhärenten Valorisierungsprozesse stets zu verbergen tendiert.[112]

Das konkret Biopolitische der „Soziometrie" findet sich in der Einverleibung von Zahlen zur Optimierung des Selbst, wofür beispielhaft die *Quantified-Self*-Bewegung und Krankenkassen stehen, die ihren Mitgliedern vergünstigte Tarife oder Bonussysteme anbieten, für den Preis, dass diese ihre „Körperdaten" überwachen und mit der Krankenkasse teilen. Cheney-Lippold (2011) und Pasquale (2015b) machen, wie bereits erwähnt, die „algorithmische Biomacht" für die Emergenz neuer Identitäten verantwortlich. Cheney-Lippold (2011, 173) spricht hier, in Anlehnung an Foucault, von „soft biopolitics". Er meint damit, dass Identitätskategorien heutzutage, anders als es Foucault originär im Blick hatte, fortlaufend numerisch hergestellt werden; also keine quasi-apriorischen Kategorien gesellschaftlich zirkulieren, die Subjekten nach äußeren Merkmalen wie dem leiblichen Erscheinungsbild aufoktroyiert werden, sondern wir es mit veränderbaren und statistisch berechneten Kategorien zu tun haben. Einerseits de-essenzialisieren diese Gender, weil sie vom Leiblichen losgelöst werden, andererseits re-essenzialisieren sie Gender wiederum, da Subjekte nun als Kategorien „statistisch" berechnet und so letztlich (zumindest vorläufig) festgelegt werden (vgl. ebd. 170). Denkt man an Parisers Ausführungen zur „You Loop" und deren rekursiver Logik, könnten Identitäten so zementiert werden. „We are effectively losing control in defining who we are online, or more specifically", so schreibt Cheney-Lippold (ebd. 178), „we are losing ownership over the meaning of the categories that constitute our identities". Pasquale (2015b, 34) spricht von einem „new narcissism'", der durch Algorithmen produziert werde. Beide, Cheney-Lippold und er, führen an, dass es vor allem Marktmechanismen sind, der Kommerz, der Identitäten prägt.

Dabei ist im algorithmischen Zeitalter insgesamt eine Art Datenkonvergenz zu beobachten. Wenngleich es heutzutage, wie Mau (2018, 67) feststellt, anders als im chinesischen *Social-Credit*-System „nicht die eine einzige Zahl, die unseren gesell-

---

111 Vgl. dazu https://www.ksta.de/sport/1-fc-koeln/entscheidung-fuer-sicherheit-koeln-ohne-zuschauer-gegen-hoffenheim—wehrle–enttaeuscht–37369472; letzter Zugriff: 14.03.2023.
112 Insgesamt ist die COVID-19-Pandemie ein gutes Beispiel für die kulturelle Eingebettetheit schein-objektiver metrischer Prozesse, da es anders, als von der Bundesregierung vielfach suggeriert, gerade keine Alternativlosigkeit in der Interpretation der Pandemie-Zahlen gab, wie die unterschiedlichen Schutzkonzepte in Ländern auf der ganzen Welt und auch auf Länder-Ebene im Bund zeigten.

schaftlichen Wert beschreibt", gibt, werden zunehmend Daten aus disparaten Quellen aggregiert, auf deren Basis dann scheinbar kompartmentalisierte Scores (wie z. B. ein „Credit Score") erstellt werden. Der Schriftsteller Marc-Uwe Kling (2019) hat diese Tendenz in seinem Roman *Qualityland* auf die Spitze getrieben bzw. – so ließe es sich vielleicht auch ausdrücken – das chinesische Scoring-System extrapoliert, insofern in Klings Dystopie Individuen in ihrer Gesamtpersönlichkeit, für alle einsehbar, mit einem Score versehen werden, der gesellschaftliche Zugänge reguliert. Eine Frage, die in dieser Untersuchung eine zentrale Rolle spielen wird, ist diejenige nach den gestalterischen Zwischenräumen in einem metrischen System, in dem nicht nach einer künstlichen „Reinheit" der Erfahrungen gesucht werden muss, sondern schlicht nach dem pragmatischen gemeinsamen Grund für eine Agora inmitten algorithmischer Wirkkräfte.

3.2.1.4 Algorithmen als „Massenvernichtungswaffen"

Cathy O'Neil ist eine US-amerikanische Mathematikerin, ehemalige Quant[113], Occupy-Wal-Street-Aktivistin und Kritikerin der Finanzbranche, und wenngleich sie nicht aus den Geisteswissenschaften stammt, soll ihr vielbeachtetes Werk *Weapons of Math Destruction* (2016) hier behandelt werden, da es einen wichtigen Bezugspunkt für die *Critical Algorithm Studies* bildet und aufgrund seines kritischen Impetus selbst zu diesen gezählt werden kann.[114] Die Hauptthese ihrer Monographie besteht darin, dass sich (in den USA) algorithmische Systeme herausgebildet haben, die Outputs generieren, die aufgrund ihrer fragwürdigen wissenschaftlichen Grundlage und allgemeiner Opazität verheerende Schäden auf kollektiver wie individueller Ebene anrichten und zunehmend an Einfluss gewinnen. O'Neil nennt diese Systeme, wie der Titel ihres Werks verrät, Weapons of *Math* Destruction (WMD); ein Wortspiel mit dem englischen Terminus Weapons of *Mass* Destruction (Massenvernichtungswaffen), das – wollte man es übersetzen – ungefähr *Mathevernichtungswaffen* bedeutet. Über die Bereiche Bildung, Finanzsektor, Exekutive, Arbeitsmarkt, Gesundheitssystem, Social Media und Politik verfolgt O'Neil die Beschaffenheit und Auswirkungen derartiger algorithmischer Systeme.

Was aber unterscheidet WMD von harmlos(er)en mathematischen Modellen? O'Neil führt eine Reihe von Definitionsmerkmalen von WMD an. Die drei definierenden Merkmale seien „Opacity, Scale, and Damage" (ebd. 30). Der Aspekt der Opazität wurde in dieser Arbeit mit Pasquale bereits näher untersucht. Auch O'Neil weist daraufhin, dass die Problematik algorithmischer Systeme darin be-

---

113 Als Quant werden quantitative Analysten im Finanzsektor bezeichnet.
114 Hier handelt es sich um meine Zuordnung; in der *Reading List* zu den *Critical Algorithm Studies* von Gillespie und Seaver (2015) wird O'Neil beispielsweise nicht aufgeführt.

steht, dass oftmals nicht oder nicht ausreichend einsehbar sei, auf der Basis welcher Parameter die Systeme operieren. Ein eindrückliches Beispiel ist der Fall der Lehrerin Sarah Wysocki in Washington, D.C., die aufgrund eines algorithmischen Evaluationssystems ihren Job verlor, obwohl sie eigentlich als eine sehr gute Lehrerin galt. Erst bei genauerer Recherche stellte sich heraus – und auch hierbei handelt es sich nicht um gesichertes, sondern *mögliches, wahrscheinliches* Wissen über die Funktionsweise des zugrunde liegenden algorithmischen Systems –, dass die Grundschullehrer, die die Schüler vor Wysocki unterrichteten, diesen, in einem Versuch, das algorithmische Evaluationssystem ihrerseits zu ihren Gunsten zu beeinflussen, besonders gute Noten vergaben:

> It is conceivable, then, that Sarah Wysocki's fifth-grade students started the school year with artificially inflated scores. If so, their results the following year would make it appear that they'd lost ground in fifth grade – and that their teacher was an underperformer (ebd. 9).

Anders als statistisch „saubere" Modelle seien die Modelle der Lehrer-Evaluation auf zu dünner Datengrundlage entworfen worden und, was noch viel schwerwiegender sei, sie wurden nicht korrigiert, sodass das algorithmische System nicht lernen konnte. Selbst wenn man also den Verdacht hat, dass die Systeme einen fehlerhaften Output generiert haben, lässt sich dagegen kaum etwas ausrichten: „[Y]ou cannot appeal to a WMD. That's part of their fearsome power. They do not listen. Nor do they bend" (ebd. 10) – und dass sie dies nicht tun, liegt auch an ihrer opaken Funktionslogik, denen diejenigen, die auf der Basis ihres Outputs Entscheidungen treffen, blind vertrauen, da sie selbst deren Ergebnisse nicht zu dechiffrieren vermögen. „The analysis", so schreibt O'Neil in diesem Zusammenhang, „is outsourced to coders and statisticians. And as a rule, they let the machine do the talking" (ebd. 8).

Fälle wie derjenige Sarah Wysockis werden vor diesem Hintergrund als Kollateralschäden in Kauf genommen (vgl. ebd. 146). Doch könnte nicht von WMD im Sinne O'Neils gesprochen werden, wenn es schlicht um opake Systeme ginge, deren Ergebnisse unglücklicherweise vereinzelt Lehrerinnen und Lehrer wie Wysocki benachteiligen, wenn etwa nur von einer einzigen Schule die Rede wäre, in der ein solches System zum Einsatz käme. Es kommt auf etwas an, das im obigen Zitat als zweiter Punkt aufgezählt wurde: *Scale*. *Scale* lässt sich nur unzureichend als Skala, Maßstab oder Ausmaß übersetzen. Was damit gemeint ist, lässt sich in diesem Kontext mit jüngsten Ausführungen Gillespies (2020) im Kontext der Moderation von

Social-Media-Content verstehen.[115] Gillespie schreibt zum Unterschied zwischen *Size* (also der bloßen Größe bzw. Anzahl von Inhalten) und *Scale*:

> But scale is something more than size. Scale is about how the small can be made to have large effects; or how a process can be proceduralized such that it can be replicated in different contexts, and appear the same (ebd. 2).

Diesen Unterschied verdeutlicht er mit der Anzahl von Eltern. Obwohl es eine immens große Zahl an Eltern gebe, „[w]e do not talk about parenting happening at scale" (ebd.). Aber als die Plattform Instagram von Millionen von Menschen genutzt wurde, dessen Belegschaft aber nur 14 Angestellte zählte, „that is more than size, that is scale" (ebd.). Die algorithmischen Evaluationsmaßnahmen für Lehrerinnen und Lehrer, von denen O'Neil schreibt, wurden nicht nur auf wenige Schulen, sondern an allen Schulen in Washington, D.C. angewendet. Auch die anderen algorithmischen WMD-Systeme, die O'Neil als Fallanalysen behandelt, beeinflussen Millionen von US-Amerikanerinnen und -Amerikaner.[116] Bei *Scale*, als zweitem Charakteristikum von WMD, geht es um das *Ausmaß des Einflusses* auf das Leben von Subjekten. „[...] [S]cale is", so schreibt O'Neil (2016, 30), „what turns WMDs from local nuisances into tsunami forces, ones that define and delimit our lives". Ebenjener Einfluss, den WMDs haben – und hier ist nun der Übergang zum dritten Charakteristikum –, ist oftmals schädlich und destruktiv.

Die destruktive Kraft der WMD-Systeme veranschaulicht O'Neil durch ihr gesamtes Werk hindurch. WMD-Systeme sorgen dafür, dass beim Thema Rückfallkriminalität straffällige Menschen aufgrund von situativen und biographischen Faktoren beurteilt werden, die sie nicht beeinflussen können. Sie bringen die ärmsten und vulnerabelsten Mitglieder der Gesellschaft dazu, auf die Werbungen gewinnorientierter Universitäten hereinzufallen. Sie beziehen bei der Arbeitsschichteinteilung der Mitarbeiterinnen und Mitarbeiter von Konzernen volatile Faktoren ein, deren Berücksichtigung zu kurzfristigen und stetig wechselnden Arbeitsplänen führt, die ein planbares und geregeltes Leben für die Mitarbeiter verunmöglichen. Sogenannte *E-Scores*, auf der Basis verschiedener Konsumenten-Daten wie Gehalt, Kreditwürdigkeit etc. generierte Metriken, erschweren Subjekten

---

115 Gillespie setzt sich in diesem Artikel mit der Frage auseinander, ob Content-Moderation aufgrund der *Scale* von Social-Media-Inhalten automatisiert werden solle.
116 Wenngleich sich O'Neil auf den US-amerikanischen Kontext bezieht, sind ihre Ausführungen auf globale Tendenzen durchaus übertragbar und daher aufschlussreich.

etwa den Hauskauf oder das Erlangen eines bestimmten Jobs, selbst wenn falsche Daten die Grundlage für den Score bilden.[117]

O'Neil betrachtet diese Systeme damit insgesamt als *unfair*. Für sie zählt nicht, ob Unternehmen oder ausgewählte gesellschaftliche Gruppen davon profitieren. Für sie zählt, dass viele Menschen darunter leiden: „These models, powered by algorithms, slam doors in the face of millions of people, often for the flimsiest of reasons, and offer no appeal. They're unfair" (ebd. 31). Anhand von O'Neils Fallbeispielen ist schwer abzuschätzen, wie viele Menschen tatsächlich – quantitativ – negativ von WMDs betroffen sind und wie viele Menschen deren Vorzüge genießen. Selbst wenn sich herausstellen sollte, dass algorithmische Systeme für die Mehrheit der Menschen positiv sind, berührt die Frage nach deren Fairness moralphilosophische Grundsatzdebatten. O'Neils Ausführungen legen jedoch nahe, dass nicht nur eine bestimmte Anzahl von Menschen unter den algorithmischen Systemen leidet, sondern eine spezifische gesellschaftliche Subgruppe, die sich vorrangig aus Armen, Benachteiligten und Minderheiten zusammensetzt. Ohne sich an dieser Stelle tiefer in die Moralphilosophie zu begeben, kann also, O'Neil folgend, festgestellt werden, dass die schlichte Quantifizierung von Glück nicht die einzige Grundlage für gesellschaftliche Entscheidungsfindungen sein sollte.

Dabei betont auch O'Neil eine Tatsache, die in diesem Kontext oftmals ins Feld geführt wird[118], nämlich diejenige, dass hinter den WMDs keine „bösen" Programmiererinnen und Programmierer stecken, die bewusst Vorurteile und Ungerechtigkeit in den Systemen mathematisch installieren. Vielmehr geht es hier um Absenz, um das, was *nicht* explizit hineinprogrammiert wird, nämlich Gerechtigkeit:

> So fairness isn't calculated into WMDs. And the result is massive, industrial production of unfairness. If you think of WMD as a factory, unfairness is the black stuff out of the smoke stacks. It's an emission, a toxic one (ebd. 95).

Ungerechtigkeit ist in dieser Perspektive also ein Nebenprodukt algorithmischer Systeme, der, in O'Neils Metaphorik, giftige schwarze Rauch, der aus den Schornsteinen „algorithmischer Fabriken" abgesondert wird. Das Problem besteht laut O'Neil vor allem in der Zielvorgabe der Systeme. Diese seien, auf Linie mit der grundlegenden kapitalistischen Logik der US-amerikanischen Gesellschaft, vorrangig auf Profitmaximierung ausgerichtet. Die Lösung der von den Systemen produzierten Probleme bestehe dann darin, die Zielvorgabe zu verändern: „Change that objective from leeching off people to helping them, and a WMD is disarmed – and

---

[117] Dies veranschaulicht das von O'Neil angeführte Beispiel einer US-Amerikanerin namens Catherine Taylor, die einen Job nicht bekommen hat, weil sie fälschlicherweise von einem System mit einer straffällig gewordenen Namensvetterin verwechselt wurde (vgl. O'Neil 2016, 152 f.).
[118] Vgl. z. B. Benjamin 2019.

can even become a force for good" (ebd. 197). Eine solche Veränderung gehe, das erkennt auch O'Neil an, unweigerlich auf Kosten der Genauigkeit der Systeme und der Profitabilität der Unternehmen, doch sei sie notwendig: „We can because we must"[119].

3.2.1.5 Algorithmen und Rassismus

Rassismus ist ein fortbestehendes Problem spätmoderner Gesellschaften; insbesondere in den USA, wo die Residuen von Sklaverei und Segregation in der systematischen Benachteiligung von Afroamerikanerinnen und -amerikanern fortleben. Das hat nicht zuletzt das Beispiel George Floyds gezeigt.[120] Menschen können rassistisch sein. Diese Tatsache ist historisch verbürgt, und wir erleben dies ungebrochen. Doch können auch Algorithmen rassistisch sein? Safiya Umoja Noble und Ruha Benjamin sind zwei der prominentesten Forscherinnen, die sich mit dem Zusammenhang von Algorithmen und Rassismen auseinandersetzen; Noble (2018) hat dies in Bezug auf die Google-Suchmaschine getan und Benjamin aus einer grundlegenden systematischen Perspektive. Die Antwort, die sie auf diese Fragen geben, ist ein klares *Ja*. Ja, Algorithmen können rassistisch bzw. rassistisch programmiert sein, sie können diskriminieren. Doch wie genau ist das zu verstehen? Von welcher Form von Handlungsträgerschaft geht man aus, wenn man Algorithmen rassistische Praktiken zuschreibt? Auf welche Weise werden diese Rassismen wirksam? Was macht den Rassismus rassistischer Algorithmen aus, wo kommt diese Form von Rassismus her?

Im Folgenden soll sich zunächst Nobles vielzitierter Monographie *Algorithms of Oppression: How Search Engines Reinforce Racism* (2018) zugewendet werden. Noble untersucht darin aus einer *black-feminist-technology-studies*-Perspektive die algorithmischen Praktiken der Google-Suchmaschine, die u. a. zu der Fehlrepräsentation von Minderheiten wie Schwarzen Frauen[121] führt. Die Besonderheit ihrer Perspektive gegenüber anderen bis dahin existierenden kritischen Studien ist ihr Fokus auf marginalisierte gesellschaftliche Gruppen vor dem Hintergrund von deren historischer Genese und gegenwärtiger neoliberaler Marktlogiken.

---

119 O'Neil 2016, nicht paginiertes Nachwort.
120 Der Schwarze US-Amerikaner George Floyd wurde bekanntermaßen bei einer polizeilichen Untersuchung durch den weißen, mittlerweile verurteilten, Polizisten Derek Chauvin gewaltsam getötet, in dem dieser 9 Minuten und 29 Sekunden auf dessen Hals kniete, was auf einem Body-Cam-Video zu sehen ist. Der Vorfall rief weltweit Proteste hervor.
121 Auf Identitäten bezogene Begriffe wie *Schwarz*, *Weiß* oder *Asiatisch* sowie deren englische Übersetzungen werden im Folgenden, wie dies auch von anderen Autoren getan wird, mit großem Anfangsbuchstaben geschrieben, da diese als Eigenbegriffe bzw. Teilnehmerkategorien im Diskurs verstanden werden, zu denen auf diese Weise gleichzeitig Distanz hergestellt werden soll.

Noble möchte dafür sensibilisieren, dass Google keine „unschuldige" Anwendung zur „objektiven" Durchforstung des Internets sei, sondern ein machtvoller, global agierender Konzern mit primär kommerziellem Interesse. Trotz dieser Tatsache werde Google jedoch von Konsumenten wie ein öffentliches Gut, eine öffentliche Bibliothek behandelt; symptomatisch dafür etwa der auch in den Duden aufgenommene Ausdruck, *etwas zu googeln*[122].

Eine Ausgangsbeobachtung von Noble ist ihre 2010 vorgenommene Google-Suchanfrage nach den Begriffen *black girls*. „My search on the keywords ,black girls'", schreibt Noble (ebd. 30), „yielded HotBlackPussy.com as the first hit". Noble stellt sich sodann die Frage, wie sich derartige Suchergebnisse konstituieren. *Wer* sorgt dafür, dass *was* zu *wessen Nutzen* auf der ersten Seite von Google erscheint? Wie Gillespie (2017, 98) – worauf weiter unten noch näher eingegangen wird (vgl. S. 103) – führt Noble das Beispiel der von den *UN Women* veröffentlichten *Autocomplete-Truth*-Bilder an (ebd. 53–58). Auf diesen Bildern sind Frauen vor schwarzem Hintergrund mit Suchmaschinen-Fenstern statt Lippen zu sehen, in denen man die Ergebnisse verschiedener diskriminierender Autovervollständigungen lesen kann.[123] Noble kommentiert diese Bilder wie folgt:

> While the campaign employed Google Search results to make a larger point about the status of public opinion toward women, it also served, perhaps unwittingly, to underscore the incredibly powerful nature of search engine results. The campaign suggests that search is a mirror of users' beliefs and that society still holds a variety of sexist ideas about women. What I find troubling is that the campaign also reinforces the idea that it is not the search engine that is the problem but, rather, the users of search engines who are. It suggests that what is most popular is simply what rises to the top of the search pile. While serving as an important and disturbing critique of sexist attitudes, the campaign fails to implicate the algorithms or search engines that drive certain results to the top (ebd. 54 f.).

Wenngleich es, wie Noble schreibt, der Kampagne darum ging, auf den größeren Diskriminierungszusammenhang hinzuweisen, dem sich Frauen ausgesetzt sehen, problematisiert Noble die Bilder zugleich. Ihr zufolge werde Google durch die Bilder als *Spiegel gesellschaftlicher Vorannahmen* konzipiert, die Google-Suchergebnisse als das Meistgesuchte gesetzt. Das Problematische daran sei einerseits, dass, so zeigt Noble in ihrem Werk auf, die Suchergebnisse gerade nicht der simplen Logik des Beliebten als zuerst Gezeigtem entspringe, sondern sich die Ergebnisse vielmehr aus verschiedenen komplexen und insbesondere kommerziellen Praktiken konstituieren. Andererseits werde durch die Bilder der *UN Women* die Verantwortung für

---

[122] Vgl. dazu https://www.duden.de/rechtschreibung/googeln; letzter Zugriff: 14.03.2023.
[123] Vgl. https://www.unwomen.org/en/news/stories/2013/10/women-should-ads; letzter Zugriff: 14.03.2023.

derartige Diskriminierungen bei den Konsumenten verortet – die innere algorithmische Logik von Google werde dagegen nicht berücksichtigt.

Noble geht es darum, einen sozialen Kontext zu rekonstruieren, der Suchmaschinen wie Google fehlt. Das Vertrauen in Google ist immens. So gibt es beispielsweise die Anwendung *Let me Google that for you*[124], bei der man einen Link erstellen kann, der, klickt man darauf, eine bestimmte Suchanfrage (z. B. bei Google, aber auch für andere Suchmaschinen wie Yahoo ist dies möglich) durchführt. Typischerweise wird ein solcher Link an Menschen verschickt, die zuvor eine vom Absender des Links als überflüssig oder gar dumm erachtete Frage gestellt haben, auf die Suchmaschinen wie Google eine schnell auffindbare Antwort liefern. Diese Anwendung ist dabei auch als weiteres Beispiel dafür zu lesen, wie Google diskursiv als „Hüter des Wissens" instanziiert wird. Sucht man aber beispielsweise nach *Black Girls* oder nach *Asian Girls*, wie es Noble tut (vgl. ebd. 30; 179 f.), wird bzw. wurde[125] man insbesondere mit pornographischen Webseiten konfrontiert. Schwarze oder Asiatische Mädchen, so suggerier(e) Google, sind damit in erster Linie sexualisierte Objekte.

Noble dekonstruiert den Gedanken, dass das Populärste im Internet sich aus der größten Anzahl an Klicks generiere. Vielmehr, so stellt Noble fest, sind es Googles *AdWords* (Googles Werbetool) und die vielen Möglichkeiten zur Suchmaschinenoptimierung, die bestimmen, welche Ergebnisse auf der ersten Seite der Suchmaschine auftauchen. Dass das Suchen nach Schwarzen oder Asiatischen Mädchen mitunter pornographische Inhalte zutage förder(e), dass das Suchen nach dem N-Wort zu Obamas Regierungszeit bei *Google Maps* zwischenzeitlich das Weiße Haus lokalisierte, oder dass die Suche nach *Three black teenagers* Fahndungsfotos hervorbrachte, die nach *Three white teenagers* hingegen den Inbegriff unbefangener amerikanischer Teenager, wird von Google zumeist als Anomalie, als Störung jenseits der eigenen Kontrolle eingestuft (vgl. ebd. 197).[126]

Wie Benjamin (vgl. S. 83) lässt Noble das Argument der Anomalie jedoch nicht gelten. Sie deutet diese vermeintlichen Abweichungen stattdessen als histo-

---

124 Vgl. https://de.lmgtfy.com; letzter Zugriff: 14.03.2023.
125 Wie der heutige Stand der Dinge ist, ist unklar. Eine von der Autorin von Deutschland aus am 04.10.2021 durchgeführte punktuelle Google-Suchanfrage zu den Begriffen *Black Girls* und *Asian Girls* hat zumindest keine explizit pornographischen Ergebnisse auf der ersten Ergebnis-Seite hervorgebracht. Jedoch lässt sich schwer sagen, inwiefern die Suchmaschinen-Historie der Autorin die Ergebnisse beeinflusste. Wie bereits an einigen Stellen erwähnt (vgl. z. B. Fn. 17), scheint der Filterblasen-Effekt nicht so stark zu sein, wie mitunter angenommen. Der gesamte Sachverhalt müsste jedoch kontinuierlich durch umfangreiche (auch quantitative) Untersuchungen überprüft werden.
126 Vgl. dazu S. 83.

risch gewachsene Kontinuitäten, die nun unter dem diskursiven Deckmantel des *Meistgeklickten* versteckt bleiben. Dabei seien es vielmehr Unternehmen, die sedimentierte Diskriminierungsformen und Stereotype bestmöglich monetarisieren, indem sie dafür sorgen, dass dementsprechende Inhalte prominent platziert werden – und dies möglich zu machen, so Noble, sei genuiner Bestandteil von Googles Geschäftsmodell.

> Women's bodies serve as the site of sexual exploitation and representation under patriarchy, but Black women serve as the deviant of sexuality when mapped in opposition to White women's bodies. It is in this tradition, then, coupled with an understanding of how racial and gender identities are brokered by Google, that we can help make sense of the trends that make women's and girls' sexualized bodies a lucrative marketplace on the web (ebd. 225).

Bei Schwarzen gegenüber Weißen Frauen komme hinzu, so konstatiert Noble in dem vorangegangenen Zitat, dass diese nicht nur sexualisiert, sondern als *das Andere*, das *Exotische* und *Abweichende* von der sexuellen Norm gezeichnet werden; etwas, das tief verwurzelt in der Zeit der Sklavenhaltung in den USA und der damit einhergehenden Ausbeutung der Schwarzen Frau sei.[127] Noble wirft Google vor, dass

> [t]he largest commercial search engine fails to provide culturally situated knowledge on how Black women and girls have traditionally been discriminated against, denied rights, or violated in society and media even though they have organized and resisted on many levels (ebd. 238)

Bei Google erscheinen die Suchergebnisse sexualisierter Schwarzer Frauen kontextlos, suggerierend, sie seien schlicht das Aggregat einer Vielzahl von Klickzahlen und somit das Populäre, das sich, so Noble, nicht als bloße Störung erklären lasse, sondern auf einen größeren soziohistorischen Kontext gravierender Verletzungen gegen Schwarze Frauen verweise. „Search does not merely present pages but structures knowledge", stellt Noble (ebd. 346) fest, „and the results retrieved in a commercial search engine create their own particular material reality". Zudem stellt Noble einen interessanten Zusammenhang zwischen zwei auf den ersten Blick voneinander unabhängigen kulturellen Entwicklungen her:

> I often challenge audiences who come to my talks to consider that at the very historical moment when structural barriers to employment were being addressed legislatively in the 1960s, the rise of our reliance on modern technologies emerged, positing that computers could make better decisions than humans. I do not think it a coincidence that when women and people of color are finally given opportunity to participate in limited spheres of de-

---

127 Vgl. dazu auch hooks 1992.

cision making in society, computers are simultaneously celebrated as a more optimal choice for making social decisions (ebd. 394).

Kann es tatsächlich sein, dass die vergrößerten Handlungsspielräume marginalisierter gesellschaftlicher Akteure zu einer Normverschiebung in der Konzeption rationalen Handelns geführt haben? Diese Frage muss hier offenbleiben. Sie unterstreicht jedoch den Anspruch von Nobles Perspektive, die Oberflächenphänomene scheinbar harmloser Internetpraktiken in übergeordnete soziale Kontexte einzubetten und diese zu problematisieren.

Das lässt sich auch für Ruha Benjamin sagen. Benjamin stützt sich in ihrer 2019 erschienenen Monographie *Race After Technology. Abolitionist Tools for the New Jim Code* auf die *Race Critical Code Studies* und die Idee der *Thin Description* (Jackson), um das zu erforschen, was sie – in Anlehnung an Michelle Alexanders (2012) *The New Jim Crow* – „New Jim Code" (vgl. ebd. 8) nennt. Ihr methodischer Zugang der *Race Critical Code Studies* setzt sich zusammen aus den *Science and Technology Studies* und den *Critical Race Studies*. Zu den Schlüsseltexten der *Science and Technology Studies* gehören unbestritten Langdon Winners (1980) Text *Do Artifacts Have Politics?*, auf den sich auch Benjamin bezieht (vgl. Benjamin 2019, 91f.), sowie Trevor J. Pinchs und Wiebe E. Bijkers (2012/[1989]) *The Social Construction of Facts and Artifacts: Or How the Sociology of Science and the Sociology of Technology Might Benefit Each Other*. Beide Texte bringen die Handlungsträgerschaft technologischer Artefakte und Infrastrukturen in Anschlag. Winners ikonisches Beispiel von New Yorker Brücken, die für Busse zu niedrig waren und daher den meist weniger Wohlhabenden, zu denen wiederum überproportional häufig Afroamerikanerinnen und -amerikaner zähl(t)en, den Zugang zu Naherholungsgebieten verwehrten, ist zu so etwas wie einer Chiffre materialisierter Ungleichheit in den STS geworden. Die Kombination von STS und *Critical Race Studies* ermöglicht es Benjamin, Algorithmen daraufhin zu befragen, was ihr Agens ist und wie dieses möglicherweise bestehende Ungleichheiten und Ungerechtigkeiten zwischen Ethnien perpetuiert.

Methodisch stützt sie sich zudem auf die *Thin Description* nach John L. Jackson (2013). Jackson übt mit diesem Begriff Kritik an dem in den Kulturwissenschaften weit verbreiteten Konzept der *Dichten Beschreibung* (im Englischen *Thick Description*, also auch *dicke* Beschreibung) nach Clifford Geertz (1983), in dem er dieses mit der *dünnen Beschreibung* kontrastiert. Es gehe bei der dünnen Beschreibung, so Benjamin, darum, Oberflächen wie Bildschirme und die Haut zu lesen, da „a key feature of being racialized is ‚to be encountered as a surface' [Samatar 2015, zit. nach Benjamin]" (Benjamin 2019, 45). So liest sich Benjamins Text letztlich auch wie eine Kartographie von Oberflächenphänomenen, über die sie zu der Tiefenstruktur fest verwurzelter gesellschaftlicher Problematiken vordringt. Diese Problematiken münden in dem, was Benjanim als *New Jim Code* bezeichnet.

Der Ausdruck *New Jim Code* basiert auf zwei wichtigen Referenzpunkten. Zunächst steckt darin eine Anspielung auf die sogenannten Jim-Crow-Gesetze, die – ausgehend von einem Afroamerikanerinnen und -amerikaner diffamierenden Cartoon – in den USA des 19. und 20. Jahrhunderts der ethnischen Segregation von Schwarzen und Weißen dienten. Michelle Alexander (2012) greift diese historische Evidenz auf, um darauf hinzuweisen, wie aus einer expliziten Rassendiskriminierung subtilere, aber nicht weniger gefährliche, mithin letale, Formen der Diskriminierung wurden. Durch aktuelle algorithmische Entwicklungen, so bringt es Benjamin mit ihrer begrifflichen Neuschöpfung zum Ausdruck, werden diese Tendenzen verschärft. Aus den vormaligen *Jim Crow*-Gesetzen werden neue, *Jim Crow* ähnliche, Coding-Praktiken, mithin der *New Jim Code*. Was diesen so gefährlich macht, sei die Tatsache, dass die neuen Technologien verkauft werden als „morally superior because they purport to rise above human bias, even though they could not exist without data produced through histories of exclusion and discrimination" (Benjamin 2019, 10).

So unterliegen rassistische Praktiken, hier bezogen auf die USA, in gewisser Hinsicht einer diskursiven Evolutionslogik. Mit der Sklaverei und den Jim-Crow-Gesetzen gab es noch konkrete menschliche Handlungsträger, die unübersehbare Diskriminierungs- und Gewaltpraktiken ausübten. In der zweiten Stufe sind diese expliziten Formen verschwunden, da jedoch die Vorurteile in den Köpfen der Menschen weiterhin existierten, wurden sie in ein weniger offensichtliches System überführt, in dem Afroamerikanerinnen und -amerikaner nach wie vor gegenüber Weißen benachteiligt wurden und werden. Auf der nächsten „evolutionären Stufe" befindet sich dann die Technik als Heilsbringer, die den fehleranfälligen Menschen als Entscheidungsträger durch objektive mathematische und technologische Verfahren ersetzt. Das Problem, auf das Benjamin hinweist, besteht jedoch darin, dass die Vorurteile in den Köpfen der Menschen in die Codes eingeflossen sind, die nun Alltagswirklichkeiten maßgeblich prägen. Wenn aber das nach wie vor Fehlerhafte, Diskriminierende diskursiv rationalisiert und zum objektiven Standard erhoben wird, dessen Konstitutionsbedingungen jedoch die wenigsten einsehen, geschweige denn *verstehen*, können, wie lässt sich dann noch gegen diese Ungerechtigkeiten vorgehen?

Dieses *Verstehen können*, mithin *Black-Box*-Vorgänge lesbar bzw. sichtbar machen, ist eines der Ziele von Benjamin. Anhand von verschiedenen Beispielen zeigt sie die Wirkungsweisen schein-objektiver algorithmischer Praktiken entlang vier Dimensionen auf: (1) *Engineered Inequity*, (2) *Default Discrimination*, (3) *Coded Exposure* und (4) *Technological Beneficience*. Der erste Aspekt, *Engineered Inequity*, zielt auf die Beschreibung solcher Praktiken ab, bei denen in den Code von Algorithmen bestehende Vorurteile eingewebt sind. Diese würden regieren, ohne ein Mandat dafür zu haben (vgl. ebd. 53). Als Beispiel führt Benjamin einen Schönheitswettbewerb *Beauty AI* an, bei dem Algorithmen die schönsten Bewerberinnen kürten. Allerdings stellte sich heraus, dass die Algorithmen Schwarze Frauen häufig als nicht schön, mitunter als *ungesund*, klassfizierten. Wie aber, so fragt Benjamin, gelangt der Rassismus in die neuen Technologien? Ihre Antwort lautet: durch die Rohdaten. „[T]he raw data that robots are using to learn and make decisions about the world reflect deeply ingrained cultural prejudices and structural hierarchies" (ebd. 59). Anstatt nach dem einen schuldigen Ingenieur oder Team von Ingenieuren zu suchen, der oder das einen rassistischen Algorithmus programmiert habe – so, wie sich ein Polizist oder ein Team von Polizisten benennen lässt, der oder das einen Afroamerikaner auf offener Straße erstickt – gehe es darum, sich von der Idee der Intentionalität zu lösen (vgl. ebd. 61).

Beim zweiten Aspekt, *Default Discrimination*, untersucht Benjamin „what happens when tech developers do not attend to the social and historical context of their work" (ebd. 47). Es geht ihr um eine Passivhaltung von *Computer Scientists* im Hinblick auf ihre eigenen Produktionen, um die *Unterlassung* aktiver Reflexion der einprogrammierten Ungleichheiten. An der Figur der *glitch* (zu deutsch: *Störung*) macht Benjamin fest, wie in KI-Systemen auftauchende Diskriminierungen diskursiv als scheinbar harmlose Störungen gerahmt werden, jedoch – ernst genommen – Einblicke in die tiefergreifenden Funktionslogiken des gesellschaftlichen Systems erlauben. Benjamin (ebd. 79f.) fragt:

> [...] [W]hat if we understand glitches instead to be a slippery place [...] between fleeting and durable, micro-interactions and macro-structures, individual hate and institutional indifference? Perhaps in that case glitches are not spurious, but rather a kind of signal of how the system operates. Not an aberration but a form of evidence, illuminating underlying flaws in a corrupted system.

Anhand einer besonders eindrücklichen Szene aus dem ersten *Matrix*-Film (1999) veranschaulicht Benjamin ihren Gedanken. Protagonist Neo erlebt in dieser Szene ein Déjà Vu, als eine schwarze Katze ihm zweimal über den Weg läuft. Ein anderer Charakter, Trinity, weist ihn darauf hin, dass dieses Erlebnis alles andere als trivial sei. Die Störung in der Matrix sei ein Zeichen dafür, dass das Programm der Matrix verändert würde (vgl. ebd. 85). Benjamins (ebd.) Interpretation dieser Szene lautet dann wie folgt:

> The glitch in this context is a [sic!] not an insignificant ‚mistake' to be patched over, but rather serves as a signal of something foundational about the structure of the world meant to pacify humans. It draws attention to the construction and reconstruction of the program and functions as an indication that those seeking freedom should be ready to spring into action.

Welcher Art aber sind die Störung der *algorithmischen „Matrix"*? Ein Beispiel, das Benjamin anführt, ist eines von der Navigations-App *Google Maps*. Eine Twitter-Nutzerin veröffentlicht den Tweet: „Then Google Maps was like,,turn right on Malcolm Ten Boulevard, and I knew there were no black engineers working there" (vgl. ebd. 78). Die Google-Anwendung hat der Twitter-Nutzerin zufolge den US-amerikanischen Bürgerrechtler Malcom X nicht „erkannt", d. h. dieser Name war im System nicht angelegt, sodass die *Google Maps*-Stimme statt „Malcolm , Ex'" fälschlicherweise von „Malcolm Ten" sprach. Das *X* wurde als römische Ziffer *Zehn* gelesen. Ist dies nun schlichtweg ein Fehler eines fehlbaren Programms oder mehr als das?

Das Beispiel ist in zweierlei Hinsicht interessant. Zum einen aus der Perspektive Benjamins, die die „Oberfläche" *Störung* als Indikator einer tieferliegenden, *enigmatischen* Systemlogik liest. Zum anderen aber auch aus der hier eingenommenen medienkulturrhetorischen Perspektive, da in dem Tweet eine technische Störquelle nicht allein als solche wahrgenommen, sondern dieser stattdessen ein kultureller Sinn zugeschrieben wird, den Benjamin mit der *glitch*-Deutungskategorie aufgreift. Aus dem scheinbar kleinen Fehler des Programms, den Namen eines Schwarzen Bürgerrechtlers inkorrekt wiederzugeben, zieht die Nutzerin die Schlussfolgerung, dass keine Schwarzen Programmierer an der Google-Maps-App mitgewirkt haben können. Die Interpretation ist elliptisch, insofern der ihr zugrunde liegende Syllogismus nicht ausbuchstabiert wird. Er ließe sich aber – verkürzt – wie folgt rekonstruieren:

1. Schwarze Programmierer programmieren Anwendungen unter der Berücksichtigung für die Schwarze Community relevanter Daten wie beispielsweise die Existenz des Schwarzen Bürgerrechtlers Malcolm X und dessen Aussprache.
2. In der *Google-Maps*-Anwendung wurden für die Schwarze Community relevante Daten wie die Existenz des Schwarzen Bürgerrechtlers Malcolm X und dessen Aussprache nicht berücksichtigt.
3. Daraus folgt, dass die *Google-Maps*-Anwendung nicht von Schwarzen programmiert worden sein kann.

Benjamin *liest* den Fehler der Maschine als kulturell bedeutsam, wenn sie diesen in den größeren Zusammenhang technischer Störungen stellt. *Lesen* ist hier durchaus buchstäblich zu verstehen, insofern der *Text* – der Code – der *Google Maps* zugrunde liegt, durch die fehlerhafte Aus*sprache* des Namens *Malcom X*, momenthaft einen Teil seiner Opazität verliert, wenn an die Oberfläche ein kulturell interpretierbarer Signifikant tritt, der von Laien gelesen werden kann. Benjamin (ebd. 78f.) weist zudem auf die Diskrepanz zwischen technischen Innovationen und dem – von einem egalitären Standpunkt aus gesehenen – gesellschaftlich Wünschenswerten hin:

> Ironically, this problem of misrecognition actually reflects a solution to a difficult coding challenge. A computer's ability to parse Roman numerals, interpreting an ‚X' as ‚ten', was a hard-won design achievement. [...] This illustrates how innovations reflect the priorities of those who frame the problems to be solved, and how such solutions may reinforce forms of social dismissal, regardless of the intentions of individual programmers.

So steht das technisch Anspruchsvolle Erkennen eines X als römische Ziffer *Zehn* hier in starkem Kontrast zu den Bestrebungen der (Schwarzen) Emanzipationsbewegung. Ein Konzept von Fortschritt, schlichtweg verstanden als die Erweiterung technologischer Machbarkeiten, wird damit infrage gestellt. Insgesamt geht es Benjamin mit dem Aspekt *Default Discrimination* darum, auf diejenigen symbolischen Verletzungen und strukturellen Diskriminierungen hinzuweisen, die im Gewand unscheinbarer Störungen hervortreten, damit aber die unsichtbaren Wirkkräfte eines machtvollen Systems zum Vorschein bringen.

Mit der Dimension *Coded Exposure* wendet sich Benjamin der „chiastischen" Struktur kodierter Sichtbarkeit zu, die darin bestehe, dass Schwarze dann gesehen werden bzw. *hypervisibel* sind, wo es ihnen zum Nachteil gereicht, dort aber *unsichtbar* bleiben, wo sie gesehen werden wollen. Als ein medienhistorisches Beispiel führt Benjamin Kodaks *Shirley Cards* an, die zwischen den 1950er und 1990er Jahren die Weiße Frau zur Norm von Fotografien erhob. Die Kehrseite dessen war, dass die Kamera Probleme damit hatte, dunklere Hautfarben scharf festzuhalten. Erst als sich Produzenten brauner Konsumgüter wie Schokolade oder Holzmöbel über die Fotoqualität ihrer Produkte beschwerten, wurde etwas daran geändert (vgl. ebd. 103–106). Ein ähnlicher, rezenter Fall findet sich bei *Hewlett Packard*. Dessen Kamera „would pan to follow a White Face but would stop when individuals with dark skin entered the frame" (vgl. ebd. 108). Auf der anderen Seite führt *Intelligence-Led Policing* oder auch *Predictive Policing* (Benjamin spricht von *Pre-Emptive Policing* vgl. ebd. 121) dazu, dass Schwarze sichtbar werden, und zwar kategorial als Täter. Benjamin fragt: „What is privacy for already exposed people in the age of big data? For oppressed people, I think privacy is not only about protecting things from view, but also about what is strategically exposed" (vgl. ebd. 127). Damit wird der Inbegriff des Privaten im algorithmischen Überwachungszeitalter – für Schwarze im besonderen Maße – zum Recht oder auch Vermögen, die eigene *Sichtbarkeit* bzw. *Exponiertheit zu regulieren*.

Die vierte Dimension des *New Jim Code*, *Technological Beneficience*, macht Benjamin in dem aus, was man – in Teilen – auf die Redewendung *Der Fluch der guten Tat* zuspitzen könnte. Benjamin untersucht Initiativen, die versuchen, mittels technologischer Hilfe gesellschaftliche Problematiken zu adressieren, jedoch paradoxerweise die gegenwärtigen Zustände perpetuieren oder gar verschlimmern. So richtet sich sogenanntes *Electronic Monitoring* (EM) auf der Basis von elektronischen Fußfesseln gegen das Problem überlaufener Gefängnisse. Mit EM sollen die Kosten reduziert und den Betroffenen ermöglicht werden, bis zu ihrem Prozessbeginn weitestgehend ihr gewohntes Leben fortzuführen (vgl. ebd. 138). Benjamin spricht jedoch statt von *E-Monitoring* von *E-Carceration* (vgl. ebd. 139) da die Betroffenen – überproportional häufig Afroamerikaner – nun Opfer von verschärfter Überwachung würden. Ähnliches beobachtet Benjamin im Gesundheitswesen, wo die Datenauswertung zur Verbesserung der gesundheitlichen Lage von Wohngegenden, die den Krankenversicherungen besonders hohe Kosten verursachen, wiederum zu Formen des *racial profiling* führt (vgl. ebd. 156).

Was lässt sich nun nach Benjamin gegen kodierte Ungleichheit tun? Gibt es Handlungsspielräume und, wenn ja, wie sehen diese aus? Im Rahmen eines Vortrags an der UC Berkeley wurde Benjamin von einem Programmierer darauf hingewiesen, wie schnell und geradezu unausweichlich sich Diskriminierungen in den Code einschleichen und das also die Idee vom *bösen Programmierer* eine Chimäre sei[128] – was gänzlich im Sinne von Benjamins Gedanken ist. Ihr geht es gerade um das Aufdecken des *systemischen Zusammenhangs*, der den Kampf um Gerechtigkeit, um Gleichberechtigung, ungleich erschwert. Dem *bösen Programmierer*, sobald ausgemacht, wäre leicht das Handwerk zu legen – aber Milliarden und Abermilliarden von Datenspuren? Nichtsdestotrotz hält Benjamin an der Handlungsfähigkeit des Menschen grundsätzlich fest. Sie stellt Initiativen wie *Open AI*, die *Algorithmic Justice League*, *Black in AI* oder *Data for Black Lives* vor, die schon jetzt auf je eigene Weise gegen Erscheinungsformen des *New Jim Code* vorgehen und auf *Empowerment* setzen. Mit M.C. Elish und danah boyd stellt sie drei Fragen, die den Ausgangspunkt eines Nachdenkens über technologische Emanzipation bilden sollten:

> What are the unintended consequences of designing systems at scale on the basis of existing patterns in society?
> When and how should AI systems prioritize individuals over society and vice versa?
> When is introducing an AI system the right answer – and when is it not? [i. O. mit Aufzählungszeichen] (vgl. ebd. 186).

Insgesamt schließt Benjamin mit dem Desideratum, ein Bewusstsein für die mannigfaltigen und vielgesichtigen Fallstricke des *New Jim Code* zu entwickeln und letztlich kreative Lösungen zu erarbeiten „that bring to life liberating and joyful ways of living in and organizing our world" (ebd. 197). So hält Benjamin nicht nur an der prinzipiellen Handlungsfähigkeit des Menschen fest, sondern auch am utopischen Denken in Form vom *noch zu Schöpfenden*. Es wird dabei wichtig sein, dass gerade auch jenseits des technologischen Sektors nach Lösungen gesucht

---

[128] Vgl. https://www.youtube.com/watch?v=JahO1-saibU; ca. Minute 45:49–46:41; letzter Zugriff: 14.03.2023.

wird, um so destruktive Techno-Utopien aufzuhalten, wie sie Morgan G. Ames (2019) in Bezug auf das Entwicklungsprojekt *One Laptop per Child* schildert. Rekurrierend auf einen weiter oben geäußerten Gedanken (vgl. S. 39), besteht eine Hauptaufgabe utopischen Denkens heute möglicherweise darin, Dystopien zu verhindern.[129]

3.2.1.6 Algorithmus-Kritiken – erstes Zwischenfazit

Zusammenfassend lässt sich nun feststellen, dass Algorithmen in der kritischen Forschungsliteratur als Treiber von sozialen Transformations- und Verschärfungsprozessen relevant gesetzt werden. Einerseits beeinflussen sie dabei auf der Makroebene gesellschaftliche Strukturen, andererseits prägen sie auch auf der Mikroebene die Subjektivation von Individuen, sperren diese in ein *digitales Panoptikum* (Han 2014), sodass letztlich von einer Intraaktion makro- und mikrosozialer Entwicklungen gesprochen werden kann. Der Mechanismus der Personalisierung, der in algorithmische Systeme eingebaut ist, zersplittert Pariser zufolge die Gesellschaft, entmündigt den Bürger und verunmöglicht auf diese Weise eine gesamtgesellschaftliche demokratische Debatte. Die Millionen von „Wohlfühl-Enklaven", in die sich Konsumenten begeben, wenn sie in den sozialen Medien, auf Nachrichtenseiten und über Suchmaschinen nur mit Inhalten konfrontiert werden, die ihren angenommenen Präferenzen entsprechen, sorgen seines Erachtens dafür, dass es eine gemeinsame digitale Agora kaum (noch) gibt. Gleichzeitig werden über Personalisierungsmechanismen Subjekte geformt. Diese 2011 getätigten Annahmen müssen, wie alle anderen Annahmen der *Critical Algorithm Studies*, dabei fortlaufend überprüft und aktualisiert werden.

Was bei Pariser schon ein wichtiger Aspekt war – die infinite „You-Loop", auf die Subjekte fortwährend zurückgeworfen werden und die sich dadurch verstärkt –, wurde bei anderen Autoren als *Algorithmic Governance*, als Bio- und Identitätspolitik ausgearbeitet. Hier wird sich insbesondere auf Foucault berufen, der mit seiner von Jeremy Bentham entlehnten Vorstellung des Panoptikums als einer internalisierten externen Überwachungsstruktur, deren Möglichkeitspotenziale allein schon das Verhalten und die Lebensweisen von Subjekten figurieren, eine wichtige Theorie formuliert hat, die diese Autoren nun auf das „algorithmische Zeitalter" übertragen. Während es Bächle darum geht, diese Entwicklungen nicht als Medienrevolution, sondern als Fortschreibung historischer Kontinuitäten zu konzeptualisieren, kann sich durchaus gefragt werden, ob diesen Tendenzen nicht eine genuin neue Qualität innewohnt. Zweifelsohne hat es opake Praktiken, wie sie

---

[129] Vgl. zu einer Reflexion der gesellschaftlichen (Un-)Möglichkeitsbedingungen insb. *4.3 Reflexion*.

im Zentrum von Pasquales Erörterungen zur *Black Box Society* stehen, schon immer gegeben. Hinterzimmerpolitik, Vetternwirtschaft oder schlichtweg die Regulierung von Zugängen über Qualifikationen oder, vormals, gesellschaftliche Ränge etc.

Im „algorithmischen Zeitalter" aber, und das wird von O'Neil und Mau in besonderer Weise betont, geschieht dies über mathematische Kalkulationen und Codierungen, über akzelerierte Prozeduren, die von wenigen Gatekeepern kontrolliert werden, die ob der stetig zunehmenden Komplexität jedoch selbst kaum mehr alles überblicken können; die „Werkzeuge" verselbstständigen sich. Quasi-Monopole bilden sich heraus, die zu immer konzentrierter werdenden *Macht*monopolen werden. Hat sich die Welt, so könnte man fragen, jemals in so wenigen Händen befunden wie in diesen Zeiten? Freilich kann nichts geschehen, was nicht als Potenzial im Geschichtlichen bereits angelegt ist. Doch hier muss Bächle entgegengehalten werden, dass Begriffe wie „neu" und „Revolution" hinfällig werden, wenn man den Kontinuitäts-Begriff derart überdehnt. Daher wird eine solche Sichtweise hier abgelehnt und stattdessen das Argument vertreten, dass Algorithmen und Künstliche Intelligenz zwar geschichtlich immer schon angelegt gewesen sind, sich in ihnen jedoch etwas *Neues* verbirgt, das erst durch technischen Fortschritt möglich wurde. Dadurch kommen womöglich keine *neuen Problemstellungen* auf uns zu, sondern vielmehr Problemstellungen *in neuem Gewand*, wie der Parforceritt durch die *Critical Algorithm Studies* gezeigt haben soll.

Die für diese Arbeit relevante Frage ist dabei, ob sich auch ein anderer Blick auf die neuen Technologien werfen lässt und, damit einhergehend, ob sich Spielräume für rhetorisches Handeln aufspüren lassen – und wenn ja, inwiefern gerade dieses vielleicht auch anders perspektiviert bzw. mit Blick auf KI aktualisiert werden müsste. Bächle hat in seinen Ausführungen ein mögliches „Außerhalb" des Mythos-Systems Algorithmus ergründet und lediglich die Ekstase als von der Formalisierung befreite Erfahrung ausgemacht. Hier geht es jedoch nicht um reine Erfahrung, um die Frage nach einem Entkommen von dem numerischen Blick auf die Welt. Die hier zugrunde gelegte Perspektive ist eine pragmatische, die in dem Aufscheinen emanzipatorischer Potenziale, wie sie z. B. von Mau im Hinblick auf die Bewertungs- und Benennungsmacht des Konsumenten angeklungen sind, bereits einen wichtigen rhetorischen Anhaltspunkt identifiziert. So soll im Folgenden zunächst eine alternative, namentlich eine *postkritische*, Perspektive auf Algorithmen vorgestellt werden, die dann in einem nächsten Schritt, als spezifischer *postkritischer medienkulturrhetorischer Ansatz* dieser Arbeit, herausgearbeitet werden wird.

3.2.2 „Post-critical" Algorithm Studies

Im Folgenden soll auf der Hintergrundfolie der Ausführungen zu den zuvor diskutierten *Critical Algorithm Studies* und unter Einbeziehung derzeitiger Strömungen in der kulturwissenschaftlichen KI-/Algorithmus-Forschung ein postkritischer Ansatz entwickelt und vorgeschlagen werden, mit dem sich – in Verbindung zu der bereits dargelegten medienkulturrhetorischen Forschungsperspektive – die Rhetoriken Künstlicher Intelligenz untersuchen lassen. Dieser Ansatz sieht sich dabei als Ergänzung des kritischen Ansatzes mit fließenden Übergängen. Hier wird die Überzeugung vertreten, dass es sowohl einer macht- und systemkritischen Perspektive auf algorithmische Agenzien als auch einer postkritischen auf ebendiese bedarf, um die algorithmische Wirklichkeit verstehen zu können, in der sich Subjekte in der heutigen Zeit bewegen. Der Begriff *postkritisch*, das ist allen post-Präfix-Begriffen inhärent, ist unausweichlich an den Kritik-Begriff gekoppelt (vgl. S. 20), weswegen auch er keinesfalls eine unkritische oder apolitische Herangehensweise postuliert, sondern vielmehr einen empirisch fundierten *bottom-up*-Ansatz in Anschlag bringt, dessen Ergebnisse die Basis für eine fundierte kritische Reflexion bieten.

3.2.2.1 „Post-critical" Algorithm Studies – ein innerdisziplinärer Perspektivwechsel

Diesem Kapitel sei ein längeres Zitat vorangestellt, das bereits die Kernthematik des im Folgenden Behandelten umreißt und zum Teil schon weiter oben (vgl. S. 55) angeführt wurde, hier aufgrund seines Schlüsselcharakters jedoch erneut vergegenwärtigt werden soll. Der Kommunikationswissenschaftler Tarleton Gillespie (2017, 75) schreibt in einem Artikel zu algorithmischer Kultur:

> Um das zunehmend komplexe Informationssystem zu verstehen, das mittlerweile so viele soziale Unternehmungen untermauert, haben sich einige Sozialwissenschaftler ‚den Algorithmen, zugewandt, die diese Unternehmungen animieren. Diese ‚kritische Soziologie der Algorithmen' [...] hat das althergebrachte Unbehagen an der Automatisierung und Rationalisierung menschlicher Sozialität wiederbelebt; mithin die Bedenken zu Diskriminierungen innerhalb bürokratisch-formeller Prozeduren, zu den Implikationen soziotechnischer Systeme und den auf diesen beruhenden sozialen Praktiken. Algorithmen bilden für ein solches Forschungsvorhaben einen attraktiven Kristallisationspunkt: sie erscheinen als der verborgene Kern eines komplexen Systems, als Träger geheimer, eingebetteter Werte. Schließlich sind Algorithmen Instruktionen – vielleicht gar der mechanische Geist in der Maschine? Verführerisch [...]. Könnte es indes sein, dass der Enthusiasmus, der mit der Einführung eines neuen Forschungsgegenstandes verbunden ist, uns (mich eingeschlossen) in eine der offensichtlichsten intellektuellen Fallen hat tappen lassen?.

Gillespie stellt in diesem Zitat eine disziplinäre Selbstreflexion an, die nur deshalb möglich ist, weil die kulturwissenschaftliche Algorithmusforschung so weit herangereift ist, dass die Disziplin bereits den Blick auf sich selbst wagen kann. Die *kritische Soziologie der Algorithmen*, die hier als *Critical Algorithm Studies* bezeichnet wird[130], ist im vorangegangenen Unterkapitel thematisiert worden. Worin aber besteht das Problem dieses Ansatzes? In welche *Falle* sind Verfechter eines solchen möglicherweise getappt?

Es geht hier um die *performative* oder auch *produktive* Kraft (wissenschaftlicher) Sprechakte – und die Frage nach dem Umgang mit ebendieser. Nina Tessa Zahner hat auf die gesellschaftliche Produktivität der Forschung im Kontext des Kunst- und Ausstellungsbetriebs verwiesen. Sie schreibt, dass die „Soziologie der Kunst [...] nicht die ästhetischen Normen gesellschaftlicher Eliten unhinterfragt reproduzieren und so zu deren Geltung beitragen [darf]" (ebd. 228). An dieser Stelle geht es nicht um eine Beantwortung der Frage, wie mit dieser Selbstbezüglichkeit umgegangen werden *soll*. Wichtig ist hier insbesondere festzuhalten, dass der Umgang reflektiert *wird*, dass die Disziplinen sich als System(e) selbst beobachten (Luhmann), und Gillespie dazu aufruft, dies im Zusammenhang mit Algorithmen ebenfalls zu tun, um keine spezifischen Erzählungen von „dem" Algorithmus einzustudieren (vgl. Gillespie 2017, 75 f.; S. 55). Mit anderen Worten müssen die *Critical Algorithm Studies* Gillespie zufolge aufpassen, bei ihrer Suche auf Antworten nicht nur das zu finden, was sie ohnehin zu finden gedenken; mithin – überspitzt formuliert – rassistische, überwachende, kapitalistische und kulturindustrielle Algorithmen.

Gillespie steht mit dieser disziplinären (Selbst-)Kritik nicht allein. Auch David Beer (2017), Rob Kitchin (2017) und Nick Seaver (2017) sind dem zuzuordnen, was hier als *Post-Critical Algorithm Studies* oder *postkritischer Ansatz* bezeichnet wird. So erzählt beispielsweise Seaver von einer Begebenheit, die sich auf der *Governing-Algorithms*-Konferenz an der *New York University* (Barocas/Hood/Ziewitz 2013) zugetragen hat. Die Konferenz bildete einen wichtigen Meilenstein für die sozialwissenschaftliche Algorithmusforschung. Einer der Konferenz-Teilnehmer stellte dort im Plenum fest, dass die ganze Zeit über Algorithmen gesprochen werde, er jedoch nicht einen einzigen der Wissenschaftlerinnen und Wissenschaftler über einen konkreten Algorithmus wie *Bubblesort* habe reden hören.[131] Seaver gibt dem Konferenz-Teilnehmer recht. Es sei die Rede von „Mega-Algorithmen" wie Googles Such-

---

[130] Andere in diesem Zusammenhang kursierende Begrifflichkeiten sind etwa derjenige der *Critical Data Studies* (vgl. z. B. Iliadis/Russo 2016).
[131] Im Original lautet die Anekdote, wie Seaver sie schildert: „At a conference on the social study of algorithms in 2013, a senior scholar stepped up to the audience microphone:,With all this talk about algorithms,' he said„I haven't heard anybody talk about an actual algorithm. Bubble sort, anyone?"' (Seaver 2017, 1).

oder Facebooks News Feed-Algorithmus gewesen und damit vielmehr von algorithmischen Systemen, die in der Öffentlichkeit *Algorithmen* genannt würden (vgl. Seaver 2017, 1 f.). Seaver stellt daraufhin die vorläufige[132] selbstkritische Überlegung an: „Maybe, in our inexpert enthusiasm, critical algorithm studies scholars had made a mistake. Maybe we don't understand what algorithms are, after all" (ebd. 2). Hier handelt es sich zunächst um ein hermeneutisches, aber auch machtpolitisches Problem, auf das noch zurückzukommen sein wird (vgl. S. 92).

Das Präfix *post* indiziert, wie oben bereits erwähnt, die unausweichliche Kopplung eines „Neuen" an das (noch) nicht überwundene „Alte", beinhaltet eine Abgrenzungsbewegung in den Begriffen dessen, von dem sich abgegrenzt werden soll. Das bedeutet gleichzeitig auch, dass die Übergänge zwischen *Critical* und „Post-Critical" *Algorithm Studies* fließend sind und sich notwendigerweise überlappen. Die Validität bzw. Legitimität der kritischen Algorithmusforschung wird von den genannten Autoren nicht grundsätzlich infrage gestellt:

> Wir würden sicherlich zu kurz greifen, wollten wir einfach belehrende und warnende Geschichten über die Mechanismen der Produktion und Distribution und ihrer Effekte erzählen. Ebenso fehlgehen würden wir, wollten wir beruhigende Fabeln darüber erzählen, wie Algorithmen lediglich auf genuine Bedürfnisse der Öffentlichkeit antworten (Gillespie 2017, 76).

Beide diese kulturellen Narrative seien „intellektuelle Irrtümer" (ebd.). Die Perspektive, die Gillespie den kritischen Studien zur Seite stellt, ist eine solche, die untersucht, wie Algorithmen *selbst zu Kultur werden* (vgl. ebd. 77).

Seaver unterscheidet hingegen zwischen einem *Algorithms-in-Culture*-Ansatz und einem *Algorithms-as-Culture*-Ansatz. Ersteren macht er u. a. an den definitorischen Kämpfen um den Algorithmus-Begriff fest. Die Frage danach, ob Geisteswissenschaftler überhaupt wissen, worüber sie beim Thema Algorithmen reden, ist bereits eine Frage mit potenziell exkludierender Wirkung, da sie diejenigen, die nicht dem Tech-Bereich entstammen, vom Diskurs auszuschließen versucht. Seaver setzt sich in seinem Artikel mit den Ausführungen des Informatikers Paul Dourish (2016) auseinander. Dourish plädiert dafür, die ethnographische Verantwortung im Kontext von Algorithmen ernst zu nehmen, was für ihn bedeutet, den Terminus *Algorithmus* als *emischen*, d. h. als Teilnehmerkategorie, im Sinne der *Computer Sciences* zu definieren (vgl. Dourish 2016, 2). Es gehe ihm dabei nicht darum, eine lupenreine, gar essenzialistische Definition „des" Algorithmus vorzulegen, die losgelöst von jeglichen externen Dimensionen sei:

---

[132] Vorläufig deshalb, weil er später in Anschlag bringt, dass gerade der Versuch, Sozialwissenschaftler durch ein Hindrängen zu den „richtigen" technischen Definitionen rund um Algorithmen und KI eine machtpolitische Geste sei, die der kulturellen Eingebettetheit dieser Agenzien nicht gerecht werde (vgl. dazu S. 95).

> If the term ‚algorithm' appears in social analyses to mean just what it means emically, then it risks missing the many other elements in relation to which the algorithm arises; but by corollary, if it appears in social analyses with some new and different meaning, then it becomes difficult to imagine critiques hitting home in the places that we hope to effect change (ebd. 9).

Etwas polemisch betrachtet, und unter Einbeziehung des Gesamtkontexts von Dourishs Artikel, ließe sich dieses Zitat auch so übersetzen, dass Dourish zwar Algorithmus-Analysen entlang kultureller Vektoren für legitim hält, aber erst dann, wenn die entsprechenden Forscher ihre Hausaufgaben in Sachen Algorithmus-Definitionen gemacht haben. Dourish definiert Algorithmen insbesondere ex negativo, in Relation zu ihrem „Anderen", was Seaver so zusammenfasst:

> [A]lgorithms are not automation (thus excluding questions of labor), they are not code (thus excluding questions of texts), they are not architecture (thus excluding questions of infrastructure), and they are not their materializations (thus excluding questions of sociomaterial situatedness) [...] (Seaver 2017, 4).

Seaver rechnet eine solche Perspektive auf Algorithmen dem *Algorithms*-in-*Culture*-Ansatz zu. Der *Algorithmen*-in-*Kultur*-Ansatz

> hinges on the idea that algorithms are discrete objects that may be located within cultural contexts or brought into conversation with cultural concerns. Understood as such, algorithms themselves are *not* culture. They may *shape* culture (by altering the flows of cultural material), and they may be shaped *by* culture (by embodying the biases of their creators), but this relationship is like that between a rock and the stream it is sitting in: the rock is not part of the stream, though the stream may jostle and erode it and the rock may produce ripples and eddies in the stream (ebd.).

Algorithmen kommen hier als das „Andere" von Kultur in den Blick, wie es bei Dourish (2016) der Fall ist, wenn er schon in der Überschrift seines Artikels von *Algorithms and their others* spricht, damit aber gleichsam – auch wenn er sich selbst mit seinen Relativierungen dagegen zu verwehren versucht – eine Form des *Otherings*[133] betreibt. Für Dourish als Informatiker sind Algorithmen freilich das *Eigene*, über das er implizit Deutungshoheit beansprucht, und *Kultur* sowie Kulturanthropologen das *Andere*, das *Fremde*, dem er, (vermeintlich) mit deren eigenen Mitteln „emische" Lesarten der Algorithmen nahelegt. Seaver kann auf Basis seiner ethnographischen Feldforschung über US-amerikanische Entwickler von algorithmischen Musik-Empfehlungs-Systemen diesen Ansatz herausfordern. Durch seine

---

133 Beim *Othering* handelt es sich um ein kulturwissenschaftlich bedeutsames Konzept, das nach Johannes Fabian (2016/[1993], 337) „die Einsicht [bezeichnet], daß die Anderen nicht einfach gegeben sind, auch niemals einfach gefunden oder angetroffen – sie werden gemacht."

Forschung stellt er fest, dass die Entwicklerinnen und Entwickler in ihrem Umgang mit und ihrem Sprechen über Algorithmen sich selten an formalisierten Algorithmus-Definitionen orientieren (vgl. Seaver 2017, 3).[134] Auch Francis Lee (2021, 68) warnt eindringlich davor, in eine „epistemische Falle" zu geraten und Algorithmen als „clearly delineated and pre-existing objects that can be analyzed in themselves" (ebd. 67) in den Blick zu nehmen. Sozialwissenschaftler würden „den" Algorithmus gleichermaßen *performieren* – etwa als mythisch, opak, und die Welt prägend (vgl. ebd. 83).[135] Es dürfe keine reduktionistische und deterministische Perspektive auf die Politiken algorithmischer *Assemblagen*[136] (i. O. *assemblages*) von den Computerwissenschaften übernommen werden (vgl. ebd. 68). Sie schreibt:

> In sum, my argument isn't that algorithmic assemblages are powerless – quite the contrary they are very powerful – but rather that we as social analysts need to be aware of when we are taking over the object definitions of computer scientists, politicians, or auditors as they risk leading to impoverished understandings of how our world is enacted with algorithmic assemblages (ebd.).

Stattdessen müssten algorithmische *Assemblagen* empirisch in ihren multiplen und situierten Praxis-Kontexten untersucht werden (vgl. ebd. 80), was sie selbst am Beispiel einer ethnographischen Feldforschung zum (algorithmischen) Umgang mit dem Zika-Virus veranschaulicht (vgl. ebd.). Damit lässt sich Lee dem zurechnen, was Seaver (2017) dem *Algorithm-* in-*Culture*-Ansatz gegenüberstellt, nämlich einen *Algorithms-*as-*Culture*-Ansatz, der Algorithmen als genuin *Kulturelles*, als durch kulturelle Praktiken Hervorgebrachtes perspektiviert:

> [A]lgorithms are not technical rocks in a cultural stream, but are rather just more water. Like other aspects of culture, algorithms are enacted by practices which do not heed a

---

134 Seaver vergleicht das, was mit dem Algorithmus-Begriff passiert, mit dem, was mit dem Kulturbegriff passiert ist: „Something like what has happened to computer scientists and the term, algorithm' happened earlier with anthropologists and, culture': a term of art for the field drifted out of expert usage, and the experts lost control" (Seaver 2017, 4).

135 Robert Seyfert (2021) zeigt die performative Kraft *regulatorischer Praktiken* auf, die als Teil algorithmischer Assemblagen betrachtet werden müssen. So schreibt er: „I argue that the regulation of algorithms, which will be the focus of this paper, plays a prominent role in the process of making sense of algorithms. I will show that regulatory processes are not just aimed at preventing or enforcing certain algorithmic activities, but that they are also co-producing algorithms. They determine, in specific settings, what an algorithm is and what it ought to do. Regulations are themselves social practices that co-produce the subjects and objects of social reality" (ebd. 1).

136 Vgl. zum sozialtheoretischen Begriff *Assemblage*, mit dem – sehr grob skizziert – historisch gewachsene Konstellationen aus verschiedenen (sozialen) Entitäten, Praktiken, Objekten etc., vom Molekül bis zum Nationalstaat, gemeint sind – DeLanda 2019/[2006]. Er spielt insbesondere in der ANT eine große Rolle und wird auch von den CAS vielfach aufgegriffen.

strong distinction between technical and non-technical concerns, but rather blend them together. In this view, algorithms are not singular technical objects that enter into many different cultural interactions, but are rather unstable objects, culturally enacted by the practices people use to engage with them. [...] [A]lgorithms are cultural not because they work on things like movies or music, or because they become objects of popular concern, but because they are composed of collective human practices. Algorithms are multiple, like culture, because they are culture (ebd. 4).

Seaver ordnet Dourish, aber auch Gillespie dem *Algorithms-in-Culture*-Ansatz zu, weil sich Letztgenannter der Untersuchung von Algorithmen als *kulturellen Artefakten* widmet und präferiert selbst einen Ansatz, bei dem Algorithmen *als* Kultur gedacht werden. Der *Computer Scientist* Adam Burke (2019) setzt sich wiederum kritisch mit beiden Perspektiven auseinander und versucht, zwischen ihnen zu vermitteln. Er unterscheidet zwischen zwei großen Fundquellen für algorithmische Definitionen: (1) *Structured Programming* und (2) *System*.

Es geht ihm damit um die Erfassung der „technischen" Perspektive auf Algorithmen, der sich auch Dourish zuordnen lässt. Unter *Structure* fasst Burke die historisch gewachsenen Prozesse, die dazu geführt haben, dass sich ein ganz spezifischer Ansatz des „strukturiertem Programmierens" durchgesetzt habe. Bei diesem strukturierten Programmieren werden große komplexe Programme in kleinere, verständliche und wiederverwendbare Einheiten zerteilt. So werden beispielsweise auch Algorithmen von Code unterschieden. Burke plädiert dafür, Algorithmen jedoch nicht isoliert, sondern immer in Relation zum größeren Programm-Gesamtzusammenhang zu sehen: „Algorithms are identifiable, concrete media artifacts, and they are easier to identify when seen as part of a larger machine [...]" (ebd. 4). Zudem macht er deutlich, dass die soziokulturellen Werte, die in den *Critical Algorithm Studies* ebenso wie im öffentlichen Diskurs dem Konzept *Algorithmus* zugeschrieben werden, oftmals gar nicht in Algorithmen zu finden sind, zumindest nicht, wenn man diesen eine strikt technische Definition zugrunde legt. An anderer Stelle formuliert Gillespie (2016, 19) es ähnlich und stellt fest, dass der Algorithmusbegriff im öffentlichen Diskurs zu einer Synekdoche geworden sei, der eher für ein „particular kind of sociotechnical ensemble" (ebd. 22) stehe als für eine mathematisch definierbare Prozedur.

Burke vergleicht das Verhältnis von Algorithmen, Code und Konfigurationen mit den verschiedenen Bestandteilen einer Axt: „The algorithm is an axe head, the wrapping code the axe socket, and the configuration the handle" (ebd. 9). Die eingeschriebenen Werte, so Burke, können vielmehr in den Konfigurationen als in Algorithmen lokalisiert werden. Wolle man allerdings wie beispielsweise Noble (2018) die kulturellen Repräsentationen der Google-Suchmaschine untersuchen, dann reiche eine solche enge technische Definition nicht aus. Um sich solchen Phänomenen annähern zu können, schlägt Burke den System-Begriff vor, den er wiederum in

System und *Culture* unterteilt (vgl. Burke 2019, 9–12). Unter Algorithmen als *System* versteht Burke Folgendes:

> ‚Algorithm' is used in the systemic sense when not just programmers, but people in general, don't want, or don't have, access to the machinic detail required for a design decision. This cut is at a coarser granularity than the structured programming cut, and serves as a pragmatic everyday theory for users navigating software systems. This makes the implied apparatus defining the sub-components of ‚user' and ‚algorithmic system' at the scale of a community (ebd. 11).

Worin genau jedoch sich der System- vom Kultur-Ansatz unterscheidet, macht Burke nicht deutlich. Im Gegenteil: Er subsumiert sogar Seavers *Algorithms-as-Culture*-Ansatz unter den System-Ansatz (vgl. ebd.). Insgesamt richtet sich Burke gegen die „generality" (ebd.), gegen die Breite und Unschärfe, die mit der Subsumption von Algorithmen unter den Kulturbegriff einherginge. Deshalb zieht er den Begriff *algorithmischer Systeme* vor, wenn die größeren, auch in der Öffentlichkeit verhandelten, Problemzusammenhänge rund um computationale Prozesse in den Blick genommen werden.

An dieser Stelle soll zunächst festgehalten werden: Der Algorithmus-Begriff ist hart umkämpft. Die Demarkationslinien dieses Bedeutungskampfes verlaufen insbesondere entlang der Lager der *Computer Sciences* und der *Social Sciences*, die mit ihrem Programm der *Critical Algorithm Studies* ihren Anspruch auf Deutungshoheit geltend zu machen versuchen. Dourish warnt davor, dass die Gräben zwischen den wissenschaftlichen Disziplinen größer werden könnten, wenn nicht die Sozial- und Kulturwissenschaften sich der emischen Begriffe der *Computer Sciences* annehmen. Seaver hält das für eine Exklusionspraxis, die den Geisteswissenschaften den Zugang zu diesem Forschungsgegenstand erschweren, wenn nicht gar verschließen soll, grenzt sich aber (begrifflich) von Gillespie ab, der in vielerlei Hinsicht mit Seaver auf einer inhaltlichen Linie ist (vgl. S. 96). Burke wiederum versucht, zwischen Dourish und Seaver zu vermitteln, wenn er dafür plädiert, genau zu benennen, wovon eigentlich gesprochen wird: von einem spezifischen Code oder einer Konfiguration, deren Output konkrete Diskriminierungsformen sind, die sich jedoch mitunter verändern lassen (dann wäre es kontraproduktiv, von Algorithmen zu sprechen (vgl. Burke 2019, 5)) – oder von einem System mit diversen Akteuren und Institutionen, in dem computationalen Prozessen eine tragende und kritisierbare Rolle zukommt; hier sollte nach Burkes Meinung besser von *algorithmischen Systemen* als von *Algorithmen als Kultur* gesprochen werden, da Ersteres präziser sei.

Für die hiesige Arbeit ist es gewinnbringend, die wichtigsten Aspekte der genannten Positionen zu synthetisieren. Burkes Vorschlag, zwischen einem engen technischen Algorithmus-Begriff und einem eher systemischen Algorithmus-Begriff zu unterscheiden, wird hier als sinnvoll erachtet. Die von Dourish in Anschlag gebrachten Teilnehmerkategorien der *Computer Sciences*, als emische Begriffe, gilt es also unter dem Banner eines solchen engen Algorithmus-Begriffs zu berücksichtigen. Diese in ihrer Wechselwirkung mit materiell-diskursiven Praktiken zu untersuchen, würde sodann einen Perspektivwechsel zu einem systemischen Algorithmus-Begriff erforderlich machen. Beide Begriffe sind jedoch, und hier ist Dourish zu widersprechen, *gleichberechtigt*; die *Computer Sciences* können nicht die Deutungshoheit über die „richtige" Definition für sich proklamieren. In systemischer Perspektive sind Algorithmen mit Kitchin (2017) als *ontogenetisch, performativ* und *kontingent* zu betrachten – ontogenetisch, da stets im Werden begriffen, performativ, da sie (sozial) wirksam werden, und kontingent, da ihre Funktionsweise und ihr Output nicht gänzlich kontrollierbar sind (vgl. ebd. 21f.). Das ist systemisch gedacht. Denn Burke zufolge wird hier kaum von „echten" Algorithmen geredet – und dennoch intraagieren beide Ansätze miteinander. Sie voneinander zu trennen ist nur teils phänomenal begründet; es ist in erster Linie ein analytischer Vorgang. Aus kulturwissenschaftlicher Perspektive wird jedoch der Kulturbegriff dem Systembegriff vorgezogen.

Zusammenfassend wird der folgende modifizierte und um Gillespies Perspektive ergänzte, postkritische Algorithmen-*als*-Kultur-Ansatz vorgeschlagen: Algorithmen sind *immer schon kulturell Gewordenes und Werdendes*, da sie durch kulturelle Praktiken und zirkulierende Ideen kreiert werden und dabei stets *intraaktiv* an kulturelle Prozesse rückgekoppelt bleiben. Das bedeutet jedoch nicht, dass man sie aus analytischen Gründen nicht auch als *kulturelle Artefakte* (vgl. Gillespie 2017, 76) betrachten kann, die nicht, wie Gillespie schreibt, *zu Kultur werden*, sondern *als kulturelle Artefakte kulturell sichtbar werden*. Sich die Frage zu stellen, wie Kultur „über sich selbst nach[denkt]" (ebd.), lässt sich freilich auch – und konsequenterweise *nur* – im Rahmen eines unhintergehbar Kulturellen bewerkstelligen, so die kulturwissenschaftliche Perspektive. Letztlich geht es bei Seaver und Gillespie auch um eine Frage des methodischen Blickwinkels: ethnographische Feldforschung auf der einen und Kommunikations- bzw. Diskursforschung auf der anderen Seite. Mit Gillespie wird hier die Wichtigkeit betont, besser zu verstehen, wie Algorithmen diskursiv und rhetorisch rezipiert werden. Damit lässt man sie nicht notwendigerweise zu Kultur *werden* – man kann sie auch schlichtweg als das *immer schon Kulturelle* perspektivieren, das auf je unterschiedliche Weisen mit „dem" Diskurs *intraagiert*.

3.2.2.2 Forschungsansätze und Anwendungsfelder eines postkritischen *Algorithmen-als-Kultur*-Ansatzes

Im Folgenden sollen zunächst verschiedene Ansätze und Anwendungsfelder in den Blick genommen werden, die mit einem *postkritischen* Algorithmen-als-Kultur-Ansatz[137] einhergehen. Dabei ist es wichtig zu betonen, dass es sich hier um einen Begriff der vorliegenden Arbeit handelt, die im Folgenden behandelten Autoren sich also nicht selbst einem solchen zuordnen, sondern oftmals unter dem Begriff der *Critical Algorithm Studies* firmieren. Hier sollen jedoch einige Ansätze vorgestellt werden, die sich als das *Postkritische* der *Critical Algorithm Studies* abschöpfen ließen, um so den innerdisziplinären Entwicklungen in der kulturwissenschaftlichen Algorithmusforschung programmatisch Rechnung zu tragen, bevor anschließend der konkrete (postkritische) Anwendungsbereich dieser Arbeit beschrieben wird.

Der *Science-and-Technology-Studies*-Wissenschaftler Malte Ziewitz (2017) hat beispielsweise den originellen und interessanten Selbstversuch eines „algorithmischen Spaziergangs" durchgeführt und dokumentiert, um die Logiken algorithmischer Produktion und deren Wechselwirkung mit der Umwelt zu ergründen. Er nimmt den Algorithmus als Figur in den Blick, „that is used for making sense of observations" (ebd. 1). Es geht ihm somit nicht um Algorithmen als „Technologie". Anders als kritische Ansätze, die „'the algorithm' as an epistemic object that produces social consequences" (ebd. 3) setzen, als prinzipiell erkennbare und „zu wissende" Objekte, stellt Ziewitz infrage, ob Algorithmen jemals erkannt bzw. *gewusst* werden können. Das Design des Selbstversuchs, den er gemeinsam mit einem Kollegen durchführt, besteht darin, dass sie spazieren gehen und die Entscheidung, wo sie hingehen, nach zuvor festgelegten Schritt-für-Schritt-Regeln treffen – einem Algorithmus. Vorab einigen sie sich auf die folgenden Schritte: „At any junction, take the least familiar road. Take turns in assessing familiarity. If all roads are equally familiar, go straight" (ebd. 4).

Während ihres Spaziergangs müssen sie ihren „Algorithmus" jedoch immer wieder anpassen; manchmal ist beispielsweise unklar, was eine Kreuzung überhaupt ist, und was *geradeaus* bedeutet. Was auf den ersten Blick wie ein möglicherweise belangloses Experiment aussieht, ist eine epistemologische Unternehmung. So führt ihr „Algorithmus" sie etwa an einer Stelle auf ein privates Gelände. Ziewitz stellt fest, dass aus diesem Fehler des Algorithmus schlussgefolgert werden könne, „that the algorithm did not account for the possibility of private property and thus embodied socialist or egalitarian biases that just considered any space a public

---

[137] Wenn im Folgenden von *postkritisch* die Rede ist, ist damit der zuvor erläuterte *postkritische Algorithmen*-als-Kultur-Ansatz gemeint.

space" (ebd. 9). Ihrem „Algorithmus" sozialistische Voreingenommenheit zu unterstellen, würde, so Ziewitz, jedoch dem Sachverhalt nicht gerecht werden. Vielmehr habe sich die ethische Thematik aus der Mikro-Interaktion in der gegebenen Situation, in Wechselwirkung mit der Umwelt, ergeben. Der ethnomethodische Blick auf „algorithmische" Operationen bewahrt somit davor, ebenjene Ursache-Wirkungs-Erzählung zu reproduzieren, vor der Gillespie warnt. Die Trennlinien von Algorithmus und Umwelt sind, wie Ziewitz argumentiert, ein Konstrukt, und er stellt diesbezüglich die folgenden Überlegungen an:

> [...] [W]hat would it take to think of algorithmic ordering as an exercise in respecification rather than an application of a set of rules? [...] What if there simply is no way to know the ethicality of any given system in advance and if the best that we can do will always only be the second best? (ebd. 11 f.).

Damit fordert Ziewitz implizit dazu auf, Algorithmen mit mehr Gelassenheit zu betrachten. Vor allem scheint er aber einen apriorischen Algorithmus-Agnostizismus zu postulieren. Es kann *nicht im Vorhinein gewusst* werden, wie sich Algorithmen in ihren Intraaktionen mit der (Um-)Welt entfalten werden. Bedeutet dies dann, so ließe sich fragen, dass die von Noble kritisierten vermeintlichen Störungen, die von Benjamin als Revelationen eines ungerechten Systems identifiziert werden, doch nur Störungen sind, die es uns ermöglichen, „auf unserem Weg" Korrekturen vorzunehmen? Ist also nur diese zweitbeste Lösung, anstatt einer erstbesten (etwa eine Vorab-Korrektur), möglich? Diese Frage lässt sich an dieser Stelle nicht abschließend beantworten. Im Lichte der hier eingenommenen Perspektive lässt sich jedoch erneut unterstreichen, dass es beider Bemühungen bedarf: der durchgehenden Anstrengung, die kulturellen Rohdaten gerechter zu machen, und dem Aushalten der – mitunter sehr schmerzhaften – Konfrontation mit algorithmisch sichtbar werdenden Irrwegen, um diese korrigieren zu können. Nur aber, wenn Algorithmen selbst als kulturell perspektiviert werden, kann dem Rechnung getragen werden.

Ein weiterer spannender postkritischer Ansatz findet sich bei den Soziologen Andreas Birkbak und Hjalmar Bang Carlsen (2016). Die Autoren nehmen eine pragmatische Perspektive auf die Plattformen Google, Facebook und Twitter ein, insofern sie von der Notwendigkeit von Ordnungsmechanismen im Internet ausgehen. Anstatt also beispielsweise Google dafür zu kritisieren, dass bestimmte Ergebnisse vor anderen auftauchen, sehen sie Ordnungs-Algorithmen zunächst als unumgänglich an und destillieren – in vereinfachter und heuristischer Form – die den Plattformen zugrundeliegenden „politischen Philosophien". Die Plattformen sollten den Autoren zufolge als Webdienste betrachtet werden, die nicht schlichtweg Vorstellungen einer Öffentlichkeit (*the public*), sondern einer *gerechten* Öffentlichkeit (*the just public*) (vgl. ebd. 23) instanziieren. Damit wirken die Autoren auch impliziten Vorstellungen eines homogenen Internets mit *einer* Öffentlichkeit entgegen; vielmehr zergliedert sich das Internet in verschiedene Arten von Öffentlichkeiten.

Die „Philosophien", die sie extrahieren, sind die folgenden: Bei Googles *PageRank*[138] zählt die größte Anzahl an Zitationen – „articles vote for each other through links (citations), and votes from articles that have received many links themselves (that have been cited more), count more" (ebd. 25). Bei Facebooks *EdgeRank* ist es nicht allein die Anzahl der Zitationen (Likes), die zählt, sondern von wem diese stammen; die Zitationen von Freunden werden höher gewichtet. Bei Twitter hingegen ist es genau der umgekehrte Fall, „the ‚worth' of events is based on whether they unite people who are not already friends" (ebd.). Die Autoren wenden diese Prinzipien sodann auf ein Daten-Set von 194 ökonomischen Fachartikeln an, um zu veranschaulichen, wie diese unterschiedlich hierarchisiert werden. Sie nutzen die Ergebnisse dazu, um Überlegungen über alternative Ordnungsprinzipien anzustellen. Wenn Ordnung im Internet *notwendig* ist, so der zentrale Gedanke Birkbaks und Carlsens, können wir uns dann nicht auch andere Ordnungen vorstellen, beispielsweise solche, die nicht die Anzahl von Verbindungen und Freundschaften priorisieren, sondern konfligierende Auffassungen oder die Ko-Okkurrenz von Wörtern?

Die Autoren klammern (bewusst) die Machtfrage aus, und das Problem, dass sich aus einer solchen „machtblinden" Herangehensweise ergibt, ist freilich nicht zu unterschätzen. Selbst der „fairste" oder „diverseste" Ordnungs-Algorithmus bleibt sozial wirkungslos, wenn sich niemand für die Öffentlichkeit, die er ordnet, interessiert. Die von Pariser (2012, 40 f.) benannte *lock-in*[139]-Thematik lässt sich nicht schlichtweg durch einen neuen Algorithmus bzw. neuen Code umgehen. Denn die Frage bleibt, ob Subjekte überhaupt neue Ordnungsprinzipien akzeptieren wollen, wenn sie sich in den alten bereits komfortabel eingerichtet haben. Ist der Beitrag von Birkbak und Carlsen womöglich gar nicht *post-*, sondern *unkritisch*? Der Unterschied ist essenziell. Denn worum es mir bei einem *postkritischen* Ansatz geht, ist gerade die Möglichkeit einer gegenseitigen Befruchtung von kritischen und postkritischen Ansätzen mitzudenken. Wichtig ist also, dass der vorgestellte Ansatz in diesem Kontext als postkritisch *gelesen* wird. Denn er ermöglicht, die pluralen Öffentlichkeiten des Internets besser zu verstehen und Alternativen zumindest zu *imaginieren*.[140]

---

138 Vgl. zu *PageRank* und *Hummingbird* Fn. 97.
139 „Lock-in", so schreibt Pariser (2012, 40) „is the point at which users are so invested in their technology that even if competitors might offer better services, it's not worth making the switch."
140 Auch Thibault Fouquaert und Peter Mechant (2021) haben jüngst nach technischen Lösungen im Umgang mit algorithmischen Problematiken gesucht; in diesem Fall das Problem eines (mangelnden) Bewusstseins für das algorithmische System von Instagram. Sie erstellten ein Interface, das es ermögliche, Instagram in nicht-kuratierter Form zu sehen. Sie kamen zu dem Ergebnis,

Einen ebenfalls bemerkenswerten Ansatz haben Daniel Moats und Nick Seaver (2019) jüngst vorgestellt.[141] Ausgangsbeobachtung Moats und Seavers ist es, dass Cathy O'Neil, Autorin der vielzitierten Monographie *Weapons of Math Destruction* (2016), in einem 2017 erschienen New-York-Times-Artikel dazu aufruft, die algorithmischen Systeme kritischer Beobachtung zu unterziehen. Das aber, so stellen Moats und Seaver verwundert fest, wurde durch die *Critical Algorithm Studies* schon seit vielen Jahren getan. „What did it mean", so fragen die Autoren (Moats/Seaver 2019, 2), „to suggest that this topic and field did not exist?". Sie beginnen daraufhin, sich mit den Trennlinien zwischen *Computer Sciences* und Kultur- und Sozialwissenschaften auseinanderzusetzen. Einen Versuch, bei dem *Computer Scientists* ein Korpus mit Texten kritischer Algorithmusstudien nach ihren eigenen computationalen Methoden auswerten sollen, nehmen sie zum Anlass, ihre eigenen Vorannahmen gegenüber den *Computer Sciences* zu reflektieren.

Moats und Seaver benennen als Problem der *Critical Algorithm Studies* „that many existing critiques, and efforts to bring critique into practice, take the relationship between data science and its critics for granted" (ebd. 3). Während die Autoren an dem Design ihres Versuchs arbeiten und mit potenziellen Forschungspartnern kommunizieren, stoßen sie immer wieder an die Grenzen ihrer eigenen Setzungen und erfahren etwas darüber, wie sie selbst vonseiten der *Computer Sciences* wahrgenommen werden. So kommen sie u. a. zu dem Schluss, dass die meisten *Computer Scientists* sich der kritischen Aspekte des Algorithmus-Themas durchaus gewahr sind, sich diesem jedoch auf andere Weise annähern. Auch wird die Tendenz von Geisteswissenschaftlern, (Selbst-)Reflexionen *ad infinitum* anzustellen, von den Gesprächspartnern als Kuriosität betrachtet. Diese bezeichnen deren Vorhaben als „incredibily meta" oder sagen „you social scientists love mind games" (ebd. 6). Insgesamt fordern die Autoren dazu auf, dass vermehrt solche Studien durchgeführt werden, „that do not paint [the divide] as a fiction but also do not take it as inevitable" (ebd. 9), eine hier als genuin postkritisch angesehene Perspektive.

Postkritisch heißt also insbesondere *bottom up*, d. h. empirisch, zu forschen und auch die Perspektive des Nutzers in den Vordergrund zu rücken, anstatt diesen als ein Rädchen im Getriebe eines übermächtigen algorithmischen Systems zu denken, das Einzug in unsere Kultur(en) hält. Erwähnt seien in diesem Sinne die wegweisende Studie Taina Buchers (2017), in der die Autorin auf der Basis von Tweets und Interviews Erzählungen gewöhnlicher Nutzerinnen und Nutzer

---

dass zwar das Bewusstsein für algorithmische Kuratierung durch Instagram zunahm, jedoch nicht die Bereitschaft der Nutzer, ihre Handlungen dementsprechend anzupassen (ebd. 18).

141 Lee und Larsen (2019) rechnen diesen den algorithmischen Metastudien zu (vgl. zur Klassifizierung von Lee/Larsen 2019; S. 55 in dieser Arbeit). Hier wird er unter dem Emblem *postkritischer Studien* gefasst.

über den Facebook-Algorithmus analysierte und zu dem Schluss kommt, dass Nutzer sich Algorithmen prinzipiell gewahr sind und dass diese eine Bedeutung für deren Lebenswirklichkeit haben. Auch Farzana Dudhwala und Lotta Björklund Larsen (2019) sind der Ansicht, dass die Figur des Algorithmus überbetont wurde und richten den Fokus stattdessen darauf, wie Nutzer mit algorithmischen Outputs umgehen, d. h. sich diese aneignen. Sie sprechen von *rekalibrieren,* wenn Nutzer ihre eigene Intuition und Erfahrungswelt etwa mit algorithmischen Empfehlungen abgleichen und erst in einer Art wechselseitigem Interaktionsgeschehen Entscheidungen treffen. Ihre Ergebnisse zeigen, dass von einem blindem Gehorsam gegenüber Algorithmen nicht die Rede sein kann, das implizite Wissen über diese Agenzien jedoch in konkreten Handlungsentscheidungen wirksam wird. Eszter Hargittai et al. (2020) plädieren ebenfalls für eine verstärkte Erforschung der Nutzerkenntnisse von Algorithmen und machen dafür konkrete methodische Vorschläge, während Michael V. Reiss et al. (2021) die Wichtigkeit der Relevanzzuschreibungen von Nutzern im Hinblick auf KI betonen und selbst untersuchen.[142]

---

142 Erwähnt seien hier auch standardisierte Untersuchungen von Nutzer-Einstellungen wie etwa die Drei-Länder-Studie von Anastasia Kozyreva et al. (2021), die u. a. zu dem Ergebnis kommen, dass es eine *acceptability gap* in allen drei Nationen gebe – Nutzerinnen und Nutzer personalisierter Dienste akzeptabler finden als die Verwendung persönlicher Informationen, obwohl beides miteinander zusammenhängt. In allen drei Ländern wird Personalisierung in politischen Kampagnen abgelehnt (vgl. ebd. 9). Die Autoren folgern auf der Basis ihrer Ergebnisse, dass es „a need for transparent algorithmic personalization that minimizes use of personal data, respects people's preferences on personalization, is easy to adjust, and does not extend to political advertising" (ebd. 1, Abstract) gebe. Auch Lisa-Maria Neudert, Aleksi Knuutila und Philip N. Howard (2020) haben 154.195 Menschen aus 142 Nationen zu ihrer Risiko-Wahrnehmung im Hinblick auf Künstliche Intelligenz befragt und kommen zu dem Schluss, dass „public agencies will, in many countries around the world, struggle to convince citizens and voters that investing and implementing machine learning systems is worthwhile" (ebd. 7), die Bedeutsamkeit der Nutzer-Perspektive untermauernd.

4 Medienkulturrhetorische Fallstudie – Die Untersuchung der Rhetoriken Künstlicher Intelligenz

Nachdem im Vorangegangenen kritische und postkritische Perspektive voneinander abgegrenzt worden sind und ein Blick auf derzeit existierende Forschungsansätze geworfen wurde, die sich dem postkritischen Paradigma zuordnen lassen, soll nun die spezifische postkritische Studie dieser Arbeit vorgestellt werden. Es soll sich an die Rhetoriken im Künstliche-Intelligenz-Diskurs angenähert werden, was, wie im Folgenden mit Rekurs auf die Ausführungen zur Medienkulturrhetorik noch näher erläutert werden wird (vgl. S. 108f.), auch bedeutet, die Wechselwirkungen von Diskurs und Rhetor in den Blick zu nehmen. Wenn hier von Rhetorik im Plural, also *Rhetoriken*, gesprochen wird, so ist damit immer auch die Frage danach impliziert, wie derzeit nicht nur über KI geredet wird, sondern wie Subjekte im algorithmischen Zeitalter zum *Orator* werden können. Dafür wird hier vorgeschlagen, in einem ersten Schritt KI-Medienkommunikate näher zu untersuchen und in einem zweiten Schritt eine solche rhetorische Reflexion anzustellen.[143] Wie bedeutsam eine Auseinandersetzung mit dem KI-Diskurs ist, hat Christian Katzenbach (2021) jüngst betont. Er argumentiert, dass sich die derzeit zu beobachtende Zuwendung zu KI-Technologien seitens machtvoller Akteure, z. B. aus der Politik, gerade nicht ausschließlich mit technologischem Fortschritt erklären lasse, sondern auch auf die tradierte Figur des *technological fix*[144] (ebd. 1) zurückgehe. Die Denkhorizonte, die sich scheinbar „natürlich" aus technologischen Möglichkeitspotenzialen ergeben und unsere Wirklichkeit figurieren, sind, so auch das für diese Arbeit zentrale Argument, nie allein Ergebnis von unkontrollierbaren technologischen Wirkmächten, sondern diskursive Gemachtheiten innerhalb eines soziomateriellen Geflechts – und somit auch nie gänzlich unhintergehbar[145], sondern prinzipiell *gestaltbar*.

An dieser Stelle sollen zunächst zwei bereits angeführte Beispiele vergegenwärtigt werden: das der *Autocomplete-Truth*-Bilder der *UN Women* (vgl. S. 78) und

---

143 Wenngleich die Rhetorizität des Medialen, d. h. insbesondere des *Multimodalen* der Zeitungsartikel, aber auch der Plattform Facebook, eine wichtige Reflexionsebene für die Analyse bildet, steht hier nicht die (potenzielle) Rhetorizität Künstlicher Intelligenz als Technologie im Vordergrund, wie sie etwa (in anderen Termini) von Benjamin N. Jacobsen (2020) behandelt wird, der sich die Frage stellt, welche Erzählungen Algorithmen bei der Funktion *Apple Memories* über das Selbst hervorbringen.
144 Damit ist gemeint, dass Technologien diskursiv als Problemlöser für jegliche gesellschaftliche Herausforderung perspektiviert werden (vgl. Katzenbach 2021).
145 Vgl. zur diskursiven Instanziierung von KI als unhintergehbare Technologie S. 121.

der *Malcolm-Ten-Boulevard*-Tweet (vgl. S. 84). Erstgenanntes fand sich bei Noble, der es mit dem Beispiel darum ging, auf die diskursive (Fehl-)Attribution von Verantwortung im KI-Diskurs hinzuweisen. Ihr zufolge bürden die *UN Women*, wenngleich mit legitimem Anliegen, den Konsumenten die Verantwortung für die diskriminierenden Autovervollständigungen auf, während eigentlich Google bzw. Alphabet in die Pflicht genommen werden sollte. Gillespie verwendet das gleiche Beispiel, jedoch mit einer anderen Perspektive, an die sich im Folgenden angelehnt wird.

Gillespie untersucht, wie Algorithmen als kulturelle Artefakte in den öffentlichen Diskurs migrieren, also zu Kultur werden (vgl. S. 91). Die *Autocomplete-Truth*-Bilder kommentiert er wie folgt:

> Die Mitteilung ist ernüchternd, ihre Kraft basiert auf der Annahme, dass die Autovervollständigungs-Algorithmen enthüllen, was ‚die Leute' wirklich denken, oder zumindest enthüllen, wonach sie suchen – die Kraft der Mitteilung zehrt also von der Annahme, dass die Autovervollständigung enthüllt, wer wir sind, wenn wir uns unbeobachtet fühlen' (Gillespie 2017, 98).

Auf der Mikroebene des Texts distanziert sich Gillespie von der Vorstellung *der Leute* ebenso wie von der Aussage *wer wir sind, wenn wir uns unbeobachtet fühlen* durch die verwendeten Anführungszeichen. Distanz heißt hier *beobachtende Distanz*. Denn ihm geht es gerade nicht wie Noble um eine Machtkritik. Gillespie interessiert sich für die diskursiven Prozesse, die Algorithmen in den Status öffentlich verhandelbarer kultureller Artefakte heben. Die Bilder der *UN Women* bezeugen von dieser Warte aus nicht schlichtweg gesellschaftliche Missstände, sie *erzeugen* eine bestimmte Perspektivierung bestehender Problematiken, wenn sie die Google-Nutzer implizit und visuell zu schweigenden Sexisten erklären.

Betrachtet man den von Benjamin ins Feld geführten Tweet erneut aus einer medienkulturrhetorischen Perspektive, ist daran spannend, dass – und darum geht es Benjamin nicht – die Annahme, dass der falsch ausgesprochene Name von Malcolm X auf der impliziten Annahme basiert, dass Schwarze einen *race*[146]-sensiblen Code produzieren würden – und das dies *gerichtet* möglich ist. Es ist davon auszugehen, dass die Twitter-Nutzerin, die den Tweet gepostet hat, keine tieferen Einsichten in die Programmier-Praktiken hat(te), die *Google Maps* hervorgebracht haben. Denn das *Wissen*, das sie proklamiert („and I knew [Herv. d. Verf.] there were no black engineeres working there", vgl. S. 84), erscheint als induktives Wissen, abgeleitet von dem thematisierten Einzelfall. Vor dem Hintergrund der vielzähligen Möglichkeiten

---

[146] Der *race*-Begriff wird hier im Original als Teilnehmerkategorie übernommen, insbesondere deshalb, weil er im englischen Sprachgebrauch üblich und nicht wie der deutsche *Rasse*-Begriff historisch-diskursiv stark belastet ist.

der KI-Technologien, angefangen bei *Supervised* und *Unsupervised Learning* – ist jedoch interessant, dass die Nutzerin eine solche imaginiert, bei der sich die eigenen Wertsetzungen *intentional* in den Code inskribieren lassen.

Ignacio Siles et al. (2020) rahmen solche Deutungen theoretisch als *Folk Theories*, ähnlich den *Social Imaginaries* (vgl. z. B. Jasanoff/Kim 2015). „[F]olk theories", so die Autoren (ebd. 2), „contemplate what people think and feel about algorithms and how this leads to specific ways of acting". Diese werden als die Art und Weise spezifiziert, „to enact data assemblages" (ebd.). Damit geht es um die Frage, wie sich Menschen kulturelle Artefakte wie beispielsweise die neuen Technologien aneignen, in ihre Lebenswelt integrieren, damit konkret umgehen – die Frage also, die auch in der folgenden Untersuchung im Zentrum steht. Die Autoren haben eine Studie durchgeführt, in der Deutungen von Spotify-Nutzern in Costa Rica anhand dreier Datensets untersucht wurden: Interviews, Fokusgruppen-Gespräche und *rich pictures*, d. h. graphischen Darstellungen der Nutzervorstellungen (vgl. ebd. 3). Zwei grundsätzliche *Folk Theories* haben die Autoren (ebd. 2) in ihrem Datenmaterial ausmachen können:

> [...] [O]ne that personifies Spotify (and conceives of it as a social being that provides recommendations thanks to surveillance) and another one that envisions it as a system full of resources (for which Spotify is a computational machine that offers an individualized musical experience through the appropriate kind of ‚training').

Bei der ersten *folk theory* wird Spotify wie ein allwissender Freund wahrgenommen, dessen Überwachungsmechanismen genau derjenige Faktor sind, der die Vorzüge der Plattform ausmacht (vgl. ebd. 6). Spotify wird in den graphischen Darstellungen konsequenterweise oft als Auge dargestellt. In der zweiten *folk theory* wird Spotify hingegen als nichtmenschliche Entität konzeptualisiert, die sich trainieren lässt; es werden Begriffe wie „‚a very long code,'" oder „‚a feedback control system'" verwendet, um die Plattform zu beschreiben (ebd. 7). Auch werden agentielle Schnitte zwischen dem Menschlichen und dem Technologischen vorgenommen (vgl. ebd. 8). Insgesamt geht es den Autoren der Studie darum, deutlich zu machen, dass *Folk Theories* bedeutsam sind, da sich darüber Rückschlüsse auf das Verhältnis subjektiver Handlungsträgerschaft in Bezug zu den machtvollen algorithmischen Technologien ziehen lassen. „Personifying Spotify", kreiere beispielsweise, so die Autoren (ebd. 10), „fertile grounds for accepting its recommendations".

Leyla Dogruel (2021) identifiziert über Interviews mit 30 deutschen Internetnutzern fünf *Folk Theories* über Algorithmen im Internet: die *economic orientation theory*, bei der Nutzer davon ausgehen, dass Plattformen wie Google aus ökonomischen Gründen Informationen über sie sammeln; die *personal interaction theory*, in der Nutzer annehmen, dass ihre persönlichen Interaktionen Einfluss auf das haben, was sie in den *Feeds* ihrer Social-Media-Anwendungen zu sehen bekommen;

die *popularity theory*, bei der davon ausgegangen wird, dass allgemeine Beliebtheit von Inhalten bei der Sichtbarkeit eine Rolle spielen; die *categorization theory*, bei der Nutzer denken, dass sie bestimmte Empfehlungen erhalten, weil von ihnen ein kategorienbasiertes Profil erstellt wurde und die *algorithmic thinking theory*, bei der Nutzer elaborierte Theorien darüber entwickeln, wie Algorithmen „denken". Dogruel hält das Ermitteln solcher *Folk Theories* für wichtig, da diese dabei helfen können, „more effective communication strategies for educating them [users, Anm. d Verf.] about algorithmic operations" (ebd. 9) zu entwickeln.

Moritz Büchi et al. (2021) finden in ihrer Untersuchung von Nutzerwahrnehmungen der Facebook-*Werbepräferenzen*[147] im US-amerikanischen Kontext u. a. heraus, dass eine gewisse Ernüchterung im Hinblick auf die Genauigkeit und den Nutzen von Algorithmen unter Facebook-Nutzern herrscht, die negative Folgen haben könne: „[I]f users overestimate the extent of algorithmic profiling, they might constrain themselves preemptively [...]; underappreciation, on the other hand, may lead to carelessness, privacy infringements and undue surveillance" (ebd. 2 f.). Eine realistische und ausgewogene Einschätzung der Wirkkräfte sozialer Medien sei von besonderer Bedeutung, da diese eine kritische soziale Infrastruktur der heutigen Zeit darstellen (vgl. ebd. 3). Auch Nadia Karizat et al. (2021) betonen mit ihrer Studie zu *Folk Theories* von TikTok-Usern die produktive Kraft dieser Narrative, wenn Nutzerinnen und Nutzer ihre Handlungen individuell und kollektiv auf die Beeinflussung des TikTok-Algorithmus abstimmen, um so etwa gegen die Unterdrückung spezifischen Contents von Subgruppen vorzugehen.[148]

Folk Theories entstehen dabei nicht im luftleeren Raum, sondern emergieren aus dem kulturellen Geflecht heraus, in dem sich Nutzerinnen und Nutzer bewegen –

---

147 Bei Facebook gibt es für Nutzerinnen und Nutzer die Möglichkeit, zu einem gewissen Grad Einsicht in das von Facebook erstellte Nutzerprofil zu erhalten (s. https://www.facebook.com/ad preferences/advertisers/; letzter Zugriff: 14.03.2023).
148 Hier sei auf die allgemeine Notwendigkeit verwiesen, die Thematik der *Folk Theories* interkulturell und global zu untersuchen. Chuncheng Liu und Ross Graham (2021) liefern mit ihrer Studie zu den *algorithmic imaginaries* chinesischer Nutzerinnen und Nutzer der chinesischen *Health Code* App während der COVID-19-Pandemie spannende Einsichten aus China. Sie wollen auch dem einseitigen Narrativ entgegenwirken, dass die Sichtweise chinesischer Nutzerinnen und Nutzer auf die neuen Technologien sich allein durch „demonstrated Chinese state coercion, overreaching cultural preference or a generalized sense of security in China" (ebd. 11) erklären lasse. Vielmehr zeigen die Autoren mit ihren Ergebnissen, dass auch die dortigen Nutzer trotz ihres generell hohen Vertrauens in die Technologien verschiedene Erzählungen darüber entwickeln, „how they are being surveilled, how the data will be used and for what purposes by which party" (ebd.). Die Ergebnisse der Studie von Jing Zeng, Chung-hong Chan und Mike S. Schäfer (2022) legen jedoch nahe, dass auch soziale Medien wie WeChat dem nationalen KI-Narrativ Chinas nichts Substanzielles entgegenzusetzen haben und auch dort eine affirmative und nicht-kritische Bezugnahme auf KI vorherrscht.

aus ihren eigenen Nutzungserfahrungen, Unterhaltungen mit Freunden und Bekannten, (massenmedialen) Berichterstattungen etc. In jüngerer Zeit wird sich neben den Nutzer-Aneignungen von KI-Technologien allmählich auch den massenmedialen Rahmungen von KI zugewandt. So haben die Soziologen Lea Köstler und Ringo Ossewaarde (2021) in ihrer Studie *The making of AI society: AI future frames in German political and media discourses* mittels einer Frame-Analyse untersucht, wie die deutsche KI-Zukunft massenmedial im Verhältnis zur KI-Strategie der Bundesregierung (2018) perspektiviert wird. Dafür haben sie sowohl die nationale KI-Strategie als auch 47 Zeitungsartikel von Zeitungen[149], aus dem Zeitraum März 2018 bis November 2019 analysiert, in denen diese Strategie diskutiert wird. Sie konnten u. a. herausfinden, dass ein grundsätzliches neoliberales Narrativ, in dem KI als Schlüssel für Fortschritt und Wohlstand gedacht wird, von der Bundesregierung instanziiert sowie reproduziert, das von den Zeitungen mitunter demaskiert wird. Genuine – utopische – Gesellschaftsentwürfe im Zusammenhang mit KI gibt es von Seiten der Bundesregierung nicht, vielmehr werden Deutungsmuster der Vergangenheit – *Deutschland als große Industrie-Nation* – als Handlungsimperativ auf Deutschlands KI-Zukunft projiziert.

Die von den Autoren ermittelten Frames (vgl. Köstler/Ossewaarde 2021, 260) lassen sich ungefähr ins Deutsche übersetzen als (1) *KI als Schlüssel zur Zukunft*, (2) *KI als deutsche KI*, (3) *KI als Allheilmittel*, (4) *Unsicherheit als Bedrohung*, (5) *KI als Blackbox* und (6) *Ethische KI als Feigenblatt*. Frame (1) bedeutet, dass KI eine exklusive Bedeutung für eine gute Zukunft des Landes zugeschrieben wird; Frame (2) umfasst das artikulierte Bestreben, eine genuin deutsche und insofern „besondere" KI mit Alleinstellungsmerkmal zu kreieren; Frame (3) meint, dass KI zu einem Allheilmittel für existierende gesellschaftliche Problematiken stilisiert wird; Frame (4) umfasst die Annahme, dass die größte Bedrohung im Hinblick auf Deutschland und KI in einer ungeklärten und nicht-handlungsbasierten Herangehensweise an die Thematik besteht; Frame (5) bezieht sich einerseits auf die bereits in der Diskussion der *Critical Algorithm Studies* behandelte Thematik der Opazität von KI, andererseits aber auch auf die von den Medien konstatierte Vagheit der KI-Strategie der Bundesregierung, und Frame (6) fasst die in den Massenmedien vertretene Auffassung, dass ethische KI von der Bundesregierung lediglich ein Feigenblatt sei, das die realen Probleme nicht ausreichend adressiere.

Jascha Bareis und Christian Katzenbach (2021) haben jüngst einen ähnlichen Ansatz wie Köstler und Ossewaarde gewählt, jedoch einen interkulturellen Vergleich angestellt, indem sie die nationalen KI-Strategien von China, den USA, Frank-

---

149 Diese decken sich mit den für die hiesige Studie ausgewählten nur zur Hälfte; auch wurde ein anderer Analysezeitraum und -fokus gewählt (vgl. zur Korpuserstellung der hiesigen Studie das Kapitel *4.1 Forschungsdesign*).

reich und Deutschland untersucht haben. Die Autoren kommen zu dem Ergebnis, dass einerseits ein kulturübergreifend bemerkenswert uniformes Narrativ von der Unhintergehbarkeit[150] Künstlicher Intelligenz kreiert wird, das jedoch mit sehr verschiedenen kulturellen *imaginaries* einhergeht. Deutschland fokussiere sich beispielsweise mit dem Emblem *KI made in Germany* auf seine Stärke als Industrienation, Frankreich konzentriere sich auf die Idee des *human flourishing*, die USA wiederum stellen, insbesondere forciert durch Donald Trump, den Patriotismus beim Weiterentwickeln der KI-Technologien in den Vordergrund, während China KI als Werkzeug verstehe, um die soziale Ordnung zu stabilisieren (vgl. ebd. 17 ff.). Insgesamt betonten die Autoren der Studie, dass „AI's political rhetoric about hope and fears [...] far from being informative alone" (ebd. 17) sei – die politische Rhetorik sei, im Gegenteil, konstitutiv, formativ und regulativ im Hinblick auf Möglichkeitspotenziale und deren Umsetzungen.

Caja Thimm und Thomas Christian Bächle (2019) wiederum ermittelten rekurrierende Deutungsmuster im KI-Diskurs, die wohl als deduktive *ex-ante*-Frames wie Köstlers und Ossewaardes (2021) Frame (1) und (3) zu interpretieren sind, d. h. als Frames, die bereits vor der Studie als Hypothesen formuliert worden sind, insofern von den Autoren nicht dargelegt wird, welches empirische Material ihren Überlegungen zugrunde liegt. Fünf solcher Diskursmuster führen Thimm und Bächle an[151]: (1) *Arbeit und Substitution*, um die wiederkehrende Angst der Menschen, von (KI-)Technologien als Arbeitskräfte ersetzt zu werden, zu fassen (2) *Neue Nähe – Anthropomorphisierung der Maschine*, um die Tendenz einzufangen, dass Subjekte Technologien sprachlich vermenschlichen (3) *Singularität und die Verschmelzung zwischen Mensch und Maschine*, als Ausdruck der prominenten Debatte um das Machtpotenzial von KI und transhumanistischer Vorstellungen einer Fusion von Technologie und Maschine, (4) *Autonome Technologie als Bedrohung von Mensch und Welt* als „Konvergenz-Diskursmuster", in dem menschliche Ängste vor den Technologien zusammengefasst werden, und (5) *Gesellschaft, Macht und Kontrolle – digitaler Feudalismus?*, um den gesellschaftlichen Meta-Prozess zu fassen, in den die KI-Technologien – womöglich – eingebettet sind.

Was ist nun, zusammenfassend und synthetisierend, der spezifische Ansatz für die folgende Untersuchung der *Rhetoriken Künstlicher Intelligenz*? Wie in der Diskussion der existierenden geistes- und kulturwissenschaftlichen Fachliteratur zu KI bereits angeklungen[152] und auch von Siles et al. (2020, 1) festgestellt, wurde

---

150 Vgl. dazu auch Roberge/Senneville/Morin 2020.
151 Diese im Folgenden angeführten, kursiv gesetzten Diskursmuster sind wortwörtliche Zitate aus Thimm/Bächle 2019.
152 Vgl. Kapitel *3.2 KI, Algorithmen und die Kulturwissenschaften*.

sich bislang sehr wenig[153] mit den KI-*Aneignungen* von Subjekten auseinandergesetzt. Die neuen Technologien, so haben die vielfältigen erwähnten Beispiele deutlich gemacht, entfalten jedoch eine zunehmende gesellschaftliche Relevanz, die sich auch massiv auf der Mikroebene der Alltagswirklichkeit von Subjekten niederschlägt. Wie in der Medienwissenschaft konsensuell angenommen, ist dabei nicht von einem unidirektionalen Technikdeterminismus auszugehen. Neue Technologien werden nicht *top down* als vollendete Artefakte in die Lebenswirklichkeit von Subjekten überführt, wo sie sodann nur noch ihre „vorinstallierte" Wirkung entfalten müssen. Vielmehr – und hier kommt die im Kapitel *Grundzüge einer Medienkulturrhetorik* (vgl. S. 11f.) dargelegte theoretische Basis dieser Arbeit zum Tragen – sind sie als symbolische Ressourcen anzusehen, die Subjekte in ein Intraaktionsgeschehen ziehen und dabei sowohl die Subjekte als auch die Technologien wechselseitig formen.

McLuhans berühmtes Diktum, dass zuerst wir die Werkzeuge formen und dann die Werkzeuge uns, müsste vor diesem Hintergrund, im Hinblick auf die implizierte Temporalität, partiell infrage gestellt werden. Es existiert kein temporaler „Urzustand" (mehr), von dem aus Menschen unberührt ihre Werkzeuge imaginieren und herstellen und dann in einem nachgelagerten Schritt von diesen geformt werden. In Bezug auf Künstliche Intelligenz ist es vielmehr so, dass Programmiererinnen und Programmierer ihre Artefakte immer schon unter dem Einfluss kulturell zirkulierender Ideen und existierender „Werkzeuge" schaffen und diese in einem ewigen Kontinuum uns formen und von uns geformt werden, was die Kategorie des „Neuen", wie oben bereits ausgeführt (vgl. S. 88), deshalb jedoch analytisch nicht überflüssig macht. In der existierenden geisteswissenschaftlichen KI-Forschungsliteratur wurde bislang ein starker Fokus auf die Wirkkraft der Technologien selbst und auf die machtvollen Verstrickungen des Diskurses gelegt. Der Mensch hingegen erscheint zuweilen als der „nützliche Idiot", der die große kapitalistische und technologische Maschinerie am Laufen hält.

In dieser Arbeit wurde aus heuristischen Erwägungen zwischen einem kritischen und postkritischen Ansatz unterschieden, um das Argument hervorzubringen, dass es *beider* Perspektiven bedarf, um derzeitige „algorithmische Wirklichkeiten" zu ergründen. Es wäre naiv und fehlgeleitet, die bestehenden systemischen Ungleichheiten, mithin Ungerechtigkeiten, die von Benjamin, Noble, O'Neil und anderen benannt werden, zu leugnen. Wenn Schwarze Mädchen sich selbst bei Google suchen und als Ergebnis pornographische Inhalte präsentiert bekommen, dann ist dies ein gesellschaftliches Problem, mit dem sich auseinandergesetzt werden muss. Ein *postkritischer* Ansatz wie der hiesige betont nachdrücklich seine Verwandtschaft zu einem

---

[153] Wie weiter unten zu sehen sein wird (vgl. dazu Kapitel *4.1 Forschungsdesign*), ändert sich dies in jüngster Zeit.

kritischen Ansatz. Er ruft zusätzlich dazu auf, neben systemischen Machtanalysen auch *bottom up* die diskursiven Deutungen, Narrative und Praktiken rund um KI in den Blick zu nehmen. Somit nimmt er – wenn auch ein Stück weit agnostisch – die prinzipielle Handlungsfähigkeit von Subjekten an, indem davon ausgegangen wird, dass die *Folk Theories* oder Narrative, die Subjekte um die KI-Technologien herum kreieren, *bedeutsam* sind oder sein können. Die zentralen Fragen lauten dann: Ist es möglich, dass Subjekte den technologischen Erzeugnissen nicht schlichtweg ausgeliefert sind? Ist es möglich, dass es einen Unterschied macht, was Subjekte mit ebendiesen *machen*?

Dieses *Machen* wird hier als ein sprechakttheoretisches bzw. rhetorisches verstanden, insofern es darum geht, welche sprachlichen Spuren Subjekte in Wechselwirkung mit dem öffentlichen (massenmedialen) Diskurs im Internet, in den sozialen Medien, rund um KI hinterlassen. Mit der Sprechakttheorie wurde bekanntermaßen die Einsicht formuliert, dass Worte das Soziale konstituieren, in dieses wirksam eingreifen und Sprachhandlungen und Handlungen kein Oppositionspaar bilden, sondern prinzipiell tautologisch sind, da Sprachhandlungen Handlungen *sind* (vgl. Austin 2002). Das Essenzielle am hiesigen medienkulturrhetorischen Verständnis ist das Festhalten an der Figur des souveränen Redners, der auch in einem als poststrukturalistisch wie posthumanistisch verstandenen Sozialen prinzipiell informationelle Souveränität (vgl. Knape 2000, 76) erreichen und zu seinem Zertum gelangen kann, auf dessen Basis er kulturschöpferisch handeln kann.

Ein (postkritischer) medienkulturrhetorischer Blick auf Künstliche Intelligenz ist ein solcher, der Kultur als holistische Sinnstruktur denkt, deren Deutungssysteme und Kategorien jedoch im Sinne des Poststrukturalismus als *brüchig* und deren Unterscheidungen im Sinne des Posthumanismus als *agentielle Schnitte* (wie etwa die Differenzierung zwischen dem Menschlichen und dem Nicht-Menschlichen) angenommen werden. So wird die Unterscheidung zwischen „dem" Algorithmus und „den" Subjekten, die diesen programmieren und/oder diesem ausgesetzt sind, als separate Entitäten als eine kulturell-diskursiv *gemachte* perspektiviert. Kultur ist in Anlehnung an die *Cultural Studies* (vgl. S. 18) stets (semiotisch) umkämpftes Terrain, auf dem sich die *people* gegen den *power bloc* in Stellung bringen. Rhetorisch wird der Ansatz dadurch, dass er stets die Frage beinhaltet, wie das „bloße" kommunizierende Subjekt im algorithmischen Zeitalter zum *Orator* werden kann; *medien*rhetorisch dadurch, dass sein Blick sich auf die „neuen" Medientechnologien richtet.[154]

---

[154] Im Grunde handelt es sich auch beim Begriff *Medienrhetorik* um eine Tautologie, „da jede Rhetorik mediengebunden ist" (Scheuermann/Vidal 2016b, 1); oder, wie es Helmut Schanze (2016, 66) in Bezug auf die Digitalisierung im 20. und 21. Jahrhundert formuliert: „Rhetorik wird zur Medienrhetorik". Da dieser Begriff jedoch für Bemühungen jüngeren Datums gewählt wird, Erkenntnisse aus der Rhetorik auf die Untersuchung gegenwärtiger Medienwirklichkeiten, insbe-

Im Folgenden wird eine medienkulturrhetorische Fallstudie zu den *Rhetoriken Künstlicher Intelligenz* präsentiert, die sich gerade der Verknüpfung beider allmählich in den Vordergrund gerückten *postkritischen* Perspektiven auf KI-Kommunikate widmet – derjenigen auf die massenmediale Berichterstattung und derjenigen auf deren Aneignung in sozialen Medien.

4.1 Forschungsdesign

Mediendiskurse sind, wie bereits mehrfach betont, von übergeordneter Bedeutung für unsere Weltwahrnehmung und unser darauf abgestimmtes Handeln in dieser Welt. Gerade die traditionellen Massenmedien zeichnen sich, wie Tereick (2016, 28) konstatiert, „durch einen hohen Faktizitätsanspruch aus". Weil sie der Allgemeinheit (vgl. dazu auch Hochscherf/Steinbrink 2016, 238 f.) ebenso wie der „Wahrheit" verpflichtet sind, sind sie „verpflichtet, den hegemonialen Diskurs zu reproduzieren" (Tereick 2016, 28). Den Kampf um Bedeutungen fechten sie dabei heutzutage keineswegs unter sich aus, sondern es hat sich mit den sozialen Medien eine „fünfte Gewalt" (vgl. z. B. Bidder/Schepp 2010; Pörksen 2015) herausgebildet, die diskursiv wirksam wird und neuartiges symbolisches Material wie etwa Hashtags hervorbringt, mittels dessen neue semantische Verknüpfungen hergestellt werden können. Gerade die Debatte in Deutschland um die mit dem Hashtag *#allesdichtmachen* versehene Aktion von Schauspielerinnen und Schauspielern, die satirisch die Corona-Schutzmaßnahmen der Bundesrepublik kommentierte, und die eine immense Anzahl an Kritik und Gegen-Hashtags wie #allenichtganzdicht oder #allemalneschichtmachen hervorgerufen hat, hat einmal mehr das diskursive Gewicht sozialer Medien veranschaulicht.

Christoph Bieber, Constantin Härthe und Caja Thimm (2015) haben in ihrer Studie zu *Shitstorms* herausfinden können, dass mediale Entrüstungsstürme auf den Filter der „traditionellen" Massenmedien angewiesen sind. Gleichzeitig weist Tereick (2016) in ihrer Diskursanalyse zum Klima-Diskurs darauf hin, dass sich in sozialen Medien nicht-hegemoniale Diskurspositionen wie etwa diejenige von der *Klimalüge* aufspüren lassen. Dass der menschengemachte Klimawandel eine Lüge oder gar eine Verschwörung sei, ist eine Position, die von Journalisten in den auflagenstarken Zeitungen in Deutschland nicht vertreten wird, sie ist *unsagbar*. Da aber gerade das Jenseits der Grenzen des Sagbaren für ein tieferes Verständnis diskursiver Rationalitäten das Spannende – wenn nicht das Entscheidende – ist, soll-

---

sondere auf soziale Medien, anzuwenden, wird er hier beibehalten (vgl. z. B. Klemm 2017a; Scheuermann/Vidal 2016a).

ten Fallstudien, Tereick folgend, die Dimension der sozialen Medien in der Auswahl ihres empirischen Materials stets berücksichtigen. Zusammengenommen zeigen die Erkenntnisse aus den Studien von Bieber, Härthe und Thimm (2015) sowie Tereick (2013, 2016) die spezifische Dynamik dieser beiden Diskurspositionen in ihrer reziproken Verschränkung, sodass hier festzuhalten ist: Eine Annäherung an ein Verständnis diskursiver Realitäten lässt sich nur durch die Untersuchung der Dimensionen von Massenmedien *und* sozialen Medien *in ihren Wechselwirkungen* erreichen.

Das Forschungsdesign der hiesigen Fallstudie trägt dieser Einsicht Rechnung. In einem ersten Schritt wurde eine Stichwort-Suche der Stichworte *Künstliche Intelligenz, Algorithmus/Algorithmen*, als Schlüsselbegriffe des deutschen KI-Diskurses, in den Datenbanken der auflagenstärksten Zeitungen eines möglichst breiten politischen Spektrums[155] für das Jahr 2019 durchgeführt. Dafür wurden die Zeitungen *Bild-Zeitung, Frankfurter Allgemeine Zeitung (FAZ), Der Spiegel, Die Süddeutsche (SZ) Zeitung* und *Die Zeit* ausgewählt. Dass die Wahl auf das Jahr 2019 fiel, ergibt sich daraus, dass die Studie (1) bewusst so angelegt wurde, dass – anders als etwa bei Köstler und Ossewaarde (2021) – kein spezifisches Thema die Analyse leitete, sondern gemäß einem kulturwissenschaftlichen *bottom-up*-Ansatz die kommunikativen Verdichtungen aus dem Material selbst emergieren sollten. Dadurch musste ein analytischer Schnitt in das Kontinuum des KI-Diskurses gemacht werden, der (2) damit zu begründen ist, dass es sich bei dem Jahr 2019 um das letzte vor-pandemische Jahr handelt, in dem Künstliche Intelligenz eines der bestimmenden Diskurs-Themen war. 2019 war, angelehnt an die Ausführungen des SZ-Journalisten Andrian Kreye (2019), ein Jahr der *Bewusstwerdung*, in dem die Bedeutung der KI-Technologien in das Zentrum der öffentlichen Wahrnehmung rückte, „in dem die Debatte um künstliche Intelligenz auf dem Boden der Tatsachen landete" (ebd.).

Die erste Stichwort-Suche lieferte insgesamt 5602[156] Treffer, die anschließend nach ihrer Bedeutung für die hiesige Analyse gefiltert wurden. Für die Feinanalyse wurden lediglich diejenigen Artikel ausgewählt, in denen das Thema *Künstliche Intelligenz* im Zentrum stand, bzw. in denen Passagen vorkamen, die der Analyse neue und wertvolle Einsichten hinzufügen konnten. Das bedeutet auch, dass kürzere und auf den ersten Blick weniger bedeutsame Textsorten wie Meldungen oder Leserbriefe nicht per se von der Analyse ausgeschlossen wurden.[157] So bildeten schließlich

---

155 Traditionell sind einige deutsche Zeitungen in ihrer Tendenz einem politischen Spektrum zuzuordnen (vgl. dazu auch Köstler/Ossewaarde 2021).
156 Bei diesen Treffern sind auch Artikel-Dopplungen der sich überlagernden Stichwortsuchen nach *Künstliche Intelligenz, Algorithmus/Algorithmen* enthalten.
157 Während Köstler und Ossewaarde (ebd.) Artikel mit weniger als 100 Wörtern und Interviews von ihrem Korpus ausschlossen, wurde in dieser Arbeit Tereick (2016, 60) gefolgt, die sol-

456 Zeitungsartikel das Korpus für die Feinanalyse, die in einem iterativen Analyseverfahren ausgewertet wurden, bis eine *Sättigung* der Ergebnisse erreicht wurde.[158] Korpuslinguistische Analysen wie diejenige Tereicks (2016) beziehen sich zumeist nur auf die reine Text-Ebene von Zeitungsartikeln. In der Medienwissenschaft ist der Mehrwert multimodaler Analysen jedoch schon seit längerer Zeit unumstritten (vgl. dazu z. B. Dobler 2018; Klemm 2011; Klemm 2016b; Klemm 2017b; Klemm/Stöckl 2011).

So hat Werner Holly (2006) in seinem instruktiven Artikel *Mit Worten sehen. Audiovisuelle Bedeutungskonstitution und Muster transkriptiver Logik in der Fernsehberichterstattung* am Beispiel eines Fernsehbeitrags über einen Politiker sehr anschaulich dargestellt, wie sich Bedeutungen erst im Zusammenspiel der auditiven (*Sprecherstimme*) und der visuellen Ebene (*Was sehen die Zuschauer im Bild?*) konstituieren. Holly bezieht sich dabei auch auf Ludwig Jäger (2002), der den Begriff der *Transkriptivität* geprägt hat und damit die fortlaufende Überschreibung symbolischer Ressourcen verschiedener Modi meint, durch die (multimodal) Bedeutungen erzeugt werden. Vor diesem Hintergrund ist eine Analyse, die über die rein textuelle Betrachtung der Zeitungsartikel hinausgeht, geradezu geboten. Bei der massenmedialen Verhandlung Künstlicher Intelligenz, so die hier vertretene These, gibt insbesondere der Bilddiskurs Aufschluss über Positionen und (atmosphärische) Stimmungen, die sich im Text allein so nicht finden lassen. Es ist gerade die *Unmittelbarkeit* des Bildes, die diesem eine Wirkung verleiht, der man sich kaum entziehen kann, und dass diese im Sinne der Diskurstheorie noch immer eine spezifische Form von Wahrheit[159] instanziieren (vgl. Dobler 2018). Gleichzeitig

---

che Texte explizit inkludierte, da sich ihrer Meinung nach „der hegemoniale Diskurs [...] gerade in solchen Texten besonders gut ablesen" lasse. Artikel, die nicht für die Feinanalyse berücksichtigt wurden, waren z. B. solche, in denen KI lediglich als *Buzzword* vorkam, ohne genuin thematisiert zu werden, oder in denen KI-Veranstaltungen angekündigt wurden. Wiedergaben von dpa-Meldungen wurden grundsätzlich nicht aufgenommen, mit der Ausnahme von FAZ179, da dieser Artikel für die *Social-Media*-Rezeptionsstudie wichtig war. Auch doppelte Artikel wurden aus dem Korpus gelassen; bei den wenigen vorhandenen Ausnahmen wurde einer interpretatorischen Spur bezüglich unterschiedlicher Schlagzeilen bzw. einem jeweils vorhandenen bzw. nicht vorhandenen Teaser-Text gefolgt. Insgesamt wäre es interessant gewesen, alle sich unterscheidenden Schlagzeilen ansonsten identischer Artikel zu analysieren. Dies konnte im Rahmen dieser Arbeit jedoch nicht geleistet werden.

158 Zur Qualitätssicherung der Ergebnisse wurden diese immer wieder in einer Interpretationsgruppe und im Doktoranden-Kolloquium von apl. Prof. Dr. Francesca Vidal auf den Prüfstand gestellt. Zudem wurde während des gesamten Forschungstätigkeit, insbesondere während der empirischen Analyse, ein Journal geführt, um theoretische und empirische Memos umgehend festzuhalten.

159 Dobler (2018) weist darauf hin, dass der Glaube an die indexikalische Funktion des Bildes trotz eines zunehmenden Wissens um dessen Manipulierbarkeit ungebrochen sei. Gerade bei KI verschärft sich diese Problematik, werden doch immer besser gemachte *Deep Fakes* in Umlauf

sind die Visualisierungen der Artikel, im Sinne der Transkriptivität, mitunter von einer Polysemie geprägt, die sich nur über die Einbeziehung der Bildunterschriften und des Gesamtkontextes des Zeitungstexts interpretativ ein Stück weit einhegen lässt. Essenziell für die Analyse war dabei der sozialsemiotische Ansatz Gunther Kress' und Theo van Leeuwens (2021).

In ihrem grundlegenden Werk *Reading Images. The Grammar of Visual Design* (ebd.) fokussieren Kress und van Leeuwen die Bedeutungsprozesse visueller Kompositionen. Die Hauptthese der Autoren besteht darin, dass das Visuelle – Fotografien, Grafiken, Piktogramme etc. – wie das Textuell-Sprachliche eine eigene *Grammatik* hat:

> Just as grammars of language describe how words combine in clauses, sentences and texts, so our ‚grammar of the visual' describes how depicted elements – people, places and things – combine in visual ‚statements' of greater or lesser complexity and extension (ebd. 1).

Welche Farben für ein Bild gewählt werden, welche Elemente scharf und fokussiert, unscharf und verschwommen sind, ob man die Akteure im Bild aus der Vogel- oder Froschperspektive sieht, in Nah- oder Distanzaufnahme, sie sich rechts oder links im Bild befinden, in welche Richtung ihre Blicke, ihre Hände, zeigen – all das und vieles mehr sind Elemente der Bildkomposition, die nicht zufällig sind, sondern in ihrem Zusammenspiel bestimmte Bedeutungen generieren und auf übergeordnete kulturelle Bedeutungsmuster verweisen. Dabei ist wichtig zu betonen, dass Kress und van Leeuwen nicht den Anspruch auf eine *universelle* Bildgrammatik erheben.[160] Eine ebenfalls große Rolle für die hiesige Untersuchung spielt die Deutungskategorie des *Visiotyps*. Der Begriff geht auf Uwe

---

gebracht, d. h. durch KI veränderte audiovisuelle Inhalte wie etwa Videos, in denen Prominente Dinge tun oder sagen, die diese so nie getan oder gesagt haben (vgl. zu einem umfassenden interdisziplinären und differenzierten Blick auf den *Fake*-Begriff, jenseits seiner ausschließlich negativen Konnotation, Dobler/Ittstein 2019).

160 Die von den Autoren behandelten multimodalen „Objekte" entstammen weitestgehend „westlichen" Kulturen (vgl. Kress/van Leeuwen 2021, 4). Kress und van Leeuwen argumentieren zwar, dass dies nicht bedeute, dass die Gültigkeit der von ihnen erarbeiteten Bildgrammatik somit auf „westliche" Kulturen beschränkt ist – zu berücksichtigen ist hier auch der globale Kontext semiotischer Ressourcen – geben aber zu bedenken, dass es immer lokale Unterschiede und Anpassungen geben kann: „Visual compositions are not – despite assumptions to the contrary – transparent and universally understood. [...] [T]here are, on the one hand, general compositional principles, dimensions of spatial organization that all cultures have to work with [...]. On the other hand, the ways in which societies use, and have historically used, these dimensions, and hence what meanings and values they have attached and do attach to them, will differ" (ebd. 4 f.). Ein einfaches Beispiel dafür ist die Tatsache, dass in manchen Kulturen von links nach rechts und in anderen von rechts nach links geschrieben wird.

Pörksen (1997) zurück, der damit, analog zum Begriff des Stereotyps einen „Typus sich rasch standardisierender Visualisierung" (ebd. 27), „öffentliche[] Sinnbilder[]" (ebd. 28), „internationale[] Schlüsselbilder[]" (ebd.) greifbar macht. Diese Visiotype reproduzieren spezifische Semantiken, reduzieren Komplexität, bieten aber auch Orientierung und verraten somit etwas über kulturelle Sinnstrukturen.

Wirft man heutzutage einen Blick in massenmediale Berichterstattungen, online wie Print, oder in die Kommentarspalten von Social-Media-Plattformen, dann wird man dort mit einer Vielzahl von Visualisierungen konfrontiert. Das Visuelle ist eine zunehmend an Relevanz gewinnende semiotische Ressource. Seine expressive Kraft unterscheidet sich wesentlich von der des Textuellen, beides aber – Visuelles und Textuelles – spielt ineinander. Aktuelle Mediendiskurse lassen sich nur in diesem *multimodalen Zusammenspiel* erfassen. Die Bedeutung eines Printartikels lässt sich so kaum allein auf rein textueller Analyse-Ebene bestimmen. In die Analyse einbezogen werden muss ebenso das Gesamt-Layout des Artikels (die Überschrift, die Farben, die Anordnung der Textspalten) als auch die spezifischen gewählten Visualisierungen ((Datenbank-)Fotografien, Grafiken, Diagramme etc. sowie deren Bildunterschriften). Umso erstaunlicher ist es, dass Diskursforscherin Tereick in ihrer Untersuchung des Klima-Diskurses zwar die Wichtigkeit einer multimodalen Analyse in Anschlag bringt, auf die oftmals rein sprachlich erfolgenden Diskursanalysen verweist (vgl. Tereick 2016, 79) und ihr eigenes Korpus insofern multimodal zusammenstellt, als es auch audiovisuelles Material enthält (YouTube-Videos), jedoch die Printartikel des Korpus rein textuell behandelt.

In dieser Arbeit wird der multimodale Charakter gegenwärtiger massenmedialer Berichterstattung ernstgenommen und ein besonderer Analysefokus auf die Visualisierungen der Artikel gelegt. Wenngleich die Rezeption der Artikel nicht sequenziell erfolgt, sondern in einem steten Prozess der *Transkriptivität* (Jäger), bei dem Bedeutungen mittels verschiedener Modi fortgehend über- und umgeschrieben werden, ist es in analytischer Hinsicht wichtig, beide Ebenen isoliert voneinander zu betrachten. So kann gewährleistet werden, dass das Bild *an sich*, ohne vorprägende[161] „semiotische Beeinträchtigung" durch Bildunterschrift, Schlagzeile etc. untersucht werden kann. Zudem trägt dies der Produktionsseite Rechnung. Während der Blick des Rezipienten womöglich nur kurz über die Artikel-Seite „huscht" und dem Bild lediglich im Gesamtkontext anderer Modalitäten ein spezifischer Sinn zugeschrieben wird,

---

[161] Andere, wie etwa *kulturelle*, Vorprägungen lassen sich aufgrund dessen, was Franz Boas als *Kulturbrille* bezeichnet hat (vgl. dazu Ackermann 2016), dagegen nicht vermeiden. So wurden die in den Artikel-Illustrationen abgebildeten technischen Geräte beispielsweise mit ihrem Bezug zu Künstlicher Intelligenz gelesen, weil sie in diesem semantischen Kontext erhoben wurden, wenngleich dies aus der Betrachtung der „reinen" Bildebene nicht (immer) hervorging. In dieser Tatsache manifestiert sich bereits der multimodale Charakter des Prozesses der Bedeutungskonstitution.

wählt die Produzentin aus einem Reservoir visueller Optionen *genau dieses* Bild aus, um damit bestimmte Bedeutungen zu transportieren. Daher wurden in dieser Fallstudie beide Analyseebenen zuerst voneinander getrennt in den Blick genommen und anschließend miteinander in Bezug gesetzt.

Anschließend wurde sich am Beispiel der Social-Media-Plattform Facebook einem exemplarischen Ausschnitt aus der Social-Media-Kommunikation im KI-Diskurs gewidmet. Soziale Medien sind nach ihrem rasanten Aufstieg in der Gesellschaft in den letzten Jahren immer stärker in den Fokus öffentlicher Aufmerksamkeit gerückt. Was beispielsweise im Jahr 2004 mit Facebook als Start Up begann, ist längst zu einem Milliarden-Konzern (Meta) geworden, dessen Online-Plattform nicht als private Anwendung wie beispielsweise ein E-Mail-Account verstanden werden kann, sondern als eine neue Form von Öffentlichkeit, mithin eine Extension von Öffentlichkeit, die die Grenzen des „Virtuellen" und „Realen" transzendiert. So haben sich mittlerweile auch die Geistes-, Sozial- und Kulturwissenschaften der Kommunikation in sozialen Medien angenommen – es handelt sich bei *Social Media* laut Tereick (2016, 53) jedoch um eine der am stärksten vernachlässigten Diskursdimensionen. Um gesellschaftliche diskursive Wirklichkeiten verstehen zu können, ist eine Untersuchung kommunikativer Praktiken in sozialen Medien unerlässlich.

Soziale Medien beeinflussen[162] die politischen Einstellungen der Nutzerinnen und Nutzer, wie z. B. Jakob Ohme (2020) mit seiner Untersuchung zur „Flüchtlingskrise" 2015 in Dänemark zeigt. Seine Studie ergibt u. a., dass bei Subjekten mit hohem Social-Media-Konsum die Wahrscheinlichkeit, dass ihre bestehenden Einstellungen verstärkt werden, doppelt so hoch ist gegenüber denjenigen, die Nachrichten insbesondere aus „Offline"-Quellen beziehen (ebd. 13). Dass die Online-Diskussionen anderer Nutzerinnen und Nutzer in sozialen Medien Subjekte dabei ebenfalls in ihren Kommunikationspraktiken beeinflussen, geht aus den Ergebnissen einer Studie von Anamaria Dutceac Segesten et al. (2020) zu Kommentarspalten auf Facebook hervor. Die Autoren fanden heraus, dass die Beschaffenheit der Kommentare, etwa wenn in diesen Meinungsverschiedenheiten manifest wurden, einen Einfluss darauf hatte, ob Nutzer Inhalte teilten und teils auch darauf, ob sie bestimmte, zu dem Post gehörende Artikel, lasen oder nicht.

Zu berücksichtigen ist insgesamt stets das spezifische Dispositiv bzw. *Mediensprachdispositiv* (Michel 2018) der jeweiligen Social-Media-Plattformen. Von der

---

[162] Jan-Hinrik Schmidt (2018, 74) weist zurecht darauf hin, dass sich die Frage nach dem Einfluss sozialer Medien auf die Meinungsbildung von Nutzern nicht „abschließend[] und erschöpfend[]" beantworten lässt. Dies gilt auch im Lichte der nachfolgend vorgestellten Studien. Keineswegs kann von einer unidirektionalen Wirkweise sozialer Medien ausgegangen werden, da es – so die in dieser Arbeit vertretene Auffassung – auf die konkreten Nutzungsweisen ankommt, die sich mittels rhetorischer Schulung schärfen und auf das Gemeinwohl ausrichten lassen.

Existenz einer homogenen Social-Media-Kommunikationskultur kann keinesfalls ausgegangen werden. Vielmehr gestalten sich je nach Plattform und kommunikativen Rahmenbedingungen unterschiedliche Kommunikationspraktiken aus, die in Summe eigene, und teils generationsspezifische, Kulturen politischer Kommunikation bilden können (für TikTok vgl. z. B. Zeng/Abidin 2021). Das Interface der jeweiligen sozialen Medien präfiguriert spezifische Nutzungsweisen:

> Die Mediensprachdispositive geben [...] einerseits vor, in welchem Rahmen soziale Netzwerke zu gebrauchen sind (d. h. technischer, institutioneller Art etc.), andererseits prägen sie den Sprachgebrauch, indem sie den Sprachrahmen schaffen (z. B. struktureller Art wie bei Twitter) oder Sanktionen verüben (z. B. Verbot beleidigender Sprachhandlungen) (Michel 2018, 47).

Gleichzeitig determinieren die Plattformen diese Nutzungsweisen nicht, sondern sind stets auch widerständige Aneignungen der vorgefundenen Bedingungen zu beobachten, wie dies etwa Elena Pilipets und Susanna Paasonen (2020) auf Tumblr im Nachgang des sogenannten *Porn Bans* examiniert haben. Algorithmische Vorfilterung von Inhalten sollte für die Unterbindung unangemessener Postings (z. B. Nacktheit, Pornographie) sorgen, was jedoch auch zur Folge hatte, dass Stimmen von Subkulturen, etwa aus der LGBTQIA*-Community, unsichtbar gemacht wurden. Gegen diese Form von Zensur regte sich Widerstand, der schließlich in ernsthaften Konsequenzen für Tumblr mündete.[163] Für Facebook untersuchte Lindita Camaj (2021), wie auf den dortigen Präsenzen von Massenmedien wie den TV-Sendern *ABC* und *Fox News* in Echtzeit die TV-Debatten der Präsidentschaftskandidaten im US-Wahlkampf 2016 kommentiert wurden und hebt auf Basis ihrer Ergebnisse das deliberative Potenzial der Kommentierungen hervor. Nach Camaj (2021, 1909) sind es insbesondere drei Charakteristika, die Facebook als Plattform auszeichnen und etwa gegenüber Twitter potenziell *deliberativer* machen[164]:

> (a) Facebook users are not allowed anonymity; (b) are not limited by character space, and (c) the threaded format of Facebook discourse gives users more time to process the validity of claims, identify disagreements, and compose relevant responses.

---

163 Die Autorinnen schreiben diesbezüglich: „Since August 2019, after Tumblr was sold to Automattic for a fracture of its previous price, the brand's de-evaluation, caused by the combination of its failure to effectively filter out child pornography, its abrupt reversal of previously NSFW-friendly policy, and its unprepared moderation algorithms, made new headlines" (Pilipets/Paasonen 2020, 17).
164 Inwiefern diese Feststellung grundsätzlich valide ist, muss hier mit einem Fragezeichen versehen werden. Die Begrenzung der Zeichen von Tweets nötigt die Nutzer beispielsweise dazu, sich konzise auszudrücken, was Deliberation auch begünstigen kann. *Twitter* gilt zudem gemeinhin als das politische soziale Netzwerk par excellence.

Genuine Aneignungsforschungen, wie sie beispielsweise von Michael Klemm durchgeführt wurden (vgl. z. B. Klemm 2012; Klemm 2015; Klemm 2016b; Klemm/Michel 2014a; Klemm/Michel 2017), existieren nach wie vor wenige. Insbesondere dann, wenn man Tereicks Annahme folgt, dass solche Aneignungen etwas über die „Rückseite" des Hegemonialen verraten, sind diesbezügliche Untersuchungen von großer Bedeutung.

Soziale Medien werfen die interessanten Fragen auf, ab wann etwas als Diskurs zu bezeichnen ist (vgl. Dobler 2018; Fn. 33) und um welchen Diskursraum es sich im Internet überhaupt handelt (vgl. Waldschmidt/Klein/Korte 2009 am Beispiel *Internetforum*). Im Lichte der vorgegangenen Ausführungen (vgl. insb. *2.1 Medien – Kultur – Medienkultur(en)*) werden die Kommunikate des hiesigen *Social-Media*-Korpus als Bestandteil des Kontinuums des KI-Gesamtdiskurses mit spezifischen dispositiven Merkmalen (s. o.) betrachtet, insofern virtuelle und reelle Sphäre als miteinander verschränkt gedacht werden und bewusst diejenigen Kommunikate ausgewählt wurden, die in die geführten Debatten unmittelbar integriert sind. Für die Fallstudie wurden, wie zuvor bereits in den Datenbanken der ausgewählten Massenmedien, Stichwortsuchen mit den Begriffen *Künstliche Intelligenz, Algorithmus/Algorithmen* bei allen Facebook-Präsenzen der im Zeitungsartikel-Korpus vertretenen Massenmedien für das Jahr 2019 durchgeführt, die Ergebnisse mit den im Korpus vorhandenen Artikeln abgeglichen und anschließend nach Relevanz[165] 12 gepostete Artikel mit Kommentarspalten ausgewählt, die insgesamt 743 Kommentare enthielten, die nach Top-Level- und Sub-Level-Ebene entweder mit dem Kürzel „TLK" oder „SLK" klassifiziert wurden[166].

Die Untersuchung dieser Social-Media-Kommunikation bietet neben Erkenntnissen über die KI-Aneignungen in sozialen Medien überdies den Vorteil, dass – verglichen mit anderen im Fokus stehenden Social-Media-Kommunikaten wie z. B.

---

[165] Als relevant galten Posts, unter denen zum einen eine kritische Anzahl auswertbarer Kommentare zu finden war (im hiesigen Material mindestens 26, meist (deutlich) mehr, bis zu 147) und sich diese Kommentare zum anderen als mit Erkenntnismehrwert interpretierbare Kommunikationspraktiken begreifen ließen. Dies ging jedoch meist Hand in Hand mit einer kritischen Anzahl an Kommentierungen. Kommentarspalten, in denen beispielsweise lediglich 5 Kommentare enthalten waren oder 20 +, in denen sich User jedoch weitestgehend nur gegenseitig „getaggt" haben, sind nicht ausgewählt worden.

[166] Die Unterscheidung zwischen Top-Level- und Sub-Level-Kommentaren wird von einer von der Autorin dieser Arbeit durchgeführten Studie zur Counter Speech der Facebook-Gruppe #ichbinhier übernommen (vgl. die unveröffentlichte Masterarbeit der Verfasserin *Empowerment 2.0*, Fn. 37). Dabei handelt es sich um eine formal-technische Differenzierung, die sich auf die von Facebook präfigurierten Navigationsoptionen im Interface bezieht und die von der #ichbinhier-Gruppe verwendet wird. Als Nutzer hat man die Möglichkeit, entweder unmittelbar unter einem Artikel zu kommentieren (Top Level) oder unter dem Kommentar eines Nutzers (Sub Level).

Hate Speech oder *Counter Speech* – ein vergleichsweise gewöhnlicher bzw. alltäglicher Ausschnitt aus der Kommunikationswirklichkeit der Kommunizierenden gewählt wird und so, als Nebenprodukt, die Social-Media-Wirklichkeiten weiter erhellt. Von Untersuchungen wie jener von Siles et al. (2020) unterscheidet sich eine solche Analyse vor allem auch dadurch, dass ihr *natürliche*, d. h. spontan und nicht unter Laborbedingungen produzierte, Kommunikate der Nutzer zugrunde liegen. Nachteile finden sich in dem Umstand, dass keine Aussagen über die Identitäten der Nutzer getroffen werden können und agnostisch angenommen werden muss, dass ein breites gesellschaftliches Spektrum an Kommentierenden vertreten ist, wenngleich etwa die Frage unbeantwortet im Raum stehen bleiben muss, ob KI-Artikel möglicherweise andere Nutzergruppen anziehen als Artikel mit anderen Themen, insbesondere weil diese Thematik so voraussetzungsvoll ist (vgl. dazu auch S. 207).

Für die hier vorgestellte Fallstudie wurden zuerst die massenmedialen Texte isoliert analysiert. Dabei stand die grundständige *bottom-up*-Frage im Zentrum, wie in den Massenmedien über Künstliche Intelligenz/Algorithmen berichtet wird und, damit einhergehend: Welche Themen werden diskutiert, welche Frames[167] verdichten sich, welche Form von Agens wird den neuen Technologien zugeschrieben, welche tieferliegenden Rationalitäten lassen sich *zwischen den Zeilen* herauslesen? In einem zweiten Schritt wurden isoliert und insbesondere auf der Basis der sozialsemiotischen Analyse-Werkzeuge die Bebilderungen der Artikel untersucht, mit der Leitfrage: Wie wird Künstliche Intelligenz in den Artikeln rein bildlich dargestellt? Gibt es visuelle Auffälligkeiten bzw. Verdichtungen? Anschließend wurden ausgewählte Artikel aus dem Korpus (vgl. dazu S. 234f.) in ihrem multimodalen Zusammenspiel studiert, unter besonderer Berücksichtigung der Artikel-Schlagzeilen. Dann wurden die Facebook-Kommentare multimodal ausgewertet, mit besonderem Augenmerk auf der Frage nach möglichen Abweichungen von hegemonialen Diskurspositionen, bevor diese in einem letzten Schritt mit den Ergebnissen aus der Analyse des massenmedialen Korpus trianguliert wurden. Im Folgenden werden die Ergebnisse dieser Fallstudie präsentiert.

---

167 Orientiert wird sich hier am Frame-Begriff Alexander Ziems (2005, 2), der unter diesem kognitive Rahmungen fasst, in denen „stereotypes Wissen (etwa Wissen um Gebrauchszusammenhänge und Vorkommensformen von Kerzen, Geschenken usw., aber auch prozedurales Wissen um den Ablauf von Geburtstagsfeiern) abgespeichert und in seinem Strukturzusammenhang [...] abrufbar [ist]."

4.2 Forschungsergebnisse

Grundsätzlich lässt sich feststellen, dass aus dem untersuchten Material eine große Fülle an Themen, Positionen und Deutungsmustern hervorgeht, von denen manche auf alles flankierende Sinnstrukturen verweisen und andere miteinander konfligieren. Der Multimodalität der Kommunikate, insbesondere der massenmedialen, kommt dabei, wie zu zeigen sein wird, eine besondere Bedeutung zu. Bei der Social-Media-Kommunikation unter KI-Artikeln aus dem Korpus fällt auf, dass oftmals vom zentralen Thema des jeweiligen Artikels abgewichen wird. Die User scheinen mitunter nicht den gesamten Artikel zu lesen, sondern lediglich den Ausschnitt, der von der Zeitungs-Seite veröffentlicht wird; d. h. z. B. Schlagzeilen, Teaser-Texte und/ oder Zitate. Diese Vermutung ergibt sich nicht allein aus dem Inhalt der Kommentierungen, sondern auch explizit aus den User-Kommentaren. So schreibt ein Nutzer[168] etwa: „Ich habe zwar den Artikel nicht gelesen, da es aus meiner Sicht keine Befragung wert ist, diese Information zu erheben" (FAZ20_TLK25). Besonders offensichtlich ist dies beim Beispiel von FAZ179, bei dem ein provokatives feministisches Statement als Vorschau eines Interviews mit einer KI-Ingenieurin veröffentlicht wird, das nur einen bestimmten thematischen Ausschnitt wiedergibt, jedoch beinahe ausschließlich von den Usern diskutiert wird (s. Abbildung 38).

Die bewusste Offenheit der kulturwissenschaftlichen Grundfragestellung *Was machen die da eigentlich?* (vgl. auch S. 14) hat so eine Vielzahl von heterogenen Ergebnissen zutage gefördert, die sich in unterschiedliche Richtungen nachverfolgen ließen. Hier werden die Ergebnisse jedoch *medienkulturrhetorisch* perspektiviert und dies durch die Verdichtung zu drei empirisch gestützten Hauptthesen, die im Folgenden näher erläutert werden:

1. Die KI-Technologien werden zum Schauplatz von Bedeutungskämpfen diskursiver Kontinuitäten.
2. Social-Media-Kommunikation bildet ein diskursives Gegengewicht, das gleichermaßen Gefahren wie Potenziale für demokratische Gesellschaften birgt.
3. Die Ergebnisse medienkulturrhetorischer Untersuchungen Künstlicher Intelligenz erlauben eine kritische Reflexion der gegenwärtigen (Un-)Möglichkeitsbedingungen des Orators.

Somit ist an dieser Stelle festzuhalten, dass durch diese Verdichtung nicht alle relevanten wie spannenden Aspekte des untersuchten Materials abgebildet werden

---

[168] Im Folgenden wird beim Zitieren von Facebook-Nutzern – wenn nicht explizit anders gekennzeichnet – das generische Maskulinum als *generischer* Begriff verwendet; eine Aussage über das Geschlecht der Nutzer wird damit also nicht getroffen, weil es für diese Studie auch (weitestgehend) keine Rolle spielt.

können. Bei den untersuchten Korpora handelt es sich um einen kleinen Ausschnitt eines komplexen und vielschichtigen Diskurses und bei den nachfolgend durch empirische Funde erläuterten Thesen um einen Ausschnitt der Ergebnisse, die für diese Arbeit wichtig sind. So wurde beispielsweise nicht verschiedenen Unterdebatten etwa um die *Rolle Deutschlands und Europas im Hinblick auf KI*[169], *KI und Kreativität, KI und Ethik, Sprachassistenten, Autonome Waffensysteme* etc. im Detail nachgegangen, wenngleich diese Themen im Material von Bedeutung sind. Vielmehr geht es hier darum, mit den Thesen allgemein wichtige diskursive Tendenzen und Strömungen einzufangen, die für ein medienkulturrhetorisches Projekt von Relevanz sind. Zudem sind die nachfolgend vorgestellten kommunikativen Verdichtungen/Subkategorien als analytische Kategorien zu verstehen, da sich die unterschiedlichen Verdichtungen unvermeidlich überlappen und miteinander verflochten sind.[170]

4.2.1 These I: Die KI-Technologien werden zum Schauplatz von Bedeutungskämpfen diskursiver Kontinuitäten

Im untersuchten Material wird auf mehreren formalen wie inhaltlichen Ebenen deutlich, dass die neuen Technologien als Schauplatz dienen, um altbekannte ontologische, gesellschafts- und medientheoretische Fragestellungen neu zu verhandeln. So zeigt sich, dass es oftmals weniger um die Technologien *als solche* geht, als darum, wie die Gesellschaft sich selbst anhand dieser Technologien beobachtet. Virulent sind die (unterschwelligen) Fragen: Was ist der Mensch? Was macht ihn einzigartig? Was ist das Medium, die „Maschine"? Welche Wirkmacht haben Medientechnologien? In welchem Verhältnis stehen Mensch und „Maschine" zueinander, in welchem Verhältnis sollten sie stehen? In welcher gesellschaftlichen Wirklichkeit leben wir? Im Folgenden wird anhand verschiedener im Diskurs aufzuspürender kommunikativer Verdichtungen dargestellt, wie unsere Kultur als „Algorithmuskultur" ent-

---

169 Vgl. dazu Sommerfeld 2022b.
170 Es wurde bewusst darauf verzichtet, bei den in den nachfolgenden Unterkapiteln *4.2.1 These I: Die KI-Technologien werden zum Schauplatz von Bedeutungskämpfen diskursiver Kontinuitäten, 4.2.2 These II: Social-Media-Kommunikation bildet ein diskursives Gegengewicht, das gleichermaßen Gefahren wie Potenziale für demokratische Gesellschaften birgt* und *4.2.3 These III: Die Ergebnisse medienkulturrhetorischer Untersuchungen Künstlicher Intelligenz erlauben eine kritische Reflexion der gegenwärtigen (Un-)Möglichkeitsbedingungen des Orators* zitierten Social-Media-Postings Fehler durch „sic!" zu kennzeichnen, da die orthographischen Verstöße schlichtweg zu zahlreich und in gewisser Hinsicht auch ein Merkmal dieser Kommunikationsform sind, etwa wegen sprachökonomischer Erwägungen seitens der Nutzer oder dem Vorhandensein eines anzunehmenden gesellschaftlich breiten Spektrums an Nutzern aus verschiedenen Bildungsmilieus.

lang der Vektoren solcher Fragestellungen gegenwärtig über sich selbst diskutiert und dies an passenden Stellen medienkulturrhetorisch perspektiviert.

KI als unhintergehbar bedeutsame Technologie
Künstliche Intelligenz wird massenmedial als eine Technologie gerahmt, die von höchster Bedeutung für unsere Gesellschaft sei: Sie wird als „revolutionär" (FAZ71), „dramatisch" (SZ78), „einschneidend" (FAZ105), „disruptiv[]" (FAZ87), als „Zukunftstechnologie schlechthin" (SZ113) und als „Schlüsseltechnologie" (SZ77, FAZ175, FAZ135) bezeichnet. Es ist von einer „KI-Welle" (Zeit7), einer „KI-Manie" (SZ53), einem „KI-Goldrausch'" (SZ25), einem „weltweite[n] Megatrend" (SZ60), einem „epochale[n] Technologiesprung" (SZ32), einem „Brennglas" (FAZ148) die Rede. KI sei „das große Thema unserer Tage, die Geschichte hinter allen anderen Geschichten" (SZ29), das mit großer „Wucht [...] von allen Bereichen des Lebens Besitz ergreift" (SZ104) und „das Verhältnis zwischen Mensch und Maschine erstmals von Grund auf [verändere]" (SZ104).[171] Die Bedeutung von KI wird dabei mit der Entdeckung der *Elektrizität* (FAZ135, SZ60), der Entdeckung des *Feuers* (FAZ128) oder der Erfindung der *Schrift* (FAZ34) verglichen. Der (damalige) Leiter des Museums für angewandte Kunst in Wien, Christoph Thun-Hohenstein, wird mit den Worten zitiert, dass sich das „Schicksal der Menschheit [...] an künstlicher Intelligenz [entscheidet]" (Zeit33).

Dem entgegen stehen Stimmen, die KI als *Hype* bezeichnen – entweder die KI-Technologien selbst oder deren Begrifflichkeit (z. B. Spiegel4; Zeit3), das Verfahren des Deep Learnings (z. B. Zeit61), im Besonderen, die Potenziale von KI, etwa im Hinblick darauf, ob die Technologien sich irgendwann verselbstständigen kann (z. B. FAZ53), oder auch deren Diskursivierung (z. B. SZ33). Auch werden Positionen vertreten, die sich einem der Argumente Bächles (2015) zuordnen lassen, nämlich demjenigen, dass es sich bei Künstlicher Intelligenz gerade nicht um eine *neue, disruptive* Technologie handelt, sondern um eine kontinuierlich gewachsene und historisch eingebettete (vgl. S. 88). So wird etwa in einem Artikel der Wirtschaftswissenschaftler Carl Benedikt Frey[172] damit zitiert, dass er die Situation der Arbeitswelt und die Abneigung gegen den technischen Fortschritt mit der Situation „vor 250 Jahren" (FAZ96) vergleicht. In einem anderen wird die Frage gestellt, ob „es diese Angst als Folge technologischen Fortschritts nicht schon immer und in besonders eindringlicher Weise mit dem Aufkommen der atomaren Bedrohung [gab]" (FAZ7). Sogleich

---

[171] In ähnlicher Form ist dies auch in den Artikeln SZ84 und SZ91 des Korpus zu finden.
[172] Carl Benedikt Frey ist insbesondere wegen seiner in Co-Autorschaft mit Michael A. Osborne (2013) veröffentlichen Studie zur Zukunft der Arbeit, die sehr viel Aufmerksamkeit erregt hat, (im KI-Diskurs) bekannt geworden.

wird diese Frage jedoch wieder relativiert, wenn es weiter heißt: „Vielleicht liegt der Unterschied in der Reichweite der Digitalisierung" (ebd.), die „elementar in unsere Kulturtechniken und Lebensbereiche ein[greift]" (ebd.). Auch dort, wo der Hype-Begriff verwendet wird, werden die KI-Technologien nicht grundsätzlich als solche infrage gestellt. In einem Artikel heißt es lapidar: „Ich denke, der Hype wird sich legen und wir werden ein realistischeres Bild entwickeln, was wir von der intelligenten Technik erwarten können" (Zeit3), womit implizit indiziert wird, dass die KI-Technologien nach wie vor bedeutsam sind, jedoch nicht auf diese Art und Weise, wie es ihnen aktuell zugeschrieben wird. Ein KI-Experte formuliert es in einem Interview noch deutlicher:

> Der KI-Hype wird sicherlich etwas abflachen, aber wir werden keinen ‚KI-Winter' mehr bekommen wie gelegentlich in der Vergangenheit, also keine Periode, in der das Thema quasi ganz verschwindet. Dazu sind die Erfolge mittlerweile zu groß (FAZ161).

Auch der KI-Forscher Richard Socher bezeichnet den *Hype* im Interview „als nicht ganz grundlos, weil jetzt in der Tat alle Industrien durch die KI verändert werden. (...)" (Zeit14), und ein anderer KI-Experte antwortet auf die Frage, ob wir uns in einem KI-Hype befinden:

> Wenn Sie mich fragen, ob wir uns in einem Hype befinden, dann ist meine Antwort: Ja, wir befinden uns immer in einem Hype. Wenn die Frage lautet, ob das gerechtfertigt ist, dann sage ich: j [sic!], größtenteils schon. KI floriert heute wegen der Fortschritte im Deep Learning, wegen der verfügbaren Daten und Rechenleistung, ohne die dies natürlich nicht möglich gewesen wäre. Dass es weitere Ansätze gibt, ist durchaus denkbar. Ich glaube aber definitiv nicht, dass wir uns in einem Zyklus befinden, an dessen Ende all das komplett ersetzt werden wird. Da wird Neues hinzukommen (FAZ82).

Von Expertenseite wird also mitunter anerkannt, dass die Bedeutung von KI womöglich in Teilen überschätzt wird, es also einen Hype gibt, jedoch wird die Technologie nicht im Gesamten infrage gestellt, sodass sich auch in solchen Äußerungen letztlich keine genuine „Rückseite" der diagnostizierten Bedeutsamkeit von KI ausmachen lässt. Es werden diskursiv Metaprozesse einer „Algorithmisierung des Lebens" (Zeit2; ähnlich auch SZ42) beobachtet, es wird von einem „Zeitalter der Algorithmen" (Zeit54), einem „Zeitalter schöpferischer Maschinen" (FAZ76), einer „Ära der Maschinen" (FAZ47) geschrieben und damit die vollständige Erfassung der Gesellschaft durch KI konstatiert: Es gebe einen „Siegeszug" (FAZ23) der Roboter und der KI (SZ7), KI sei „nicht mehr wegzudenken" und „überall im Einsatz" (FAZ42), sie werde „überall sein und jeden Teil unseres Lebens verändern" (SZ18), die „roboterfreien Zonen in der Arbeitswelt werden [kleiner]" (FAZ29), und Wissenschaftsjournalist Ranga Yogeshwar stellt die Frage: „Gibt es in dieser kalten digitalen Welt also gar keine Nischen mehr?" (FAZ6).

Es ist gerade diese Absolutheit, ausgedrückt in Wörtern und Formulierungen wie *nicht mehr wegzudenken, überall, jeden Teil,* die, zusammen mit den zuvor angeführten Beispielen, das diskursive Bild einer Gesellschaft zeichnet, die KI-Technologien als *unhintergehbar Bedeutsames* rahmt und sich damit auch zu einer technodeterministischen Gesellschaft macht. In einer solchen Gesellschaft existiert kein Jenseits „intelligenter" Technologien mehr, wird in der Beiläufigkeit der Diagnose – „Künstliche Intelligenz ist ja [Herv. d. Verf.] gerade überall" (FAZ120) – die Selbstverständlichkeit dieser Tatsache manifest und reduziert sich das Gestaltungspotenzial unumgänglich auf das *wie* eines nicht anzuweifelbaren *dass*[173]. In einem Artikel spekuliert eine Verfasserin, dass diese Gesellschaft womöglich „am allermeisten [...] eine Unterbrechung" des algorithmisierten Raumes brauche; damit wäre „ein Anfang algorithmischen Denkens [...] gemacht" (ebd.).

Auch im Hinblick auf die Transformation der Arbeitswelt lässt sich die Deutungsfolie des *Unhintergehbaren* der „neuen" Technologien ausmachen, wenn der Wandel selbst nicht in Zweifel gezogen, sondern nur darauf hin befragt wird, wie er sich konkret vollziehen wird. So heißt es beispielsweise in einem Artikel, im Kontrast zu der offenen Frage nach der Wirkweise der Digitalisierung: „Klar ist: Die Digitalisierung wird die Arbeitswelt tiefgreifend verändern" (Spiegel20). In der Formulierung *Klar ist* sowie der Verwendung von Futur I (*wird ... verändern*) artikuliert sich der Anspruch einer gesicherten Prognose. Ebenso verhält es sich auch bei dem bereits angeführten Textbeispiel aus SZ76: „Roboter werden immer mehr Menschen bei der Arbeit ersetzen". In einem anderen Artikel heißt es, ebenfalls unter Verwendung von Futur I, als Fazit: „Der Wandel in der Arbeitswelt wird kommen" (Bild7); und in wieder anderen: der Wandel werde *radikal, enorm, tiefgreifend* und *schnell* ausfallen (vgl. SZ35, SZ65; Spiegel20).

Visuell wird diese Unhintergehbarkeit im Sinne einer bildlich dargestellten Unhintergehbarkeit des *Numerisch-Technisierten* durch numerische bzw. „technische" Hintergründe in Anschlag gebracht.

In dem eher enigmatischen Bild in Abbildung 1 ist eine Abbildung des Gehirns, dargestellt als elektronische Schaltkreise, vor einem Hintergrund aus Zahlen zu sehen.

---

[173] Vgl. zu dieser Thematik, veranschaulicht am Beispiel der Diskursivierung der Rolle Deutschlands und Europas im Hinblick auf KI, auch Sommerfeld 2022b.

Abbildung 1: Bebilderung des Artikels FAZ164.

Abbildung 2: Bebilderung des Artikels SZ21.

Abbildung 2 ist in seiner Botschaft noch deutlicher: Hier besteht der gesamte Planet Erde – zumindest die Landflächen und somit der menschliche Lebensraum – nur noch aus 0en und 1en. Die Welt geht im digitalen Binärsystem auf, und es gibt kein Jenseits des Digitalen mehr. Ähnliches findet sich auch in Abbildung 3:

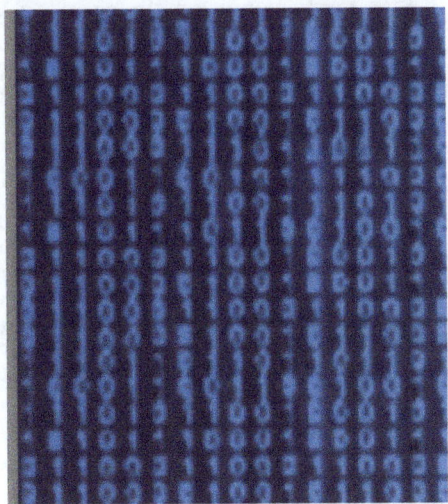

Abbildung 3: Ausschnitt aus der Bebilderung des Artikels FAZ160.

Dieser Ausschnitt ist Teil eines Gesamt-Layouts (vgl. Abbildung 101), das auch die Anordnung der Textspalten betrifft, hier jedoch isoliert betrachtet wird. Auch hier finden sich die für die Visualisierungen im Diskurs charakteristischen visiotypen Farben[174] dunkelblau und besteht der Hintergrund gänzlich aus 0en und 1en. Zudem *diszipliniert* das Layout den Text (vgl. dazu auch Abbildung 101). Insgesamt wird bei dieser zuvor ausgeführten Verdichtung an die altbekannte Frage *In welcher Medienwirklichkeit leben wir?* angeknüpft, die beantwortet wird mit: in einer solchen, in der KI-Technologien *unhintergehbar bedeutsam* sind.

KI als Werkzeug vs. KI als Agens
Im massenmedialen KI-Diskurs kommen immer wieder Akteure zu Wort, die Künstliche Intelligenz lediglich als Werkzeug verstanden wissen wollen. Im Hinblick auf

---

[174] Im untersuchten Material kamen bei den Visualisierungen von KI häufig schwarz-blaue Farben, ein *leerer*, mithin *analytischer* (vgl. Kress/van Leeuwen 2021, 84), Hintergrund oder künstliches Licht zum Einsatz. Aufgrund dieser Verdichtungen werden diese hier als *visiotype* Farben bezeichnet (vgl. z. B. Bild17; Zeit26; Zeit42; Spiegel5; SZ110).

die Attribuierung „übermenschliche[r] Fähigkeiten" (SZ60) der KI wird eine Projektleiterin von Google mit den Worten zitiert: „‚[A]ber [...] das ist doch gerade der Sinn eines jeden Werkzeugs: Wir nutzen Werkzeug [sic!], weil es uns größer, weil es uns besser macht'" (SZ60). Der Autor des Artikels versieht diese Aussage mit einem Fragezeichen, lässt seinen Beitrag jedoch mit einem Zitat enden, in dem die ausweichlichen Potenziale von KI betont werden. Der Informatiker Judea Pearl schreibt in einem Gastbeitrag für die Süddeutsche Zeitung lapidar: „Ich betrachte maschinelles Lernen als ein Werkzeug, um von Daten zu Wahrscheinlichkeiten zu gelangen" (SZ50). Wird die Auffassung von Künstlicher Intelligenz als bloßes Werkzeug also allein von Vertreterinnen und Vertretern der Produktionsseite artikuliert, womöglich um deren Bedeutung und auch die damit einhergehende Verantwortung herunterzuspielen? Warum sollte man beispielsweise über einen Hammer debattieren? Man benutzt ihn schlichtweg, und der Hersteller kann seine Hammer an die Nutzer verkaufen.

So simpel verhält es sich jedoch nicht, denn es sind auch andere Akteure, die KI als Werkzeug rahmen, beispielsweise aus der Domäne der Kunst. In einem Artikel über digitale Kunstformen bezeichnet die Autorin künstliche neuronale Netzwerke als „das angesagteste Werkzeug zur Schaffung fotorealistischer Darstellungen von Dingen, die es gar nicht gibt, oder von malerischen Bildern, für die es weder einen Maler noch ein Modell braucht" (FAZ76). Die (Medien-)Künstlerin Hilary Lloyd verwendet nach eigenen Angaben „Medien wie einen Bleistift" (SZ38), und der Philosoph Daniel C. Dennett fordert in seinem SZ-Gastbeitrag *Wesen und Werkzeuge*, in dem der Werkzeug-Begriff schon im Titel enthalten ist, KI-Technologien als Werkzeuge zu bauen, anstatt der Erschaffung von Singularität entgegenzustreben: „Wir brauchen intelligente Werkzeuge, die keine Rechte haben, keine Gefühle, die verletzt werden könnten, oder sich gegen vermeintlichen ‚Missbrauch' durch unfähige Nutzer wehren können" (SZ38). Dem Gründer des Weltwirtschaftsforums, Klaus Schwab, zufolge ist

> die Pflege von Empathie, Sensibilität, Zusammenarbeit und Leidenschaft der beste Weg, um sicherzustellen, dass wir die Technologie als Werkzeug zur Beherrschung unseres Lebens nutzen und nicht zu Sklaven von Algorithmen werden (FAZ13).

In diesen beiden Perspektiven erscheint es gerade so, als sei nur die als Möglichkeitspotenzial schwelende *starke KI*, die Singularität, mit einer inneren Verselbstständigungslogik ausgestattet, wohingegen *schwache KI* zum Werkzeug *gemacht werden könnte*.

Dem stehen kritische Stimmen entgegen, die den Technologien im Sinne McLuhans eine inhärente produktive Kraft zuschreiben. Die Politologin Elke Schwarz etwa formuliert es im Kontext autonomer Waffensysteme (AWS) so:

Digitale Technologien, gerade diejenigen, in die der Mensch eingebunden ist, sind selten schlicht Werkzeuge, die wir beliebig einsetzen können. Vielmehr verfügen sie selbst über soziale Macht. Sie können subtil unsere Referenzrahmen bei der Entscheidungsfindung verändern. Indem sie das tun, üben sie einen starken – oft unsichtbaren – Einfluss auf unsere Regierungs- und Sicherheitspraktiken, auf Rechtfertigungen für Gewalt und unser generelles Ethikverständnis aus (SZ89).

Wenn sie schreibt, dass KI über „soziale Macht" verfüge, dann konzeptualisiert sie diese Technologien als Akteure – *Künstliche Intelligenz als Agens*. Im Sinne des Algorithmen-*in*-Kultur-Ansatz der *Critical Algorithm Studies* lässt sich, an Schwarz' Gedanken anknüpfend, insbesondere anhand der Figur des Algorithmus, ein *Algorithmen steuern unsere Welt*-Topos ausmachen. In einem Artikel heißt es so wortwörtlich „Algorithmen steuern die Welt" (Spiegel11); in einem anderen: „Ganze Gesellschaften lassen sich mit KI steuern" (SZ104); oder es wird konstatiert, dass „Algorithmen, DNA und binärer Code [...] unser Leben [bestimmen]" und „schon heute faktisch Regulatoren" (SZ59) seien.

Hier treffen also zwei unterschiedliche Konzeptionen von Künstlicher Intelligenz aufeinander: Die eine, bei der KI als Werkzeug behandelt wird, die andere, bei der KI soziale Wirkmacht zugesprochen wird, womit diese Position medienwissenschaftlichen Theorien zur Eigendynamik medialer Technologien nahesteht. Fragen, die sich hier ergeben, wären etwa: Verschleiert der Sammelbegriff *Künstliche Intelligenz* womöglich die Notwendigkeit, zwischen verschiedenen Anwendungsbereichen zu differenzieren? Wäre in der Kunst eine Konzeption von KI als Werkzeug angemessen, bei AWS jedoch nicht? Kann man sich überhaupt ein „reines", und somit harmloses, Werkzeug in diesem Kontext vorstellen, sodass tatsächlich, wofür Dennett plädiert, vor allem ein „autonomer Überschuss" der Technologien verhindert werden müsste? Oder ist KI *immer und notwendigerweise* Agens, der *KI als Werkzeug*-Topos allein Ausdruck strategischer Kommunikation? In jedem Fall wird hier – sowie in der folgenden Verdichtung – die medienhistorisch-philosophische Frage berührt, *welche Wirkmacht das Medium eigentlich hat*.

KI als Bedrohung
KI wird vielfach als Bedrohung diskursiviert, und es wird sich einer Gefahren-Semantik bedient. Es ist die Rede von der „Gefahr" (z. B. Bild10; FAZ13; FAZ52; FAZ55; FAZ114; FAZ133; FAZ135; SZ20; SZ32; SZ45; SZ78), die von KI ausgeht, von „Fallen" (z. B. FAZ31; SZ76), die durch KI-Technologien gestellt würden, von *ernst zu nehmenden* oder *ernsthaften* Bedrohungen (z. B. FAZ52; Zeit61), von „potentiellen negativen Effekte[n] von KI" (FAZ100), von „Skepsis" (FAZ41) und „Furcht" (FAZ41); es wird *gewarnt* (z. B. FAZ56; FAZ96; SZ23), beispielsweise vor einem „Desaster mit Künstlicher Intelligenz" (FAZ56); es wird sich *gesorgt* (z. B. Bild22); KI habe „Risiken und

Nebenwirkungen" (Zeit33; auch Zeit12); KI sei „sehr beunruhigend" (SZ51), und man müsse „sehr vorsichtig" (Spiegel57; SZ51) sein. Dies schlägt sich auch auf der Bildebene nieder. Stellvertretend sei hier die Illustration von Spiegel17 angeführt, bei der eine Szene aus dem Film *Terminator* gezeigt wird:

Abbildung 4: Bebilderung des Artikels Spiegel17.

Zu sehen ist in Abbildung 4 ein humanoider Roboter in Großaufnahme mit gebleckten Zähnen, leuchtend roten Augen, der umgeben von Feuer und Rauch ist. Zusammen mit der Schlagzeile *Wie uns die Maschinen unterjochen* wird hier ein bedrohliches Szenario rund um KI-Technologien inszeniert.

Vielfach werden reißerische Fragen gestellt oder – etwa in den Überschriften – beunruhigende Statements und Zitate verwendet: So wird etwa über KI gefragt: „Wie groß ist die Gefahr für die Demokratie?" (FAZ52) oder „Ist künstliche Intelligenz die größte Bedrohung für die Menschheit?" (Spiegel50). In einer Schlagzeile wird ein Zitat des KI-Experten Max Tegmark verwendet: „Forscher streiten über künstliche Intelligenz. „Schlechte Nachricht: Die Menschheit rast auf einen Abgrund zu"' (Spiegel70), gefolgt von dem Untertitel „Wird künstliche Intelligenz uns einst versklaven, dann vernichten? [...]" (ebd.). In einer anderen Schlagzeile heißt es „Im Netz der Automaten" (SZ57), die sonst oftmals positive Netz-Metapher negativ verwendend, im Sinne der Formulierung *Jemandem ins Netz gehen*.[175]

Zusätzlich dazu evoziert ein *Sie kommen*-Frame ein übergreifendes bedrohliches Szenario. Es heißt beispielsweise „Wenn die Roboter kommen" (z. B. Zeit13; Zeit45); „Sie kommen" (SZ89), im Zusammenhang mit AWS, die auch als „Killerro-

---

175 Vgl. zur Netz-Metapher auch Vidal 2010, 110 sowie S. 13.

boter" (z. B. FAZ6; FAZ51; FAZ66; Spiegel6; Spiegel10; SZ89; Zeit45) bezeichnet werden, oder „Doch vermehrt dringen Roboter auch in das Privatleben vor" (Zeit19). Formulierungen dieser Art rufen Assoziationen von einer Invasion intelligenter Roboter hervor und reproduzieren auch die dem *Algorithmen*-in-*Kultur*-Ansatz nahestehenden Vorstellungen einer unidirektionalen Wirkkraft der KI-Technologien. In einem Artikel wird dies ironisch gebrochen, wenn dort die Schlagzeile lautet: „Die Roboter kommen. Und sie bringen Getränke mit" (SZ35). Im Sinne von Masahiro Moris (1970) Ausdruck des *Uncanny Valley*, der das Phänomen beschreibt, dass Menschen Roboter gruselig finden, je menschenähnlicher sie gestaltet sind, finden sich darüber hinaus viele Formulierung, die den semantischen Bereich des *Grusels* bedienen. Es wird vom „Unheimliche[n]" (z. B. SZ85; ähnlich Bild10) der Technologien geschrieben, davon, dass diese „nicht geheuer" (Spiegel51) seien und „Unbehagen" (z. B. FAZ37) hervorrufen, der Mensch einen „Grauen vor humanoiden Maschinen" (FAZ43) habe oder man sich schlichtweg *grusele* (z. B. SZ81; SZ53; SZ86; FAZ102; Zeit29).

Zudem sei hier auf die Auffälligkeit paradoxaler Formulierungen verwiesen. Wenn KI-Systeme eine Aufgabe besonders gut ausführen, so wird gerade der erreichte Perfektionsgrad mitunter mit einem Bedrohungs-Attribut kontrastiert. In einem Artikel heißt es, Künstliche Intelligenz schreibe „beängstigend gut" (Spiegel51) oder ein ‚KI-Rembrandt' sei „beängstigend überzeugend[]" (SZ1). Interessant an diesem übergreifenden Gefahren-Frame ist insbesondere die Tatsache, dass sich im untersuchten Material kein Pendant, etwa in Form eines Euphorie-Frames, finden lässt. Dezidiert positive Konzeptionen von KI stammen entweder vereinzelt von der Produktionsseite, kommen im wirtschaftlichen Kontext vor oder werden abwägend, unter Einbeziehung aller Risiken von KI, verhandelt (z. B. FAZ1; FAZ3; FAZ13; FAZ42; FAZ70; FAZ179; Spiegel9; Spiegel26; SZ4; Zeit14).

Als bedrohlich werden die KI-Technologien insbesondere auch im Kontext der Arbeitswelt empfunden. Auch damit wird an eine historische Angst angeknüpft, von der „Maschine" *ersetzt* zu werden. Thimm und Bächle (2019, 4) zählen diese Angst zu einem der wiederkehrenden Diskursmuster. Im untersuchten Material wird in diesem Zusammenhang gefragt: „Ersetzen Maschinen den Menschen?" (SZ25), „Wird die Digitalisierung massenhaft Jobs vernichten?" (Spiegel20); „Geht uns die Arbeit aus?" (FAZ111); „Bedroht Digitalisierung die Arbeitswelt?" (FAZ82); „Nehmen Roboter uns die Jobs weg?" (Bild7); oder wird konstatiert: „Wenn die Roboter kommen[.]"[176] Wie Künstliche Intelligenz die Arbeitswelt von morgen dominieren wird" (Zeit45);

---

176 Im Original gibt es keinen Punkt, da es sich um Schlagzeile und Unterschlagzeile handelt.

„In der Technologiefalle[.] Roboter werden immer mehr Menschen bei der Arbeit ersetzen" (SZ76); „Ersetzt von der Maschine[.] Viele haben Angst vor Künstlicher Intelligenz. Den eigenen Arbeitsplatz sehen aber nur wenige bedroht. Wiegen wir uns zu sehr in Sicherheit?" (FAZ163).

Gerade die mannigfach verwendeten Fragen indizieren die prinzipielle Unsicherheit und Offenheit, die mit der Arbeitswelt-Thematik einhergeht. Im untersuchten Material existiert eine Vielzahl an unterschiedlichen Einschätzungen, wie sich die technologische Transformationskraft in concreto vollziehen wird. Diskursiv unstrittig ist einzig und allein, *dass* der Wandel kommen wird und dass er *radikal* sein wird (vgl. S. 121). Bei der Einschätzung der Beschaffenheit des Wandels lassen sich drei (idealtypische) Positionen ausmachen: (1) Es werden neue und andere Arbeitsplätze entstehen[177]; (2) Es wird zu großen Verlusten an Arbeitsplätzen kommen[178];

---

[177] Dies leitet sich insbesondere aus einem *historischen Argument* ab, das sich wie folgt rekonstruieren lässt: *Es hat immer schon Angst vor dem Arbeitsplatzverlust gegeben. Diese Ängste waren gesamtgesellschaftlich stets unbegründet, da neue Arbeitsplätze geschaffen wurden. Weil dies historisch also immer so war, wird es auch diesmal so sein.* Statt von einem grundsätzlichen Arbeitsverlust wird davon ausgegangen, dass sich alte Berufsstände verändern und/oder ergänzt und neue hinzukommen werden: Laut Studien seien „in Europa unterm Strich Millionen Arbeitsplätze entstanden" (SZ5; sehr ähnlich auch FAZ83), in einem anderen Artikel heißt es, „[u]nterm Strich dürften durch KI aber mehr neue Jobs entstehen als wegfallen" (Spiegel26); eine Überschrift lautet „Ergänzen, nicht ersetzen" (SZ61); eine Zwischenüberschrift eines anderen Artikels „Technik wird die menschliche Arbeit ergänzen, nicht ersetzen" (Zeit25). Ein McKinsey-Experte sagt im Interview, „[d]ie Menschen werden eher umlernen müssen, als dass sie ihren Job verlieren. Auf sie kommen neue, veränderte Aufgaben zu" (Spiegel26); eine andere KI-Expertin prophezeit, „[e]s wird sich umverteilen, es werden neue Arbeitsplätze entstehen [...]" (FAZ179). An anderer Stelle wird diesbezüglich geschrieben, „[d]ie beste Antwort auf die Drohung, uns werde von den Maschinen die Arbeit abgenommen, heißt immer noch: Dann erfinden wir eben eine andere, neue, Arbeit, für die es (noch) keine Maschine gibt" (FAZ111).

[178] Während Verfechterinnen und Verfechter von Position (1), insbesondere diejenigen von der Produktionsseite, auch als „Roboter-Apologeten" (FAZ29) bezeichnet werden, finden sich im untersuchten Material rund um Vertreterinnen und Vertreter von Position (2) Begriffe wie „typische[] Roboterängste" (Zeit44), „Technikfeindlichkeit" (Zeit2) oder „Kassandrarufe" (FAZ83), wird die Position wie folgt zusammengefasst: Es handelt sich um „[...] die Sicht vom Roboter als Arbeitsplatzvernichter" (FAZ29) bzw. „[...] düstere Prognosen von einem Ende der Erwerbsarbeit [...], von baldiger Massenarbeitslosigkeit und Prekarisierung großer Teile der Bevölkerung" (FAZ83). Die wohl prominentesten Vertreter von Position (2) sind Carl Benedikt Frey und Michael A. Osborne mit ihrer vielzitierten Studie aus dem Jahr 2013 über die hohe Automatisierungsquote in der Arbeitswelt. So wird Frey auch im untersuchten Material als prominenter Skeptiker zitiert, der davor warnt, „Bedenken als Schwarzmalerei ab[zu]tun" (FAZ97). Investor Frank Thelen hält das *historische Argument* ebenfalls für unzulässig und schätzt, dass es zum Arbeitsverlust kommen werde (vgl. Zeit13). Ein KI-Experte wird mit den Worten zitiert: „Ich sehe nicht, dass wir in Zukunft alle Arbeit haben werden'" (Zeit9). In einem anderen Artikel wird der zu erwartende Produktivitätszuwachs durch KI mit

(3) Die Auswirkungen lassen sich nicht abschätzen. Hier ist gerade das Spannungsverhältnis interessant, dass vonseiten der Vertreter von Position (1) oder (2) mit großer Sicherheit eine gute bzw. schlechte Prognose abgegeben wird, zu der Position (3) eine Art Vermittlungsversuch darstellt[179]. Der Orator sieht sich auch in dieser Debatte vor die Schwierigkeit gestellt, unter unsicheren Bedingungen und weit auseinandergehender Einschätzungen eine informierte Position für sich, d. h. insbesondere sein *Zertum*, zu finden, um so selbst *gestalten* zu können. KI wird im Hinblick auf die Arbeitswelt zwar grosso modo als Bedrohung diskursiviert, jedoch sei hier angemerkt, dass dies insbesondere auf Ebene der Schlagzeilen geschieht, während die Auseinandersetzungen in den Artikeln, wie sich anhand der drei idealtypischen Positionen zeigt, selbst deutlich differenzierter ausfallen.

Unabhängig von der jeweiligen Position lässt sich im Hinblick auf die Transformation der Arbeitswelt durch KI feststellen, dass diese von einem, zumeist expliziten, Handlungsimperativ begleitet wird, mit dem mitschwingenden Subtext: *Welche Zukunft uns ganz konkret erwartet, hängt von unserem jetzigen, schnellen Handeln ab*. Insbesondere wird dabei auf Weiterbildung gesetzt, was die Verantwortung für die Gestaltung des Wandels zu einem großen Teil auf die Bereitschaft der in (teil-)automatisierbaren Berufen arbeitenden Arbeitnehmerinnen und Arbeitnehmer aufbauen lässt: Es seien „umfassende Reformen im Bildungswesen erforderlich [...]" (SZ76); das „wohl wirksamste Mittel, um die Arbeitnehmer sowohl vor einem zunehmenden Lohndruck also [sic!] auch vor wachsenden Beschäftigungsrisiken zu schützen, ist angemessene Aus- und Weiterbildung" (FAZ82). Es brauche „viel mehr Menschen, die sich auf dem digitalen Gebiet auskennen, damit sie auf die Jobs der Zukunft vorbereitet sind" (Bild7) oder es wird vorgeschlagen: „Dann erfinden wir eben eine andere, neue Arbeit, für die es (noch) keine Maschine gibt" (FAZ111). So wird im Debattenfeld *KI in der Arbeitswelt* das grundlegende Narrativ von der Unhintergehbarkeit technologischer Entwicklungen reproduziert; ein analoges Jenseits, eine Konservierung des Bestehenden wird zum bereits verlorenen Reaktionären. In einem Artikel wird sogar so weit gegangen, den Fortschritt als solchen gegen den Erhalt von Arbeitsplätzen auszuspielen: „Da das Arbeitsministerium die Kontrollstelle betreibt, stellt sich die Frage, was im Fokus stehen wird: Arbeitsplätze erhal-

---

der Automatisierung von „Millionen Arbeitsplätze[n]" (SZ104) gleichgesetzt. An anderer Stelle wird geschrieben, „die heutige Angst vor der Automatisierung [ist] völlig berechtigt" (SZ76).

179 Position (3) kann als die abwägende oder offene Position bezeichnet werden, bei der die Evaluierung der Entwicklungen grundsätzlich infrage gestellt wird. Es wird darauf hingewiesen, dass sich Forscherinnen und Forscher „uneinig" (Spiegel20) seien und dass „[d]ie Folgen der KI für die Beschäftigung [...] viel schwieriger hervorzusehen" (Spiegel26) seien, als dies von manchen Studien suggeriert werde, so etwa der Chairman des *McKinsey Global Institute* – die „Vorhersage [bleibt] schwierig" (FAZ29).

ten, oder Fortschritt voranzutreiben [...]" (Bild29). Zusammenfassend lässt sich bei dieser Verdichtung konstatieren, dass unsere gegenwärtige *Medienwirklichkeit*, nach deren Beschaffenheit (implizit) gefragt wird, im untersuchten Material vielfach als eine bedrohliche bzw. bedrohte in den Blick kommt.

Die perfekte Maschine – schneller, besser, effizienter
Virulent ist im untersuchten Datenmaterial die philosophisch-ontologische Frage nach dem Wesen des Menschen im Angesicht seiner eigenen „Schöpfung" *Maschine*. Im Vergleich von Mensch und KI-Technologien wird diskursiv insbesondere herausgestellt, dass „Maschinen" dem fehleranfälligen Menschen mit seinen physischen Bedürfnissen in vielerlei Hinsicht überlegen sind. Sie seien „unermüdlich" (SZ31), zeichnen sich durch „Schnelligkeit und Effizienz" (SZ89) aus, arbeiten „unentwegt und unentlohnt" (FAZ76), „stoisch, ohne krank zu werden und klaglos" (FAZ29), sie analysieren „permanent" (Bild30), können „die Medizin zur besten je dagewesenen Medizin machen" (SZ107), seien „[p]räziser und schneller, als ein Mensch jemals [sein] könnte" (Bild7). Algorithmen würden „zwar Fehler [machen], aber immerhin sind sie nicht ungehalten, wenn sie Hunger haben" (Zeit54); ein Roboterarm zittere nie (vgl. Bild15); KI sei *perfekt*, beherrsche Aufgaben bis zur *Perfektion, perfektioniere* (vgl. FAZ2, SZ7, SZ12, FAZ63) oder *optimiere* (vgl. Zeit64) diese. Exemplarisch für diese Verdichtung wird hier ein Ausschnitt aus einem Verlagsspezial der FAZ mit dem Spaltentitel *Eingebaute Perfektion* angeführt:

> Digitale Arbeitskräfte wurden entwickelt, um dort zu helfen und zu unterstützen, wo Menschen an ihre Grenzen stoßen. Unpässlichkeit, persönliche Animositäten zwischen verschiedenen Mitarbeitern oder auch einfach Überarbeitung führen dazu, dass Prozesse nicht immer genauso laufen [sic!] wie in Prozesshandbüchern definiert. Software-Roboter hingegen führen ihre einmal programmierten Prozesse zu jeder Tages- und Nachtzeit mit der gleichen Präzision und Geschwindigkeit aus. Das hat viele Vorteile: Zum einen lässt sich durch Automatisierung die Compliance von Prozessen sicherstellen, da Bots nicht von den vorgegebenen Abläufen abweichen können. Sie arbeiten konsequent logisch. Zum Zweiten dokumentieren sie automatisch jeden einzelnen Prozessschritt. So lässt sich jederzeit nachweisen, dass die geltenden Vorschriften und Richtlinien eingehalten werden. Darüber hinaus hat die permanente Verfügbarkeit digitaler Arbeitskräfte den Vorteil, dass Unternehmen Aufgaben flexibel ausführen können – unabhängig von Arbeitszeiten und Standorten. Ein Versicherungskunde möchte morgens um vier spontan zu einer Bergtour aufbrechen und eine Unfallversicherung für einen Tag abschließen? Kein Problem: Eine digitale Arbeitskraft im Kundenservice hat für ihn Zeit, um die nötigen Informationen abzufragen, den Zahlungseingang zu kontrollieren und den Vertragsschluss zu bestätigen. So erhöht die „New Workforce" die Verfügbarkeit kundenzentrierter Services und steigert die Kundenzufriedenheit (FAZ93).

Menschliche Eigenschaften wie *Unpässlichkeit, persönliche Animositäten*, aber auch *schlafen* zu müssen und nicht um morgens vier Uhr einen Vertragsabschluss mit einem Kunden machen zu können, werden hier als Fehler dargestellt, die eine „Maschine" nicht macht. Damit reiht sich diese Verdichtung in einen grundlegenden gesellschaftlichen Optimierungs-, Perfektions- und Steigerungstopos ein, der auch von Bächle (2015) und Mau (2018) diagnostiziert wird. Verstärkt wird er durch die häufige Verwendung des Worts *immer* wie etwa in den Formulierungen „immer mehr" (z. B. SZ23; Bild7), „immer besser" (SZ23), „immer schlauer" (Bild7).

„Weiche"[180] Eigenschaften als Alleinstellungsmerkmale des Menschen

Was macht den Menschen gegenüber den KI-Technologien aus? Im öffentlichen Diskurs wird vor allem eines immer wieder als Alleinstellungsmerkmal des Menschen heraufbeschworen: dessen Empathiefähigkeit. Eigenschaften wie Empathie, so heißt es in einem Artikel, „werden Maschinen so schnell nicht erlernen" (SZ118). KI „kann keine Empathie" (SZ54), was dem Computer „stets fehlen wird, ist Empathie" (FAZ179). Hinzu kommen *Kreativität* (z. B. FAZ29; FAZ68; SZ10); *Sensibilität* (z. B. FAZ13), *Emotionalität* (z. B. FAZ68), *Intuition* (z. B. FAZ68), *Zusammenarbeit/Teamfähigkeit* (z. B. FAZ13; FAZ29) und *Leidenschaft* (z. B. FAZ13). Dem gegenüber steht die rationale, herzlose und kalte Maschine. Es ist die Rede von „der kalten Vernunft der Technik" (Zeit26), davon, dass Algorithmen „kaltherziger sein [können] als jeder menschliche Mitarbeiter im Kundendienst" (Zeit17) und davon, dass „Maschinen [...] kein Herz [haben], aber [...] schon ziemlich schlau [sind]" (FAZ29). Die Gegenüberstellung von *kalten rationalen Maschinen* und dem *warmen empathiefähigen Menschen* lässt dabei auch Motive der Romantik[181] wiederaufleben, die nun jedoch abgespalten und externalisiert werden. Die Sehnsucht, die darin ausgedrückt wird, liegt nun, so ließe sich vielleicht sagen, nicht länger in einem spezifischen Menschen- und Naturverständnis, sondern im Menschen als solchen, den es gegen die externalisierte KI-Technologie zu verteidigen gelte. Denn die genannten, implizit *warmen*, menschlichen Eigenschaften werden nicht nur als solche diskursiviert, die der Mensch bereits besitzt, sondern es gilt sie auch zu *kultivieren*, was etwa manifest wird, wenn der Gründer des Weltwirtschaftsforums Klaus Schwab indirekt zitiert wird mit den Worten:

---

180 Der Begriff der *weichen Eigenschaften* wird auch innerhalb des Diskurses verwendet (vgl. z. B. FAZ29).

181 An dieser Stelle sei auch auf romantische Dichter und Schriftsteller wie E. T. A. Hoffmann verwiesen (z. B. *Der Sandmann* (2018/[1817]); vgl. dazu auch Brandstetter 2020, 14), die sich in ihren Werken gewissermaßen mit Vorformen der KI, z. B. dem „Automaten", auseinandergesetzt und – medienkulturhistorisch betrachtet – unsere Ausgestaltungen und Vorstellungen der Technologien stark beeinflusst haben. Vgl. zum Zusammenhang von Literatur und KI auch Brandstetter 2020, 2021.

> Die Pflege von Empathie, Sensibilität, Zusammenarbeit und Leidenschaft sei der beste Weg, um sicherzustellen, dass wir die Technologie als Werkzeug zur Beherrschung unseres Lebens nutzen und nicht zu Sklaven von Algorithmen werden (FAZ13).

Auch auf der Social-Media-Ebene werden „weiche" Eigenschaften als Alleinstellungsmerkmale des Menschen herausgestellt (s. Abbildung 5 und Abbildung 6), wodurch dessen Einzigartigkeit zu behaupten versucht wird.

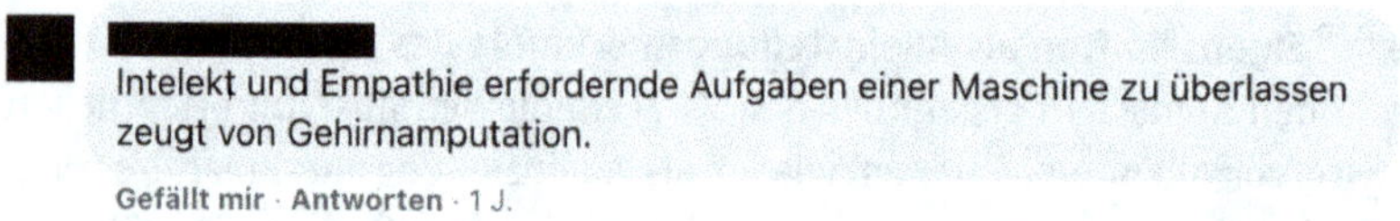

Intelekt und Empathie erfordernde Aufgaben einer Maschine zu überlassen zeugt von Gehirnamputation.

Gefällt mir · Antworten · 1 J.

Abbildung 5: FAZ167_TLK10_SLK2.

So werden im Kommentar in Abbildung 5, der im Kontext eines Artikels über potenzielle Diskriminierung durch KI-Technologien auf dem Arbeitsmarkt entstanden ist, „Intelekt und Empathie" ex negativo als genuin menschliche Eigenschaften benannt, und es wird eine starke, geradezu hyperbolische, Absage daran erteilt, solche Eigenschaften „erfordernde Aufgaben einer Maschine zu überlassen"; dies zeuge „von Gehirnamputation".

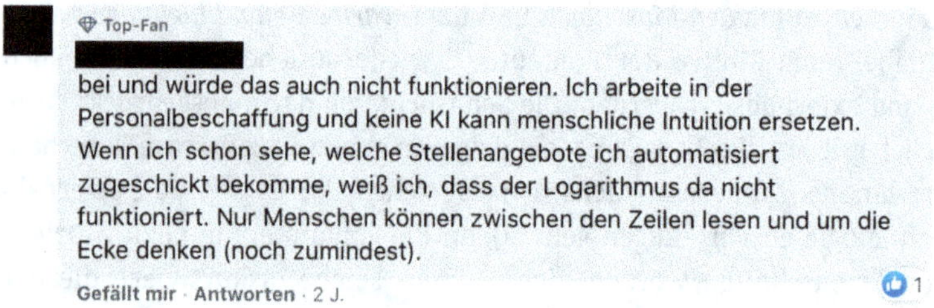

Top-Fan

bei und würde das auch nicht funktionieren. Ich arbeite in der Personalbeschaffung und keine KI kann menschliche Intuition ersetzen. Wenn ich schon sehe, welche Stellenangebote ich automatisiert zugeschickt bekomme, weiß ich, dass der Logarithmus da nicht funktioniert. Nur Menschen können zwischen den Zeilen lesen und um die Ecke denken (noch zumindest).

Gefällt mir · Antworten · 2 J. 1

Abbildung 6: FAZ30_TLK2_SLK3.

Im Kontext eines Artikels, in dem es heißt, dass die Hälfte der deutschen Unternehmen keine KI einsetze, antwortet ein Nutzer auf den Kommentar eines anderen Nutzers, dass KI für seine Arbeit ungeeignet sei, weil es um Menschen gehe (vgl. FAZ30_TLK2). Der Nutzer in Abbildung 6 stimmt dem zu und schreibt, dass es bei ihm auf der Arbeit auch nicht funktionieren würde. KI sei nicht dazu in der Lage, „menschliche Intuition zu ersetzen"; „[n]ur Menschen können zwischen den Zeilen lesen und um die Ecke denken […]".

Das menschliche Gehirn als Analogie zu sowie Blaupause und Metonymie für KI[182]

Die moderne KI-Forschung ist eng mit den Neurowissenschaften verbunden, und es wurde (und wird) versucht, das menschliche Gehirn in seiner Funktionsweise genau nachzuahmen, was bis heute wegen dessen Komplexität nicht gelungen ist (vgl. Ramge 2018, 44 ff.). Gegenwärtig verwendet man *Künstliche Neuronale Netze*, „statistische[] Verfahren, bei denen Computersysteme Nervenzellen mit sogenannten Knoten simulieren [Herv. d. Verf.]" (ebd. 46; vgl. auch S. 51). KI wird also stark von der Annahme eines (angestrebten) *Ähnlichkeitsverhältnisses* zwischen menschlichem Gehirn und Technologien getragen, die sich auch im massenmedialen Diskurs wiederfindet. Das Gehirn lässt sich im Kontext Künstlicher Intelligenz als eine Metonymie für menschliche Intelligenz und, noch weiter gedacht, als Metonymie für den Menschen an sich deuten. Mitunter wird KI als Disziplin sogar über das Nachahmungs-Verhältnis zum Gehirn bestimmt, wie es dieses Zitat veranschaulicht:

> Als Schauplatz der strategischen Auseinandersetzung zwischen Washington und Peking haben Historiker Niall Ferguson und Politologe Ian Bremmer längst den Informatik-Teilbereich Künstliche Intelligenz (KI) ausgemacht, also den Versuch, Computer zu erschaffen, die den Fertigkeiten des menschlichen Gehirns möglichst nahe kommen (FAZ49).

Das angenommene Analogie-Verhältnis von KI und Gehirn drückt sich dabei sprachlich insbesondere in der Verwendung von Vergleichen, Komposita und Metaphern aus: Es soll versucht werden, „die Arbeitsweise des Gehirns nachzuahmen, etwa indem [...] Schaltungen [gebaut werden], die wie Neuronen auf elektrische Reize reagieren" (FAZ11); ein prominenter KI-Experte benennt die Voraussetzungen, die erfüllt sein müssen, damit „wir irgendwann einmal so gut wie ein menschliches Gehirn" (Zeit14) können und Intel arbeite „an Prozessoren, die wie das Gehirn funktionieren" (SZ78). Verwendete Komposita sind etwa: „Roboterhirn" (Zeit38), „Kunsthirn" (FAZ74), „Elektronenhirn" (FAZ48), „Silizium-Neuronen" (FAZ48) oder „Maschinenhirne" (Spiegel33). Metaphern stammen insbesondere aus dem semantischen Feld der Neurowissenschaften, etwa *Neuronen* (z. B. FAZ48; FAZ73), die *feuern* (FAZ73), *Nervenzellen* (ebd.), *neuronaler Code* (FAZ38), *neuronale Netze* (z. B. Spiegel45).

Das Verhältnis von menschlichem und „künstlichem" Gehirn wird dabei diskursiv als ein chiastisches bestimmt. Einerseits werden KI-Technologien als „Hochleistungsmaschinen" konzipiert, deren Rechengeschwindigkeit die menschliche bei

---

[182] Sabine Sielke zeigt, zu den hier vorgestellten Ergebnissen passend, in ihrem essayistischen Artikel *Der Mensch als ‚Gehirnmaschine'. Kognitionswissenschaft, visuelle Kultur, Subjektkonzepte* (2019) auf, wie der Mensch im (visuellen) Diskurs als „Effekt seiner Hirnaktivität" (ebd. 62) konzeptualisiert wird.

Weitem übersteig: So könne „das menschliche Denkorgan mit der Rechengeschwindigkeit moderner Computer nicht mithalten" (FAZ48); *neuromorphe Chips*[183] seien „[w]ie das Gehirn, nur schneller" (ebd.) oder würden „Prozesse, für die das Gehirn viele Stunden benötigt" (FAZ11) in „nur wenige[n] Minuten" (ebd.) schaffen. Andererseits sei das „Gehirn in seiner unermesslichen Effizienz und kognitiven Vielseitigkeit" (FAZ169) nur schwerlich durch Technologien nachzuahmen, würde „[d]ie gegenwärtige Künstliche Intelligenz [...] schon durch kleine Kinder in den Schatten gestellt" (FAZ38) und sei das menschliche Gehirn deutlich energiesparender:

> Die Jeopardy-Version von IBMs Supercomputer Watson benötigte 85 000 Watt, um bei der Rateshow zwei menschliche Spieler zu bezwingen. Zum Vergleich: Das menschliche Gehirn benötigt lediglich 20 Watt (SZ88).

Auf der Bild-Ebene der Artikel wird dieser Aspekt durch Visualisierungen des Gehirns dargestellt. Es handelt sich dabei jedoch nicht um „naturgetreue" Darstellungen des Gehirns, sondern um stark modifizierte, in denen eine Verbindung des Gehirns mit den KI-Technologien, mithin eine *Verschmelzung*, visuell ins Feld geführt wird.

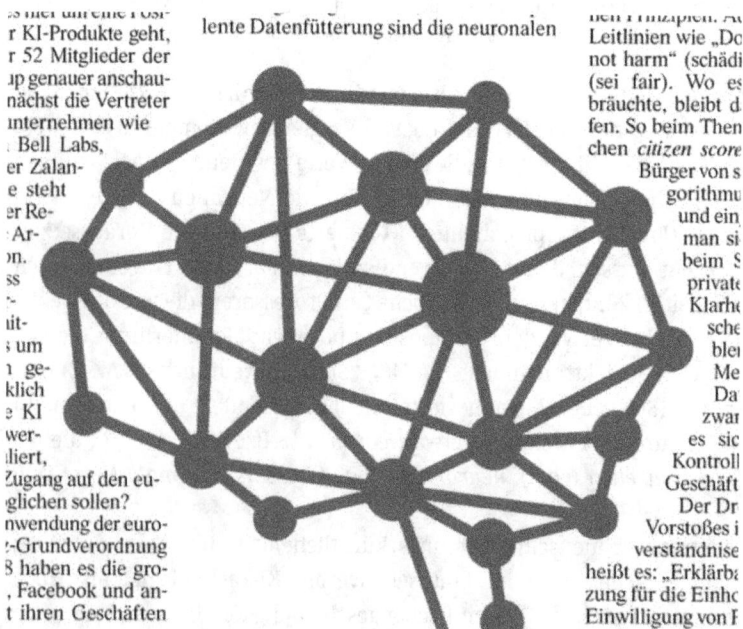

Abbildung 7: Bebilderung des Artikels FAZ6.

---

183 Bei *neuromorphen Chips* handelt es sich um Mikrochips, die natürlichen Nervennetzen nachempfunden sind.

In Abbildung 7 ist ein schemenhaftes Gehirn zu sehen, das aus kleineren und dickeren Knotenpunkten besteht und die Vernetzungs-Metapher – in Form eines menschlichen Gehirns – visualisiert.

Abbildung 8: Bebilderung des Artikels SZ78.

In Abbildung 8 befindet sich vor einem künstlich aussehenden, schwarz-blauen Hintergrund oben rechts eine rot-orange glühende schematische Darstellung des menschlichen Gehirns, das einerseits Teil der technisierten Sphäre ist, jedoch in die Peripherie gedrängt wird.[184]

Der Kampf von Mensch gegen Maschine
Oftmals wird das Verhältnis von Mensch und KI-Technologien als ein antagonistisches oder als Polarität in den Blick genommen (vgl. S. 207f.) und sich dabei mitunter einer Kriegs-Metaphorik bedient. Es wird gefragt, „[o]b Maschinen des Menschen Freund oder Feind sind" (SZ25), ein mögliches Dazwischen negierend, oder bezüglich der Konstellation „Mensch gegen Roboter" (SZ3) von einem „Wettbewerb zwischen Mensch und Maschine", von „spektakulären Wettkämpfen ‚Mensch gegen Computer,'" (Bild18), von Algorithmen, die „menschlichen Models Konkurrenz [ma-

---

[184] Dobler (2020a, 28) verweist darauf, „wie positivistisch der Vergleich von Maschinen und Menschen ist", der sich allgemein im Diskurs aufspüren lässt. So seien beispielsweise auch nicht alle Menschen gleich intelligent, nur weil sie über die gleiche Anzahl an Synapsen verfügten. Das Bestreben, das menschliche Gehirn möglichst genau nachzubilden, baut demnach auf einem reduktionistischen Verständnis von Intelligenz auf, bei dem nicht nach dem *Was*, sondern lediglich nach der *Funktionsweise* gefragt wird (vgl. ebd. 29).

chen]" (Spiegel40) oder dem „Kampf ‚Mensch gegen Maschine'" (FAZ61; ähnlich auch FAZ41) geschrieben. Anlässe für Berichterstattungen über ein antagonistisches Verhältnis vom Menschen zu KI geben dabei auch die sogenannten „Maschinenstürmer", die – analog zu ihren historischen Vorbildern aus der Zeit der industriellen Revolution und insbesondere in den USA – „Maschinen" wie Roboter und autonome Fahrzeuge zerstören. Als „Rage against the Machine" (Zeit2) und „Datenluddismus" (ebd.) wird dieses Verhalten in einem Artikel betitelt und festgestellt, dass sich „[m]it der blindwütigen Zerstörung von Roboterautos […] de[r] Siegeszug der Maschinen jedenfalls nicht aufhalten" (Zeit2) lasse.

Drei weitere Frames, in denen zum Ausdruck kommt, dass der Mensch sich selbst in einem antagonistischen Verhältnis zu den Technologien wahrnimmt, lassen sich im untersuchten Material ausmachen: ein *KI-ersetzt-den-Menschen*-Frame, ein *KI ist besser als der Mensch*-Frame und ein *KI-ist-machtvoll*-Frame. Gerade im Kontext der Arbeitswelt (vgl. S. 129) taucht der erstgenannte Frame vermehrt auf, jedoch lässt sich feststellen, dass sich die Debatte nicht auf dieses auch von Thimm und Bächle (2019) benannte Diskursmuster beschränkt. Immer wieder wird darüber spekuliert, ob KI den Menschen ersetzen, ihn obsolet machen kann. Eine in den Daten zu findende Analyse lautet: „Der Mensch soll in möglichst vielen Zusammenhängen durch Maschinen ersetzt werden, deren Fehlerrate gering ist (‚Take humans out of the loop.')" (FAZ113). In einem anderen Artikel wird die Position von KI-Kritikern wie folgt wiedergegeben: „Aus Spiel wird Ernst, wenn Maschinen irgendwann alles besser können als Menschen; dann könnten sie ihn weitgehend ersetzen und übernehmen die Macht […]" (Spiegel33), und in einem anderen metadiskursiv die Angst der Menschen reflektiert: „Die Skepsis gegenüber künstlicher Intelligenz liegt häufig an der Vorstellung, dass sie angeblich versucht, den Menschen zu imitieren und letztlich zu ersetzen" (SZ107). Hier wird *ersetzen* in einem allgemeineren, weil *umfassenden,* Sinne als beim Debattenfeld *KI und Arbeitswelt* gedacht.

Der zweite Frame manifestiert sich häufig in der Verwendung des Komparativs „besser", z. B. „sei ein Computer viel besser und umsichtiger in der Lage als ein Mensch [biologische Labordaten zu analysieren, Anm. d. Verf.]" (FAZ90), seien „Predictive-Analytics-Systeme […] besser als der Mensch in der Lage, riesige Mengen täglich anfallender Daten (Internet of Things, Datenbanken, Social Media) zu bewältigen" (FAZ87); Maschinen könnten „inzwischen [vieles] besser als wir" (Zeit41) oder KI bekäme es „ungleich besser" (SZ61) als der Mensch hin, „große Datenmengen zu erfassen und zu kategorisieren" (ebd.). Überdies wird KI als *machtvoll* diskursiviert, etwa wenn ein Forschungschef von Microsoft mit den Worten zitiert wird, Künstliche Intelligenz sei „sehr mächtig" (Bild8) oder auch, wenn gefragt wird, „[w]elche Macht […] Maschinen [entwickeln] und wo […] sie den Menschen noch übertrumpfen [könnten]" (FAZ14).

Der Mensch als Schöpfer eigener „KI-Gottheiten" im Lichte des Religions-Diskurses

Der öffentliche KI-Diskurs ist geprägt von einem Schöpfungs-Topos und einer Religionssemantik, insbesondere im Zusammenhang mit dem Phänomen einer möglichen *Singularität*. Immer wieder ist die Rede davon, dass KI *ge-* oder *erschaffen* wird, eine menschliche *Schöpfung* sei und wird damit an einen jahrtausendealten Diskurs über das Verhältnis von Mensch und Maschine angeknüpft. Im Kontext des KI-Diskurses wird dabei nicht nur der Mensch, sondern auch die KI mit dem Göttlichen gleichgesetzt. So heißt es in einem Artikel, dass an die Stelle der monotheistischen Religionen „ein neuer Glaube treten [könnte] – an Götter, die wir selbst erschaffen" (Spiegel13).

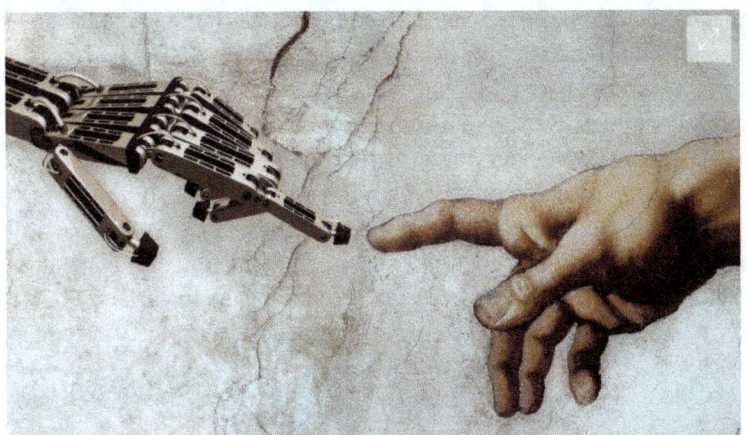

Abbildung 9: Bebilderung des Artikels Spiegel13.

Bebildert wird der Artikel mit dem Bild aus Abbildung 9. Dieses zeigt eine modifizierte Darstellung von Michelangelos berühmter *Erschaffung Adams* in der Sixtinischen Kapelle. In der ursprünglichen Version ist es bekanntermaßen Gott, der seinen Finger nach Adam ausstreckt, kurz davor, ihn zum Leben zu erwecken. In Abbildung 9 aber wird Adams Hand durch eine metallische, mechanische Hand ersetzt, die sich im Kontext des Artikels als eine robotische interpretieren lässt, während die Hand Gottes als die des Menschen interpretiert werden kann: *Der Mensch erweckt die von ihm produzierte Technologie zum Leben.*

Nun ist jedoch interessant, dass durch die multimodale Verschränkung von Bild- und Textebene ein textueller semantischer Überschuss entsteht. Durch den Text sieht man etwas, was einen die isolierte Abbildung nicht hätte sehen lassen. Erstens, dass die Hand, die kulturell als *Gottes* Hand kodiert ist, nun zur *menschlichen* Hand wird – im Text heißt es ja, dass der *Mensch schöpferisch tätig wird*. Zweitens, dass das, was dort erschaffen wird und metonymisch durch die robotische Hand dargestellt ist, mehr ist als ein robotisches Äquivalent Adams. Das bildlich dargestellte Verhältnis zwischen einem *schöpferisch tätigen Menschen* und einer *erschaffenen Maschine* befindet sich durch den Text („Götter, die wir selbst erschaffen") bereits in einer Kippbewegung – das Erschaffene wird selbst zum Schöpferischen, zur Gottheit.

Auch werden die Akteure des Silicon Valley im untersuchten Material oftmals in die Nähe zu religiösem Denken gerückt. Es wird von „Propheten" (SZ114) geschrieben, „Propheten, wie de[m] Google-Entwickler Ray Kurzweil" (Zeit65), von der „Theologie des Silicon Valley" (FAZ66), „religiöse[m] Denken mitten im Silicon Valley" (ebd.), von „wissenschaftlichen Jeremiaden" (SZ63), davon, dass ein Programmierer „sein Wissen über (und den Zugang zu) GANs nicht einer ‚creatio ex nihilo‚ schöpferischem Genie also" (SZ1) verdanke. Überdies schreiben die Journalistinnen und Journalisten vom „Paradies" oder „Paradieserwartungen" (SZ116), das bzw. die von KI-Expertinnen und -experten heraufbeschworen werde/n, oder vom „Zeitalter schöpferischer Maschinen" (FAZ76). Ein Interview-Partner wird damit zitiert, die „wunderbare Anziehungskraft einer übermenschlichen KI-Gottheit nachvollziehen" (Spiegel33) zu können, ein anderer damit, dass „[h]eute [...] die Algorithmen [entscheiden], so wie früher Gott" (FAZ154), und der berühmte Roboter Sophia[185] wird nach seinen „Schöpfer[n]" (FAZ43) befragt. Auch die in einem Artikel angeführte „Gretchenfrage 4.0" (SZ116), „Wie hältst du's mit der künstlichen Intelligenz?" (ebd.), lässt sich hier dazuzählen, ist die Gretchenfrage in Goethes Faust doch bekanntermaßen die nach der Religion.

Der Mensch als letzter Entscheidungsträger (*human in the loop*[186])

Losgelöst von religiöser Semantik, lässt sich im Datenmaterial ein Frame ausmachen, in dem der Mensch stets als letzter Entscheidungsträger, als *human in the loop* betrachtet wird. Er lässt sich an das grundsätzliche, im vorherigen Aspekt angeklungene Narrativ des Menschen als handlungsfähigem, mithin autonomem, Subjekt anknüpfen. Insbesondere die Formulierungen *immer (noch)* und *am Ende* sind in diesem Zusammenhang auffällig: So „träfen am Ende [die Entscheidungen] immer noch Menschen" (FAZ1), brauche es „[a]m Ende immer noch einen Menschen, der das Modell herausfordere" (FAZ176), sollte „die letzte Entscheidung am Ende immer der Mensch treffen" (FAZ102) oder sei „das menschliche Gehirn [...] immer noch mächtiger" (Bild8). In anderen Artikeln heißt es etwa, „[a]uf den Menschen kommt

---

[185] Hierbei handelt es sich um einen berühmten humanoiden Roboter des Hongkonger Unternehmens *Hanson Robotics*.
[186] Mit *human in the loop* ist gemeint, dass in eine Entscheidungskette ein Mensch involviert ist.

es letztlich an" (FAZ76), „[k]ein Code ohne Mensch" (FAZ127) oder die Entwicklung der KI-Technologien sei „kein Selbstzweck, sondern muss dem Menschen dienen" (FAZ17).[187]

Diese Äußerungen alternieren dabei zwischen einem konstatierten *Ist-Zustand* (wie z. B. *Kein Code ohne Mensch* oder *Menschen treffen die Entscheidungen*) und einem *Soll-Zustand*, der auch mit einem vehementen *müssen* artikuliert wird (*Die letzte Entscheidung sollen bzw. müssen die Menschen treffen*). Einerseits kommt der Mensch so als entscheidender Faktor in den Blick, ohne den es die KI-Technologien gar nicht gebe und ohne den, in letzter Instanz, sie gar nicht funktionieren könnten. Andererseits lässt sich die Artikulation eines Soll-Zustandes sowohl als eine Art Apologie des Menschen als auch als das Einfordern von Gestaltungsspielräumen lesen. Die Einzigartigkeit und Unersetzbarkeit des Menschen, die diskursiv den *Faktor Mensch* konstituiert, wird dabei insbesondere an „weichen" Eigenschaften festgemacht (vgl. S. 133). Wird das Konstatierte sich auch zukünftig bewahrheiten oder gibt es irgendwann „humans-out-the-loop"-Technologien, wie sieht es mit autonomen Waffensystemen aus – das sind Fragen, die sich bei diesem Frame unweigerlich stellen.

KI als Herrscher über den Menschen
Die Macht der Maschine und deren konstatierter „Siegeszug" (Zeit2) wird im Diskurs auch so ausgedeutet, dass der Kampf von Mensch und Maschine bereits oder bald verloren sei. In einem Artikel heißt es dementsprechend:

> Seit geraumer Zeit prognostizieren sowohl Hollywood-Filme als auch wissenschaftliche Jeremiaden unsere Kapitulation vor unseren Computeroberherren. Wir alle warten auf die Singularität, die immer kurz bevorzustehen scheint, jenen Moment, an dem Computer die menschliche Intelligenz erreichen und dann auch bald übertreffen (SZ63).

Dabei sind es gerade nicht nur Hollywood-Produktionen, in denen KI-Technologien als dem Menschen überlegen perspektiviert werden, vor denen ebendiese *kapitulieren*, sondern diese Trope findet sich auch in den analysierten Zeitungsartikeln wieder. In einer Überschrift heißt es kurz und knapp „Maschinen herrschen" (FAZ5). An anderer Stelle ist von der „absehbare[n] Maschinenherrschaft in der Medizin"

---

[187] Zwar war es kein Erkenntnisinteresse dieser Arbeit, herauszufinden, ob es Ähnlichkeiten und Differenzen im öffentlichen KI-Diskurs entsprechend den jeweiligen Massenmedien gibt. Bei der Verdichtung *KI und der Faktor Mensch* fällt jedoch ins Auge, dass die Beispiele vorrangig vonseiten der FAZ stammen, sodass sich hier Anknüpfungspunkte für weitergehende Fragestellungen bieten, etwa die Frage danach, ob in manchen Massenmedien die Handlungsmacht des Menschen stärker betont wird als in anderen und inwiefern das womöglich auch mit der politischen Ausrichtung der jeweiligen Zeitungen zusammenhängt.

(FAZ115) die Rede, und es wird Max Tegmarks Fantasie einer fiktiven KI *Prometheus* wiedergegeben, die „irgendwann in einer nicht allzu fernen Zukunft die Welt regieren könnte wie eine Art aufgeklärter Alleinherrscher" (Spiegel33). Der Mensch wird in Spielen geschlagen (z. B. Bild15) und erleidet „de[n] nächste[n] intellektuelle[n] Tiefschlag" (SZ69), wenn KI-Technologien ihn auch in puncto Textverständnis „hinter sich [...]lassen" (SZ69).

Ebenfalls hier anführen lässt sich die im Material vorkommende Sklaven-Semantik. So titelt eine Zeitung etwa unter Bezug auf den Philosophen Gaspard Koenig: „Der neue Weg zur Sklaverei. Wie wir schleichend unserer [sic!] freien Willen aufgeben [...]" (FAZ154). Es wird weiter ausgeführt:

> Ein neues Zeitalter der Leibeigenschaft ist angebrochen. Die Menschen haben kein Eigentum, sie bleiben immer auf dem Hof und liefern dem Leibherrn kostenlos, wonach er verlangt. Im Gegenzug erhalten sie Dienstleistungen, ohne dafür direkt zu bezahlen. Früher, in der alten Leibeigenschaft, waren diese Dienste der Schutz vor feindlichen Überfällen und das Recht, die Mühle, den Ofen oder die Weinpresse zu nutzen. Dafür hatten die Bauern den Großteil ihrer Ernte abzugeben und Frondienste zu leisten.
>
> Die ‚Leibeigenen' des 21. Jahrhunderts sind wir alle, die wir die sogenannten sozialen Netzwerke benutzen: Wir geben unsere Daten kostenlos her und bekommen dafür den Zugang zu ihren Diensten. Google & Co bauen auf Geschäftsmodelle, in denen kaum Kosten für den Rohstoff vorgesehen sind. Widerstand ist schwierig: Im vergangenen Jahr begann der Brite Oli Frost seine Facebook-Daten auf Ebay zu versteigern, darunter Fotos, Angaben über Freunde und Familie sowie seine politischen Präferenzen. Bis auf fast 400 Dollar stiegen die Angebote, doch dann stoppte Ebay die Auktion. Sie verstieß gegen die Nutzungsbedingungen von Facebook. Frost gehören die Daten gar nicht (FAZ154).

Das *Freemium*-Modell der Big-Tech-Konzerne wie Google, bei dem Dienstleistungen „kostenlos" gegen Verwendung der Nutzerdaten angeboten werden, wird hier als Szenario eines neofeudalen Verhältnisses zwischen Leibeigenen (Nutzerinnen und Nutzer) und Leibherrn (Unternehmensinhaberinnen und -inhaber) aufgemacht, mit dem Unterschied, dass nun *alle* zu Leibeigenen werden. Womöglich sind gar die Leibherrn nur mal die Leibherrn und mal die Leibeigenen anderer Konzerne, denn die neuen Technologien zeichnen sich ja gerade (in der „westlichen" Welt) dadurch aus, nicht-elitär zu sein und von prinzipiell jedem genutzt werden zu können und genutzt zu werden. Wenn sich das Herr-Knecht-Verhältnis jedoch potenziell für die „Leibherrn" als ein stets kippendes gestaltet, sind es dann nicht doch die Technologien selbst, die uns versklaven, unabhängig davon, welche Erfinderinnen und Programmierer dahinter stehen? In anderen Artikeln wird konstatiert: „Digitale Erneuerer statt Sklaven der Algorithmen" (FAZ13, Schlagzeile) oder wird Max Tegmark damit zitiert, dass es „vorstellbar [sei], dass irgendwann intelligente Roboter fähig sein werden, die Menschheit zu versklaven" (Spiegel7).

Analog zum textuell konstatierten *Siegeszug der Maschine* wird visuell die *Dominanz des Technisch-Digitalen* auf unterschiedliche, und mitunter subtile Weise, instanziiert, insbesondere über die Kontrastierung von Zentrum und Peripherie, über Schärfe und Unschärfe, helle und dunkle Farben, Licht und Schatten, Nähe und Distanz oder die Handlungsebene des Bildes. Im Folgenden werden Beispiele für diese visuellen Kompositionen angeführt und erläutert.

Abbildung 10: Bebilderung des Artikels FAZ4.

In Abbildung 10 ist am rechten Bildrand ein Mann in dunkelblauem Hemd zu sehen, der der Kamera den Rücken zugewandt hat und ein weißes Tablet in die Höhe hält. Links erkennt man verschwommen drei Personen, die ihre Blicke dem Mann mit dem Tablet zugewandt haben; ihre Köpfe bilden ungefähr eine Linie mit dem Tablet. Erweckt wird der Eindruck einer Klassenraum-Situation, bei der der Mann mit dem Tablet der Lehrer ist und die Personen seine Schüler, denen er etwas beibringt. Durch die Position von Hand und Arm des Mannes (er *präsentiert* das Tablet), dadurch, dass er dem Betrachter den Rücken zuwendet, das Tablet in scharfem Fokus und im Zentrum des Bildes ist, während die Schüler im Hintergrund, in der Peripherie verschwimmen, lässt sich diese Visualisierung so interpretieren, dass das technische Gerät im Vordergrund steht, d. h. entscheidend ist.

Abbildung 11 zeigt eine Grafik mit einer grauen, robotischen Hand mit Lichtreflexionen vor einem korallenfarbenen und grünen Hintergrund, die einen menschlichen Totenkopf in grünlich-gelben und weißen Farben in den Händen hält. Hier wird die Dominanz der Künstlichen Intelligenz insbesondere über den Bildinhalt

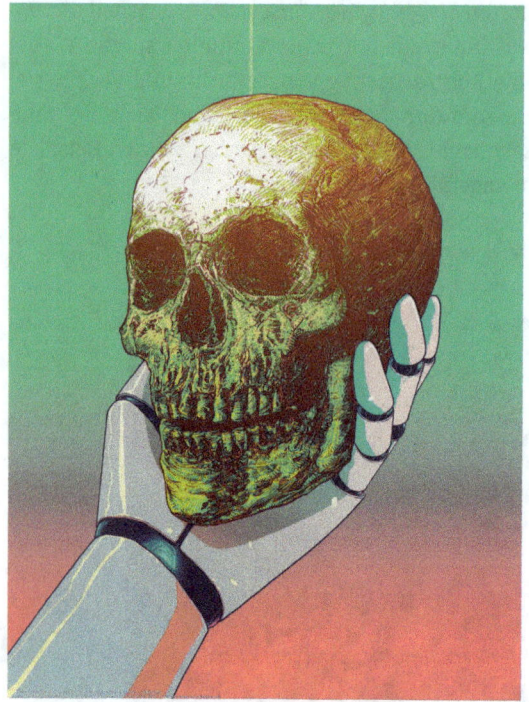

Abbildung 11: Bebilderung des Artikels FAZ47.

vermittelt: Vor dem „analytischen" Hintergrund wird der Mensch, metonymisch durch den Totenkopf dargestellt, zum musealen Ausstellungsstück einer ausgestorbenen Art inszeniert. Was der Roboter mit dem Totenkopf vorhat, ist der Fantasie überlassen – er mag ihn schlichtweg betrachten, er mag ihn anschließend wegwerfen. Wichtig ist, dass dem Betrachter hier der Eindruck vermittelt wird, als hätten die Roboter den Menschen bereits abgelöst; das Menschliche ist ausgestorben und durch Künstliche Intelligenz in Form von Robotern ersetzt worden.

Abbildung 12: Bebilderung des Artikels SZ63.

Die Visualisierung in Abbildung 12 (so wie auch die nachfolgende Abbildung 13) ist Bestandteil einer KI-Artikel-Serie der Süddeutschen Zeitung, deren Visualisierungen übergreifende Ähnlichkeiten aufweisen: Sie kennzeichnen sich durch schwarze Hintergründe, stark gesättigte, unnatürliche Farben sowie die Kombination von Elementen der Kunst – insbesondere aus der (Hoch-)Renaissance (wie z. B. Botticellis *Primavera* und *Venus*) –, mit Elementen des Technischen und einem Hauch von Enigma. In Abbildung 12 ist im Wesentlichen zu sehen, wie eine robotische Hand die bildlichen Darstellungen von Menschen wie Marionetten an Fäden hält, vor dem Hintergrund eines satt pinken Dreiecks. Der Roboter hat, so lässt sich dies interpretieren, die totale Kontrolle über diese Menschen inne, die metonymisch für die gesamte Menschheit stehen.

Abbildung 13: Bebilderung des Artikels SZ74.

In Abbildung 13 halten zwei robotische Hände eine Kristallkugel, in der sich die bildlichen Darstellungen zweier kindlicher Figuren befinden, die von einer rot-blauen Doppelhelix getrennt werden und auf einem grünen Computer-Chip stehen. Am rechten Bildrand befindet sich ein menschliches Gesicht (in der Peripherie) das den Beobachter mit einem Auge durchdringend ansieht. Der Roboter hält die Zukunft des Menschen in der Hand, kann diese mithin bereits sehen, was an die Fähigkeit der Mustererkennung Künstlicher Intelligenz erinnert. Der Mensch, repräsentiert durch die Akteure in der Kristallkugel, aber auch durch das zu erahnende Gesicht am Bildrand, wird einerseits bereits durch das Robotische bestimmt, nimmt jedoch andererseits die Rolle des Beobachters sein. Dadurch, dass das Auge am rechten Bildrand direkt die Beobachterin anschaut (demand; vgl. Fn. 188), wird diese, so ließe sich schlussfolgern, dazu aufgefordert, sich zu involvieren. Der Blick scheint zu fragen: *Willst du wirklich tatenlos dabei zusehen, dass es so weit kommt bzw. so weitergeht?*

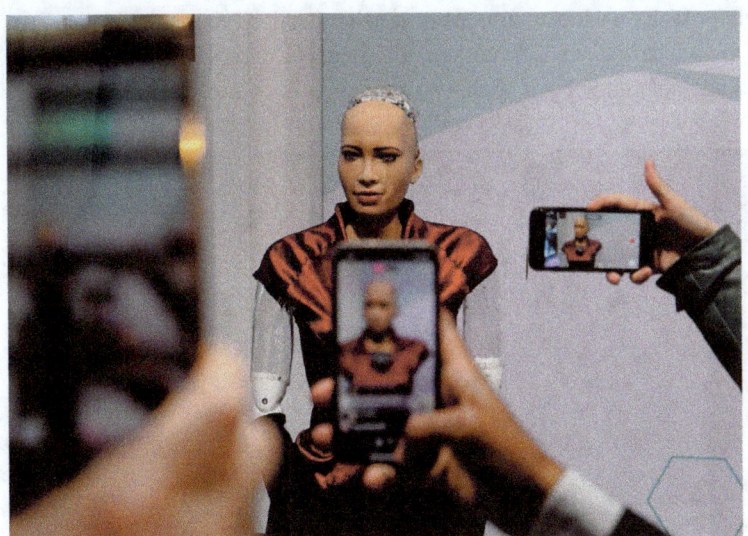

Abbildung 14: Bebilderung des Artikels FAZ43.

In Abbildung 14 steht Roboter *Sophia* in einem auffälligen glänzend-roten Outfit vor einem weiß-mintgrünen Hintergrund mit geometrischen Formen und schaut am Betrachter vorbei (offer[188]). Mehrere Handykameras sind auf den Roboter gerichtet, in denen dieser zu sehen ist. Durch das auffällige Outfit des Roboters, den scharfen Fokus im Kontrast zu den verschwommenen Handys und Händen im Bildvordergrund und die Vektoren, die sich von den Armen und Händen zu Sophias „Gesicht" einzeichnen ließen, steht der Roboter klar im Vordergrund; durch seine Spiegelungen in den Handykameras wird *Sophia* sogar reproduziert, sodass sich letztlich drei *Sophias* im Raum befinden. Die Arme und die Handys haltenden Hände stehen metonymisch für den Menschen, der in die Peripherie gedrängt wird. Einerseits kommt dem Menschen ein „groupiehafter" Status gegenüber dem Roboter Sophia zu (Sophia als Star, die Menschen als Fans und Paparazzi); andererseits lässt

---

188 Kress und van Leeuwen unterscheiden zwischen *demand*- und *offer*-Adressierungen im Visuellen. Während es bei *demand* um eine direkte Adressierung geht – beispielsweise dadurch, dass ein Mensch dargestellt wird, der mit dem Finger auf den Rezipient zu zeigen oder diesen direkt anzusehen scheint – geht es bei *offer* um eine indirekte Form der Beziehung zwischen Bild und Rezipienten, die durch das Bild etabliert wird: „Here the viewer is not the object, but the subject of the look [...]. All images which do not contain human or quasi-human participants looking directly at the viewer are of this kind" (Kress/van Leeuwen 2021, 118).

sich in gewisser Weise auch eine visuelle Instanziierung der Cyborg-Theorien erkennen, wenn die menschlichen Extremitäten gleichermaßen verschwommen wie die Handys sind und auf den Roboter Sophia zulaufen (vgl. dazu auch S. 154).

Abbildung 15: Bebilderung des Artikels SZ71.

Zu sehen ist in Abbildung 15 eine Frau, die der Kamera den Rücken zugewandt hat und vor einem Roboter steht, der über ihr thront und einen Arm angehoben hat. Der Hintergrund ist verschwommen und schwer zu erkennen (er erinnert an eine Messe- oder Verkaufshalle/Mall) und ist mit künstlichem Licht ausgestattet. In diesem Bild wird die Dominanz der Technik, in diesem Fall des Robotischen, durch eine ganze Reihe von Aspekten der Komposition hervorgerufen, darunter Zentrum-Peripherie-Anordnung (Mensch in der Peripherie, Roboter im Zentrum), der Kontrast von dunkel und hell (Mensch trägt schwarzes Oberteil, Roboter ist hell erleuchtet), Schärfe und Unschärfe (Roboter im Vordergrund scharf, Mensch im Hintergrund unscharf), Vorder- und Rückansicht (Mensch ist von hinten zu sehen, Roboter von vorne) sowie Untersicht (sowohl der Betrachter sieht den Roboter in Untersicht, als auch der Mensch, der vor diesem steht).

Abbildung 16: Bebilderung des Artikels Zeit21.

Auch in Abbildung 16 wird deutlich, wie das Robotische visuell den Menschen verdrängt. Roboter *Pepper*[189] ist in scharfem Fokus in Großaufnahme zu sehen und „schaut" direkt in die Kamera (demand). Im Hintergrund lässt sich, verschwommen, ein weiterer Roboter vor einer bildlichen Darstellung des Roboter-Typs *Pepper* ausmachen (womöglich ein Papp-Aufsteller), und nur, wenn man genau hinsieht, erkennt man neben dem Roboter am linken Bildrand – ebenfalls sehr unscharf, beinahe schemenhaft – einen Menschen.

Abbildung 17: Bebilderung des Artikels Bild1.

---

189 Bei *Pepper* handelt es sich ebenfalls um einen prominenten humanoiden Roboter. Er wurde von dem französischen Unternehmen *Aldebaran Robotics* und dem japanischen Konzern *SoftBank* kreiert.

Zuletzt sei hier die Bebilderung des Artikels Bild1 (s. Abbildung 17) angeführt. Auf den ersten Blick wirkt es unscheinbarer als etwa Bilder wie die in Abbildungen 15 und 16, bei denen die Dominanz des Robotischen sofort ins Auge springt. Betrachtet man die Abbildung jedoch genauer, fallen einige interessante Merkmale der Bildkomposition auf, die eine Dominanz des Technisch-Digitalen evozieren. Zu sehen ist auf dem Bild ein Bürgersteig, auf dem sich vierbeinige, hundeähnliche robotische Kreaturen im Vordergrund befinden, die Schatten werfen. Links befindet sich ein Gebäude mit mehreren zylinderförmigen Säulen, auf dem die Aufschrift „Continental" prangt. Am Eingang des Gebäudes steht eine der robotischen Kreaturen, die einem Menschen ein Paket zu überreichen scheint. Rechts sieht man ein gelb-schwarzes Fahrobjekt (Aufschrift: *Continental Urban Mobility Experience, CUBE; Continental*), aus dem eine der Kreaturen aussteigt. Hinten ist ein Mensch zu sehen, dahinter Hecken, Bänke, ein Zebrastreifen; die Farbgebung des Bildes ist überwiegend in Schwarz-, Gelb-, Grau- und Weißtönen gehalten.

Man sieht das Geschehen aus der Vogelperspektive. Im Vordergrund stehen durch ihre Platzierung im Zentrum des Bildes die Roboter, die wie ein Rudel wirken, sowie der Roboter-Transporter durch seine Größe und den scharfen Fokus. Auffällig ist zudem der Lichteinfall, der dafür sorgt, dass die aussteigenden und die sich auf dem Bürgersteig befindenden Hunde einen Schatten werfen. Gerade der Schatten des von links gesehen zweiten Hundes ist dabei so groß und verzerrt, dass er etwas Beängstigendes an sich hat – man könnte dies buchstäblich übersetzen in: *Die Roboter werfen ihre Schatten voraus.* Auf der Handlungsebene führen die Roboter, repräsentiert durch den linken Roboter am Eingang des Gebäudes, offenbar eine Dienstleistung aus, indem dem Menschen eine Lieferung überreicht wird. Der Roboter *dient* dem Menschen. Diese Botschaft wird jedoch durch die Bildkomposition konterkariert. Dadurch, dass der Mensch, dem das Paket überreicht wird, gänzlich in schwarz gekleidet ist und geradezu mit dem Gebäude verschmilzt und auch das Gebäude – die Behausung des Menschen – im Schatten liegt, kommt der Mensch hier als Marginalisiertes vor. Dies ist ebenso beim Menschen am oberen Bildrand der Fall, der durch seine Unschärfe jegliche Individualität und Bedeutung verliert. Die Anzahl der Dienstleistungs-Roboter, die im Zentrum stehen, erwecken den Anschein einer Invasion; auch die Farbgebung mit eher kühlen und grellen Tönen, evoziert eine atmosphärische Kälte und etwas Beunruhigendes. Eine Überschrift für das gesamte Bild könnte lauten: *Die Roboter kommen (und verdrängen den Menschen).*[190]

---

[190] Die originale Überschrift lautet *Müssen wir Angst vor künstlicher Intelligenz haben?*; vgl. dazu auch Abbildung 99.

Singularität
Hand in Hand mit Konzeptionen eines Kampfes von *Mensch gegen Maschine*, einer Beherrschung oder gar Versklavung des Menschen durch die „Maschine", geht auch die Vorstellung einer möglicherweise eintretenden *Singularität* der KI-Technologien einher, also dem Punkt, an dem die Technologien den Menschen übertrumpfen. Befeuert durch Science-Fiction-Dystopien, handelt es sich dabei gesellschaftlich um eine der prädominanten Assoziationen, wenn das Stichwort *Künstliche Intelligenz* fällt, und es ist zumeist auch mit ebendiesen negativen Konnotationen des Dystopischen verbunden. Im untersuchten Material fanden sich drei grobe Positionen, was die Realisierbarkeit von Singularität oder auch *echter* oder *allgemeiner Intelligenz*, einer *Superintelligenz*, angeht: (1) *Singularität ist eine Mär aus der Science Fiction und unerreichbar*; (2) *Singularität ist nur eine Frage der Zeit*; (3) *Singularität ist umstritten*.

Zu (1): In einem Artikel heißt es, dass die existierenden spezialisierten KI-Anwendungen „aber weit, weit weg vom ewigen Traum der KI-Forscher: dem Traum von einer allgemeinen künstlichen Intelligenz" (SZ60) seien, was damit begründet wird, dass „kein Computer auch nur annähernd so komplex ist wie das menschliche Gehirn [...]". Auch die Formulierung vom „ewigen Traum" indiziert bereits, dass hier die *Singularität* in der Sphäre des Unrealistischen, Unrealisierbaren verortet wird. An anderer Stelle wird geschrieben, man sei „noch weit davon entfernt, eine generelle Intelligenz zu entwickeln (wenn dieses Konzept überhaupt schlüssig ist)" (SZ32). Ein deutscher KI-Experte geht noch weiter und erteilt der Möglichkeit einer *Singularität* eine definitive Absage, wenn er mit den Worten zitiert wird:

> Es wird aber nicht so sein, dass Künstliche Intelligenz sich irgendwann selbst weiterentwickelt und dem Menschen überlegen sein wird. Auch das ist eine komplette Fehlannahme, eher ein Medien-Hype und eine Diskussion, die sich verselbstständigt hat (FAZ53).

Die Verwendung des Indikativs im ersten Satz macht die Einschätzung zur Realisierbarkeit der *Singularität* zu einer unumstößlichen Prognose, die verstärkt wird durch die Ausdrücke „komplette Fehlannahme" und „Medien-Hype". Auch Manuela Lenzen, deutsche Informatikprofessorin und KI-Expertin schätzt die Erreichung von *Singularität* implizit als unrealistisch ein, wenn sie dazu rät, sich eher „vor den Überwachungs- und Manipulationsmöglichkeiten [der KI, Anm. d. Verf.], und vor autonomen Waffensystemen" (Zeit3) zu fürchten, als davor, „dass die künstliche Intelligenz sich selbstständig macht und uns in den Kaninchenstall sperrt" (Zeit3). Hier ist es gerade die Absurdität der Vorstellung, in einen Kaninchenstall gesperrt zu werden, die die Angst vor der *Singularität* ins Lächerliche kippen lässt. Daneben gibt es weitere nüchterne Einschätzungen, in denen die ökonomische Nutzlosigkeit der Arbeit an einer *Superintelligenz* als Argument gegen deren Realisierung ins Feld geführt wird (vgl. z. B. Zeit14).

Zu (2): Demgegenüber stehen Äußerungen, in denen *Singularität* sehr wohl als erreichbar oder sogar als *nur eine Frage der Zeit* reflektiert wird. Vor allem prominente Vertreter wie Elon Musk[191], Ray Kurzweil und Max Tegmark stehen Pate für die Furcht vor einer oder die Hoffnung auf eine starke KI. In einem Artikel wird spekuliert, dass es „gar nicht so abwegig [sei], dass sich so eine Maschinenintelligenz schon entwickelt, wir das aber gar nicht erkennen" (SZ39). Für den IT-Unternehmer Jaan Tallinn ist die Entstehung einer „Superintelligenz [...] keine Frage. Die Frage [ist] nur, wann" (SZ19). Noch entschiedener äußert sich der Computerwissenschaftler W. Daniel Hillis, wenn er feststellt: „Wir sind nun kurz davor, Superintelligenzen zu bauen, die ohne menschliche Komponenten aus reiner Informationstechnologie bestehen" (SZ39). In anderen Artikeln wird von Forscherinnen und Forschern die konkrete Hoffnung wiedergegeben, „[e]ines Tages [...] mit Beispieldaten echte Intelligenz hervor[zu]bringen" (Spiegel46) oder „den Weg zu einem echten Selbstbewusstsein der Maschinen [zu] ebnen" (FAZ21).

Zu (3): Zu einer dritten Position lassen sich solche Einschätzungen zusammenfassen, die abwägend sind und sich nicht festlegen. Eine KI-Expertin antwortet auf die Frage, ob sie glaube, dass es zur Singularität kommen könne „Nicht in den nächsten Generationen" (SZ72) und macht dies vor allem auch an einer bislang unzureichenden Akkulaufzeit fest. In einem anderen Artikel wird konstatiert, dass „[d]ie Entwicklung hin zu einer allgemeinen künstlichen Intelligenz [...] also sehr viel länger dauern [könnte], als viele glauben" (SZ60), womit die Möglichkeit jedoch an eine längere Dauer geknüpft und nicht generell ausgeschlossen wird. Iyad Rahwan, Direktor des Max-Planck-Instituts für Bildungsforschung, schätzt Singularität so ein:

> Ob Roboter oder andere intelligente Maschinen einmal Bewusstsein haben werden, ist schwierig zu beantworten, weil wir längst noch nicht im Einzelnen verstehen, was das menschliche Bewusstsein ausmacht (Spiegel24).

An anderer Stelle wird die Diskussion um Singularität lapidar zusammengefasst: „Ob überhaupt und, wenn ja, bis wann eine Superintelligenz entstehen kann, das ist unter KI-Experten umstritten" (SZ10).

Somit stellt sich die Diskussion um *Singularität* als eine vielstimmige dar, in der die Positionen weit auseinandergehen und es sich für Bürgerinnen und Bürger als schwierig gestaltet, zu einer eigenen Einschätzung zu gelangen. Es gilt, die technischen Entwicklungen in einem volatilen Forschungsfeld weiterhin zu beobachten. Was jedoch diskutiert werden kann, ist die Frage danach, woher die Be-

---

191 In einem Artikel heißt es, dass sich *OpenAI* – eine in San Francisco angesiedelte Organisation, die sich die Erforschung von KI zum Nutzen der Gesellschaft zum Ziel gesetzt hat, und mit der auch Elon Musk assoziiert ist –, „diesem Weg [dem Weg zur starken KI, Anm. d. Verf.] verschrieben" (FAZ25) habe.

strebungen, eine „Superintelligenz" zu erschaffen überhaupt rühren, was damit bezweckt werden soll und ob es ethisch vertretbar bzw. erstrebenswert ist, eine solche zu kreieren. Exemplarisch seien hier zwei interessante, im untersuchten Material vorgefundene Positionen zu den oben aufgeworfenen Fragen angeführt: So erzählt eine KI-Expertin in einem Interview auf die Frage hin, „[w]oher [...] der Drang, den Mensch mit Technologie zu imitieren [denn kommt]" (SZ72):

> Ich habe neulich bei einer Konferenz mit einer Kollegin darüber geredet, die hatte eine ganz interessante Theorie. Sie fragte sich, ob es daran liegt, dass so viele Männer auf dem Gebiet der KI arbeiten, die das Bedürfnis haben, sich zu vermehren. Frauen haben diesen Drang nicht. [...] Frauen haben eher den Drang, zusammenzuarbeiten und zu schauen, was zueinander passt. Als sie das sagte, haben alle Frauen gekichert und alle Männer sind ganz still geworden (SZ72).

Auf die Rückfrage, ob Singularität somit ein patriarchales Konzept sei, antwortet die Interviewte: „Ich glaube, ja" (SZ72). Singularität wird hier also sowohl von der zitierten Kollegin der Interviewten als auch von der KI-Expertin selbst als ein genuin männliches bzw. patriarchales perspektiviert, was wiederum die Frage nach dem Zusammenhang von *gender* und Technologie aufwirft, gleichsam aber auch stereotype Männlichkeitszuschreibungen reproduziert.

Überdies wird sich grundsätzlich gegen die Realisierung von Singularität ausgesprochen, was sich mit dem Frame *Nicht alles, was man kann, sollte man auch tun* beschreiben lässt. Dennett schreibt in seinem SZ-Gastbeitrag beispielsweise: „Wir brauchen keine künstlich bewusst Handelnden" (SZ38). Durch die Verwendung der Wir-Form beansprucht er für seine Position allgemeine Gültigkeit. Er begründet sie wie folgt:

> Einer der Gründe, warum wir keine Maschinen mit künstlichem Bewusstsein schaffen sollten, ist, dass, egal wie selbständig sie werden (und prinzipiell könnten sie so selbständig, selbstverbessernd und schöpferisch werden wie eine Person), sie könnten niemals unsere Verwundbarkeit und Sterblichkeit mit uns teilen (SZ38).

Ist das tatsächlich ein überzeugendes Argument? Warum sollten Roboter unsere Verwundbarkeit und Sterblichkeit teilen? Ließe sich das Streben nach *Singularität* nicht auch mit der Hoffnung auf eine Utopie[192] begründen, wie diese in einem anderen Artikel des Korpus skizziert wird:

---

[192] An dieser Stelle sei erneut auf die Komplexität des KI-Diskurses verwiesen, der keine simplen Antworten kennt. So weist der Philosoph Richard David Precht (2020) in seinen Ausführungen zu KI etwa auf den immensen und immens steigenden Stromverbrauch von KI-Anwendungen hin, was statt zu einer Lösung der „Klima-Krise" zu deren Verschärfung führen kann und somit eher dystopisch statt utopisch anmutet.

> Angenommen, eine mächtige, ‚menschenfreundliche' KI könnte dazu eingesetzt werden, Wege aus der Klimakrise zu finden, neue medizinische Therapien zu entwickeln oder das globale Versorgungsproblem zu lösen – welche ganz neuen Möglichkeiten öffnen sich dann für uns als Menschen, für uns als Menschheit? (FAZ78)

Müsste eine *starke KI* erst unsere Verwundbarkeit nachempfinden können, um uns freundlich gesinnt zu sein? Wäre eine solche Vorstellung realistisch oder würde die Rationalität der *Superintelligenz* doch dazu führen, dass sie uns, wenn nötig, zu Büroklammern verarbeiten würde?[193]

Derartige utopische Visionen von Singularität und KI im Allgemeinen kamen im untersuchten Material jedoch nur vereinzelt vor. Singularität als Machbarkeit wird zumeist abgelehnt, wie es auch in diesem Beispiel der Fall ist: „Was wir aber unterlassen sollten ist der Versuch, diesen Maschinen Bewusstsein und eigene Intentionen zu verleihen. [...] Die Menschheit sollte keine Götter bauen" (Spiegel13). Die Debatte um Singularität ist somit insgesamt keineswegs eine, die allein an technologische Machbarkeiten geknüpft ist, sondern darin wird, wie auch bei den Diskursen um andere (Medien-)Technologien, die übergeordnete Frage aufgeworfen, wie wir uns als Gesellschaft ein gutes Leben vorstellen und ob die Verwirklichung des *human flourishing* nicht auch Unterlassungen erfordert, in diesem Fall: *gar nicht erst zu versuchen, eine Singularität zu erschaffen*. Es ist die Aufgabe mündiger Bürgerinnen und Bürger, sich mithilfe rhetorischer Fähigkeiten in diese Debatte einzubringen.

Verschmelzung von Mensch und Maschine – Der Mensch als Cyborg
Eine alternative Vision zu der Vorstellung einer selbstständigen KI, die – gewissermaßen losgelöst vom Menschen – als Spezies sui generis in Erscheinung tritt, besteht in der Idee vom Menschen als Cyborg. Gerade im Zusammenhang mit Elon Musks Bestreben, das menschliche Gehirn mit Computer-Chips zu koppeln, kommt der Cyborg-Begriff im massenmedialen Diskurs immer wieder vor (z. B. Spiegel31; SZ65; Zeit34). Wie beim Diskursaspekt der Singularität, der sich nicht trennscharf vom Cyborg abgrenzen lässt, stehen sich auch hier zwei grundsätzliche Positionen gegenüber: diejenige, die etwa von Transhumanisten vertreten wird – also Vertretern

---

[193] Bei dem Büroklammer-Beispiel handelt es sich um ein im Hinblick auf die *Singularität* gern zitiertes Beispiel, das auch von Harvard-Professor Steven Pinker in einem Gastbeitrag des Korpus aufgegriffen wird: „Aber was ist mit den neuesten KI-Bedrohungen wie der Werteausrichtung, wie sie in der Sage von König Midas beschrieben wird, bei der jemand seinen magischen Wunsch bereut, weil er unvorhergesehene Nebenwirkungen hat? [...] Wenn wir ihr [KI, Anm. d. Verf.] den Auftrag geben würden, so viele Büroklammern wie möglich zu produzieren, würde sie vielleicht sämtliche Materie des erreichbaren Universums zu Büroklammern verarbeiten, inklusive unserer Körper" (SZ32).

einer technischen Erweiterung des Menschen, mithin einer Auslagerung des menschlichen Gehirns, um beispielsweise Naturgesetze wie die Mortalität auszuhebeln –; und eine kritische Position, bei der solche Visionen abgelehnt werden. Im untersuchten Material werden diese Positionen jedoch indirekt, in wiedergegebenen Positionen, deutlich, nicht etwa von den Journalistinnen und Journalisten selbst vertreten, was sich für die transhumanistische Position beispielsweise an folgendem Textbeispiel veranschaulichen lässt:

> Kurzweil – inzwischen Director of Engineering bei Google – ist einer der bekanntesten Vertreter des Transhumanismus. Er glaubt also daran, dass die Menschheit ihre Fähigkeiten durch Technik steigern solle. Ja, er glaubt sogar, dass es in nicht mehr allzu ferner Zukunft gelingen werde, den Inhalt des menschlichen Gehirns zu kopieren und zu speichern. Somit wäre der Mensch unsterblich, wenn man denn wie Kurzweil der Meinung ist, dass das Gehirn alles ist, was einen Menschen ausmacht (SZ114).

Zunächst wird Kurzweils transhumanistische Einstellung erläutert, bevor im letzten Satz – implizit – auf kritische Distanz gegangen wird. Die Aussage, das Gehirn sei alles, was einen Menschen ausmache, kann als Hyperbel des Artikelverfassers gedeutet werden und somit nicht als etwas, dem zuzustimmen ist.

Eine scharfe Gegenposition zum Transhumanismus wird etwa von Repräsentanten der Kirche vertreten. In einem Artikel mit dem Titel *Gegen Künstliche Intelligenz und Transhumanismus* (SZ115) wird ein Bischof, bezogen auf die Möglichkeiten des Transhumanismus, wie folgt zitiert:

> Gott bewahre uns davor! Denn ein solcher Traum wurde im 20. Jahrhundert mehrfach geträumt von totalitären Systemen, die vorgaben, den Menschen und die Gesellschaft zu verbessern, und dabei in menschenverachtenden Vernichtungsprogrammen geendet sind [...] (SZ115).

Hier wird das transhumanistische Bestreben gar in die Nähe zu totalitaristischen Terror-Systemen wie dem Nationalsozialismus und dem Holocaust gerückt – eine stärkere Form der Ablehnung als mit diesem Vergleich ist, gerade im deutschsprachigen Raum, kaum denkbar. Doch es ist charakteristisch für den massenmedialen KI-Diskurs, dass klare Positionierungen vermehrt durch Zitate, Gastbeiträge oder Aussagen von Interviewpartnerinnen und -partnern ins Feld geführt werden, die Artikel zwar häufig auch einen kritischen Impetus haben, jedoch insgesamt eher als abwägend zu bezeichnen sind.

Grundlegender wird die Cyborg-Idee zudem als bereits existierende Medienwirklichkeit diskutiert, womit implizit an akademische Strömungen in der Medienwissenschaft wie feministische Cyborg-Theorien oder den Posthumanismus angeknüpft wird. Im Anschluss an Musks Aussage, dass wir Menschen bereits heute schon Cyborgs seien, heißt es in einem Artikel, dieser Aussage zustimmend: „So süchtig sind sie [die eigenen Bekannten, Anm. d. Verf.] nach dem Gerät, dass es wirkt, als lenkten sie das Gespräch absichtlich auf irgendein Wissensgebiet, bloß um endlich wieder auf das ausgelagerte Gehirn zugreifen zu können" (Zeit34). In einem anderen wird die Literaturwissenschaftlerin Sophie Wennerscheid indirekt mit den Worten zitiert, wir befänden „uns in einer Entwicklung [...], in der die Grenzen zwischen Mensch und Maschine ‚durchlässig' werden, der Mensch vielleicht nicht mehr die Krone der Schöpfung ist, auf dem Weg in ein posthumanistisches Zeitalter" (SZ30).

Wie auf der Text-Ebene lässt sich auch auf der Ebene des Visuellen die Verschmelzung von Mensch und Technik als Verdichtung erkennen. Dies wird visuell beispielsweise dadurch erreicht, dass menschliche Gesichter mit virtuellen Verbindungen und Knotenpunkten (z. B. von einer Gesichtserkennungssoftware) überdeckt werden, dass Darstellungen des Menschlichen mit Elementen des Technischen kombiniert werden (z. B. die Ersetzung des Gehirns durch einen Chip, durch die Darstellung von Menschen mit Virtual-Reality-Brillen, aber auch durch eine inszenierte Nähe der im Alltag genutzten Technologien zum Menschen. Dafür seien im Folgenden einige Beispiele angeführt.

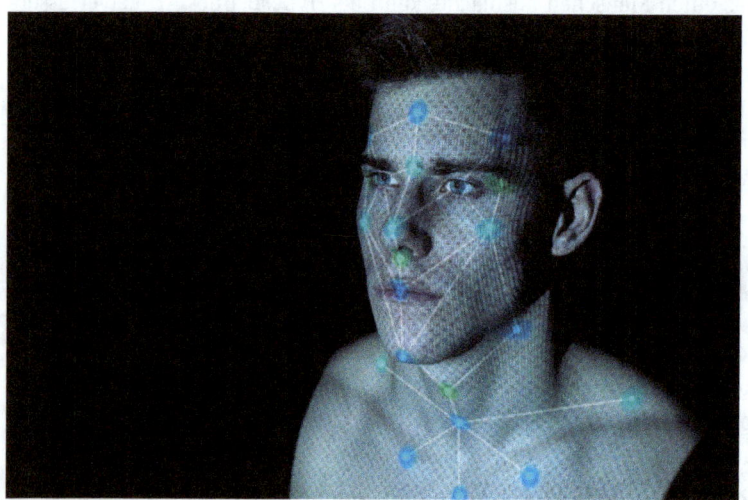

Abbildung 18: Bebilderung des Artikels Bild21.

In Abbildung 18 sieht man, vor einem schwarzen „analytischen" Hintergrund, ein menschliches Gesicht, das mit künstlich aussehenden Linien und Knotenpunkten verbunden ist, was sich als eine Verschmelzung von Mensch und Technologie deuten lässt. Zu sehen ist in Abbildung 19 ein Mensch vor einem verschwommenen Hintergrund, bei dem es sich um Hochhäuser in einer Großstadt zu handeln scheint. Er hält ein Handy in einer Armeslänge vor seinem Gesicht, auf das sein Blick gehéftet

Abbildung 19: Bebilderung des Artikels Zeit35.

ist. Von dem Handy gehen bläuliche Strahlen aus, die auf sein Gesicht treffen. In den Strahlen ist ein weiteres Hologramm-artiges Gesicht zu erkennen. Der Eindruck der Verschmelzung von Mensch und Technik wird durch die Berührung (das Festhalten) des Handys, die von diesem ausgehenden Strahlen und dem Hologramm sowie den auf das Handy fixierten Blick des Menschen erreicht.

Abbildung 20: Bebilderung des Artikels FAZ124.

In Abbildung 20 sind zwei Frauen abends/nachts (indiziert durch die Dunkelheit) auf einer Straße zu sehen, im Hintergrund befinden sich verschwommene Häuser, aus deren Fenstern Licht dringt. Die linke Frau wird von dem Handy, das sie in ihren Händen hält, grün angestrahlt, die rechte von ihrem Gerät lila-/pinkfarben. Beide Frauen haben die Blicke gesenkt und fixieren konzentriert ihre technischen Geräte. Der Prozess der Verschmelzung, die visuell dadurch ins Zentrum der Bildbetrachtung gerückt wird, dass die Umgebung unscharf und dunkel ist, nur die beiden Frauen scharf und erleuchtet, wird sowohl durch die Berührung, die Blickrichtung als auch die Bestrahlung der Handys erreicht. Die Frauen werden eins mit ihren Handys, werden, ganz buchstäblich, von diesen *erleuchtet*.

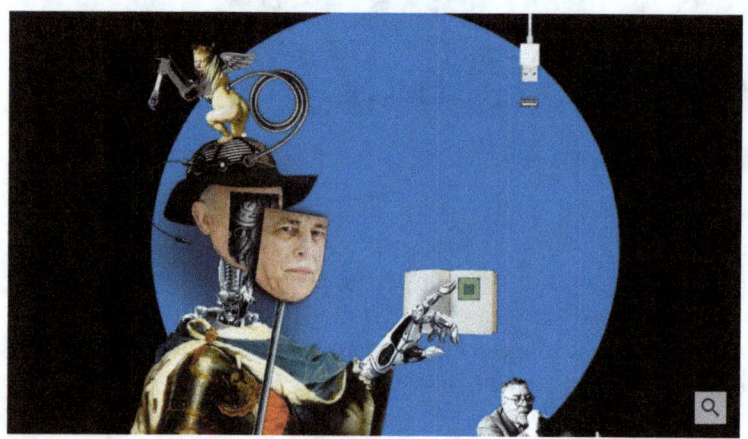

Abbildung 21: Bebilderung des Artikels SZ28.

Zuletzt sei mit Abbildung 21 für diese Verdichtung ein Bild aus der SZ-KI-Serie angeführt, bei dem ein Mensch eine Maske vor sein Gesicht hält, die die Oberfläche des eigenen Gesichts darstellt, hinter der sich technische Apparaturen befinden, die bis zum Hals gehen und in den Körper münden. Auch die Hand des Menschen ist die eines Roboters. Hier wird der Mensch also als mit der Technik verwoben dargestellt, wobei eine andere Lesart auch sein könnte, dass sich der Roboter hinter der Fassade des Menschlichen versteckt und den menschlichen Körper usurpiert. In beiden Fällen werden Mensch und Technik miteinander fusioniert.

Agentielle Schnitte zwischen dem *Menschlichen* und dem *Technischen/Othering* der KI-Technologien

Der visuell-textuell inszenierten Verschmelzung von Mensch und KI-Technologien stehen Visualisierungen gegenüber, bei denen *agentielle Schnitte* zwischen dem *Menschlichen* und dem *Technischen* manifest werden. Im Gegensatz zu den Cyborg-Visualisierungen wird hier bildlich ein *Einschnitt* zwischen zwei verschiedenen Sphären markiert. Zudem sind im untersuchten Material Visualisierungen zu finden, bei denen ein visuelles *Othering* der KI-Technologien betrieben wird, insofern etwa das Anthropomorphe humanoider Roboter gebrochen und visuell deren Fremdheit in den Vordergrund gerückt wird.

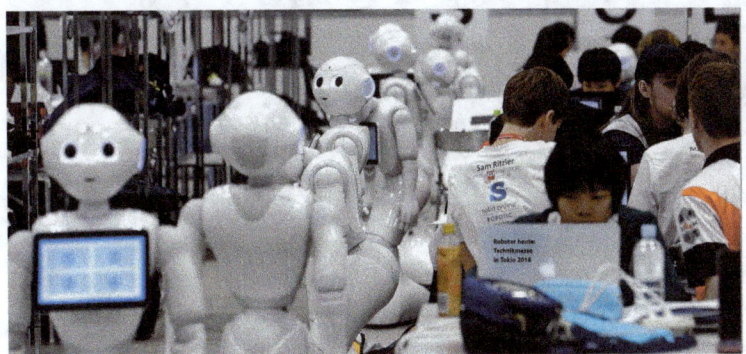

Abbildung 22: Bebilderung des Artikels FAZ47 und SZ61.[194]

Abbildung 22 zeigt eine Reihe von weißen Robotern und rechts daneben eine Ansammlung von Kindern an Tischen, die zu arbeiten scheinen und umgeben sind von Laptops, Trinkflaschen, Kabeln, Taschen etc. Links im Bild sind so etwas wie metallene Streben zu erahnen, hinter denen ebenfalls Menschen bzw. Kinder zu arbeiten scheinen. Das Bild lässt sich sozialsemiotisch als ein Triptychon beschreiben; links und rechts befindet sich die Sphäre des Menschlichen, die links visuell durch die Streben abgetrennt wird und rechts durch die Reihe von (Pepper-)Robotern, die sich in der Mitte befinden und durch ihre weiße Farbe und ihre Vielzahl eine visuelle Trennlinie bilden. Zum einen stehen die Roboter im Zentrum, da sie sich in der Mitte befinden, das Menschliche mithin wieder in der Peripherie. Zum anderen wird hier das Menschliche und Technische visuell voneinander abgetrennt, verstärkt dadurch, dass keine Interaktion zwischen Robotern und Kindern zu erkennen ist, sondern die Kin-

---

[194] Diese Abbildung wird in zwei unterschiedlichen Artikeln verwendet. Vgl. zu dieser Thematik auch S. 245.

der unter sich bleiben und fokussiert auf ihre Arbeit sind, umgeben von genuin menschlichen Accessoires wie Trinkflaschen, die in der Sphäre des Robotischen fehlen.

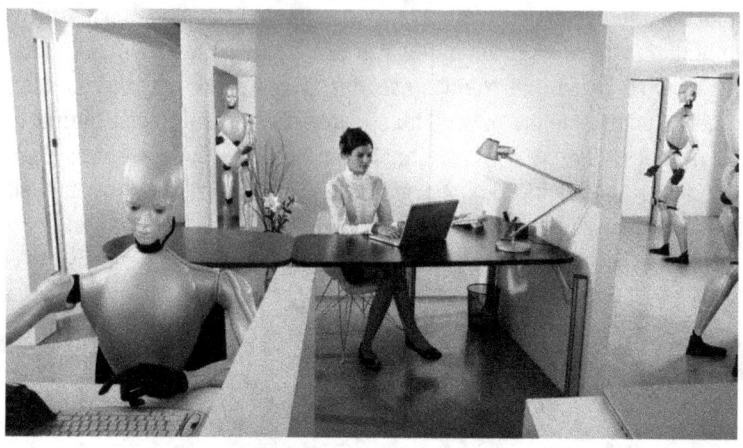

Abbildung 23: Bebilderung des Artikels Spiegel26.

In Abbildung 23 ist ein Raum zu sehen, in dem links vorne ein Roboter sitzt und auf eine Tastatur schaut, auf die er eine Hand gelegt hat; hinten steht ein weiterer Roboter in einem Türrahmen. In der Mitte sitzt eine Frau an einem Laptop, die dem Roboter, der im Türrahmen steht, den Rücken zugewandt hat. Auf ihrem Schreibtisch befindet sich eine Lampe, ein Telefon, eine Dose mit Stiften; darunter ein Papierkorb, in dem sich offenbar auch Papier befindet. Rechts im Bild sind zwei weitere Roboter zu sehen, die stehen bzw. sich in Bewegung befinden. Auch dieses Bild ist als Triptychon konzipiert, mit drei visuell durch vertikale Trennlinien abgetrennten Bereichen; links das Robotische, in der Mitte das Menschliche und rechts wieder das Robotische. Durch die halbnahe Aufnahme wird der Blick der Betrachterin auf den linken Roboter gelenkt, ebenso wie auf die Frau, die im Zentrum des Bildes angesiedelt ist. Durch ihre Körperhaltung (vom Robotischen abgewandt), die vertikalen Linien, die Platzierung der Roboter links und rechts im Bild und die Abwesenheit jeglicher Interaktion zwischen Roboter und Mensch wird der agentielle Schnitt zwischen den beiden Sphären vollzogen.

 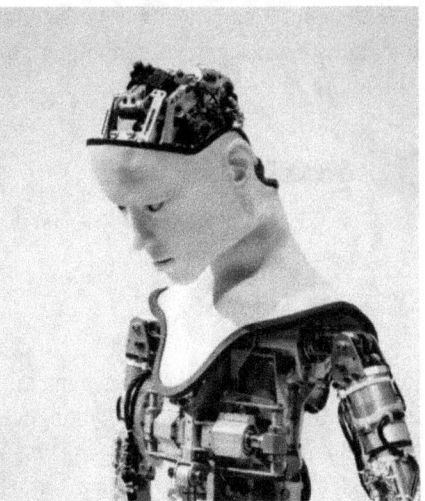

Abbildung 24: Bebilderung des Artikels Zeit66.

In Abbildung 24 sind zwei voneinander getrennte Bilder in Graustufen zu sehen: links ein Mann, der direkt in die Kamera schaut, mit einer Hand an den Hals fassend, die andere vor dem Körper platziert; rechts ein humanoider Roboter von der Seite, der seinen Kopf leicht beugt. In diesem Diptychon werden Mensch und Technik dadurch voneinander getrennt, dass sie in zwei separaten Bildern gezeigt werden, die von einer transparenten vertikalen Linie voneinander abgetrennt werden. Interessant ist hier neben dem agentiellen Schnitt zwischen Mensch und Technik auch die Mehrdeutigkeit der Gesten und Mimiken. Einerseits wird der Roboter, anders als bei den vielen Visualisierungen, in denen die Dominanz des Technischen hervorgehoben wird, als Diener des Menschen dargestellt, da er sich ihm zuneigt und den Kopf in einer devot anmutenden Geste gebeugt hat. Andererseits schaut der Mann im linken Bild zwar selbstbewusst in die Kamera, seine Körperhaltung unterminiert dieses Selbstbewusstsein jedoch (er schützt seine verwundbaren Stellen – Hals und Bauch – mit den Händen, was Unsicherheit suggeriert). Insofern wird hier der ambige Eindruck vermittelt, dass die Technik zwar dem Menschen unterworfen ist, jedoch ein gewisses Unbehagen mit ihr bestehen bleibt.

Auch auf Text-Ebene werden agentielle Schnitte zwischen dem Menschlichen und dem Technischen vorgenommen, so etwa in dem Social-Media-Kommentar in Abbildung 25:

Das liegt möglicherweise daran das die Hälfte der deutschen Unternehmen über ausreichend natürliche Intelligenz verfügt.
Gefällt mir · Antworten · 2 J.

Abbildung 25: FAZ30_TLK29.

Ein Nutzer stellt hier die Überlegung an, ob diejenige Hälfte, die KI in ihren Unternehmen nicht einsetze, dies womöglich deshalb nicht tue, weil man dort „über ausreichend natürliche Intelligenz verfüg[t]". Dadurch wird eine Dichotomie zwischen dem Künstlichen und dem Natürlichen aufgemacht, und Letzteres implizit als das zu Bevorzugende gerahmt. Analog dazu finden sich auch in den Artikeln einige Beispiele für die Dichotomisierung von *künstlich* und *natürlich* (z. B. FAZ11; FAZ48; FAZ76; FAZ151; Spiegel29; SZ7; SZ53). Es ließe sich argumentieren, dass die *gesamte Begrifflichkeit* „Künstliche Intelligenz" diese Dichotomie aufleben lässt und möglicherweise perpetuiert.

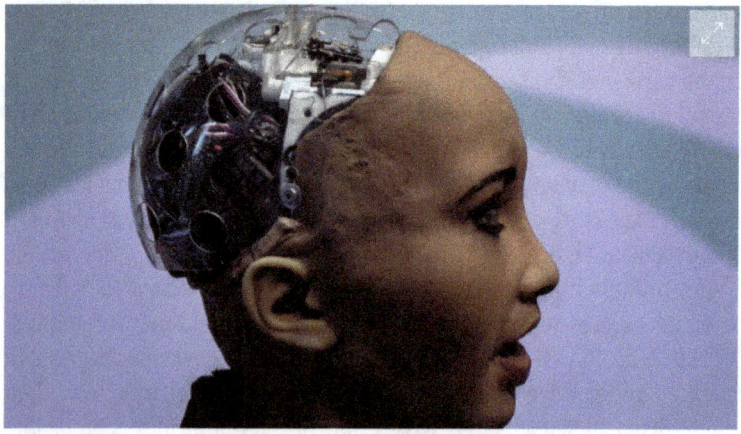

Abbildung 26: Bebilderung des Artikels Spiegel25.

Abbildung 26 wird hier als eine Form des Otherings der KI-Technologien bezeichnet, da im gezeigten Bild das Nicht-Menschliche der Erscheinungsform des Roboters *Sophia* in den Fokus gerückt wird; d. h. die Verkabelungen in ihrem „Hinterkopf", die runzeligen Stellen an ihrer „Haut".

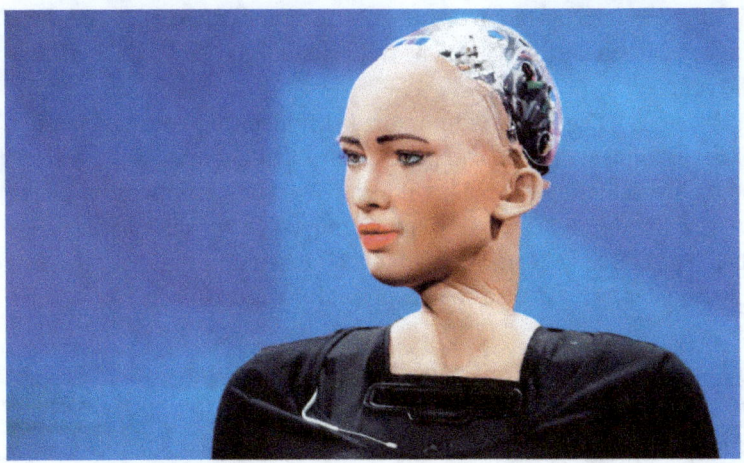

Abbildung 27: Bebilderung des Artikels SZ72.

Auch in Abbildung 27 wird mit der 360-Grad-Drehung des Roboters *Sophia* das Nicht-Menschliche betont, da ein Mensch nicht dazu in der Lage ist, seinen Kopf auf diese Weise zu bewegen.

Kooperation als Königsweg

Im Einklang mit der These, dass die Polarität des KI-Diskurses selbst diskursiv gemacht ist (vgl. S. 207f.) und die meisten Positionierungen zu KI eher abwägend sind, wird vielfach die Kooperation von „Mensch und Maschine" als Königsweg im Umgang mit KI perspektiviert. So schreibt etwa der Wirtschaftswissenschaftler Horst Wildemann in einem FAZ-Gastbeitrag „Mensch und Maschine ergänzen sich hervorragend" (FAZ68) und vergleicht die Kooperation von Menschen und KI-Technologien mit einem „Staffellauf: Ständig wechseln sich Phasen der kreativen Schlussfolgerung mit weniger kreativen Phasen der Datenverarbeitung ab" (FAZ68). Ein Manager konstatiert in einem Interview, dass es „letztlich immer um die Kooperation zwischen Mensch und Maschine [geht]" (FAZ82), und in einem anderen Artikel wird gefragt: „Warum also nicht das eine mit dem anderen verbinden – also humane und künstliche Intelligenz miteinander kooperieren lassen? Die Menschen entscheiden, und die Computer dienen" (Spiegel11). KI-Technologien und Ärzte sollten „gemeinsam [...] Röntgenbilder lesen, auswerten und daraus einen Operationsplan [...] entwickeln" (Bild8); „Algorithmen-Kompetenz" (Zeit12) als „Schlüssel für echtes Vertrauen" (ebd.) sei nötig, damit „Mensch und Maschine die Herausforderungen der Zukunft gemeinsam bewältigen können" (ebd.); und Forscherinnen und Forscher wollen demonstrieren, „wie fruchtbar es sein kann, wenn Mensch und Maschine zusammenarbeiten"

(FAZ171). Die angestrebte Kooperation zwischen Mensch und „Maschine" wird dabei insbesondere aus wirtschaftlicher Logik und auf einen möglichen Produktivitätszuwachs hin betrachtet.

Auch auf visueller Ebene der Zeitungsartikel finden sich Darstellungen, in denen ein Kooperationsverhältnis von Mensch und „Maschine", d. h. eine große Nähe zwischen Mensch und Roboter inszeniert wird, vorwiegend durch Detail-Aufnahmen, in denen sich Mensch und humanoider Roboter die Hand reichen (s. Abbildung 28, Abbildung 31 und Abbildung 32) einen „Faust-Check" machen (s. Abbildung 29) oder sich gar umarmen (s. Abbildung 30).

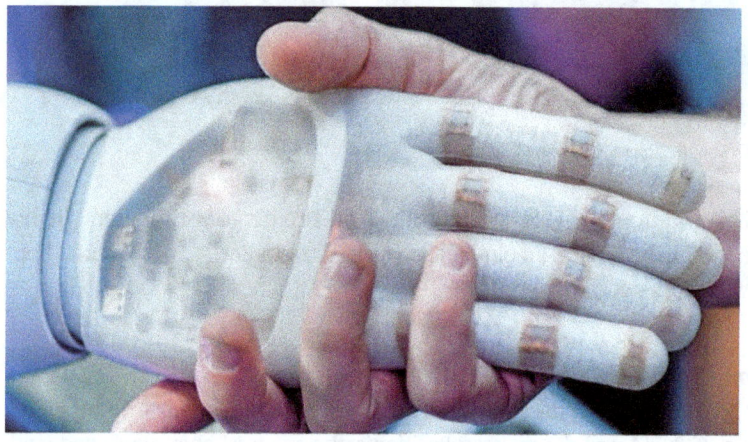

Abbildung 28: Visualisierung der Artikel FAZ178 und Spiegel28.[195]

In Abbildung 28 wird der Akt des Kooperierens zwischen Mensch und Roboter durch die Detailaufnahme eines Handschlags absolut gesetzt, da nichts anderes in diesem Bild zu sehen ist außer einem verschwommenen Hintergrund. Bemerkenswert ist diese anthropomorphisierende Geste auch deshalb, da sie nichtfunktional ist und eine üblicherweise Menschen vorbehaltene Geste imitiert, um Fremdheit zu überbrücken und Nähe zu schaffen. Jedoch ist anzumerken, dass es die robotische Hand ist, die von vorn und vollständig zu sehen ist, womit auch hier wieder eine gewisse Form digitaler Dominanz visuell erzeugt wird.

---

[195] Vgl. zu einer multimodalen Analyse der unterschiedlichen Gesamt-Artikel-Kontexte von FAZ178 und Spiegel28 S. 245.

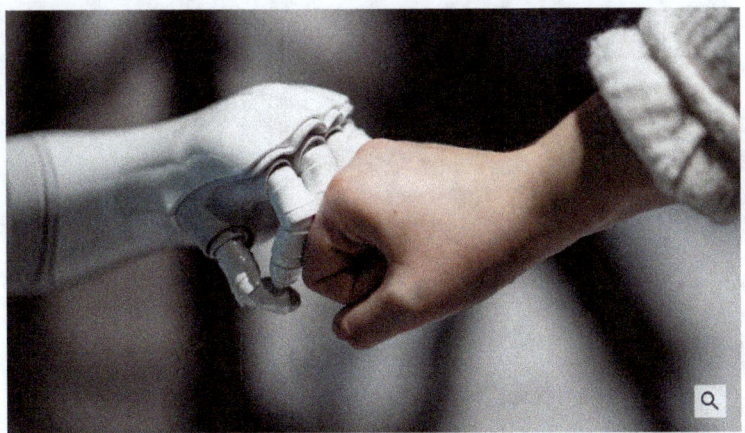

Abbildung 29: Bebilderung des Artikels SZ111.

Ähnliches lässt sich über Abbildung 29 sagen. Der Faust-Check, der hier in seiner Bedeutung vor der COVID-19-Pandemie analysiert werden muss, lässt sich dabei noch weitergehend deuten: Nicht nur wird eine Distanz überwunden, es wird womöglich durch das „Abchecken" ein gemeinsamer Erfolg zelebriert.

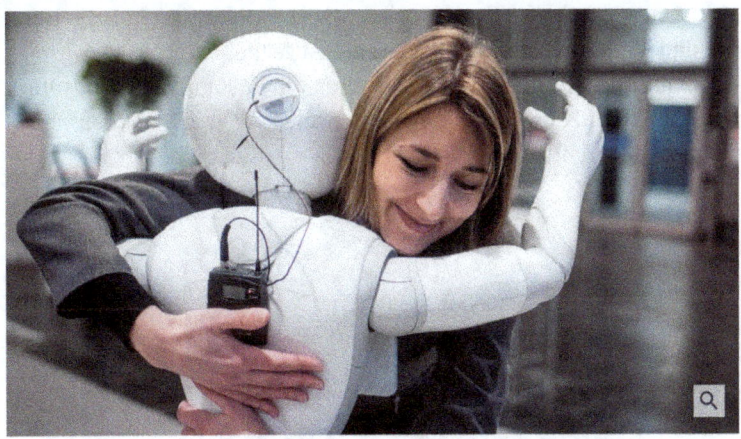

Abbildung 30: Bebilderung des Artikels SZ7.

In Abbildung 30 wird die Nähe zwischen Mensch und Roboter sogar noch gesteigert, indem eine Umarmung gezeigt wird, die unter Menschen meist guten Bekannten, Familie und Freunden vorbehalten ist. Der entspannte und mit einem Lächeln untermalte Gesichtsausdruck der Frau unterstreicht zusätzlich die Vertrauenswürdigkeit der Technologie, die hier offenkundig ausgedrückt werden soll.

Abbildung 31: Bebilderung des Artikels Zeit11.

Abbildung 31 zeigt vor einem verschwommenen Hintergrund ein junges Mädchen, das direkt in die Kamera blickt (demand), während es einem Roboter, der seinen „Blick" von der Kamera abgewandt und auf das Mädchen fokussiert hat, die Hand reicht. Roboter und Mädchen befinden sich fast auf Augenhöhe, ebenso wie der Betrachter das Bild auf Augenhöhe anschaut. Der direkt in die Kamera gehende Blick des Mädchens scheint die Betrachterin dazu aufzurufen, ebenfalls mit den neuen Technologien zu kooperieren.

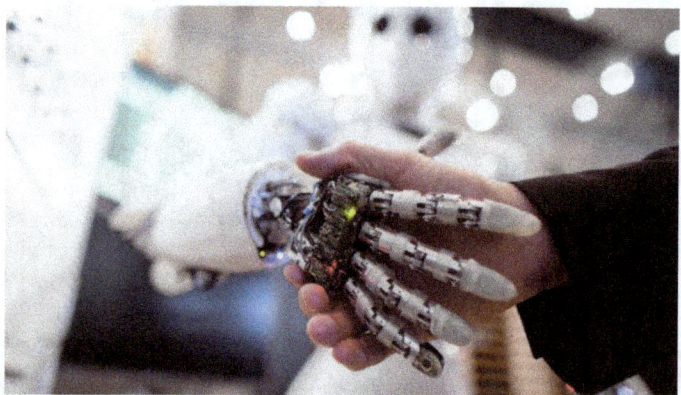

Abbildung 32: Bebilderung des Artikels Zeit62.

Abbildung 32 ist, noch stärker als Abbildung 28, in seiner Botschaft mehrdeutig. Einerseits wird auch in diesem Bild ein Handschlag von Mensch und Roboter dargestellt, der die Zusammenarbeit betont. Andererseits steht auch darin die robotische Hand klar im Vordergrund und ist der dazugehörige „Körper" des Roboters in bedrohlich wirkender Untersicht verschwommen im Hintergrund zu sehen. Der Roboter in diesem Bild „schaut auf den Betrachter hinab"; der Mensch verschwindet – reduziert auf eine kaum sichtbare Hand, die aus einem dunklen Ärmel hervorschaut –, erneut in der Peripherie.

Zusammenfassend soll an dieser Stelle festgehalten werden, dass die Untersuchung des Datenmaterials ergeben hat, dass eine Reihe an heterogenen und teils miteinander konfligierenden Positionen in verschiedenen Anwendungsbereichen rund um die Technologien Künstlicher Intelligenz existieren. Wie die vorangegangenen Ausführungen deutlich gemacht haben sollen, verweisen diese dabei in hohem Maße auf (Sub-)Diskurse, die eine lange Tradition haben, und wird Künstliche Intelligenz zum Ausgangspunkt genommen, um Grundsatzfragen des Mensch-Seins in einer spezifisch verfassten, sich jedoch stetig wandelnden, sozialen Wirklichkeit im Verhältnis zu den vom Menschen produzierten Artefakten, in diesem Fall *Künstliche Intelligenz*-Technologien, neu auszuloten. Erst im multimodalen Zusammenspiel und unter Berücksichtigung verschiedenen symbolischen Materials lassen sich zirkulierende Annahmen in ihren tieferen Bedeutungsdimensionen herausarbeiten. Zum einen zeigt sich hier das Potenzial einer kulturwissenschaftlichen, mithin medienkulturrhetorischen, Analyse von Mediendiskursen auf verschiedenen Ebenen – Bild, Text, Bild-Text-Verschränkung, Massenmedien und Social Media. Zum anderen verweisen die Ergebnisse auch auf die Notwendigkeit, Subjekte rhetorisch zu bilden, um sich in ebendiese Bedeutungsaushandlungen informiert und gestalterisch einbringen zu können.

4.2.2 These II: Social-Media-Kommunikation bildet ein diskursives Gegengewicht, das gleichermaßen Gefahren wie Potenziale für demokratische Gesellschaften birgt

In der Analyse der Social-Media-Kommunikation zu ausgewählten Zeitungsartikeln aus dem Korpus war eines der Hauptergebnisse, dass die Grenzen des Sagbaren und Nicht-Sagbaren in sozialen Medien mitunter anders ausfallen als diejenigen im massenmedialen Diskurs. So werden etwa sexistische, antifeministische Haltungen und andere Vorannahmen reproduziert, die in den Massenmedien in dieser Explizitheit und Drastik keinen Platz haben (vgl. S. 110). Auch hat sich gezeigt, dass der multimodalen Bedeutungskonstruktion bei einer Kommunikationsform, die im hypermedialen Internet stattfindet und auf mannigfaltige, teils neuartige, Zeichenarten zurückgreifen kann, eine besondere Rolle zukommt. *Social-Media*-Kommunikation erweist sich als ein komplexes Zusammenspiel verschiedener Modi und ist hochgradig kontextabhängig. Im Hinblick auf die Frage, welches rhetorische Potenzial *Social-Media-*Plattformen wie Facebook als Kommunikationsform bieten, fällt das Fazit ambivalent aus. Einerseits wurden im untersuchten Material keine genuinen Debatten im Sinne der Rhetorik gefunden; d. h. Debatten solcher Art, bei denen der Streit über eine Entscheidungsfrage prinzipiell offen ist und die Beteiligten dazu bereit sind, sich dem *zwanglosen Zwang des besseren Arguments* zu beugen. Andererseits scheint die öffentliche Kommunikation in den Facebook-Kommentarspalten auch als zu Korrektiv etwaigen *Filterblasen*-Phänomene zu fungieren, da die Kommunikatoren zwangsläufig mit Gegenmeinungen konfrontiert werden. Dies mündet hier in der These, dass *Social-Media-Kommunikation ein diskursives Gegengewicht bildet, das gleichermaßen Gefahren wie Potenziale für demokratische Gesellschaften birgt.* Im Folgenden soll dies anhand ausgewählter kommunikativer Verdichtungen aus den Korpora illustriert werden.

Allgemeines Infrage-Stellen von KI

Unter diesem Aspekt werden alle Kommentare gefasst, die der in den Massenmedien vorherrschenden (impliziten) Vorstellung von der Unhintergehbarkeit der KI-Technologien (vgl. S. 121) entgegenstehen, insofern in ihnen KI grundsätzlich infrage gestellt, abgelehnt oder als Dystopie skizziert wird. Hier zeigt sich, dass Social-Media-Kommentierungen (in ihrer Gesamtheit) ein Korrektiv zu hegemonialen Diskurspositionen darstellen können, werden *KI*-Technologien in den untersuchten zwar kritisch beleuchtet, jedoch kaum – und insbesondere nicht in einer ähnlichen Entschiedenheit wie auf Social Media – als solche in ihrer Existenzberechtigung hinterfragt.

Die **#Digitalisierung** ist keine 'Naturgewalt', wie manche Werbung zu diesem Thema es nahelegt. Neben Vorteilen gibt es bei dem Thema durchaus auch Nachteile und ungeklärte Risiken. Insofern empfiehlt sich eine gut informierte Debatte, in deren Verlauf echte neue Kompetenzen entstehen. (Digitale Bildung, Digitale Sicherheit etc.) 💜 📎 **#newsfhg** P.S. Lasst euch von "Deutschland verpasst.." bzw. "Deutschland verschläft.." -Rhetorik nicht verrückt machen!:-D
Gefällt mir · Antworten · 2 J.

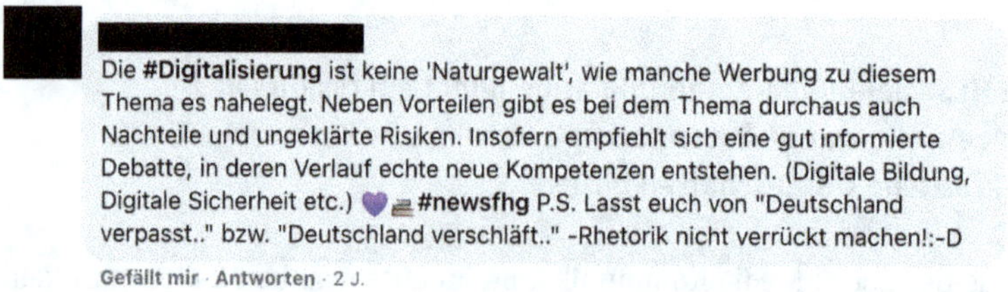

Abbildung 33: FAZ30_TLK13.

Der Nutzer in Abbildung 33 konstatiert, dass die Digitalisierung keine „‚Naturgewalt‘" sei, eine Meinung, die jenen Artikeln gegenübersteht, in denen KI als Unhintergehbares – und somit quasi-naturgewaltig – dargestellt wird. Zudem ruft der Nutzer dazu auf, sich nicht von einer Rhetorik „verrückt [zu] machen", die Deutschland im Bezug auf KI als abgehängtes Land instanziiert.[196]

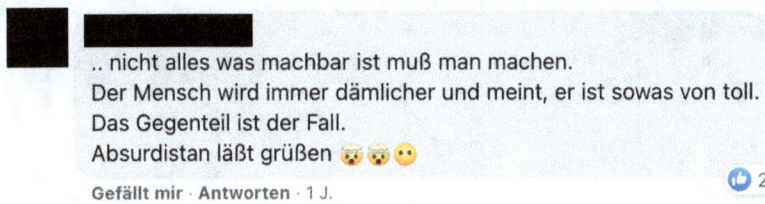

Abbildung 34: Spiegel55_TLK15.

Der nächste Kommentar, der im Kontext eines Artikels zur Vollendung von Beethovens „Unvollendeter" durch KI entstanden ist, thematisiert (implizit) die Grundsatz-Thematik von *Sein* und *Sollen* und beantwortet sie damit, dass gerade nicht alles umgesetzt werden solle, was machbar sei (s. Abbildung 34). Bei dieser Frage handelt es sich nicht nur um eine alte philosophische Frage, sondern auch – spezifischer – um eine wichtige Frage der Medienwissenschaft, die im Hinblick auf KI in ihrer Dringlichkeit erneut aktualisiert wird. Der Nutzer schließt mit einem vernichtenden Urteil über die Menschheit, die seines Erachtens nach „immer dämlicher" werde.

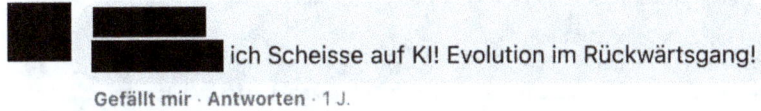

Abbildung 35: FAZ114_TLK27_SLK3.

Im Kommentar in Abbildung 35, einem Antwort-Kommentar auf Sub-Level-Ebene, wird mit dem Fäkalausdruck „[s]cheisse[n]" eine stark negative Einstellung gegenüber KI zum Ausdruck gebracht, die in dieser Drastik und Vulgarität freilich nicht von Journalistinnen und Journalisten großer Massenmedien artikuliert wird. Für

---

[196] Im untersuchten Material findet sich im Hinblick auf die Rolle Deutschlands und Europas ein *Deutschland und Europa bei Künstlicher Intelligenz abgehängt*-Frame (vgl. dazu z. B. Bild7; Bild13; FAZ13; FAZ64; FAZ83; FAZ129; FAZ166; Spiegel4; Spiegel14; SZ22; SZ64), über den einerseits ein Handlungs-Imperativ instanziiert wird, der andererseits jedoch auch, so die hiesige Interpretation, gesamtgesellschaftlich entmutigend wirken kann. Wozu sollte man etwas gestalten, das bereits nicht mehr zu gestalten ist, weil wir zu spät dran sind? (vgl. zu dieser Thematik auch Sommerfeld 2022b).

den Nutzer bedeutet Künstliche Intelligenz gar eine rückwärts gerichtete Evolution, d. h., dass die Welt sich dem Nutzer zufolge zurückentwickelt.

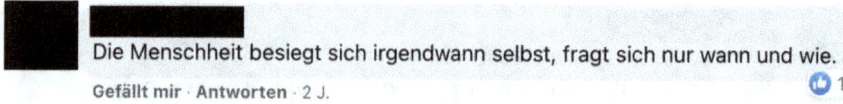

Die Menschheit besiegt sich irgendwann selbst, fragt sich nur wann und wie.

Gefällt mir · Antworten · 2 J.

Abbildung 36: Spiegel6_TLK23.

Auch der Nutzer in Abbildung 36 stellt der Menschheit bei den neuen Technologien ein düsteres Zeugnis aus, wenn er schreibt, dass die Menschheit sich selbst besiege und dieses *sich selbst besiegen* als Unausweichliches, als eine *Frage der Zeit und Art*, rahmt. Im Kommentar in Abbildung 37 spricht der Kommentator in Bezug auf KI lapidar von *Blödsinn*:

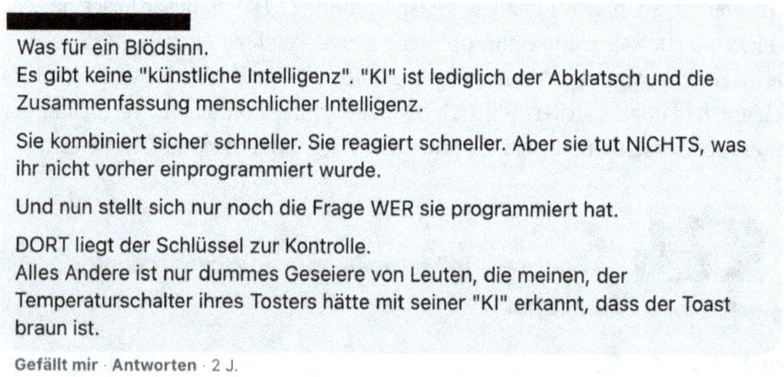

> Was für ein Blödsinn.
> Es gibt keine "künstliche Intelligenz". "KI" ist lediglich der Abklatsch und die Zusammenfassung menschlicher Intelligenz.
>
> Sie kombiniert sicher schneller. Sie reagiert schneller. Aber sie tut NICHTS, was ihr nicht vorher einprogrammiert wurde.
>
> Und nun stellt sich nur noch die Frage WER sie programmiert hat.
>
> DORT liegt der Schlüssel zur Kontrolle.
> Alles Andere ist nur dummes Geseiere von Leuten, die meinen, der Temperaturschalter ihres Tosters hätte mit seiner "KI" erkannt, dass der Toast braun ist.
>
> Gefällt mir · Antworten · 2 J.

Abbildung 37: Spiegel6_TLK42.

Der Kommentator diagnostiziert, dass es keine KI gebe, da dasjenige, was als KI bezeichnet werde, „lediglich der Abklatsch und die Zusammenfassung menschlicher Intelligenz" sei. Ex negativo wird KI im Sinne des Verfassers hier als eine solche bestimmt, die dazu in der Lage ist, Dinge zu tun, die „ihr nicht vorher einprogrammiert wurde[n]". Einerseits reiht sich dieser Post somit in die auch unter Experten verbreitete Kritik am KI-Begriff ein, andererseits schwingt hier implizit ein Verständnis von KI als *starker KI* mit, an dem sich kritisch ansetzen ließe. Insgesamt spricht der Kommentator KI deren „Existenz" ab.

Antifeminismen und Sexismen

Im Korpus der Facebook-Kommentierungen fanden sich Vorurteile gegenüber Frauen bis hin zu blanken Sexismen, die im massenmedialen Diskurs in dieser Explizitheit als das *Unsagbare* bezeichnet werden können. Die meisten dieser Kommentierungen sind im Kontext eines Interviews der FAZ mit einer Programmiererin entstanden. Die FAZ postete den Link zu dem Artikel zusammen mit einem polarisierenden Zitat aus dem Interview (s. Abbildung 38), auf das sich die Kommentatoren vorrangig beziehen.[197] Es ist dabei gerade der im Zitat vorkommende Begriff *Mansplaining*, mithin verstanden als der Überlegenheit ausstrahlende Erklär-Gestus „Alter Weißer Männer"[198], die einem „ungefragt die Welt [erklären]" (Abbildung 38), der den Unmut einiger Kommentatoren auf sich zieht.[199] Die Kommentatoren beziehen sich jedoch auch auf das artikulierte Desideratum nach mehr Frauen im KI-Bereich.

Abbildung 38: Facebook-Post mit Teaser-Zitat aus FAZ179.

---

[197] Insgesamt muss vermutet werden, dass viele Nutzer lediglich Schlagzeilen und Teaser-Texte lesen, auf die sie sich sodann beziehen, da sich einige Artikel hinter Bezahlschranken verbergen. Dies legt auch die Auswertung der Social-Media-Kommentare nahe, wenn manche etwa, wie der folgende Nutzer, schreiben: „Ich verstehe das Problem ehrlich gesagt nicht, liegt vielleicht auch an der Paywall im Artikel [...]" (FAZ154_TLK12).

[198] Er wird hier auch deswegen in Anführungszeichen gesetzt, da es sich bei ihm um einen politischen Kampfbegriff handelt.

[199] Der Begriff wird von den Facebook-Kommentatoren vielfach kritisiert. Exemplarisch für diese Kritik sei hier der folgende Kommentar angeführt: „Wird jetzt jedes Argument gegen Kampfbegriffe aus der Welt des Feminismus (Mansplaining zB) in selbige Kategorie eingeordnet, um sich einer Debatte nicht stellen zu müssen?" (FAZ179_TLK40_SLK6).

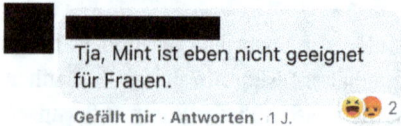

Abbildung 39: FAZ179_TLK1.

In Abbildung 39 wird etwa pauschal behauptet, dass MINT-Fächer „eben nicht geeignet [sind] für Frauen" und damit ein sexistisches Vorurteil geäußert.

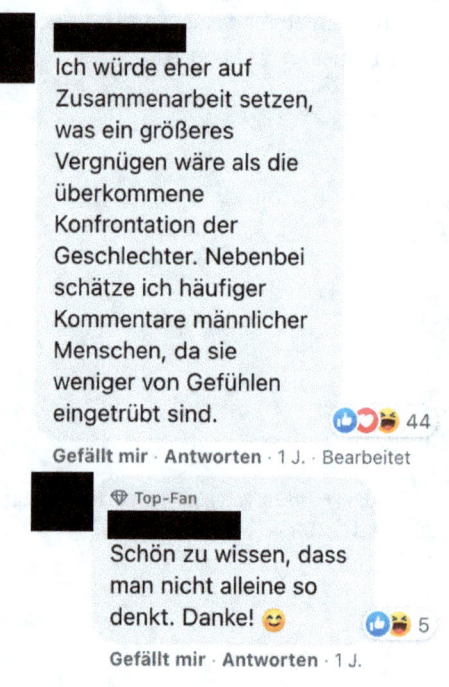

Abbildung 40: FAZ179_TLK32 und: FAZ179_TLK32_SLK1.

In Abbildung 40 wiederum bringt ein Kommentator zum Ausdruck, dass er Kommentare (vermutlich Facebook-Kommentare) von männlichen Nutzern schätze, da diese „weniger von Gefühlen eingetrübt sind". Hier wird das Stereotyp reproduziert, dass Frauen emotional, Männer rational seien. Zugleich findet eine Form loser Vergemeinschaftung statt, wenn sich ein anderer Nutzer auf Sub-Level-Ebene für den Kommentar bedankt und konstatiert, dass es schön sei zu wissen, „dass man nicht alleine so denkt". Somit wird der sexistische Kommentar zum Ausgangspunkt flüchtiger Zusammenkunft; eine *In Group* bildet sich durch Abgrenzung zu einer *Out Group* – den „emotionalen" Frauen – heraus.

Abbildung 41: FAZ179_TLK34.

Bei Abbildung 41 ist insbesondere der verwendete Hashtag (#feminismiscancer) zu beachten. Hier wird, ausgehend von einer (im Übrigen die Dichotomie zwischen Künstlichem und Natürlichem (Biologischem) reproduzierenden) Kritik am Begriff des *Mansplaining*, der gesamte Feminismus als *Krebs/Krebsgeschwür* (cancer) verunglimpft.

Abbildung 42: FAZ179_TLK35; FAZ179_TLK35_SLK1 und FAZ179_TLK35_SLK2.

In Abbildung 42 ist der Ausschnitt einer Konversation zwischen zwei (mutmaßlich[200]) weiblichen Kommentatoren zu sehen. Diejenige, die den Ausgangskommentar auf Top-Level-Ebene verfasst hat, schreibt Frauen *intuitives Denken* zu, das „in der Technik keinen Platz" habe, was die andere Kommentatorin zurückweist. Daraufhin geht die Ausgangskommentatorin noch einen Schritt weiter und konstatiert, dass sie von „Frauen-Intelligenz nicht viel [halte]". Bemerkenswert an diesem Ausschnitt ist, dass er vor Augen führt, dass es nicht nur Männer sind, die Sexismen und Stereotype über Frauen verbreiten, sondern dass Frauen mitunter selbst auf Facebook derartige Sprechakte lancieren.

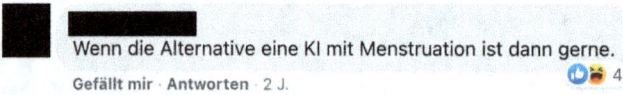

Wenn die Alternative eine KI mit Menstruation ist dann gerne.

Abbildung 43: Zeit3_TLK7.

Der Kommentar in Abbildung 43 antwortet auf die im Ausgangsartikel gestellte Frage, ob „intelligente Maschinen wie Männer [denken]" (Zeit3). In dem Kommentar wird eine „männlich denkende" KI mit einer „weiblich denkenden" KI kontrastiert. Dabei wird das „weibliche Denken" auf die – kulturell mit vielen Klischees behafteten – Verhaltensweisen/Denkweisen von Frauen während ihrer Periode reduziert (eine „weiblich denkende" KI = eine KI, die ihre Menstruation hat) und zugleich auch eine Form des *Period shaming* betrieben, weil ebendiese gezeichnete Alternative als die schlechtere dargestellt wird.

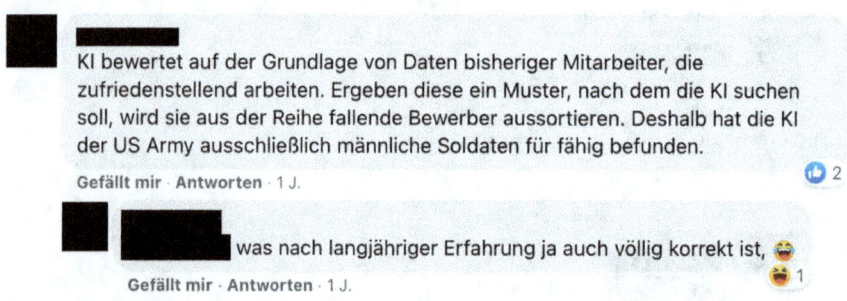

Abbildung 44: FAZ167_TLK13 und FAZ167_TLK13_SLK1.

---

200 Das Geschlecht lässt sich anhand der Nutzer-Namen aufgrund verschiedener Faktoren (eigene Identifikation, Möglichkeit eines Pseudonyms, Vorhandensein von (Social) Bots etc.) nur mutmaßen.

Zuletzt sei hier auf den Ausschnitt einer Konversation im Kontext der Thematik potenzieller Bewerber-Diskriminierung verwiesen (s. Abbildung 44). Der Autor des Top-Level-Kommentars versucht zu erläutern, warum eine KI des US-Militärs nur männliche Soldaten „für fähig befunden [hat]". Darauf antwortet ein Nutzer, dass dies „nach langjähriger Erfahrung ja auch völlig korrekt ist", was sich so deuten lässt, dass der Nutzer die Verweigerung des Zugangs zum Militär durch eine KI für moralisch richtig und historisch faktenbasiert hält, was wiederum als diskriminierendes Urteil zu werten ist.[201]

Implizite Sexismen: Visiotyp *(weißer) Mann als KI-Experte* im massenmedialen Diskurs
Der Unterschied zwischen den Sagbarkeitsregimen gegenwärtiger Massenmedien und *Social Media* soll hier im Kontrast zu einer Form von implizitem visuellen Sexismus aus den untersuchten Zeitungsartikeln unterstrichen werden. Dort findet sich mit dem Visiotyp des *(weißen) Mannes als KI-Experten* auf subtiler Ebene das, was im *Social-Media*-Diskurs von manchen Kommentatoren explizit benannt wird, namentlich die Annahme, dass nur (weiße) Männer im KI-Bereich reüssieren können. Im untersuchten Material fiel so insgesamt auf, dass einige Artikel mit Fotografien von Menschen bebildert werden, was auf einer performativen Ebene in der Gesamtschau die menschliche Handlungsfähigkeit zu unterstreichen scheint (s. Abbildungen 45–47). Dabei handelt es sich jedoch überwiegend um Fotografien von Männern, was sich auch damit erklären lässt, dass der Frauenanteil in IT-Berufen sehr gering ist. Wenn es dann darum geht, Expertinnen und Experten für ein Interview zu KI auszuwählen, so ist der Pool an Experten grundsätzlich männlich dominiert. Das visuelle Klischee würde dementsprechend schlichtweg aus den gesellschaftlichen Gegebenheiten emergieren. Umso interessanter ist es dann, sich anzuschauen, *wie* Expertinnen und Experten visuell dargestellt werden. Im untersuchten Material findet sich (vorwiegend) das Visiotyp des Weißen Mannes als genuiner KI-Experte. Damit ist gemeint, dass allein die Visualisierung, unabhängig vom Text des Artikels, erkennen lässt, dass es sich bei der dargestellten Person, in diesem Fall den Männern, um Experten handelt, da sie beispielsweise gerade eine Rede halten (den Mund geöffnet haben), etwas erklären (sie gestikulieren) oder einen seriös/ernst anmutenden Gesichtsausdruck aufgesetzt haben.

---

[201] In ihrer Studie *Online cultural backlash? Sexism and political user-generated content* (2021) kommen Isabel Inguanzo, Bingbing Zhang und Homero Gil de Zúñiga u. a. zu dem Ergebnis, dass Subjekte, die über sexistische Einstellungen verfügen, verstärkt nutzergenerierte Inhalte, zu denen auch Facebook-Kommentare zählen, erzeugen.

Abbildung 45: Bebilderung des Artikels Zeit14.

Abbildung 46: Bebilderung des Artikels SZ105.

Abbildung 47: Bebilderung des Artikels FAZ44.

Die Frauen im untersuchten Material werden überwiegend mit einem freundlichen Lächeln, bis Strahlen (s. Abbildungen 48 und 49), und passiv dargestellt. Die latente Botschaft scheint hier zu sein: Männer sind die Experten, die erklären und den Ernst der Lage erkennen, Frauen sind die hübsche Dekoration der neuen Technologien.

Abbildung 48: Bebilderung des Artikels Spiegel27.

Abbildung 49: Bebilderung des Artikels FAZ54.

Subversive Aneignungen von KI-Inhalten des widerständigen *Social-Media*-Orators
Verschiedene Kommunikationspraktiken, die im untersuchten Material zu finden sind, werden hier als *Subversionen* des Orators in sozialen Medien zusammengefasst, insofern darin nicht-hegemoniale Lesarten zum Ausdruck kommen, die auch als widerständige Praktiken im Hinblick auf den massenmedialen Diskurs gelesen werden

können. Dies zeigt sich an der *Politisierung* und *Aufladung* „apolitischer"²⁰² Inhalte sowie an *humorisierenden* und *ironisierenden* Kommentaren. So ist im untersuchten Material immer wieder zu beobachten, dass die behandelten KI-Themen politisiert werden, d. h., dass sie als Ausgangspunkt genommen werden, um politische Meinungen kundzutun, die nicht unmittelbar mit dem Thema des Artikels korrelieren.

Abbildung 50: FAZ114_TLK29.

Unter einem Artikel, in dem es um Gehirn-Computer-Schnittstellen geht, ist etwa der Kommentar in Abbildung 50 zu finden, in dem durch die Verwendung des Kampfbegriffs *Klimawahn* eine ablehnende Haltung gegenüber der zunehmenden Aufmerksamkeit zum Klima-Thema im öffentlichen Diskurs ausgedrückt wird, verbunden mit der – vermutlich wenig ernst gemeinten – Hoffnung, die Schnittstellen mögen gegen diesen „Wahn" helfen.

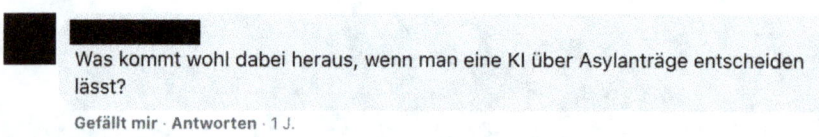

Abbildung 51: FAZ167_TLK12.

In Abbildung 51 wirft ein Nutzer die Frage auf, was wohl dabei herauskomme, wenn Künstliche Intelligenz über Asylanträge entscheide. Im Ausgangsartikel geht es um potenzielle Bewerberdiskriminierung durch KI. Der Nutzer extrapoliert die Möglichkeiten der KI, Bewerber auszuwählen, so im Hinblick auf das Potenzial, über Asylanträge zu entscheiden, und bringt damit ein, gerade auch in den sozialen Medien viel diskutiertes Thema – das „Flüchtlings-Thema" – in die Debatte ein, obwohl es nicht um Geflüchtete, sondern um das Diskriminierungspotenzial Künstlicher Intelligenz geht.

---

202 Dieser Begriff ist hier in Anführungszeichen gesetzt, da beispielsweise die KI-Technologien, wie diese Arbeit u. a. deutlich machen will, freilich hoch politisch und gesellschaftlich relevant sind. Es handelt sich hier bei der Trennung zwischen politisch und apolitisch also vielmehr um eine analytische, mit der unterstrichen werden soll, dass „technische" Themen wie KI zum Schauplatz thematisch nicht-verwandter Politisierungen gemacht werden.

Künstliche Intelligenz. Hoffnung für die Rechtsradikalen.

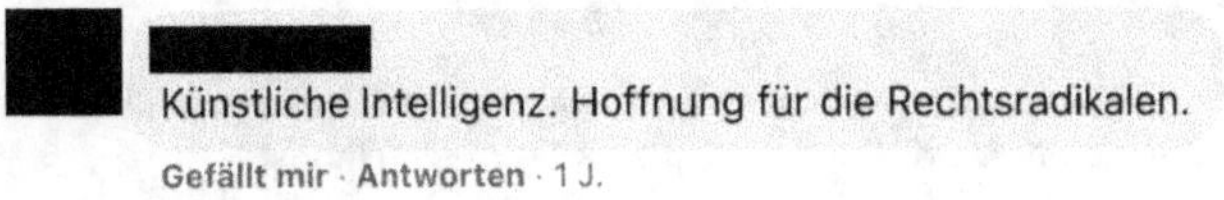

Gefällt mir · Antworten · 1 J.

Abbildung 52: Spiegel55_TLK13.

Der Kommentar in Abbildung 52 ist im Kontext eines Berichts über die Vollendung von Beethovens „Unvollendeter" durch Künstliche Intelligenz entstanden und hat ebenso wenig wie die zuvor angeführten Kommentare einen direkten inhaltlichen Bezug zum Ausgangsartikel. Hier wird das KI-Thema dazu genutzt, um sich gegen Rechtsextremismus zu positionieren, indem die Potenziale dieser Technologie ironisch gewendet werden.

Das werden die Lehrenden den Schülenden schon beibringen. Hoffen wir es mal.

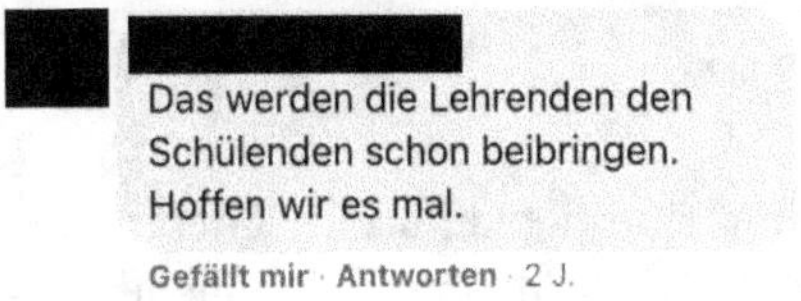

Gefällt mir · Antworten · 2 J.

Abbildung 53: FAZ20_TLK28.

Im Ausgangsartikel zu dem Kommentar in Abbildung 53 geht es um eine Studie, in der herauskam, dass die Hälfte der EU-Bürger nicht wisse, was ein Algorithmus ist[203]. Der Autor des Kommentars nimmt das Thema zum Anlass, um sich auf ridikülisierende Weise zum Thema *gendersensible Sprache* zu äußern, indem er die in diesem Kontext verwendete Partizipialform mit dem Begriff *Schülenden*, als vermeintlichem Pendant zu Lehrenden, ad absurdum führt.

Neben der Politisierung spielt in den sozialen Medien das Humoristische eine große Rolle. Im Vorangegangenen hat sich bereits angedeutet, dass es Überschneidungen zwischen Politisierungen und humoristischen Aneignungen gibt, insofern bei den politisierenden Kommentierungen oftmals von humoristischen Elementen oder Ironie Gebrauch gemacht wird. Humor und Ironie lassen sich dabei aufgrund fehlenden Kontextwissens in sozialen Medien nur heuristisch bestimmen, etwa durch die Verwendung von Lach-Emojis, Hyperbeln, Überspitzungen etc.[204] Wie in Abbildung 54 zu sehen ist, wird Ironie jedoch mitunter auch im weiteren Verlauf der Konversationen durch die Autoren selbst explizit gemacht:

---

[203] Im Folgenden wird diese Studie als *EU-Studie* abgekürzt.
[204] Hier sei angemerkt, dass sich für die Detektion von Ironie, Sarkasmus, Humor etc. in sozialen Medien qualitative Analysen am besten eignen, wie Martin Sykora, Suzanne Elayan und Thomas W. Jackson (2020) durch eine qualitative Analyse von 1820 Tweets veranschaulichen konnten.

Abbildung 54: Zeit3_TLK3; Zeit3_TLK3_SLK1; Zeit3_TLK3_SLK2.

Im Ausgangskommentar führt der Autor eine popkulturelle Referenz an, wenn er schreibt „Guggste ‚Terminator', weisste Bescheid", die er mit einem zwinkernden Emoji versieht. Ein anderer User fordert ihn daraufhin dazu auf, den Ausgangsartikel zu lesen, was der Autor mit „Nö, für Ironie reicht die Überschrift des Artikels" kontert. Damit gibt er einerseits explizit zu verstehen, dass sein Framing vom *Terminator* als seriöse Informationsquelle tatsächlich ironisch gemeint war und gibt zugleich auch einen Hinweis auf Lesepraktiken in sozialen Medien, nämlich mitunter nur die von den Massenmedien geposteten Überschriften statt die gesamten dazugehörigen Artikel zu lesen. Bei den nachfolgenden Beispielen fehlen solche expliziten Ironie-Markierungen; sie als ironisch bzw. humoristisch zu interpretieren, liegt jedoch, wie im Einzelnen gezeigt wird, nahe.

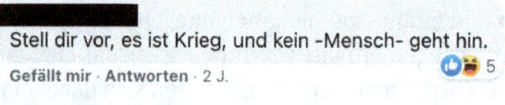

Abbildung 55: Spiegel6_TLK40.

Im Kommentar in Abbildung 55, der im Rahmen eines Artikels über Autonome Waffensysteme entstanden ist, wird der pazifistische Spruch *Stell dir vor, es ist Krieg, und keiner geht hin*, der durch den Designer Johannes Hartmann Bekanntheit erlangte[205], persifliert, indem „keiner" durch „kein -Mensch-" ersetzt wird, was durch den Kontext des Artikel-Themas die Vorstellung eines „robotergeführten" Krieges (AWS) evoziert. Der Ausgangsspruch verliert seine pazifistische Bedeutung, da durch die humoristische Wendung egal zu sein scheint, ob Menschen zum Krieg gehen oder nicht – denn diese werden in Zukunft von Robotern geführt.

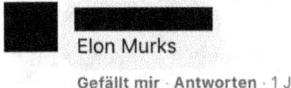

Elon Murks

Gefällt mir · Antworten · 1 J.

Abbildung 56: FAZ114_TLK19.

In Abbildung 56 ist ein Kommentar zu sehen, in dem schlichtweg der Name Elon Musks, um dessen Pläne, Computer-Gehirn-Schnittstellen zu errichten, es im Ausgangsartikel geht, parodiert wird; statt „Musk" heißt es nun „Murks", suggerierend, dass es sich bei Elon Musk um eine Figur mit aberwitzigen Ideen oder gar grundsätzlich um eine Witzfigur handelt. Damit wird auch den Plänen, über die berichtet wird, eine klare Absage erteilt. Die Kommentare in Abbildung 57, Abbildung 58 und Abbildung 59 sind allesamt unter jenem Artikel des Korpus entstanden, in dem es um die EU-Studie (vgl. S. 179) geht. In allen Kommentaren wird der Begriff des Algorithmus verändert und sich so von den Nutzern auf humoristische Weise angeeignet.

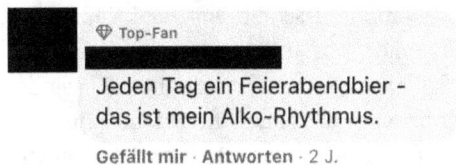

Top-Fan

Jeden Tag ein Feierabendbier – das ist mein Alko-Rhythmus.

Gefällt mir · Antworten · 2 J.

Abbildung 57: FAZ20_TLK22.

Der Nutzer in Abbildung 57 bezeichnet die Praxis des täglichen Feierabendbieres als „Alko-Rhythmus", spielt also mit Bedeutungsabwandlungen der beiden Wortbestandteile „Algo" und „rhythmus", von denen er Erstgenanntes in „Alko", für „Alkohol" abwandelt und Letztgenanntes über den Austausch von „i" mit „y" und den Kontext der benannten Praxis in „Rhythmus" verändert.

---

205 Vgl. dazu https://www.spiegel.de/geschichte/graffiti-stell-dir-vor-es-ist-krieg-und-keiner-geht-hin-a-1062067.html; letzter Zugriff: 14.03.2023.

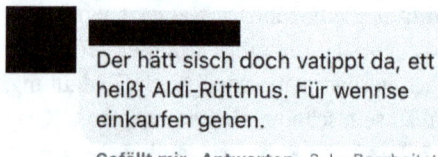

Abbildung 58: FAZ20_TLK16.

Der Nutzer in Abbildung 58 macht aus Algorithmus das ähnlich klingende „Aldi-Rüttmus" und erklärt, dass damit der Einkauf beim Discounter Aldi gemeint sei.

Abbildung 59: FAZ20_TLK18 und FAZ20_TLK18_SLK3.

In Abbildung 59 ist schließlich ein Konversationsausschnitt von zwei Nutzern zu sehen, von denen der eine – „für einen Freund", was auch wiederum als Persiflage gemeint sein könnte – scheinbar naiv fragt, ob Algorithmus etwas mit „Pflanzen im Meer und Ebbe" zu tun habe. Daraufhin antwortet der andere Nutzer, die offenkundige Ironie des Ausgangsbeitrags aufgreifend, affirmativ, dass der Begriff den „Rhythmus der Alge" bezeichne. Auch hier wird also mit der Abwandlung des Signifikanten hin zu einem gänzlich anderen Signifikat gearbeitet und damit die Bedeutung des Begriffs ad absurdum geführt. Zugleich kann die Praktik der Aneignung des Begriffs, gerade im Kontext der im Artikel konstatierten Bildungslücke der Hälfte der EU-Bürger, als *subversive Praktik* bezeichnet werden, insofern die suggerierte Position der „algorithmischen Ahnungslosigkeit" nur scheinbar angenommen, stattdessen durch die humoristische Aneignung subvertiert wird.

Auch und gerade über formal besondere Kommunikate in sozialen Medien wie sogenannte *Memes/Gifs* oder *Emojis* sowie das *Tagging* können, so die hier vertretene Ansicht, subversive Lesarten eingenommen werden. Als Memes werden Bild-Text-Kompositionen bezeichnet, die meist eine humoristische Funktion besitzen; dabei wird ein Ausgangskommunikat – etwa ein diskursiv populäres

Bild – „in kreativer Weise bearbeitet" (Klemm 2017a, 26). In Anlehnung an Limor Shifman (2014) definiert Sulafa Zidani (2021, 6) Memes „as a group of digital items with common characteristics that are created with awareness of each other, then circulated, imitated, and/or transformed by Internet users", und theoretisiert diese als „cultural building blocks that bridge between personal and political meanings" (ebd.). Bei Gifs, die ebenfalls Text beinhalten können (jedoch nicht konstitutiv), handelt es sich hingegen um in Dauerschleife *animierte* Kompositionen mit ähnlicher Funktion. Bei beiden wird meist auf popkulturelle Ressourcen wie bekannte Sequenzen aus Filmen oder Serien rekurriert. Im untersuchten Material fanden sich sehr wenige Memes und Gifs. Einzig unter einem Artikel über AWS traten diese visuellen Kommunikationsmittel gehäuft auf.

Abbildung 60: SZ81_TLK1.

Im Beitrag in Abbildung 60 hat ein Nutzer unter einen Artikel, in dem es um Gesichtserkennung geht, das Standbild eines Katzengesicht-Gifs gepostet, das durch Anklicken zu der Gif-Datenbank *Tenor* führt. Dort ist das Bild animiert, und es wird in Dauerschleife in das Gesicht der abgebildeten Katze hineingezoomt. Wie eine *Google Bilder Rückwärtssuche* ergeben hat, wird das Gif auf *Tenor* mit den Hashtags „#Smiling-Cat #Creepy-Cat #Cat #Zoom" verschlagwortet.[206] Über die Bedeu-

---

[206] Quelle: https://tenor.com/search/cat-smile-gifs; letzter Zugriff: 14.03.2023.

tung des Gifs in diesem Zusammenhang lässt sich nur spekulieren. Da die Gif- und Meme-Kommunikation in erster Linie eine unterhaltende Funktion hat, wird hier davon ausgegangen, dass mit dem Bild die Gesichtserkennung – subversiv – ridikülisiert werden soll, indem ein absurd anmutendes Gesicht einer „Creepy Cat", d. h. einer gruseligen, unheimlichen Katze, gezeigt wird.

Abbildung 61: Spiegel6_TLK27.

Die Bedeutung des Gifs in Abbildung 61, das unter einem AWS-Artikel gepostet wurde, ist etwas einfacher zu dechiffrieren, insofern es sich um eine popkulturelle Referenz handelt, die zudem über Text verfügt. Zu sehen ist ein Dialog-Ausschnitt aus dem Film *Terminator* (1984), in dem ein Mann (der Charakter Kyle Reese) eindringlich, mit ernster Miene, auf eine verängstigt aussehende Frau (den Charakter Sarah J. Connor) einredet und ihr etwas über die Wesenheit des Cyborgs Terminator erzählt: *It doesn't feel pity or remorse ... or fear. And it absolutely WILL NOT STOP – EVER!!* Im Kontext der Berichterstattung über autonome Waffensysteme liegt nahe, dass hier das bedrohliche Szenario aus dem *Terminator* mit aktuellen Entwicklungen in der Kriegsführung parallel gesetzt werden soll. Doch selbst bei einem solch ernsten Thema, mit einem solch erschreckenden Inhalt, bleibt der Unterhaltungswert des *Gifs* stets bestehen.

Neben *Memes* und *Gifs* kommen in sozialen Medien oftmals die bereits erwähnten Emojis zum Einsatz. Dhiraj Murthy et al. (2020) stellen im Rekurs auf J. Jobu Babin (2016) und Kaye/Malone/Wall (2017) fest, dass Emojis als „digital shorthand [dienen, Anm. d. Verf.] that convey gestural cues [...] and provide a modality to understand contemporary interactional communication in digital practices [...]".[207] Diese werden im untersuchten Material so häufig verwendet, dass hier kein gesondertes Beispiel dafür angeführt wird. Insgesamt lässt sich diesbezüglich konstatieren, dass Emojis die Möglichkeit bieten, die Tonalität von Aussagen zu regulieren. Insbesondere bei ironischen oder humoristischen Elementen kann so die Bedeutung der – mit wenig Kontext und ohne Paraverbalia auskommen müssenden – Social-Media-Kommunikation indiziert werden. Darüber hinaus ist im untersuchten Material zu beobachten, dass die KI-Artikel häufig zum Anlass genommen werden, Facebook-Freunde zu *taggen*, d. h. mit deren Namen zu verlinken, sodass diese eine Benachrichtigung erhalten und auf den Artikel aufmerksam gemacht werden. So lässt sich sagen, dass die Online-Kommentarspalten auch die Möglichkeiten bieten, Kontaktpflege zu betreiben, insofern etwa auf ein Thema hingewiesen werden kann, über das man sich jüngst unterhalten hat, oder etwas in den eigenen Augen Interessantes oder Kurioses geteilt werden kann.[208]

Social-Media-Kommentierungen als Korrektiv
Wenngleich im untersuchten Material keine Beispiele für genuine Debatten über KI-Themen gefunden werden konnten, lässt sich anhand der Daten jedoch die bereits angedeutete These aufstellen, dass die Praktik des aktiven Kommentierens auf Facebook, mithin auch die des „passiven" Lesens von Kommentarspalten, zwangsläufig zur Konfrontation mit Einstellungen und Meinungen jenseits der eigenen „Filterblase" führt. Dementsprechend werden konfrontative Kommentierungen hier als Korrektiv interpretiert. Die Theorie von der Filterblase wird durch Forschungen jüngeren Datums, wie bereits erwähnt (vgl. S. 61), in Zweifel gezogen. Doch selbst dann, wenn die Theorie (partiell) zutrifft und die getroffenen Abonnement-, Like- und Freundes-Entscheidungen auf Facebook grosso modo zu Reproduktionen des „immergleichen Inhalts" führen, lässt sich diese Theorie ebenso infrage stellen, wenn kommunikative Konfrontationen in den Kommentarspalten stattfinden. So mag es zwar sein, dass die FAZ oder die Bild-Zeitung Teil der persönlichen Filterblase ist, innerhalb dieser getroffenen Auswahl können einem jedoch

---

[207] Dhiraj Murthy et al. (2020) führen eine empirische Untersuchung zu der Emoji-Verwendung beim mobilen Zahlungstransaktionsdienstleister *Venmo* mit einem Fokus auf der Bedeutung der verwendeten Hautfarbe der Emojis durch und kommen zu dem Ergebnis, dass Emojis eher zu „hedonistischen" statt nutzenorientierten Zwecken verwendet werden, mit einem leichten Ungleichgewicht im Hinblick auf die Hautfarbe der Emojis: Emojis mit dunklerer Hautfarbe werden eher zu hedonistischen Zwecken verwendet, Emojis mit heller Hautfarbe eher zu nutzenorientierten Zwecken. Damit bestätigen sie auch die Existenz der auch von Babin (2016) festgestellten Biases in der Emoji-Kommunikation.
[208] Vgl. dazu z. B. FAZ20_TLK65; FAZ20_TLK65_SLK1; Spiegel55_TLK9, Spiegel55_TLK9_SLK1.

Inhalte begegnen, die nicht der eigenen „Blase" entstammen, und einen im Denken herausfordern, einem zumindest aber die *Existenz* anderer Meinungen vor Augen führen – ein Vorgang, dessen Fehlen von Eli Pariser kritisiert wird. Das folgende Beispiel (s. Abbildung 62) soll diesen Punkt veranschaulichen.

Zur Zeit gibt es eine hype zur künstlichen Intelligenz. Alle paar Jahre gibt es sowas, von der gelben Gefahr bis zum Waldsterben und den selbstfahrenden Autos und den Mini-U-booten, die durch unsere Adern fahren und Diagnosen stellen. Mit der Zeit wird sich zeigen, wo künstliche Intelligenz eingesetzt werden kann und wo sie sinnvoll ist. Es wird vermutlich nur wenige Bereiche betreffen.

Gefällt mir · Antworten · 2 J. 11

Sehe ich auch so. Ich mein, es ist ja nicht so das Google respektive Alphabet KI in *allen* ihren Services *seit Jahren* anbietet und damit mehr als 6(!) Mal soviel Gewinn erwirtschaftet wie der ganze VW Konzern. Und auch fast doppelt soviel Umsatz...aber klar: nur wenige Bereiche und uninteressant, kann man in 10 Jahren mal angehen, wenn man vollständig abgehängt ist.

Gefällt mir · Antworten · 2 J. 3

stimmt, wer kennt nicht die Google Fertigungsstraße, das Google Krankenhaus und die Google Feuerwehr. Google ist halt doch nur in einem Bereich unterwegs.
Volkswagen 2018: 17 Mrd Euro Gewinn
Google 2018: 30,74 Mrd USD (27,1 Mrd Euro) Gewinn

Wo das 6-Fach sein soll....

Gefällt mir · Antworten · 2 J. · Bearbeitet

Abbildung 62: FAZ30_TLK26, FAZ30_TLK26_SLK1 und FAZ30_TLK26_SLK2.

Ausgangspunkt ist ein Bericht darüber, dass die Hälfte der deutschen Unternehmer KI in ihren Betrieben nicht einsetzt. Der Top-Level-Kommentator bezeichnet KI als Hype und stellt die Prognose auf, dass sich mit der Zeit zeigen werde, dass KI „vermutlich nur wenige Bereiche betreffen [wird]". Der Gegen-Kommentator antwortet darauf mit ironischer Zustimmung. Die Ironie wird dadurch offenbar, dass der Kommentator im Folgenden die Erfolge von Google, betont durch die Verwendung des Asteriskus, als angeblich nicht-existent rahmt und seinen Beitrag mit der gleichermaßen ironischen Bemerkung schließt, man könne sich der Thematik ja dann annehmen, „wenn man vollständig abgehängt ist". Da es gemeinhin nicht als wünschenswert gelten kann, *abgehängt* zu sein, dies also eindeutig negativ konnotiert ist, ist dieser Beitrag als ironisch zu deuten. Ein anderer Nutzer kontert diesen Beitrag wiederum mit einer ironischen Bezugnahme auf die nicht vorhandenen Google-

Infrastrukturen *Google Fertigungsstraße*, *Google Krankenhaus* und *Google Feuerwehr*, womit zum Ausdruck gebracht werden soll, dass Google nicht Einzug in alle Bereiche des Lebens hält. Zudem korrigiert der Nutzer die vom vorherigen Kommentator angeführten Zahlen. Unabhängig davon, wer nun mit seinen Prognosen näher an der Wahrheit liegt, geht es mit diesem Beispiel darum, aufzuzeigen, dass hier Menschen mit verschiedenen Urteilen und Meinungen aufeinandertreffen. Einen öffentlichen Facebook-Post zu verfassen, bedeutet stets, auch das Wagnis einzugehen, Gegenwind zu bekommen; man macht sich angreifbar. Zugleich kann darin aber auch die Chance gesehen werden, unterschiedlichen Ansichten ausgesetzt zu sein, die ein vollständiges „Versinken" in einer etwaigen Filterblase letztlich verhindern können.

Metadiskursive Kommentierungen/Kritik an der Berichterstattung
Ebenfalls als eine subversive Praktik kann das bezeichnet werden, was hier *Metadis-kursives* genannt wird; Kommentierungen also, die sich auf „den" Diskurs selbst, das Kommunikationsgeschehen oder die journalistische Berichterstattung beziehen (vgl. dazu auch Sommerfeld 2021) und so wie im folgenden Beispiel für einen direkten Zusammenprall von widerständigem Orator und mit Diskursmacht versehenem Akteur sorgen können. In Abbildung 63, Abbildung 64, Abbildung 65 und Abbildung 66 ist beispielsweise eine Konversation zwischen einem Nutzer und der FAZ-Redaktion über die Beschaffenheit des FAZ-Postings zu einem Interview zu sehen. Gepostet hat die FAZ-Redaktion das Teaser-Zitat: „Wir brauchen mehr weibliche Rollenvorbilder und mehr Bewusstsein für Mansplaining: Jungs erklären uns ungefragt die Welt – und merken es nicht einmal" (s. Abbildung 38) einer KI-Ingenieurin. Ein Facebook-Nutzer fordert die FAZ-Redaktion in der korrespondierenden Kommentarspalte dazu auf, „doch bitte ein anderes Zitat als Teaser [zu nutzen]", da das verwendete „die Frau nur in eine Kiste [steckt]" und „nicht wirklich zusammen[fasst] [, was sie zu sagen hat]" (Abbildung 63). Damit reflektiert der Nutzer indirekt die Wirkweise des Social-Media-Diskurses, dass ein provokanter oder polarisierender Post dazu führen kann, dass nur über diesen diskutiert wird, nicht aber über die Inhalte aus jenem Artikel oder Interview, dem der Teaser-Text entstammt. Dies bestätigt sich auch, wenn man die Kommentarspalte analysiert, in der es fast ausschließlich um das Teaser-Zitat geht.

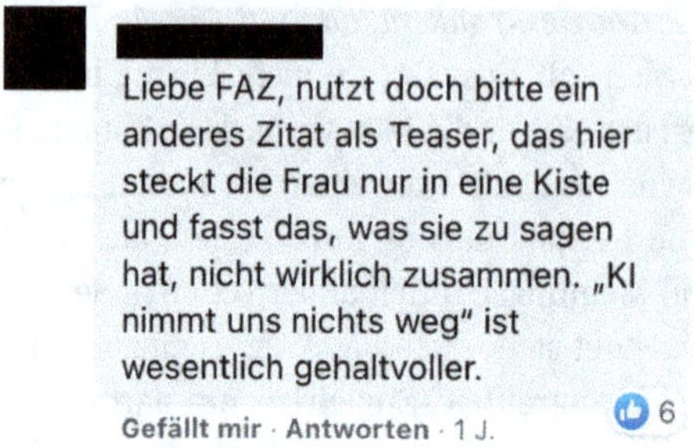

Liebe FAZ, nutzt doch bitte ein anderes Zitat als Teaser, das hier steckt die Frau nur in eine Kiste und fasst das, was sie zu sagen hat, nicht wirklich zusammen. „KI nimmt uns nichts weg" ist wesentlich gehaltvoller.

Gefällt mir · Antworten · 1 J.   👍 6

Abbildung 63: FAZ179_TLK7.

Die FAZ-Redaktion reagiert auf diesen Kommentar, indem sie auf den sich neben dem Zitat befindenden Teaser-Text „Im Interview spricht KI-Ingenieurin Marisa Mohr über ihre Erwartungen an Künstliche Intelligenz, gefährdete Arbeitsplätze und ihren Arbeitsalltag" verweist und (indirekt) zum Lesen des Interviews auffordert („Näheres erfahren Sie im Beitrag", s. Abbildung 64).

Abbildung 64: FAZ179_TLK7_SLK1.

Der Autor des Ausgangskommentars gibt sich mit dieser Antwort nicht zufrieden, schreibt, dass er das Interview gelesen habe und bemängelt weiterhin, dass in den Kommentarspalten nicht über relevante Themen diskutiert wird, die über das Teaser-Zitat hinausgehen (s. Abbildung 65).

> **FAZ.NET - Frankfurter Allgemeine Zeitung** ... den ich gelesen habe. Ich sage ja, sie hat weit mehr zu sagen als das, was im Kommentarbereich diskutiert wird. Oder wird etwa über ihre Aussage debattiert, KI würde sich nur transformierend auf den Arbeitsmarkt auswirken? Das ist immerhin eine These, die ziemlich konträr zu den Mutmaßungen der Befürworter eines bedingungslosen Grundeinkommens ist.
>
> FAZ.NET
> Aktuelle Nachrichte...
>
> Gefällt mir · Antworten · 1 J.   👍 2

Abbildung 65: FAZ179_TLK7_SLK2.

Ein anderer Nutzer gibt dem Kommentator recht („[...] geht es im Kern wirklich um KI? Dann nutzt man einen anderen Teaser!" (FAZ179_TLK7_SLK3)). Auch die FAZ antwortet auf den Kommentar noch einmal, erklärt sich („es ist [...] nicht möglich, in einem Teaser jeden Aspekt eines Artikels oder eines Interviews darzustellen") und bedauert, dass der Nutzer die Auswahl nicht gelungen findet, beharrt jedoch auf ihrer Position („[...] allerdings haben wir uns bei der Auswahl durchaus etwas gedacht") (s. Abbildung 66):

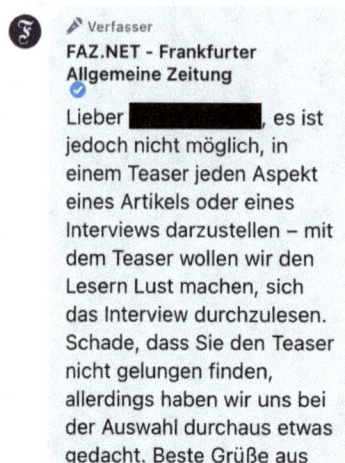

Abbildung 66: FAZ179_TLK7_SLK4.

Dieser Ausschnitt aus der *Social-Media*-Kommunikation des Korpus zeigt, dass Nutzerinnen und Nutzer in sozialen Medien die Möglichkeit haben, sich direkt an die Massenmedien bzw. die Verantwortlichen auf der Produktionsseite zu wenden und von diesen Antworten zu erhalten. Der Nutzer in der hier abgebildeten Konversation reflektiert darüber hinaus kritisch die Diskursmechanismen in sozialen Medien und versucht, sich mit seinen Vorschlägen in die Gestaltung der Online-Diskussionskultur einzubringen. Er wünscht sich, dass über die Inhalte des Interviews gesprochen wird, anstatt über das kontroverse Zitat und die Person dahinter, das, wie zuvor bereits gezeigt (vgl. S. 171), eine Reihe von nicht-hegemonialen, insbesondere sexistischen, Kommentierungen hervorruft. Die FAZ-Redaktion, übereinstimmend mit der grundsätzlichen Diagnose, dass sich im untersuchten Material keine genuinen Debatten im Sinne der Rhetorik finden lassen (vgl. S. 168), geht auf die Argumente des Nutzers jedoch kaum ein und hält an ihrer Position fest.

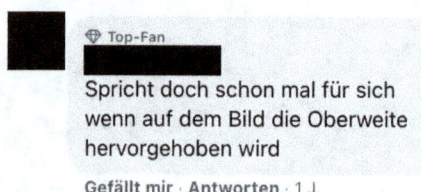

Abbildung 67: FAZ179_TLK42.

In Abbildung 67 macht ein User auf die Tatsache aufmerksam, dass das Zitat der KI-Ingenieurin mit einem Bild unterlegt ist, auf dem „die Oberweite hervorgehoben wird", weil oberhalb der Schrift ein Frauenoberkörper bis zum Brustbereich zu sehen ist (vgl. Abbildung 38). Er konstatiert, dass dies *für sich spreche*. Aus Perspektive der Wissenschaftlerin betrachtet, „spricht" hier jedoch nichts „für sich", sondern werden spezifische Lesarten suggeriert, die von einer gewissen semiotischen Komplexität zeugen. Erst im Zusammenspiel von Bild und Text lässt sich ein Deutungsversuch dieses Kommentars sinnvollerweise unternehmen. Es gilt, die semantischen Lücken zu füllen, die der Kommentar offenlässt. So könnte die Argumentation des Kommentars wie folgt rekonstruiert werden: *Im von der FAZ veröffentlichten Zitat geht es um die Förderung von Frauen im KI-Bereich. Das Bild, das den Hintergrund für das Zitat bildet, betont die weibliche Oberweite. Die Betonung der weiblichen Oberweite reproduziert den „männlichen Blick" und läuft einer genuinen Förderung von Frauen zuwider. Also konterkariert die FAZ visuell das, was sie textuell konstatiert bzw. konstatieren lässt.* Was hier also laut Nutzer „für sich selbst sprechen soll", nämlich eine Kritik an einer impliziten Form des Sexismus oder zumindest des sexistischen Framings, ist, wie eine genauere Analyse zeigt, erst Ergebnis eines hochkomplexen multimodalen Deutungsprozesses.

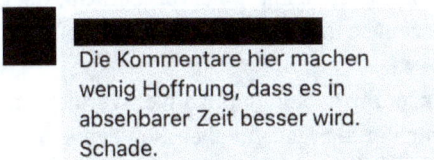

Abbildung 68: FAZ179_TLK31.

Der Kommentator in Abbildung 68 nimmt wiederum Bezug auf die Kommentarspalte im Gesamten und deutet diese als Zeichen dafür, dass das im Zitat Geforderte „in absehbarer Zeit" nicht eintreten werde. Wie auch beim Kommentar in Abbildung 67 findet hier eine multimodale Verschränkung statt, insofern die Kommentare nur durch die Interpretation verschiedener Kommunikationsmodi des Social-Media-Interfaces verstehbar werden. Im Kommentar in Abbildung 67 gilt es, das Bild in Kombination mit dem Zitat und dem Kommentar-Text auf spezifische Weise zu lesen; im Kommentar in Abbildung 68 darum, das Zitat in den Gesamtkontext der Kommentarspalte und den übergeordneten (Social-Media-)Diskurs zu stellen, der hier auch als *Weltwissen* bezeichnet werden könnte, und ebenfalls wieder auf den Kommentar-Text rückzubeziehen bzw. – mit Jäger formuliert – alle Ebenen fortwährend miteinander zu *transkribieren*. Isoliert betrachtet, d. h. auf reiner Text-Ebene der jeweiligen Social-Media-Kommentierungen, ergäben die Kommentare keinen oder nur *sehr eingeschränkt* Sinn.

Zuletzt sei hier noch ein Beispiel eines Kommentars angeführt, in dem Kritik daran geübt wird, wie im Ausgangsartikel der KI-Begriff verwendet wird. Der Kommentar in Abbildung 69 ist im Kontext der Berichterstattung über Cyborgs entstanden. Der Kommentator bemängelt, dass „[d]er Bericht [...] fehlerhaft [ist], da er falsche Aussagen macht". Das, was im Artikel als KI bezeichnet wird, habe nach Meinung des Kommentar-Autors „nichts mi k.I. zu tun".

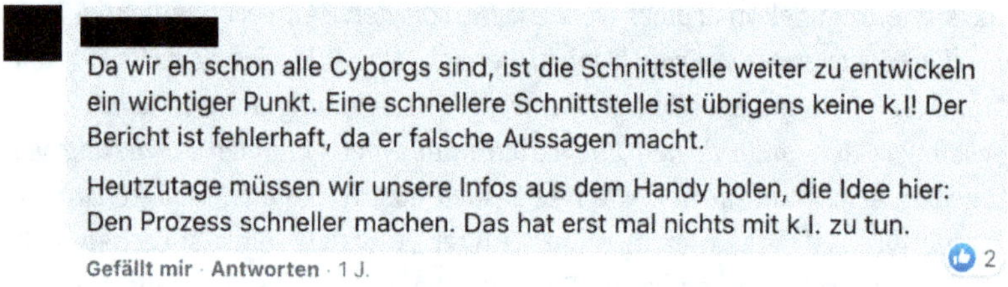

Da wir eh schon alle Cyborgs sind, ist die Schnittstelle weiter zu entwickeln ein wichtiger Punkt. Eine schnellere Schnittstelle ist übrigens keine k.I! Der Bericht ist fehlerhaft, da er falsche Aussagen macht.

Heutzutage müssen wir unsere Infos aus dem Handy holen, die Idee hier: Den Prozess schneller machen. Das hat erst mal nichts mit k.I. zu tun.

Gefällt mir · Antworten · 1 J.   👍 2

Abbildung 69: FAZ114_TLK10_SLK3.

Hier wird eine spezifische Form metadiskursiver Kritik[209] hervorgebracht, über die sich der Kommentator als Experte inszeniert und sich in die Bedeutungshandlungen um den KI-Begriff involviert.

Anhand der im Vorangegangenen angeführten kommunikativen Verdichtungen, die sich aus dem empirischen Datenmaterial ergeben haben, soll deutlich geworden sein, dass sich über eine Analyse der *Social-Media*-Kommunikation der gesellschaftliche Diskurs um Künstliche Intelligenz überhaupt erst in seiner Breite und Tiefe angemessen verstehen lässt. Wie Tereick (2016) bereits angemerkt hat, finden sich auf der Ebene der sozialen Medien, wo Subjekte stets zwischen Rezipienten und Produzenten oszillieren (können), *Produser* sind, Diskurspositionen, die im hegemonialen, d. h. hier massenmedialen Diskurs, so nicht oder nicht in ähnlicher Explizität bzw. Drastik auffindbar sind. Künstliche Intelligenz wurde in den untersuchten Zeitungsartikeln nicht grundsätzlich infrage gestellt, konform mit den Ergebnissen anderer empirischer Untersuchungen zu diesem Zusammenhang (vgl. z. B. Bareis/Katzenbach 2021; Köstler/Ossewaarde 2021). Utopien jenseits der Implementierung von KI-Technologien sind dort das Negativ eines Positivs, das immer schon bei einem unausweichlich fortschreitenden *Status quo* ansetzt. In sozialen Medien gibt es diese Denkunmöglichkeit nicht, dort bringt sich der Social-Media-Orator mit seinen Vorstellungen dessen, wie eine Gesellschaft zu sein bzw.

---

[209] Vgl. zu Metadiskursivem im KI-Diskurs S. 187 sowie Sommerfeld 2021.

nicht zu sein habe, unverblümt ein, mögliche Spielräume für Gestaltungsmöglichkeiten jenseits hegemonialer Vorstellungen eröffnend. Immer wieder bilden seine Nadelstiche gegen die Obrigkeiten eine Kontrastfolie, mithin ein *Korrektiv*, gegen vorherrschende Annahmen und können auch etwaigen Filterblasen-Tendenzen entgegenwirken.

Wenngleich (implizite) Sexismen, wie das Beispiel der Visualisierungen von Männern und Frauen im untersuchten Bildmaterial der Zeitungsartikel deutlich gemacht haben soll, nach wie vor auch in den Massenmedien eine Rolle spielen, die sich durch deren konkrete Gemachtheit nicht allein mit der Anzahl von Männern und Frauen im MINT-Bereich „wegerklären" lassen, besteht eine Schattenseite der sozialen Medien darin, dass dort die Grenzen des Sagbaren und Nicht-Sagbaren zugunsten offen sexistischer, antifeministischer und anderer diskriminierender Positionierungen im Verhältnis zum massenmedialen Diskurs verschoben sind. Auch diese Einsicht deckt sich mit den Ergebnissen anderer Studien in diesem (erweiterten) Bereich (vgl. z. B. Tereick 2016; Inguanzo/Zhang/de Zúñiga 2021). Soziale Medien stellen sich hier somit als janusköpfig dar und untermauern die Notwendigkeit des Erlernens und Kultivierens rhetorischer Kompetenzen, um die Chancen sozialer Medien individuell, aber auch gesamtgesellschaftlich, zum größtmöglichen Nutzen einsetzen, aber auch mit etwaigen Gefahren für den sozialen Frieden und die Demokratie umgehen zu können.

4.2.3 These III: Die Ergebnisse medienkulturrhetorischer Untersuchungen Künstlicher Intelligenz erlauben eine kritische Reflexion der gegenwärtigen (Un-)Möglichkeitsbedingungen des Orators

Die Ergebnisse der Untersuchung der verschiedenen Diskursebenen rund um Künstliche Intelligenz können eine Grundlage für eine kritische Reflexion der (Un-)Möglichkeitsbedingungen, gegenwärtig zum Orator zu werden, bilden, so die hier vertretene These. Um sich kulturschöpferisch einbringen zu können, d. h. zum Orator zu werden, bedarf es spezifischer rhetorischer Kompetenzen, die Vidal (2010) zufolge notwendigerweise an virtuelle Welten angepasst werden müssen. Mit der zunehmenden Ausbreitung von KI-Technologien und der damit einhergehenden technologischen sowie gesellschaftlich-diskursiven Komplexität verschärft sich diese Notwendigkeit. Es gilt, sich selbst dazu in die Lage zu versetzen, die Rhetorizität der „neuen" Technologien zu reflektieren und diese in das eigene rhetorische Handeln einzubeziehen. Um dies jedoch kompetent tun zu können, muss man sich *informieren* bzw. *fortbilden* und seine Fähigkeiten *in der Debatte* erproben und weiterentwickeln. Massenmediale Berichterstattungen stellen dabei eine wichtige Informationsquelle dar, und an der *Social-Media*-Kommunikation lässt sich ablesen, auf welche Weisen sich Subjekte gegenwärtig in Debatten einbringen. Die diskursiven Auffälligkeiten, die im untersuchten Material vorzufinden sind, gilt es sodann auch daraufhin zu befragen, wie die „neuen" Technologien im Hinblick auf einen gesamtgesellschaftlich mündigen Umgang mit ebendiesen *alternativ* verhandelt werden könnten. Im Folgenden soll dies anhand ausgewählter (Diskurs-)Aspekte verdeutlicht werden.

KI und die *Filterblase*

Der im Kontext der *Critical Algorithm Studies* erläuterte (vgl. S. 57) Begriff der *Filterblase*[210] ist längst in den öffentlichen Diskurs diffundiert und wird dort als Erklärungsmuster für eine zunehmend fragmentierte Gesellschaft herangezogen. So wird sich dort explizit auf Pariser bezogen (z. B. FAZ122), und die Selbstverständlichkeit, mit der sich diskursiv unsere Wirklichkeit als eine *Filterblase* beschreiben lässt, wird etwa in diesem Zitat manifest: „Ja, ‚Filterblase' ist ein Horrorwort, klingt grausam, und sie soll auch gefährlich sein. Das sagt zumindest immer wieder irgendein Politiker in eine Kamera hinein" (FAZ122). Die stark negativ konnotierten Wörter *Horror* und *grausam* sind hier als hyperbolisch zu deuten, wenn lapidar hinzugefügt wird, dass *irgendein* Politiker immer mal wieder medienwirksam davor warne. Auch der Gesamtkontext des Artikels, der durchweg ironisierend und zuspitzend formuliert ist, stützt diese Interpretation. Die *Filterblase* kommt hier als *altbekanntes Problem* in den Blick, dem man sich experimentell annähern kann, indem man diese, wie etwa die Autorin des zuvor zitierten Artikels dies tut, zu verlassen versucht. Allerdings lautet deren ernüchterndes, resignativ anmutendes, Fazit: „Und ja, es existiert wahrscheinlich kein wirkliches Dadraußen" (ebd.).

Mit einer ähnlichen Selbstverständlichkeit wie im zuvor zitierten Artikel die *Filterblase* als gestriges und doch nach wie vor aktuelles Thema problematisiert wird, wird deren Bedeutung auch in anderen Artikeln betont. In einem KI-Bildungsprogramm, das von einer Zeit-Autorin getestet wird, heißt es, „[m]an bewege sich den ganzen Tag durch eine einzige große Filterblase" (Zeit53), in einem anderen Artikel wird Facebook die „sogenannte Filterblase" (Bild4) vorgeworfen, „in der Nutzer von der Software nur Informationen aufgetischt bekommen, die ihre Weltsicht verstärken" (ebd.). Es wird von Algorithmen berichtet, die uns „[o]hne es zu merken, [...] unter Ausnutzung psychologischer Schwächen an bestimmte Orte [lenken]" (FAZ19) oder von „Echokammern [...], die Nutzer isolieren und mitunter radikalisieren" (Spiegel11). Zwar wird auch festgestellt, dass es sich bei der *Filterblase* nicht um ein genuin neues oder auf das Internet beschränkte

---

[210] Mitunter wird auch synonym der Begriff *Echokammern* verwendet (so z. B. in FAZ139, Spiegel11, Zeit46).

Phänomen handele und es auch früher schon Kompartmentalisierungstendenzen in der Gesellschaft gegeben habe (z. B. FAZ19; FAZ122), doch habe die *Filterblase* eine eigene Qualität: „Durch algorithmische Systeme verstärkt sich jedoch der Filterblaseneffekt im realen Raum mit der Folge, dass die soziale Durchmischung geringer wird" (FAZ19).

Für die Rhetorik von besonderer Bedeutung ist bei dieser kommunikativen Verdichtung insgesamt die *Uneindeutigkeit* bezüglich der Wirklichkeit der *Filterblasen*, die in den meisten Artikeln nicht thematisiert wird. Wie oben bereits erwähnt (vgl. S. 61), deutet sich in empirischen Studien an, dass der Personalisierungseffekt nicht oder nicht in dem angenommenen Maße sozial wirksam wird. Diese Tatsache wird jedoch selten reflektiert, wie beispielsweise in diesem Artikel-Zitat:

> Zwar deutet empirische Forschung inzwischen darauf hin, dass das [die Existenz und Wirkungsweise von Echokammern, Anm. d. Verf.] ein Mythos ist, aber dennoch verbreiten sich sensationslüsterne Nachrichten, am besten mit irgendeiner Horrorbotschaft in der Überschrift, oft rasend schnell im Netz (Zeit46).

Was bedeutet es aber für eine Gesellschaft, wenn sie womöglich fälschlicherweise annimmt, sich in einer *Filterblase* zu befinden? Performiert sie eine solche dann jenseits technologischer Verstrickungen? Verkennt sie womöglich die Dynamiken sozialer Problematiken, wird sie blind für andere Sichtweisen, für Veränderungen, derer es bedürfe? Wenn noch nicht abschließend – und vielleicht *niemals* abschließend – geklärt ist, wie die soziale Wirklichkeit, in der wir uns bewegen, im Zeitalter der KI-Technologien beschaffen ist, ergibt sich zudem eine noch viel grundsätzlichere, übergeordnete Aufgabenstellung für die Rhetorik: Sie muss dynamischere Werkzeuge entwickeln und bereithalten, mittels derer sich an volatile und schnell veränderbare Kontexte angepasst werden kann und den Umgang mit Unsicherheit in ihr Zentrum stellen. Das gilt auch für die Figur des Orators. Immer dringlicher stellt sich die Frage: Wie kann der Orator in diesen Zeiten zu seinem Zertum gelangen?

Visiotyp humanoider Roboter
Wie von einigen Forscherinnen und Forschern konstatiert[211], wird Künstliche Intelligenz sehr häufig als humanoider Roboter dargestellt, d. h. als eine robotische Erscheinungsform, die der menschlichen Anatomie nachempfunden ist. Da die Robotik – zumal die humanoide Robotik – lediglich einen kleinen Teilbereich *Künstlicher Intel-*

---

211 Caja Thimm (2019, 19) stellt etwa fest, dass die massenmedialen Thematisierungen der *Angst vor der Maschine* „mit einer Technisierungswelle einher[gehen], die vor allem in den humanoiden Robotern und der sogenannten ‚Künstlichen Intelligenz' neue publicityträchtige Manifeste findet" und perspektiviert die humanoide Darstellung damit als PR.

ligenz darstellt, dadurch also Komplexität, mithin drastisch, reduziert wird, kann hier von einem Visiotyp gesprochen werden. Weniger klar ist dabei, *auf welche Weise* humanoide Roboter dargestellt und welche kulturellen Bedeutungen in deren Visualisierung mittransportiert werden. Zunächst lässt sich feststellen, dass im untersuchten Material insbesondere zwei spezifische Typen von Robotern dominant waren: 1) der Roboter *Sophia* des Hong Konger Unternehmens *Hanson Robotics*, 2) der Roboter *Pepper* des französischen Unternehmens *Aldebaran Robotics SAS* und des japanischen Unternehmens *SoftBank Mobile Corp.* Ebenfalls häufiger kamen in den Daten der Roboter der Deutschen Bahn, *Semmi*, sowie der *Terminator* vor.

Die Roboter wurden auf sehr unterschiedliche Weisen dargestellt; mal links im Bild (als das Vertraute und Gegebene), mal rechts im Bild (als das Neue)[212], mal mit einem Blick, der von der Kamera abgewandt ist (offer), mal mit direktem Blick in die Kamera (demand). Übergreifend lässt sich feststellen, dass die Roboter oftmals in großer Nähe zum Betrachter inszeniert werden, wie etwa in den Abbildungen 70–72:

Abbildung 70: Roboter Pepper, Zeit21.

---

212 Zu den Kategorien des Vertrauten und des Neuen im linken oder rechten Bildausschnitt schreibt van Leeuwen (2005, 278): „Given and new are the information values of the left (given) and the right (new) of the semiotic space, when these zones are polarized."

Abbildung 71: Roboter Pepper, Spiegel33.

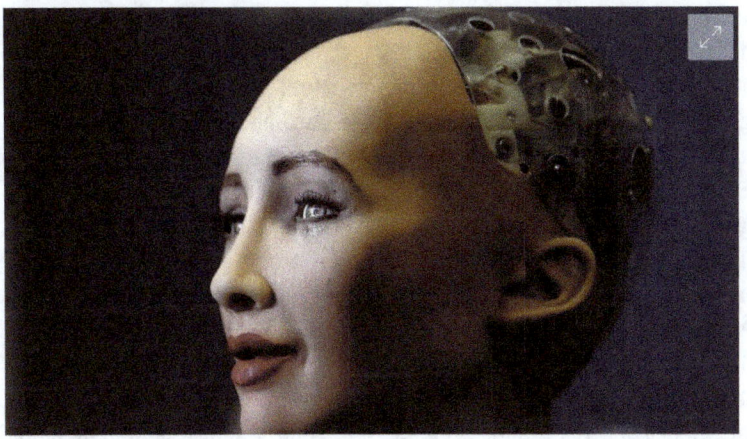

Abbildung 72: Roboter Sophia, Spiegel7.

Sie sind *nah* am Betrachter, am Menschen, kommen ihm also buchstäblich *näher*; sie befinden sich oftmals vor dem Hintergrund einer künstlichen, mithin *analytischen*, Kulisse[213], und sie sind häufig *salient*, d. h., in scharfem Fokus, beleuchtet, farblich hervorgehoben, wodurch visuell eine Dominanz des Robotischen erzeugt wird (vgl. dazu auch S. 141). An dieser Stelle lässt sich für den weiteren Verlauf der Untersuchung zweierlei festhalten: Zum einen gilt es zu re-

---

213 Vgl. dazu auch Fn. 175.

flektieren, welche Bedeutung das Vorhandensein des Visiotyps *Humanoider Roboter* im Allgemeinen hat. Zum anderen wird zugleich deutlich, dass es für ein Verständnis des KI-Diskurses nicht ausreicht, schlichtweg die Dominanz dieses Visiotyps zu konstatieren. Wie im Vorangegangenen bereits angedeutet, werden durch die *spezifischen Kompositionen* der Visualisierungen humanoider Roboter bestimmte Bedeutungen generiert, die über deren schlichte Ähnlichkeit zur menschlichen Anatomie hinausgehen und in den folgenden Ausführungen zu visuellen Verdichtungen aufgegriffen werden.

Textuelle und visuelle Strategien der Anthropomorphisierung

In den untersuchten Zeitungsartikeln sind anthropomorphe Beschreibungen der KI-Technologien von übergeordneter Bedeutung. Auch Thimm und Bächle (2019, 5) machen Anthropomorphisierung als ein bestimmendes Muster in KI-Diskursen aus und interpretieren diese als Ausdruck einer *neuen Nähe*. Anthropomorphisierung, so schreiben die Autoren, sei „häufig eine Form der Annäherung, mit deren Hilfe man Fremdheit überbrücken will" (ebd.). Diese Nähe könne dabei marketingstrategisch genutzt werden oder ins *Uncanny Valley* (vgl. dazu S. 129) umschlagen, wenn gerade Roboter *zu* menschenähnlich daherkommen. Im Folgenden werden konkrete sprachliche Anthropomorphisierungen[214] im massenmedialen Diskurs aufgelistet:[215]

- **Zuschreibung von Erkenntnisfähigkeit und Intelligenz**: KI *weiß* (z. B. Bild3; FAZ168; Bild14; SZ36), *erkennt* (z. B. Bild3; Bild15; Bild17), *merkt* (z. B. Bild3), *überlegt* (z. B. Zeit24), ist *klug* (z. B. FAZ2), ist *schlau* (z. B. Bild9), *begreift* (z. B. FAZ84), *denkt* (z. B. FAZ8), *versteht* (z. B. Bild3; FAZ8)
- **Zuschreibung von Dummheit**: „Testberichte und Online-Foren [über Chatbots, Anm. d. Verf.] sind voll von Beschwerden über dämliche Antworten" (FAZ66); ein bestimmter Chatbot wird als „eher [...] schlichter Typ" (FAZ66) bezeichnet; Chatbots seien „allerdings [oft] schwer von Begriff" (FAZ66); der Roboter der Deutschen Bahn habe „keinen Plan" (Bild14); eine Schlagzeile lautet „Dumme künstliche Intelligenz" (Spiegel33); Bilderkennungsprogramme ließen sich „leicht in die Irre führen" (Spiegel25), maschinelle Lernsysteme sich „ein-

---

214 Die Kursivsetzungen in den folgenden Zitaten sind diejenigen der Verfasserin dieser Arbeit, um die jeweilige Anthropomorphisierung hervorzuheben.
215 Dabei sei hier angemerkt, dass es sich nur um einen Ausschnitt der im untersuchten Material ausgemachten Anthropomorphisierungen handelt. Auch stellt sich die Frage, wo die Grenze sprachlicher anthropomorpher Zuschreibungen zu ziehen ist, wenn man selbst „sein" und dessen Konjugationsformen (z. B. „Die Maschine ist xy") als Ausdruck eines Seins-Zustands deuten würde, der zwar nicht exklusiv menschlich, womöglich aber dem Menschsein entlehnt und bei KI-Technologien anzweifelbar ist.

fach [...] austricksen" (Spiegel33); Künstliche Intelligenz sei mitunter[216] „erstaunlich dumm" (Spiegel11); und auch die Vergleiche mit Kleinkindern, die im nächsten Unterpunkt angeführt werden, ließen sich hier teils einreihen
- **KI als Kleinkind**: „Künstliche Intelligenz ist wie ein Kleinkind" (FAZ68), heißt es in einer Schlagzeile; ein Microsoft-Entwickler wird mit ähnlichen Worten zitiert, die ebenfalls die Schlagzeile bilden: „'Künstliche Intelligenz ist wie ein dreijähriges Kind'" (Spiegel54); der Algorithmus eines Beethoven-Projekts sei laut Projektkoordinator „wie ein kleines Kind, das die Welt Beethovens erkundet" (Spiegel55)
- **KI muss trainiert werden und lernen**: Im untersuchten Material ist derart häufig von „trainieren" und „Training" die Rede, dass diese Begriffe kaum noch als Metaphern auffallen (z. B. Bild6; Bild10; Bild13; Bild17; Bild18; Bild31; FAZ35; FAZ42; FAZ45; FAZ47; FAZ55; FAZ76; FAZ87; FAZ94; FAZ155; FAZ179; Spiegel9; Spiegel10; Spiegel40; Spiegel44; Spiegel45; Spiegel46; Spiegel55; SZ1; SZ25; SZ43; SZ63; SZ81; SZ86; Zeit3; Zeit10; Zeit14; Zeit33; Zeit38; Zeit60; Zeit61; Zeit62; Zeit66); auch der Begriff des *Lernens* sei hier angeführt, der auch ob seiner Verwendung in Begriffen wie *maschinellem Lernen* oder *Deep Learning* ebenfalls äußerst häufig auftaucht, aber auch jenseits dieser Fachbegriffe verwendet wird, wodurch, wie auch durch den Intelligenz-Begriff, eine Analogie zum Menschlichen hergestellt wird (vgl. z. B. Bild6; Bild10; Bild14; Bild15; Bild16; Bild17; Bild20; Bild22; Bild29; Bild30; Bild31; FAZ6; FAZ21; FAZ35; FAZ39; FAZ61; FAZ62; FAZ63; FAZ73; FAZ85; FAZ92; FAZ102; FAZ107; FAZ174; FAZ147; FAZ155; FAZ178; Spiegel6; Spiegel46; SZ1; SZ10; SZ13; SZ14; SZ17; SZ23; SZ36; SZ45; SZ46; SZ50; SZ54; SZ60; SZ64; SZ67; SZ96; SZ104; SZ105; SZ107; SZ112; SZ118; Zeit1; Zeit3; Zeit10; Zeit17; Zeit41; Zeit48; Zeit53; Zeit54; Zeit56; Zeit60; Zeit65)
- **KI als Entscheidungsträger**: „Schon heute entscheiden Algorithmen, welche Werbung jemand auf Facebook eingeblendet bekommt oder welche Preise auf Amazon erscheinen" (Zeit11); „Maschinen entscheiden über Leben und Tod" (Spiegel6); „Forscher versuchen, Robotern Gefühle anzutrainieren, damit sie in schwierigen Situationen bessere Entscheidungen treffen" (Zeit38); „Damit der Roboter entscheiden kann, was er tun soll, definieren wir eine Belohnungsfunktion und lassen den Roboter Aktionen auswählen, die die meiste ‚Belohnung' einbringen" (SZ40[217])
- **KI als Sender bzw. Empfänger eines Kommunikationsverhältnisses**: Insbesondere die Verwendung des Verbs *sagen* lässt KI-Technologien als Gesprächspartner erscheinen. So wird etwa gefragt: „Woher soll der Computer das

---

216 Das gesamte Zitat lautet: „Wenn es darum geht, Zusammenhänge zu verstehen, wirkt künstliche Intelligenz dagegen erstaunlich dumm" (Spiegel11).
217 Hierbei handelt es sich um einen SZ-Gastbeitrag der UC Berkeley-Dozentin Anca Dragan.

wissen, wenn es ihm keiner sagt?" (FAZ171) oder: „Sagen uns bald Computer, wie Krebs behandelt wird?" (Bild15, Schlagzeile); über eine KI-Anwendung zum Verfassen von Artikeln spekuliert eine Autorin: „Vielleicht aber wolltest du mir aber ganz unterschwellig auch sagen:,Sei nicht so faul. Schreib lieber selbst!'" (FAZ162); und in einem Artikel wird festgestellt, dass der Chatbot dann am menschlichsten wirkt, wenn er „nichts sagt" (Zeit1)

- **KI-Technologien mit eigenem Willen**: Vielfach kommen in den Artikeln Formulierungen vor, über die den KI-Technologien ein eigener Wille zugeschrieben wird, etwa wenn es heißt: „Du willst gar keine Artikel schreiben, die Menschen lesen. Du willst Artikel schreiben, die Suchmaschinen finden" (FAZ162); „Der Computer will Ihren Job" (Spiegel58); „Was Roboter wollen" (FAZ86); aber auch wenn der KI eine Präferenz unterstellt wird, wie „Wenn die Software lieber Männer auswählt" (Spiegel11).

- **KI als Helfer**: KI wird auch als Helfer oder Unterstützer in den Blick genommen: „Es gibt bereits Roboter, die Autos bauen und bei komplizierten medizinischen Operationen unterstützen" (FAZ93); „BILD erklärt, wie künstliche Intelligenz und Digitalisierung Krebskranken helfen" (Bild15); „Künftig soll Künstliche Intelligenz den Ermittlern helfen" (Bild20); „Chatbots sind Computerprogramme, die Kunden im Online-Handel helfen sollen" (FAZ66)

- **KI als menschliches oder hybrides Wesen**: KI kommt in den Artikeln als Entität in den Blick, die wie der Mensch *geboren* und *erschaffen* wird oder gleich, etwa durch die Verwendung von Komposita oder Personalpronomen, zu etwas Menschlichem, mithin *Weiblichem*, oder einem technisch-menschlichen Mischwesen erklärt wird. Zudem wird sich auf *Sinne* von Robotern bezogen bzw. werden Verben verwendet, die sich auf die (menschlichen) Sinne beziehen. In einem Artikel ist die Rede von der „Roboterdame" (Zeit24) oder vom „Roboter-Körper" (FAZ43); KI solle laut einem Interviewpartner „als ein weiteres Mitglied im Team" (FAZ176) betrachtet werden; eine Autorin schreibt, dass sie mit dem Roboter Semmi der Deutschen Bahn an „ihrer Geburtsstätte" (Bild9) verabredet sei; es wird von der „Geburtsstunde der Künstlichen Intelligenz" (FAZ57) geschrieben; der von einer KI porträtierte fiktive Edmond de Belamy sei ein „Spross einer Open-Source-Nebenlinie" (SZ1); es wird von Gesprächsfetzen berichtet, „die nicht für Alexas Ohren gedacht waren" (FAZ62) oder geschrieben: „Sobald Lucy [ein Roboter, Anm. d. Verf.] sieht, dass ich komme, hebt sie ihren Arm zu einer Winkbewegung" (Zeit64)

- **KI als nicht vertrauenswürdiger Täuscher**: Auch dass KI nicht *vertrauenswürdig* sei – oder Überlegungen zu einer *vertrauenswürdigen* KI – kann als Anthropomorphisierung bezeichnet werden. KI wird überdies auch eine Täuschungsabsicht zugeschrieben. Eine Schlagzeile lautet „Unberechenbare Roboter" (FAZ61), eine andere „Warum wir KI nicht vertrauen sollten" (FAZ155);

Roboter Sophia sei ein „Apparat, der Gefühle vortäuscht" (FAZ43), Computer „mogeln" (Spiegel33)
- **Das Können der KI**: Allgemein wird KI-Technologien diskursiv ein großes Potenzial in sämtlichen gesellschaftlichen Bereichen attribuiert; auf der sprachlichen Anthropomorphisierungsebene drückt sich dies u. a. auch durch die Verwendung des Verbs *können* in seiner Bedeutung als Fähigkeit, nicht als Modalverb, aus oder auch durch den Ausdruck *zu etwas in der Lage sein*, etwa in diesen Beispielen: „Was Algorithmen können und dürfen" (FAZ91); „Sie [Medizinroboter, Anm. d. Verf.] werden [...] überwiegend als Unterstützer wahrgenommen, die vieles nun mal besser können als Menschen" (FAZ29); „Der Grund, warum das Programm dazu in der Lage ist, liegt darin, dass es in der Tat ähnlich denkt wie ein Mensch" (FAZ145)
- **KI als Sieger**: KI-Technologien werden oftmals als Gewinner gerahmt, die ihre menschlichen „Konkurrenten" besiegt haben, z. B. wenn es heißt: „Googles KI schlägt auch Computerspieler" (FAZ14) oder „Forschern ist es gelungen, einen Bot zu programmieren, der die besten Pokerspieler der Welt besiegt hat"
- **Metabolische KI:** Interessant und auffällig ist überdies, dass einige Vokabeln aus der Sphäre des Metabolischen verwendet werden, um die Prozesse der KI zu beschreiben: „Während die Gesichtserkennungssoftware mit großen Emotionen gefüttert wird, spuckt die KI ein Bild des stoischen Menschen aus" (Zeit33); „Die KI, gespeist mit allen neun Symphonien des Meisters und weiteren Klassikern, rechnet noch emsig und entwirft immer neue, möglichst werkgetreue Varianten" (Zeit65); Maschinen benötigen *Lernfutter* (Bild15); „Künstliche Intelligenzen fressen Daten, Erfahrungswerte, verbinden sie und handeln dann" (Zeit1); die Technologien *ernähren* (z. B. SZ67) sich von Daten, sodass darauf geachtet werden sollte, „was eine KI frisst" (SZ67)

Die Ergebnisse der Analyse der Anthropomorphisierungen von KI-Technologien verdeutlichen zum einen, dass diese in verschiedenen Schattierungen vorkommen und es daher nicht ausreicht, von einem übergeordneten Diskursmuster der Anthropomorphisierung zu sprechen. Diese Vermenschlichungen können Unterschiedliches bedeuten sowie bezwecken und spiegeln so auch die Bandbreite des Diskurses ein Stück weit wider. Zum anderen stellt sich die Frage, welche Effekte Anthropomorphisierungen zeitigen und ob diese problematisiert werden müssen. In einem Artikel des untersuchten Materials wird die Problematik vermenschlichter KI-Technologien angedeutet:

> Hier ist zwar üblich geworden, zwischen ‚starker' und ‚schwacher KI' zu unterscheiden oder von ‚narrow AIs' zu sprechen, die nur auf Spezialgebieten, etwa dem der Gesichtserkennung, mehr leisten als der Mensch. Aber eine grundsätzliche KI-Verkennung bleibt auch damit im

Spiel: Dass sie betrachtet wird, als wäre sie auf den Menschen hin orientiert. Begreift man KI als die Entwicklung von Systemen, die ‚wie Menschen' denken oder auch nur ‚wie Menschen, handeln, vollzieht man schon deren Personifizierung. Man macht sie einmal mehr zu Stanley Kubricks berühmtem HAL aus dem Film ‚2001: Odyssee im Weltraum' (auch wenn die jüngere Generation vielleicht eher an ‚Her, von Spike Jonze denken würde). Um die ‚Macht der Computer', wie der Informatiker Joseph Weizenbaum einst titelte, im rechten Licht zu sehen, muss man jede solche Personifizierung vermeiden (SZ57).

Personifizierungen, so lässt sich der Schluss des Zitats interpretieren, verzerren den Blick auf die eigentliche Macht der KI-Technologien. Sie stehen womöglich einem profunden Verständnis der komplexen Zusammenhänge rund um KI im Weg und stellen damit auch eine Herausforderung für die Frage nach einer kollektiven *Algorithmic Literacy* (vgl. dazu *4.3 Reflexion*) dar. Auch auf der visuellen Ebene finden sich, jenseits von bloßen Darstellungen humanoider Roboter, Anthropomorphisierungen. Diese manifestieren sich insbesondere in spezifischen Gesten, Mimiken und dargestellten Handlungen der Roboter. Drei Aspekte visueller Anthropomorphisierungen lassen sich im untersuchten Material ausmachen: (1) Roboter werden als *wie der Mensch arbeitend* dargestellt, (2) Roboter werden als typisch menschliche wie z. B. *kreative Tätigkeiten ausübend* dargestellt, (3) Roboter werden mit *Emotionen* dargestellt.

Zu (1): Es häufen sich Visualisierungen, in denen Roboter am Schreibtisch sitzen und einen Laptop bedienen wie beispielsweise in Abbildung 73 und Abbildung 74:

Abbildung 73: Bebilderung des Artikels FAZ93.

In Abbildung 73 wird in kühler, künstlicher Farbgebung eine klassische Situation zwischen Menschen am Arbeitsplatz dargestellt bzw. nachgeahmt, in der ein Roboter dem anderen sitzenden Roboter etwas am Bildschirm zeigt, ihm womöglich etwas erklärt oder ihn auf etwas hinweist.

Abbildung 74: Bebilderung des Artikels S20.

In Abbildung 74 ist ebenfalls ein am PC arbeitender Roboter zu sehen, der sich in einem eher als steril zu bezeichnenden Arbeitszimmer befindet. Die unnatürliche Atmosphäre der Grafik wird durch den kühlen Farbverlauf des Bodens unterstrichen und durch die Tatsache, dass die Obstschale auf dem Wohnzimmertisch leer ist und sich nichts als zwei Lampen und dem Laptop auf dem Schreibtisch befinden. Das Absurde an diesen Darstellungen liegt in der visualisierten Vorstellung, KI-Technologien müssten sich selbst exteriorisieren, um zu arbeiten. Warum, so ließe sich fragen, sollte ein selbst computerisiertes Wesen einen externen Computer wie ein Mensch benutzen müssen?

Zu (2): Neben dem Arbeiten am Computer werden Roboter auch bei der Ausübung als menschlich, weil z. B. kreativ, geltender Tätigkeit dargestellt:

Abbildung 75: Bebilderung des Artikels FAZ63.

In Abbildung 75 sieht man einen Roboter an einer Staffelei, der gerade dabei ist, ein Bild zu malen. Jedoch handelt es sich nicht um irgendein Bild, sondern um eine modifizierte Version von Da Vincis *Mona Lisa*, die gemeinhin als das berühmteste Kunstwerk der Welt gilt. Nicht nur übt der Roboter hier also eine menschliche Tätigkeit aus, er „vergreift" sich auch an einem kulturellen Schatz, den er offenbar mit anderen, unnatürlichen Farben überdeckt und verändert.

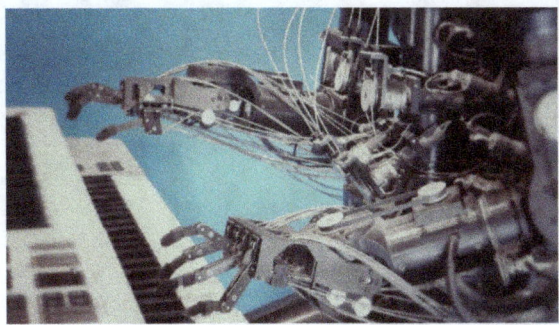

Abbildung 76: Bebilderung des Artikels Zeit34.

In Abbildung 76 sieht man eine robotische Gestalt über einem Keyboard, die offenbar gerade dabei ist, darauf zu spielen. Auch das Musizieren ist eine genuin menschliche Tätigkeit, die hier jedoch vom Roboter vollzogen wird, der sich vor einem kühlen blauen Hintergrund befindet (vgl. dazu auch Fn. 174).

Zu (3): In Abbildung 77 und Abbildung 78 sieht man, dass Roboter mitunter auch mit spezifisch menschlichen Emotionen abgebildet werden.

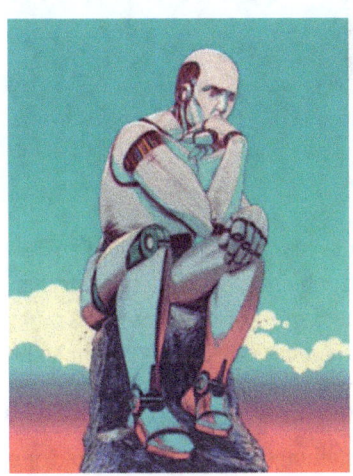

Abbildung 77: Bebilderung des Artikels FAZ45.

In Abbildung 77 nimmt der Roboter die berühmte Pose von Rodins *Der Denker* ein und bekommt auf diese Weise einen nachdenklichen, philosophischen, mithin existenziellen, Anstrich.

Abbildung 78: Bebilderung des Artikels SZ56.

In Abbildung 78 wird ein Roboter gezeigt, der seine Hand an eine Fensterscheibe hält, an der Regentropfen abperlen, so als schaue er jemandem hinterher, der sich zuvor von ihm verabschiedet hat. Sein Blick spiegelt so etwas wie Trauer oder Sehnsucht wider; die gesamte Szenerie verströmt das Gefühl von Einsamkeit.

Wenn diese gehäuften textuellen wie visuellen Anthropomorphisierungen problematisiert werden müssen, da sie die Komplexität der KI-Technologien übermäßig reduzieren und potenziell für verzerrte Vorstellungen von den Technologien sorgen können, stellt sich die Frage, worin die Alternative bestünde. Sollten wir ein präziseres oder gar neues (Bild-)Vokabular entwickeln, um der KI-Logiken habhaft zu werden? Sollten wir nur auf die augenscheinlichsten Vermenschlichungen verzichten? Oder erweisen sich Vergleiche und Metaphern nicht doch mitunter als hilfreich, weil sie anschaulich sind? Müsste man also zwischen abstrakter Fach-/Bildsprache und konkreter sprachlicher/visueller Illustration alternieren? Oder würde es ausreichen, Subjekte in die Lage zu versetzen, diese vereinfachten Darstellungen durchschauen zu können? Auf diese Fragen wird weiter unten noch eingegangen werden (vgl. dazu *4.3 Reflexion*).

KI als Komplexitätsproblem
In der öffentlichen Rezeption des KI-Diskurses, dem KI-Meta-Diskurs, wird dieser oftmals als polarisierter Diskurs dargestellt. Sowohl in den Schlagzeilen von Zeitungsartikeln als auch in akademischer Literatur (z. B. Thimm/Bächle 2019) werden zwei Extrempositionen zu KI ins Feld geführt, insbesondere mit Prominenten aus der KI-Szene als deren Repräsentanten. So stehen Elon Musk und Max Tegmark für das warnende Lager und Ray Kurzweil, als bekennender Transhumanist, für das Lager der KI-Enthusiasten. Auch im untersuchten Material fanden sich Schlagzeilen und Äußerungen, in denen diese Polarität reproduziert wird, wie die folgenden Beispiele veranschaulichen: „Zwischen Faszination und Furcht" (FAZ164, Zwischenüberschrift); „Künstliche Intelligenz: Chance oder Gefahr für die Arbeitswelt?" (SZ62); „Künstliche Intelligenz: Chance und Gefahr?" (SZ11)[218]. In einem Artikel heißt es: „Was die Herzen von Techenthusiasten höherschlagen lässt, stößt in der Bevölkerung aber oft eher auf Skepsis" (FAZ65), in einem anderen wird die beobachtete Polarität als Anlass für die Forderung eines „eigenständige[n] europäische[n] Narrativ[s]" (FAZ23) genommen:

> Zwischen der unreflektierten und sektiererisch-euphorischen Fortschrittsgläubigkeit einerseits und der dystopischen Phantasie der Überwältigung des Menschen durch die Maschinen andererseits brauchen wir eine neue und durchaus optimistische Erzählung über die verantwortungsvolle Weiterentwicklung des Homo sapiens zum Homo technologicus (FAZ23).

An wieder anderer Stelle wird konstatiert: „Wenn im Zusammenhang mit Künstlicher Intelligenz und maschinellem Lernen ethische Fragen diskutiert werden, oszilliert die öffentliche Debatte zwischen apokalyptischen Szenarien und quasi-messianischen Heilsprophetien" (FAZ28).

Metadiskursive Beobachtungen wie jene im letztgenannten Textbeispiel müssen einer Untersuchung des KI-Diskurses standhalten können, gerade weil sich offenbar die Vorstellung etabliert hat, der KI-Diskurs kenne in erster Linie nur diese beiden Pole. Das untersuchte Material deutet jedoch daraufhin, dass es sich bei der Polarität von Euphorie und Apokalypse im Hinblick auf die KI-Technologien vielmehr um ein Regulativ denn um eine angemessene Beschreibungskategorie handelt, das die eigentliche Komplexität der diskursiven Realität verschleiert. Denn

---

[218] Hier wird zwar die Dichotomie reproduziert, aber durch die Konjunktion „und" immerhin indiziert, dass es beides – Chance *und* Gefahr – zugleich sein könne, somit auch Spielräume für Mehrdeutigkeiten eröffnend.

wenngleich gerade im deutschen massenmedialen KI-Diskurs KI oft auch als Bedrohung oder Gefahr gerahmt wird, finden sich kaum Positionen, die sich gänzlich dem einen oder dem anderen Spektrum zuordnen lassen. Die massenmedial artikulierten Positionen sind vor allem abwägend und bringen ambivalente Einstellungen gegenüber den Technologien zum Ausdruck. Die Anwendung von KI sei etwa „janusköpfig" (FAZ27); es ist von der „Ambivalenz digitaler Technologien" (FAZ3) die Rede, doch weder apokalyptische noch heilsbringende Konzeptionen von KI finden sich in Reinform im untersuchten Material. Gemeinsam haben beide Konzeptionen, dass sie – *diffraktiv* gelesen – auf die Etablierung des Narrativs von der *Unhintergehbarkeit von KI* hinwirken, so, wie Eickelmann (2017) überzeugend argumentiert, dass die Verfechter der Redefreiheit und die Verfechter von Zensur/„politischer Korrektheit" beim Thema *Hate Speech* beide das Narrativ des souveränen Subjekts reproduzieren.

Die beiden Pole scheinen insgesamt weniger ein Merkmal des deutschen KI-Diskurses zu sein als eine metadiskursive Reproduktion globaler Diskursrealitäten, die es noch näher aufzuschlüsseln gilt. So liegt beispielsweise die Vermutung nahe, dass machtvolle Akteure anderer Länder, wie etwa Elon Musk oder Ray Kurzweil aus den USA, die hiesige *Wahrnehmung* des Diskurses prägen, während sich dieser in seinen lokalen Verflechtungen deutlich differenzierter ausgestaltet.[219] Wenn also in einem Artikel gefordert wird, dass eine „Bundeszentrale für algorithmische Kompetenz" (Zeit12) eingerichtet werden solle, damit „die öffentliche Debatte jenseits von Verheißungs- oder Horrorszenarios geführt wird" (Zeit12), dann wäre dem zu entgegnen, dass es gerade nicht so zu sein scheint, dass die Debatte so *geführt* wird, sondern dass sie öffentlich so *wahrgenommen* wird. Einen Beitrag dazu mag auch die Tatsache leisten, dass die Schlagzeilen der untersuchten Artikel oftmals deutlich reißerischer sind als deren Inhalte.[220] Insgesamt deutet sich hier an, dass die Komplexität der KI-Technologien sowie die Komplexität von deren Diskursivierung, wie auch bei Anthropomorphisierungen, zu drastischer, aber auch kommerziell nützlicher Simplifizierung motiviert. KI erscheint als *Komplexitätsproblem*, das ebenso *als* Problem reflektiert wird.

Massenmedial wird Künstliche Intelligenz als eine äußerst komplexe Technologie dargestellt und *performiert*. Es ist von einem „Labyrinth der Künstlichen Intelligenz" (FAZ166) die Rede, von „erratische[n]" (SZ55) und „unberechenbar[en]" (Spiegel55) Algorithmen; die KI-Technologien seien „hochkomplex" (FAZ4) oder „gewaltig [komplex]" (FAZ6), sodass sich kaum bis gar nicht nachvollziehen lasse,

---

[219] An dieser Stelle sei daher auf die Wichtigkeit interkultureller Untersuchungen verwiesen. Gerade in diesem Zusammenhang wäre es spannend, die massenmediale und in sozialen Medien rezipierte Berichterstattung über KI in den USA zu untersuchen.
[220] Vgl. dazu S. 131.

was eigentlich vor sich gehe. Auf visueller Ebene findet analog etwas statt, das hier als *visually doing complexity* bezeichnet wird, also das visuelle Erzeugen von Komplexität. Charakteristisch dafür sind enigmatische Darstellungen mit oft ineinander verschlungenen Linien und kleinteiligen Bildkomponenten. Ebenso dazu gezählt werden hier naturwissenschaftliche Modelle, die auf den Laien auf reiner Bildebene, ohne erklärende Bildunterschrift, komplex oder kompliziert wirken könnten.

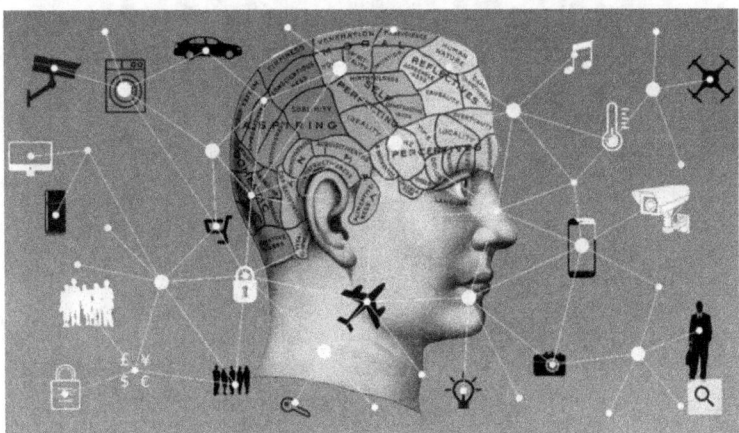

Abbildung 79: Bebilderung des Artikels SZ120.

In Abbildung 79 ist ein menschlicher Kopf zu sehen, dessen Schädel in verschiedene beschriftete Bereiche eingeteilt ist wie *Sublimity, Aspiring, Ideality, Causality, Reflectives, Human Nature, Veneration, Firmness* etc. Darüber liegt ein weißes Netz aus Punkten und Linien, das über den Kopf hinaus geht. An einigen der Punkte befinden sich verschiedene Symbole wie etwa eine Glühbirne, eine Kamera, ein Handy, ein Thermometer, eine Musiknote, ein Mensch im Anzug mit einem Aktenkoffer, eine Ansammlung von Menschen, verschiedene Währungen, ein PC-Bildschirm, eine Waschmaschine, ein Auto etc.; all das vor einem gräulichen Hintergrund. Nun ließe sich viel darüber sagen, welche Vorstellung vom Menschen in diesem Bild zum Ausdruck kommt, welche Bereiche ihn laut den Beschriftungen auf dem/im Kopf ausmachen und in welchem Verhältnis sie zu dem über ihn gespannten Netz mit seinen Symbolen stehen. Bildlich wird an Darstellungen des menschlichen Schädels aus der Phrenologie angeknüpft; eine Lehre, bei der bestimmten Bereichen im Gehirn bestimmte (Charakter-)Eigenschaften zugeordnet wurden. Der Mensch erscheint in dieser Abbildung insgesamt als kalkulierbares, vollständig vermessenes und vernetztes Wesen. Mir geht es an dieser Stelle jedoch um die Komplexität, die durch die vielen Beschriftungen, kleinteiligen Symbole und mannigfachen Vernetzungslinien und -

punkte erzeugt wird. Hier wird bildlich deutlich: Worum auch immer es in dem Artikel genau geht, es geht um ein *komplexes* Thema.

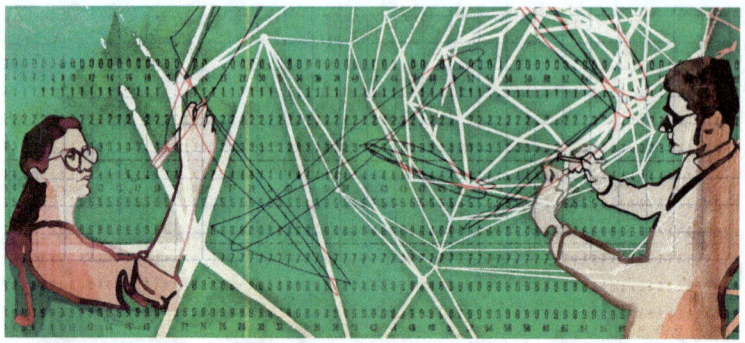

Abbildung 80: Bebilderung des Artikels FAZ166.

Die Grafik in Abbildung 80 zeigt links eine Frau mit Brille von der Seite, die einen Stift in der Hand hält und etwas zeichnet; links einen Mann mit Brille, der ebenfalls etwas zeichnet und ebenso von der Seite zu sehen ist. Die Zeichnung, die diese Personen anfertigen, ist eine „krakelige" Zeichnung aus vorwiegend weißen und roten Linien vor einem grünlichen Hintergrund mit schwarzen Zahlen.[221] Hier ist interessant, dass einerseits durch die Zahlen und die für den Betrachter schier undurchdringlichen Linien Komplexität erzeugt wird. Andererseits scheinen die beiden Personen diese Komplexität jedoch zu durchblicken (buchstäblich, insofern sie Brillen tragen, die in diesem Kontext als Symbole des Bildungsmilieus gedeutet werden können). Unwillkürlich stellt sich die Frage: Wer wirkt eigentlich mit, wer gestaltet die neuen Technologien?

---

221 Dies überschneidet sich mit dem unter dem Punkt *KI als unhintergehbar bedeutsame Technologie* bereits benannten Visiotyp des Numerischen (vgl. S. 124f.).

Abbildung 81: Bebilderung des Artikels SZ42.

Zu sehen sind in Abbildung 81 verschiedenfarbige, miteinander verwobene Kabel, die den Eindruck von Komplexität bis *Über*komplexität, Verworrenheit, Undurchdringlichkeit erwecken. Auch die Tatsache, dass wenn man das Bild bei der Google Bilder-Rückwärtssuche eingibt, man als „verwandte Suche" den Vorschlag *messy* bekommt (vgl. Abbildung 82) – also chaotisch, unordentlich, unaufgeräumt, schwierig – stützt diese Interpretation.

Abbildung 82: Google Bilder-Rückwärtssuche der Bebilderung des Artikels SZ42, zuletzt durchgeführt am 20.02.2022.

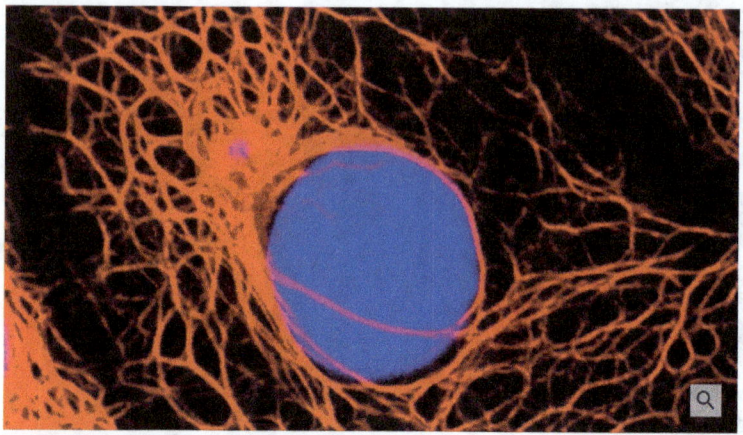

Abbildung 83: Bebilderung des Artikels SZ10.

In Abbildung 83 ist eine modellhafte grafische Darstellung vieler roter, miteinander verwobener Stränge um einen blauen „Ball" in der Mitte vor einem schwarzen Hintergrund zu sehen. Hier scheint es sich um eine Krebszelle zu handeln, was auch eine Bildrückwärtssuche nahelegt. Für den Laien mag, ohne Berücksichtigung des Texts, aber insbesondere der Eindruck von etwas Verwobenem, *Komplexem* entstehen.

Der Begriff *Künstlicher Intelligenz* als solcher wird, wie auch im Fachdiskurs, (mitunter indirekt) massenmedial (z. B. FAZ92; FAZ130; FAZ176; Spiegel7; SZ114; Zeit3; Zeit9; Zeit60) und auf *Social-Media*-Ebene kritisiert (vgl. S. 166f.). Trotz der Kritik wird in den Massenmedien immer wieder versucht, KI definitorisch einzuhegen, wird die Frage danach gestellt, *was Künstliche Intelligenz ist*. Beim Sprechen über und Definieren von Künstlicher Intelligenz fallen drei Dinge auf, die für die Verdichtung *KI als Komplexitätsproblem* relevant sind, da in diesen zum Ausdruck kommt, dass Sprechen *über* KI – wegen deren Komplexität – mit Herausforderungen und Problemen einhergeht:

1. Künstliche Intelligenz wird vielfach in eine Aufzählung mit verwandten technischen Produktionsformen und Metaprozessen gestellt, so mitunter beiläufig definiert, und die Begriffe Künstliche Intelligenz und Algorithmus/Algorithmen werden undifferenziert bzw. synonym verwendet.

Beispiele für diese kommunikative Praxis sind etwa die folgenden:

> Es häufen sich die Belege, dass KI – oder automatisierte Entscheidungssysteme im Allgemeinen – weitreichenden Schaden oder (echte und symbolische) Gewalt gegen bestimmte, und oft ohnehin benachteiligte soziale Gruppen verursachen kann (FAZ100).

Hier wird Künstliche Intelligenz durch den Einschub beiläufig als *differentia specifica* der übergeordneten Definitionsklasse „automatisierter Entscheidungssysteme" definiert.

In anderen Artikeln heißt es, „Algorithmen und künstliche Intelligenz erschaffen synthetische Inhalte [...]" (Spiegel59), „Zahlreiche Entscheidungen und Einschätzungen werden in unserem Alltag heute bereits von Algorithmen und künstlicher Intelligenz mitgetroffen [...]" (Zeit43) oder „Digitalisierung, Künstliche Intelligenz und Algorithmen sind die Treiber unserer heutigen technologischen Revolution" (FAZ111). Algorithmen und Künstliche Intelligenz werden in einer solchen Akkumulation einerseits zusammengedacht und implizit als zusammenhängend instanziiert, andererseits zugleich aber auch als Getrenntes, während die genauen (technischen) Zusammenhänge unklar bleiben. Ebenso verhält es sich, wenn Meta-Prozesse wie Digitalisierung, Automatisierung oder Big Data in einem Zug mit KI als auf die Gesellschaft wirkende Agenzien genannt werden. Auch wird wie im Fachdiskurs der *Critical Algorithm Studies* das Agens der Technologien oftmals am Algorithmus-Begriff festgemacht.

2. Viele der massenmedial hervorgebrachten Definitionen von Künstlicher Intelligenz sind unterkomplex.

Neben den beiläufigen Einstreuungen von KI-„Definitionen" finden sich im untersuchten Material einige explizite Definitionsversuche, in denen – womöglich bewusst vereinfachend – Bestrebungen erkennbar sind, dem Leser KI zu erklären. So heißt es beispielsweise in der FAZ in einem Artikel: „Algorithmen sind im Grunde klare Regeln, wie wir alle sie zuhauf im Alltag haben – wenn der Mülleimer voll ist, bringen wir ihn raus" (FAZ174). Die Vagheit dieser Definition wird schon durch das vorangestellte „im Grunde" indiziert. Der angeführte Vergleich mit der menschlichen Praxis des Müllrausbringens entspricht so auch nicht der Genauigkeit einer mathematischen/informatischen Definition, bei der die exakte Reproduzierbarkeit und Eindeutigkeit der Schrittfolgen entscheidend ist (vgl. auch S. 49). In einem anderen Artikel wird Künstliche Intelligenz definiert als

> ein Computerprogramm (Algorithmus), das darauf spezialisiert ist, einen kleinen Ausschnitt der menschlichen Intelligenz nachzuahmen. Es gibt zum Beispiel KI, die wie ein Mensch erkennen kann, welche Gegenstände auf einem Foto zu sehen sind. Andere KI versteht die Bedeutung gesprochener Worte oder unterscheidet verschiedene Gesichter. Sie kann Röntgenaufnahmen für Ärzte analysieren oder im Auto vor Hindernissen auf der Straße warnen (Bild1).

Neben dem konstatierten Nachahmungsverhältnis von KI gegenüber dem Menschen und den weiteren Anthropomorphismen wie „erkennen" oder „verstehen" ist an dieser Definition insbesondere auffällig, dass Computerprogramm und Algorithmus gleichgesetzt werden, was mit einer fachwissenschaftlichen Definition nichts mehr gemein hat, im Gegenteil ein genaues Verständnis von Algorithmen verwässert. In einem Erklärkasten eines Bild-Zeitungsartikels stößt man auf die Definition: „Künstliche Intelligenzen (KIs) sind nicht automatisch Roboter. Es sind lernende Computerprogramme, die Maschinen ‚intelligent' machen, indem sie auf Bedürfnisse reagieren können" (Bild17). Ex negativo wird KI hier als das nicht zwangsläufig Robotische bestimmt, weiterhin als „Computerprogramm", dessen Intelligenzleistung darin bestehe, dass es „auf Bedürfnisse reagieren" könne. Zwangsläufig stellt sich hier die Frage, auf *welche* Bedürfnisse *wie* reagiert wird, und diejenige, die schon über ein gewisses Grundwissen an KI verfügt, mag bezweifeln, dass die Reaktion auf Bedürfnisse das Definiens dieser Technologien ist.

Zuletzt sei zu diesem Punkt noch die Definition eines anderen Artikels angeführt:

> Was steckt hinter KI? Computersysteme ahmen die menschliche Intelligenz nach, indem sie aus Informationen Handlungen ableiten. Mithilfe neuronaler Netze können sie dabei das bereits Erlernte mit stets neuen Inhalten verbinden. Experten sprechen von Deep Learning. Roboter werden so zu Mitarbeitern. Die Technik macht es möglich, dass sich Maschinen mit anderen vernetzen und Programme blitzschnell Bilder oder Texte auswerten (SZ64).

Auch in dieser Begriffsbestimmung wird auf die computationale Imitation menschlicher Intelligenz abgehoben. Es werden zwar weitere Fachbegriffe wie *neuronale Netze* und *Deep Learning* ins Feld geführt, doch lässt sich hier vielmehr die Frage stellen, ob eine solche Definition tatsächlich für ein besseres Verständnis von KI sorgt – denn was wird etwa unter *Computersystemen* verstanden? Was bedeutet es aus Informationen (aus welchen? Sind es Informationen oder sind es Daten? Wie wurden es Informationen?) Handlungen (welcher Art?) abzuleiten? Was machen *neuronale Netze* genau? Wie hat man es sich vorzustellen, wenn sich Maschinen untereinander vernetzen, und was unterscheidet Maschinen von Programmen?

3. Beim massenmedialen KI-Diskurs handelt es sich um einen insgesamt äußerst voraussetzungsvollen Diskurs.

Die vorangegangenen Aspekte ergeben sich auch aus der hier festgestellten Problematik, dass es sich beim KI-Diskurs insgesamt um einen äußerst voraussetzungsvollen Diskurs handelt, der ein hohes Fachwissen bei den über KI Schreibenden voraussetzt und ein hohes Fachwissen bzw. eine gute Auffassungsgabe bei den Lesenden der Artikel. Gerade dieses hohe Fachwissen scheint aber – davon zeugen die unterkomplexen Definitionsversuche – bei Journalistinnen und Journalisten nur bedingt vorhanden zu sein, insofern es diesen nicht (in der Breite) gelingt, den komplexen Sachverhalt in einfachen Worten verständlich sowie nicht unterkomplex darzustellen. Doch selbst wenn Journalisten über ebenjenes Fachwissen verfügen, wäre es dann allein eine Frage der didaktischen Kompetenz, KI laienverständlich zu erklären? Oder ist der Thematik vielmehr eine solche Komplexität inhärent, dass es geradezu unmöglich ist, laienverständlich darüber zu berichten?

Neben den angeführten unterkomplexen Definitionen finden sich im untersuchten Material auch Ausführungen wie die folgenden:

> Die heutigen Deep-Learning-Algorithmen basieren auf Prinzipien, die der britische Mathematiker Alan Turing vor 80 Jahren formulierte. Konkrete Anwendungen wurden aber erst in jüngerer Zeit möglich, nachdem Softwareentwickler begannen, die Lern-Algorithmen wie übereinander geschichtete Nervennetze aufzubauen. Jeder dieser ‚Layer' ist auf andere Merkmale spezialisiert, beispielsweise auf das Erkennen von Ecken, Rundungen oder Farben eines digitalisierten Bildes. Alle neuronalen Knoten einer Schicht sind mannigfach mit den anderen Schichten verknüpft. Es sind diese Verknüpfungen, welche die Software – angelehnt an ein biologisches Gehirn – während des Lernprozesses anpasst. Hat die Software Tausende oder gar Millionen Bilder gesichtet und gelernt, worauf zu achten ist, kann sie weitere Bilder erkennen und beurteilen – und beispielsweise eine Krankheitsdiagnose erstellen.
>
> Das Besondere an solchen modernen KI-Programmen ist ihr autodidaktischer Charakter. Die Software wird nicht mehr wie ein starrer Algorithmus programmiert, sondern ist in der Lage, selbständig zu lernen. Der Nachteil ist, dass menschliche Experten nicht mehr erfahren, auf welcher Basis die Maschine ihre Entscheidungen trifft. Das gilt auch für ein Programm wie Alpha Zero, welches komplexe Brettspiele wie Go, aber auch Spiele mit unvollständiger Information wie Poker meistert (SZ13).

In diesem Artikel geht der Autor weit mehr in die Tiefe, als dies in den vorherigen angeführten Begriffsbestimmungen der Fall ist. Es ist nicht undifferenziert von Algorithmen oder einem Algorithmus die Rede, sondern von *Deep-Learning*-Algorithmen, wenngleich beispielsweise das Verhältnis von Code zu Algorithmus auch hier ausgeklammert wird. In diesem Textausschnitt erfährt der Leser nun, dass *Deep Learning* offenbar etwas mit verschiedenen Schichten von Nervennetzen zu tun hat, die sprachlich interessanterweise nicht als künstliche oder artifizielle gerahmt werden. Die Verwendung des englischen Begriffs *Layers* (für Schichten) kommt dann jedoch sehr plötzlich, ebenso wie die *neuronalen Knoten*, die ebenfalls nicht weiter erläutert werden. Insgesamt verbleibt die Definition semantisch elliptisch, abstrakt und mündet in der konstatierten Opazität der KI-Entscheidungen.

Wie voraussetzungsvoll der KI-Diskurs tatsächlich ist, lässt sich auch an der Vielzahl der verwendeten Fachbegriffe veranschaulichen, die im engeren oder weiteren Sinne mit der KI-Thematik zu tun haben und von denen hier ein Ausschnitt angeführt wird: „Zero-Shot-Learning" (Zeit14), „optical flow-Systeme" (Zeit61), „Adversarial patches", „computational thinking" (Zeit50), „Corporate Digital Responsibility" (Zeit12), „Serverfarmen" (Zeit2), „Computer Vision" (FAZ166), „Natural Language Processing" (FAZ166), „Data-Mining" (FAZ132), „Konnektomik" (FAZ71), „Synthetische Daten" (FAZ55), „Big Data" (FAZ31), „citizen score" (FAZ5), „Dual-Use-Dilemma" (FAZ3), „Blockchain" (FAZ93), „Robotic Process Automation" (FAZ93), „AI-Upscaling" (Bild21), „Few-Shot-Learning" (Zeit14). Ist Künstliche Intelligenz zu komplex, um angemessen diskutiert zu werden?²²² Und wenn sie es ist, ist diese Technologie dann womöglich per se undemokratisch? Reicht ein Verweis darauf, dass man ja auch andere Bereiche im Leben nicht verstehe – man müsse ja auch nicht wissen, warum und auf welche Weise ein Auto funktioniert, um es zu fahren? Oder handelt es sich bei KI um eine Technologie *sui generis*, die jegliche Vergleiche mit Autos u. Ä. hinfällig werden lässt?

Analog zum fachwissenschaftlichen Diskurs, wird Künstliche Intelligenz auch in den deutschen Massenmedien vielfach als *Blackbox* diskursiviert (z. B. FAZ12; FAZ42; FAZ61; FAZ105; Spiegel24; SZ14; SZ31; SZ41; SZ92; Zeit54), deren Opazität für tiefgreifende gesellschaftliche Probleme sorge oder sorgen könne. Die Technologien werden in die Nähe des Verborgenen, Unheimlichen und Dunklen gerückt (z. B. FAZ12; FAZ124; Spiegel30; Spiegel50; SZ23; SZ85; Zeit 1; Zeit37); es wird sich einer Magie-Metaphorik (FAZ6; SZ114; „Zauber des Deep Learning" (Spiegel46) „Zaubertechnik" (Zeit61); „Alchemie" (FAZ160), „wundersam" (Spiegel46)) bedient, die gleichsam im Gesamt-Kontext wie *(dunkle) Magie* erscheint. Vorherrschend ist ein *Niemand-versteht-was-KI-tut*-Topos, der die Grenzen der Akteure *Laien* und *Experten* verwischen lässt. So wüssten selbst „Informatiker […] oft nicht, warum der Einsatz bestimmter Algorithmen bessere Resultate bringe als derjenige anderer" (FAZ160), „sogar onlineaffine Menschen [verstehen] die schöne neue Digitalwelt einfach nicht mehr" (SZ94) in manchen Momenten. In einem Artikel heißt es: „Die Künstliche Intelligenz hat einen Haken: Keiner versteht, was sie tut" (FAZ61).

Dabei sind es gerade jene abstrakten *Künstlichen Neuronalen Netze* (das *Deep Learning*), deren Prozesse sich nicht nachvollziehen lassen. So wird in einem Artikel festgestellt: „Die neuen Maschinenlernprogramme sind anders. Nachdem sie Muster über tiefe neuronale Netze erkannt haben, kommen sie zu Schlussfolgerungen, und wir haben keine Ahnung, wie das geschieht" (SZ63). In einem anderen Artikel kommt diese Problematik auf ähnliche Weise in den Blick:

> KI basiert auf unterschiedlichen Modellen. Besonders effektiv, aber ebenso umstritten ist die weitverbreitete Methode des ‚Deep learning' – ein Lernverfahren für Maschinen. Das Problem: Das Verfahren gleicht einer Blackbox, bei der kein Mensch genau erklären kann, wie die Ergebnisse eigentlich zustande kommen. Nicht einmal die Computeringenieure, die diese Systeme mit Daten fütterten, wissen das (FAZ105).

---

222 Ich danke Francesca Vidal für den Hinweis, dass sich die Komplexitätsfrage (historisch) bei allen technischen Neuerungen gestellt hat bzw. stellt und es keine simplen bzw. simplifizierenden Antworten auf ebendiese geben kann, wenngleich solche mitunter zu Zwecken der politischen Instrumentalisierung öffentlich freilich vorgetragen werden. Zwar deutet sich an, dass man es etwa bei *Deep-Learning*-Verfahren mit einer besonderen Form der Komplexität zu tun hat – inwiefern diese jedoch eine Art *Komplexität sui generis* darstellt, muss hier offenbleiben und wird sich vielleicht auch erst in der Rückschau auf die heutige Zeit beantworten lassen.

Im Lichte der vorangegangenen Ausführungen überrascht es nicht, dass sich in den *Social-Media*-Kommentierungen ebenfalls ganz unterschiedliche Arten von Wissensgraden rund um Künstliche Intelligenz offenbaren. Während es einige User gibt, die – durchaus auch in großer Länge und Differenziertheit – über die Technologien hinter dem Begriff schreiben, finden sich auch verkürzte Darstellungen von KI sowie das offene Zugeben des eigenen Nicht-Wissens, aber auch das Erfragen von Wissen. Unter dem Post zu einem Interview mit der KI-Expertin Manuela Lenzen, in dem es u. a. um KI und *gender* geht, schreibt ein Nutzer beispielsweise (vgl. Abbildung 84):

Maschinen/Algorithmen denken nicht, sondern sie rechnen. Und natürlich rechnen sie völlig anders, als es ein Mensch bzw. der Programmierer täte. Nehmen wir einen Sortieralgorithmus für Zahlen, z.B. "Quicksort". Dieser Algorithmus bewerkstelligt Sortieraufgaben auf eine Weise, wie es ein Mensch niemals machen würde. Aber wir können auch noch viel einfacher anfangen. Nehmen wir die simple Addition von 2 Zahlen. Das macht der Computer auf eine Weise, wie es niemals ein Mensch machen würde. Der Programmierer eines Schachprogramms wird durch sein eigenes Programm geschlagen, wenn er ein gutes Programm schrieb. Jeder Computer ist schneller und präziser im Rechnen als sein Programmierer. Desweiteren ist es fraglich, was man mit "weil der Roboter letztlich nur darauf aufbaut, was ihm vorgegeben wurde" anfangen soll. Was der Programmierer "vorgibt", ist ihm, dem Programmierer bei jedem etwas komplexeren Programms kaum noch klar. Ein Beispiel wäre z.B. ein Schachprogramm. Der Programmierer gibt eine Art Rechenvorschrift vor, ohne zu wissen, was bei konkreten Rechnungen dabei rauskommt. Der Programmierer gibt also eine Rechenvorschrift vor - nicht das Ergebnis.

Gefällt mir · Antworten · 2 J.   👍 3

Abbildung 84: Zeit3_TLK9_SLK3.

In diesem recht langen Textbeitrag demonstriert der Nutzer ein bestimmtes Fachwissen über KI und Algorithmen, das sich etwa in der Verwendung von Fachwörtern wie *Quicksort*, also einem spezifischen Sortier-Algorithmus, niederschlägt. Durch die Verwendung des *Pluralis Auctoris* proklamiert der Nutzer darüber hinaus für sich auf formaler Ebene einen Expertenstatus; er schreibt wie ein Lehrer/Dozent/Experte gegenüber seinen Schülern, den anderen Facebook-Nutzerinnen und -Nutzern. Die Kommentare in Abbildung 85, Abbildung 86, Abbildung 87, Abbildung 88 und Abbildung 89 sind im Kontext des Artikel-Postings zur EU-Studie (vgl. S. 178) entstanden.

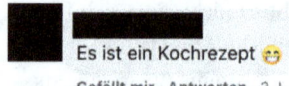

Abbildung 85: FAZ20_TLK63.

Der User in Abbildung 85 scheint mit seinem Kommentar seine Zugehörigkeit zu derjenigen Gruppe demonstrieren zu wollen, die weiß, was ein Algorithmus ist, indem er, versehen mit einem breit grinsenden Emoji, eine Definition des Begriffs des Algorithmus hervorbringt (was freilich auch ironisch gemeint sein könnte). Wenngleich immer wieder eine Analogie zwischen Algorithmen und Kochrezepten hergestellt wird, handelt es sich dabei nicht, wie oben bereits thematisiert (vgl. S. 49), um eine exakte Definition im Sinne der Mathematik oder Computerwissenschaft, sondern um eine verkürzte und unsaubere, wenn man etwa den Faktor der exakten Reproduzierbarkeit hinzunimmt, der bei einem Kochrezept z. B. dann nicht der Fall ist, wenn eine „Prise", eine „Messerspitze" oder ein „Löffel" als Mengenangaben vorgesehen sind.

Abbildung 86: FAZ20_TLK20.

Der Nutzer in Abbildung 86 gibt unverhohlen zu, nicht zu. wissen, was ein Algorithmus sei und unterstreicht dieses Nicht-Wissen performativ mit einem inakkuraten Definitionsversuch („irgendwas sich wiederholendes."). Zusätzlich dazu qualifiziert er den Begriff als „neumodisches Wort für superbrains" ab und somit ex negativo als einen Begriff, den gewöhnliche Leute nicht beherrschen müssen.

Abbildung 87: FAZ20_TLK7.

4.2 Forschungsergebnisse — 219

Abbildung 87 zeigt den Kommentar eines Nutzers, der, anscheinend bezogen auf den Algorithmus-Begriff, fragt, ob es sich dabei um etwas handele, das eine Zahlenreihe eigenständig fortschreiben könne. Der Nutzer konstatiert, dass er denkt, dass „Logik" und „Wahrscheinlichkeit" etwas damit zu tun haben, formuliert seinen Kommentar jedoch als Frage und wendet sich damit an die Facebook-Community, um Rat zu erhalten, ob er richtig liegt.

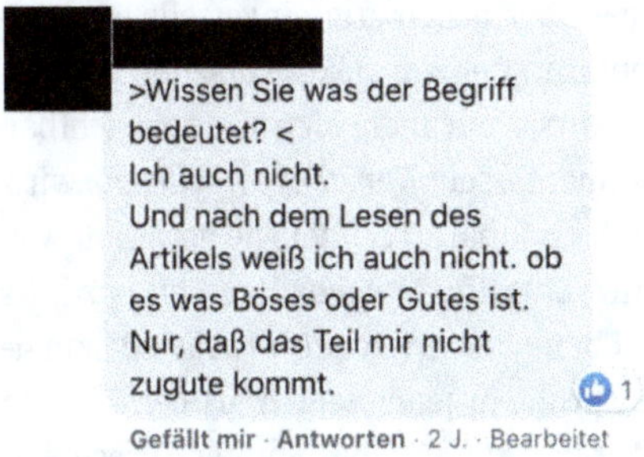

>Wissen Sie was der Begriff bedeutet? <
Ich auch nicht.
Und nach dem Lesen des Artikels weiß ich auch nicht, ob es was Böses oder Gutes ist.
Nur, daß das Teil mir nicht zugute kommt.
Gefällt mir · Antworten · 2 J. · Bearbeitet

Abbildung 88: FAZ20_TLK15.

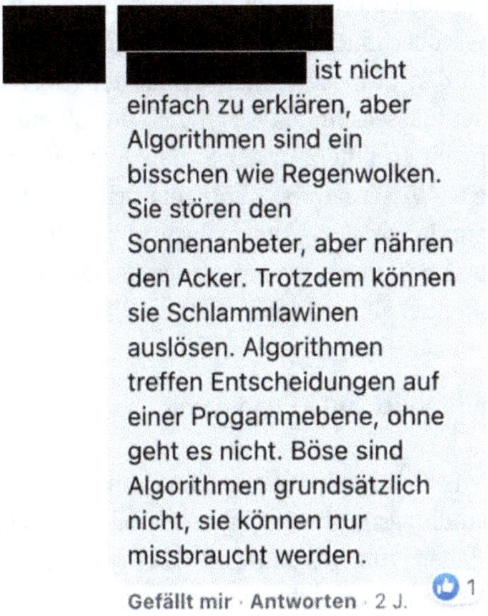

[...] ist nicht einfach zu erklären, aber Algorithmen sind ein bisschen wie Regenwolken. Sie stören den Sonnenanbeter, aber nähren den Acker. Trotzdem können sie Schlammlawinen auslösen. Algorithmen treffen Entscheidungen auf einer Progammebene, ohne geht es nicht. Böse sind Algorithmen grundsätzlich nicht, sie können nur missbraucht werden.
Gefällt mir · Antworten · 2 J.

Abbildung 89: FAZ20_TLK15_SLK2.

Auch in dem Kommentar in Abbildung 88 konstatiert der Nutzer, dass er nicht wisse, was ein Algorithmus sei, auch nicht nach Lesen des Artikels. Der Nutzer lässt darüber hinaus durchblicken, dass er nicht einschätzen könne, ob ein Algorithmus „was Böses oder Gutes" sei; er wisse „[n]ur, daß das Teil mir nicht zugute kommt", also keinen Nutzen für ihn hat. Interessant an diesem Kommentar ist, dass auf der Sub-Level-

Ebene ein Nutzer auf diesen Kommentar antwortet und eine Definition vom Algorithmus offeriert (s. Abbildung 89). Abgesehen davon, dass es sich bei der angebotenen Definition um eine sehr schwammige und metaphorische handelt – Algoithmen werden mit Regenwolken verglichen, es ist von Acker und Schlammlawinen die Rede – kommen hier Facebook-Nutzer über die neuen Technologien ins Gespräch. Der Nutzer beendet seinen Antwort-Kommentar mit der Aussage, dass Algorithmen „grundsätzlich nicht [böse sind], sie können nur missbraucht werden". Dass der Top-Level-Kommentator diesem Kommentar gegenüber affirmativ eingestellt ist, lässt sich vermuten, weil er den Sub-Level-Kommentar mit einem „Like" versehen hat.

Das *Komplexitätsproblem* (der) KI, das diskursiv auf mehreren Ebenen sichtbar wird, lässt sich an dieser Stelle wie folgt zusammenfassen: *Künstliche Intelligenz* wird massenmedial als hochkomplexe, schwer durchschaubare Technologie gerahmt, was insbesondere auch durch die Verwendung des Begriffs *Blackbox* deutlich wird. KI wird somit einerseits auf der präpositionalen Ebene der Artikel *als Problem* diskursiviert. Andererseits lässt sich das Komplexitätsproblem jedoch auch als *performativ wirksam werdendes* beschreiben, wenn der Akt des Äußerns bestimmter Sprechakte ein gesellschaftliches Problem manifest werden lässt. Hier wären etwa anzuführen: die Vermischung von Begrifflichkeiten, die Vagheit oder Unterkomplexität von Definitionen oder das Anführen voraussetzungsvoller und/oder abstrakter Begrifflichkeiten. Sprechakte solcher Art performieren den präpositionalen Gehalt der (Über-)Komplexität von Künstlicher Intelligenz und lassen ihn als Bestandteil des öffentlichen Diskurses gesellschaftliche Wirksamkeit entfalten. In der Social-Media-Agora zeigen sich, analog dazu, unterschiedliche KI-Wissensgrade. Stilpragmatisch (vgl. Püschel 1995) lässt sich fragen, ob – und wenn ja, *welche* – Alternativen es zu solchen massenmedialen Sprechakten gibt und ob sich in ihnen die Leerstellen der prinzipiellen Gestaltungsmöglichkeiten einer KI-Gesellschaft verorten lassen.

Diskussion der Handlungspotenziale im Hinblick auf KI und damit einhergehender Probleme

Um über gesellschaftliche Gestaltungspotenziale nachzudenken, lohnt sich auch ein Blick auf die im KI-Diskurs *diskutierten* Handlungsmöglichkeiten im Hinblick auf die „neuen" Technologien und damit verbundener Problemstellungen. Insgesamt ist der massenmediale KI-Diskurs von einer großen Sensibilität für die Verzerrungen oder *Biases* geprägt, die mit den KI-Technologien einhergehen können. Eine Position (in Reinform), in der die – insbesondere von der Produktionsseite angeführte – Rationalität und Objektivität der Technologien gepriesen wird, findet sich im untersuchten Datenmaterial nicht. Stattdessen werden die verschiedenen Diskriminierungspotenziale der Technologien reflektiert, womit dem journalistischen Aufklärungsauftrag nachgekommen wird. Diese Diskriminierungspotenziale werden oftmals in den

Daten verortet, die den KI-Systemen eingespeist werden.²²³ In einer Zwischenschlagzeile wird dies lapidar so ausgedrückt: „Schlechte Daten ergeben schlechte Algorithmen" (Zeit54). Anerkannt wird dabei, dass es systemische Probleme sind, die zu schlechten bzw. *verzerrten* Daten führen, denn weiter heißt es: „Die Probleme sind also klar: Schlechte Daten ergeben schlechte Algorithmen; Vorurteile aus der Vergangenheit übertragen sich auf die Zukunft" (Zeit54).

Da sich dieses Framing häuft, kann hier von einem *Diskriminierung-als-systemisches-Problem*-Frame gesprochen werden. In einem Artikel wird dementsprechend festgestellt: „Das Problem ist ein gesellschaftliches und kein technisches" (Zeit60), da sich „[h]istorische Benachteiligungen fort[schreiben]" (ebd.). An einer Stelle werden die Technologien als „Hochleistungsverstärker für die Vorurteile jener [...], die sie mit Big Data füttern" (SZ86) bezeichnet, und der Experte Tim O'Reilly sagt zu diesem Thema in einem Interview: „Die Algorithmen sind schlecht, weil wir sie auf der Basis jahrzehntealter Daten trainiert haben, die Vorurteile enthalten" (Zeit66). Zwei Ansätze, diese Probleme zu lösen, werden in diesem Zusammenhang im Diskurs angeführt: (1) die Teams der Programmiererinnen und Programmier zu diversifizieren, (2) die Daten zu diversifizieren. So sagt eine KI-Forscherin im Interview etwa:

> In der IT zu arbeiten heißt in einer Branche zu arbeiten, in der nach wie vor reiche, weiße Männer das Sagen haben. Das ist für viele Frauen nicht attraktiv. Wir brauchen mehr weibliche Rollenvorbilder und mehr Bewusstsein für Mansplaining: Jungs erklären uns ungefragt die Welt – und merken es nicht einmal (FAZ179).

Hier wird die Branche als solche als eine von *reichen Weißen Männern* dominierte in den Blick genommen, die für Frauen nicht attraktiv sei.²²⁴ Auch die Informatik-Professorin Sanaz Mostaghim sieht in diesem Umstand ein Problem und tritt für die Diversifizierung der Produktions-Teams ein, wenn sie sich mit den Worten zitieren lässt: „Wenn wir neutrale Produkte haben wollen, brauchen wir Vielfalt [...]. [...] Das heißt, dass wir nicht nur mehr Frauen brauchen, die Programme schreiben, sondern die Technikteams sollten auch in anderen Punkten deutlich diverser sein'" (FAZ158). Zusätzlich dazu fordert sie diversere Datensammlungen und bringt ihre Position insgesamt in folgender Aussage auf den Punkt: „Wenn wir also eine

---

223 KI-Autorin Hannah Fry weist in einem Artikel des Korpus darauf hin, dass „Algorithmen selbst [...] keine Sexisten [seien], höchstens die Leute, die sie programmierten" (Spiegel11). Dann läge es nicht an Bösartigkeit, sondern „vielmehr [an] Dummheit [...] [o]der Unbedarftheit" (ebd.). Wenn Programmiererinnen und Programmierer jedoch in ihrer systemischen Eingebundenheit gedacht würden, ließe sich auch diese Position dieser Verdichtung zuschreiben.
224 Interessant ist dabei, dass dieses Interview auf Facebook auf mitunter sexistische Weise diskutiert wird (vgl. dazu S. 171).

Technik für die gesamte Gesellschaft produzieren wollen, muss sich diese Vielfalt auch bei den Informatikern widerspiegeln" (ebd.). Mit der Forderung vielfältigerer Datensätze vertritt sie gleichzeitig also auch den zweiten Ansatz, für den sich u. a. die KI-Expertin und Wissenschaftsjournalistin Manuela Lenzen stark macht: „Wichtiger als das Geschlecht des Programmierers oder der Programmiererin ist die Frage, mit welchen Daten man die lernenden Systeme füttert" (Zeit3). Ein Artikel des Korpus ist ein Interview mit der Künstlerin Caroline Sinders, die – konform mit dieser Forderung – einen *feministischen Datensatz* erarbeitet, der insbesondere aus feministischen Texten besteht (vgl. Zeit10).

Im Widerspruch zu diesem übergeordneten *Diskriminierung-als-systemisches-Problem*-Frame, für den mittels diversifizierter Produktions-Teams und/oder Datensätze diskursiv Lösungen hervorgebracht werden, steht die konkrete sprachliche Gestaltung einiger Artikel. Wenngleich es wenige Artikel gibt, in denen die Diskriminierung in der konkreten Programmierung der KI-Systeme ausgemacht wird (vgl. als Ausnahme z. B. FAZ35, in der es um die Zielbestimmung und die Variablen der Algorithmen geht), so kommen doch immer wieder anthropomorphisierende Beschreibungen der Technologien vor, die diesen (implizit) ein Agens zuweisen. So heißt es etwa, sowohl von Interviewten als auch von den Journalistinnen und Journalisten: „‚Algorithmen diskriminieren eher Leute in machtlosen Positionen'" (Zeit43); „Was tun gegen Software, die Frauen diskriminiert?" (Zeit10); „Wie viel Rassismus steckt in Algorithmen?"; „Können Algorithmen ungerecht sein?" (Spiegel11); und es ist die Rede von der „Vorurteilsmaschine" (SZ86) und „einem sexistischen Algorithmus" (SZ46), „algorithmischer Diskriminierung" (ebd.). Aus sprachkritischer Sicht ließe sich hier konstatieren, dass diese Versprachlichungen dem angenommenen Ziel einer Sensibilisierung der Leserschaft für den Zusammenhang von KI und Diskriminierung zuwiderlaufen könnten, insofern sie gerade das suggerieren, was argumentativ entkräftet werden soll.

Wenn es um das Thema der Regulierung der KI-Technologien im Diskurs geht, lässt sich auf einer basalen Ebene feststellen, dass Regulierungen im untersuchten Material einerseits explizit werden, andererseits *performativ* eingefordert werden, wenn schon die Anzahl der Berichterstattungen über Ethik-Richtlinien und dergleichen so umfangreich ausfällt, wie das in den empirischen Daten der Fall ist. Dies ist keinesfalls notwendig, sondern *gemacht*. Eine denkbare Alternative wäre gewesen, andere Themen stärker in den Vordergrund zu rücken oder gar gegen eine Regulierung der Technologien zu argumentieren. Dies ist jedoch nicht der Fall, und so stellt sich zugleich die Frage, ob es sich bei den Regulierungswünschen zuvorderst um eine spezifisch deutsche oder europäische Perspektive handelt, die in anderen Ländern, auf anderen Kontinenten, diskursiv anders ausfallen könnte. Ethik und Regulierung werden dabei in diesem Kontext zusammengedacht, da Ethik im massenmedialen KI-Diskurs als Regulativ perspektiviert wird, mithin das Festlegen ethischer Standards als *eine* – wenngleich vorbereitende – Möglichkeit, die Technologien zu regulieren.

Die Forderung nach allgemeinen Regulierungen ist im untersuchten Material also insgesamt als eine lautstarke Forderung zu bezeichnen, deren Dringlichkeit oftmals durch das Modalverb *müssen* unterstrichen wird, das Regulierung als *Pflicht* suggeriert: „Algorithmen müssen zertifiziert werden (Zeit35); „Zudem müssten klare Richtlinien für Algorithmen und ihre Entscheidungsfindungen festgelegt werden" (FAZ127); „Man muss die Konzerne also frühzeitig in die Pflicht nehmen, ihre Kreationen zu kontrollieren" (SZ84). Konkret gefordert werden „Leitplanken für den Technikeinsatz" (Spiegel4), eine „Bundeszentrale für algorithmische Kompetenz" (Zeit12) oder ein *TÜV für Algorithmen* (z. B. Zeit35), der über das von der Bundesregierung angestrebte *KI-Observatorium* hinausreicht (Spiegel33), wenngleich gerade dieses auch als TÜV interpretiert wird (z. B. Bild29). Eine weitere kommunikative Verdichtung besteht in der Idee eines *Hippokratischen Eids* für Programmiererinnen und Programmierer (z. B. Zeit12; Zeit36), was die Verantwortung von der Ebene der Politik auf die Handelnden der Produktionsseite verschieben würde. Es geht darum, wie es der Politiker Lars Klingbeil in einem FAZ-Gastbeitrag formuliert, den „Alleinherrschern [den großen Tech-Konzernen, Anm. d. Verf.] ein Ende zu setzen" (FAZ150; vgl. zu dieser Position auch SZ84). Immer wieder fällt dabei das Stichwort *Transparenz* (vgl. z. B. Spiegel33; SZ42; SZ92; FAZ5; FAZ54; FAZ61), das auch für Pasquale (2015a) eine wichtige Rolle bei der Durchdringung der „Blackbox" KI spielt, die zum Beispiel über eine *vertrauenswürdige/trustworthy* (vgl. z. B. FAZ5; FAZ6; FAZ16; FAZ28; FAZ59; FAZ105) oder *erklärbare/explainable* (vgl. z. B. FAZ5; FAZ61) KI hergestellt werden soll.

Den Forderungen nach einer *allgemeinen* Regulierung von KI stehen Forderungen nach einer *bereichsspezifischen Regulierung* bzw. individuell angepassten Regulierung gegenüber, d. h. einer Skalierung verschiedener KI-Bereiche, auf der Annahme basierend, dass KI nicht gleich KI ist, sondern in ganz unterschiedlichen Formen zur Anwendung kommt, die unterschiedlich starke Bedeutungen für unser Leben haben. So heißt es in einem Artikel beispielsweise: „Es ist klar, dass wir für algorithmische Entscheidungen in der Medizin andere Maßstäbe ansetzen müssen als im Bereich des Online-Handels. Vielleicht sollten wir bei bestimmten Entscheidungen sogar auf Algorithmen verzichten" (SZ46). Der US-amerikanische KI-Künstler Trevor Paglen zweifelt an der Notwendigkeit von Transparenz und schlägt stattdessen vor: „Regulierung. Wir können alles Mögliche regulieren, warum nicht auch KI? Man kann sagen: keine KI in der Polizeiarbeit, keine KI für Versicherungen" (FAZ44).

Das würde es erforderlich machen, die (angenommene) gesellschaftliche Wirksamkeit der KI-Technologien nach deren jeweiliger spezifischer Qualität zu evaluieren. Lässt sich aber *top down* und pauschal definieren, welche Bereiche „rote"

Bereiche wären, in denen KI nicht zum Einsatz kommen dürfte (z. B. die genannten Bereiche Medizin, Polizeiarbeit, Versicherungsbranche oder auch Kriegsführung?) und in welchen schon? Oder geht es nicht vielmehr um eine sich ausbreitende gesamtgesellschaftliche Logik, wie dies auch von Bächle und Mau konstatiert wird, die sich nicht durch die Kompartmentalisierung von Anwendungsbereichen einhegen lässt? *Wer* würde dies überhaupt aufgrund welcher (Wissens- und Kompetenz-)Grundlage bestimmen können? Eine solche Differenzierung würde ein fundiertes und differenziertes Wissen über die KI-Technologien voraussetzen. Um sie auf eine demokratische Grundlage stellen zu können, wäre es wiederum erstrebenswert, rhetorische Kompetenzen mit Blick auf diese Technologien zu fördern und Subjekte auf diese Weise zu involvieren.

Sehr häufig wird im untersuchten Material die Notwendigkeit ins Feld geführt, KI-Technologien zu *demystifizieren*. Ausgangspunkt sind dabei Studien zur Digitalkompetenz, insbesondere bei Kindern und Jugendlichen, die Wissens- und Kompetenzlücken offenlegen (vgl. z. B. Spiegel49; FAZ149), sowie die, ebenfalls durch Befragungen[225] gestützte These, dass die KI-Konzeptionen vieler Menschen durch die Popkultur geprägt sind, durch Science-Fiction-Filme wie *Der Terminator*, *Matrix* oder *Star Wars*.[226]:

> Older sorgt sich, dass auch Nachrichten zunehmend als Geschichten erzählt werden und sich an Hollywood orientieren. Bilder vom Terminator für Artikel nutzen (wie hier geschehen), an der Vorstellung einer künstlichen Intelligenz festhalten, die wie ein Mensch fühlt und ein eigenes Bewusstsein hat. Ihre Hoffnung: Mit der Zeit nehme das allgemeine Wissen über künstliche Intelligenz zu (Spiegel10).

Im vorangegangenen Zitat wird die Autorin Malka Older indirekt zitiert, die sich *Sorgen* über den Einfluss von Hollywood-Konzeptionen, auch auf Zeitungsberichte, macht. Interessant ist in diesem Zusammenhang die Selbstreferenzialität des Artikel-Verfassers, wenn er in Klammern hinzusetzt: „(wie hier geschehen)", da der Artikel mit folgendem Bild illustriert wird:

---

[225] So hat die Gesellschaft für Informatik im Jahr 2019 eine repräsentative Umfrage zu denjenigen Science-Fiction-Maschinen durchgeführt, die die KI-Vorstellungen der Deutschen am meisten geprägt haben (vgl. https://ki50.de/uber-ki50/pressemeldungen/ki50-umfrage-terminator-r2-d2-und-kitt-die-bekanntesten-kis-in-deutschland/; letzter Zugriff: 14.03.2023).

[226] Dem stehen im untersuchten Material jedoch auch Positionen entgegen, die den Einfluss von KI auf die Einstellungen der Menschen nicht überschätzt wissen wollen (vgl. z. B. FAZ67; SZ104).

Abbildung 90: Bebilderung eines KI-Artikels mit Terminator-Darstellung, Spiegel10.

Entweder, so ließe sich schlussfolgern, wird die Thematik hier vom Journalisten bewusst (z. B. aus kommerziellen Erwägungen) ignoriert oder, das wäre die andere, womöglich stichhaltigere Interpretation, im Zusammenspiel mit Bild und Text einer Resignifizierung unterzogen. Denn die Überschrift des Artikels lautet *Warum wir oft ein falsches Bild von künstlicher Intelligenz haben* (Spiegel10); die Darstellung des bedrohlichen humanoiden Roboters, gemeinsam mit einem eher lässigen Arnold Schwarzenegger mit Zigarre in der Hand, wirkt insgesamt weniger angsteinflößend, als dies bei anderen Illustrationen der Fall ist (s. z. B. Abbildung 4). In einem anderen Artikel heißt es zur Science-Fiction-Problematik:

> Nicht unterschätzt werden sollte in diesem Zusammenhang auch, wie sehr das generell in der Gesellschaft vorherrschende Verständnis von KI als Wissenschafts- und Ingenieursdisziplin von unsachlicher, Aufmerksamkeit heischender Berichterstattung – von ‚KI rettet die Welt, bis ‚KI ist das Ende der Menschheit' – und Science-Fiction-Filmen (‚Terminator', ‚Matrix') beeinflusst ist (FAZ175).

Gerade diese Einflüsse und grundsätzlich fehlendes/lückenhaftes Wissen rund um KI sind es, denen mit einer *Demystifizierung*[227] von KI begegnet werden soll: Autorinnen eines KI-Comics „versuchen [...], Mythen *zu entzaubern*" (SZ49); laut einem Forschungsleiter am Deutschen Forschungszentrum für Künstliche Intelligenz solle „KI *entmystifiziert* werden" (FAZ53); KI-Forscher Marcus Du Sautoy sagt, dass ein „Kernanliegen" (FAZ174) seines Buchs *The Creativity Code. How AI*

---

[227] Bei den Kursivsetzungen in den folgenden Zitaten rund um die Demystifizierungs-Semantik handelt es sich um Hervorhebungen der Verfasserin.

is Learning to Write, Paint and Think (2019) „die Entmystifizierung von Algorithmen und Kreativität" (ebd.) sei; „Glaubensbekenntnisse dieser Art [wie im Film Ex Machina, Anm. d. Verf.] zwingen geradezu, die Künstliche Intelligenz zu entmystifizieren und ihr den Stellenwert zuzuweisen, der ihr in Wirklichkeit gebührt" (FAZ68); Fotograf Trevor Paglen versucht, „Worte wie ‚Intelligenz' zu demystifizieren: Das ist alles nur Statistik" (FAZ44), und die MIT-Forscherin Stefania Druga lässt sich mit den Worten zitieren:

> Künstliche Intelligenz muss entzaubert werden. Kinder werden davon beeinflusst, welche Haltung andere Menschen in ihrem Umfeld zu der Technologie haben. Doch die Wahrnehmung und die Interaktion von Kindern mit künstlicher Intelligenz verändert sich, wenn sie lernen, sie zu programmieren. Sobald Kinder und Eltern verstehen, dass sie den Computer oder Sprachassistenten in einer laufenden Konversation trainieren können, *demystifiziert* es, wie intelligent diese Geräte sind. Sie verstehen, dass der Algorithmus und die Daten dahinter von Menschen entwickelt worden sind. Ist der Prozess erst entzaubert, lernen Eltern und Kinder, die Geräte so zu nutzen, dass sie tun, was sie wollen (Spiegel9).

Eine Form der *Entzauberung* oder *Demystifizierung* von KI-Technologien besteht darin, Kompetenzen und Wissen rund um KI-Technologien zu fördern. Dies wird diskursiv auch als Notwendigkeit erachtet, handelt es sich beim Programmieren oder *Computational Thinking* doch nach Meinung vieler um eine *Kulturtechnik* (vgl. zu diesem Ausdruck z. B. Zeit12; Zeit48), um *Allgemeinbildung* (Zeit48), die erforderlich ist, um sich in heutigen Gesellschaften zurechtzufinden. Dabei wird unterschieden zwischen der genuinen Fähigkeit, programmieren zu können, und einem *Verständnis in Grundzügen* von KI-Prozessen. Man kann Letztgenanntes auf die Formel bringen: *Nicht alle müssen programmieren können, doch alle müssen über ein Grundverständnis von KI-Technologien verfügen* (vgl. z. B. Zeit48; FAZ54). Nicht jeder müsse Informatiker sein (vgl. FAZ54), aber wir müssten uns als Gesellschaft „neu [...] alphabetisieren" (FAZ7). Mit der Forderung nach einer „algorithmischen Alphabetisierung" wird der Umgang mit KI in die Nähe zu Kulturtechniken wie Lesen und Schreiben gerückt, was auch im Folgenden Beispiel deutlich wird, in dem die heutige Situation mit derjenigen der Erfindung des Buchdrucks verglichen wird: „So wie der Buchdruck zur Alphabetisierung führte, muss jetzt mit den Algorithmen eine ‚Algorithmic Literacy' einhergehen" (Zeit12). Algorithmisches Denken sei „die Grammatik der digitalen Gesellschaft" (Zeit12).

Analog zu der diagnostizierten großen Bedeutung Künstlicher Intelligenz wird auch der kompetente Umgang mit ebendieser als *geradezu unhintergehbar wichtig* gesetzt. Die Forderungen nach „algorithmischer Kompetenz" gehen dabei über die von den meisten Menschen bereits beherrschte *Interface Literacy* hinaus, also die Fähigkeit, mit digitalen Bedienoberflächen umzugehen. Der *passive Konsument* (vgl. dazu z. B. Zeit12; FAZ149) soll *aufgeklärt* (SZ110) und zum aktiven *Computational Thinker* werden. Dabei wird in einigen Artikeln betont, dass *möglichst viele* (vgl. SZ49; Zeit12) Menschen erreicht werden, die Debatte auf *breiter Ebene* ankommen soll (vgl. z. B. FAZ160). Mitunter wird gefordert, Informatik als Pflichtschulfach einzuführen (vgl. Spiegel49), wenngleich manche die Position vertreten, dass *reiner Informatikunterricht* nicht ausreiche (Zeit18), alternativ an etwas zu denken wäre, was von Katharina Zweig als *Sozioinformatik* an die Universität gebracht wurde und wird.[228] Auch bei dieser Verdichtung ist der implizit, und mitunter explizit gemachte (vgl. z. B. Spiegel48), Subtext derjenige, dass, besonders die junge Generation, auf ihre zukünftige Rolle in der Wirtschaft vorbereitet werden soll.

Zudem wird in der massenmedialen Berichterstattung in diesem Kontext, insbesondere unter Bezugnahme auf die oben bereits erwähnten Studien (vgl. S. 178), mit dem „Mythos" aufgeräumt, dass die junge Generation als *Digital Natives* schon intuitiv einen kompetenten Umgang mit KI-Technologien erwerben würde oder bereits erworben hätte. Schüler könnten lediglich „Links anklicken und ihr Handy streicheln" (SZ49); sie kennten „sich im Digitalen mäßig aus[...]" (FAZ149), gerade das *Computational Thinking* beherrschen sie den Studien gemäß nicht (vgl. ebd.). Bei ihnen könne man allenfalls von einer, zuvor bereits erwähnten, *Interface Literacy* sprechen:

> Die neue Generation von Digital Natives könne sich von uns eingewanderten Alten sowieso nichts mehr beibringen lassen, so ein Argument der Informatik-Gegner. Dabei beherrschen gerade die Jüngeren vor allem eines: das Bedienen grafischer Benutzeroberflächen (Spiegel48).

Man kann diesen Aspekt zum Anlass nehmen, den Begriff der *Digital Natives* kritisch zu hinterfragen; wie *digital nativ* sind Kinder und Jugendliche, wenn sie in erster Linie intuitiv auf Bildschirmen herumklicken können? Versperrt der Begriff womöglich sogar die Notwendigkeit, Kinder im Umgang mit den Technologien auf deutlich profundere Weise zu fördern? Wenn jemand „Einheimischer" in einer Domäne ist, was sollte man ihm dann noch beibringen können? Denn auch wenn Expertin Druga darauf hinweist, dass Kinder die Technologien „viel differenzierter als Erwachsene [verstehen]" (Spiegel9), tun sie dies offensichtlich nur im Hinblick auf eine Form von Bildung, die immer schon zwangsläufig zwischen Mündigkeit und neoliberaler Logik oszilliert.

Insgesamt ist bei der Debatte um eine *Algorithmic Literacy* zu bedenken, dass die Handlungs- und Gestaltungspotenziale rund um KI im öffentlichen Diskurs mehr als *reaktive Potenziale* denn als genuine Möglichkeitsfelder gedacht werden.[229] So, wie Europas Chance bei KI darin besteht, auf das *Bestehende* zu reagieren, so bleibt auch den Bürgerinnen und Bürgern – diskursiv – nichts anderes

---

[228] Vgl. zu diesem Studiengang https://www.cs.uni-kl.de/studium/studiengaenge/bm-si/; letzter Zugriff: 14.03.2023.
[229] Vgl. dazu Sommerfeld 2022b.

übrig, als sich *anzupassen* und mit dem technischen Fortschritt *Schritt zu halten*. Diese grundsätzliche Haltung wird gerade dann manifest, wenn diese (implizite) Haltung im untersuchten Material doch einmal selbst – auf metadiskursive Weise – thematisch wird, wie im folgenden längeren Textbeispiel:

> Dennoch richten die technischen Visionen, Utopien und Dystopien der KI erheblichen Schaden an, folgen sie doch alle einem gefährlichen Technikdeterminismus. Ihnen liegt die Annahme zugrunde, dass der technische Fortschritt und seine Resultate die Zukunft von Mensch und Gesellschaft determinieren. Mensch und Gesellschaft bliebe nur die Anpassung, Widerstand zwecklos. Damit verleihen sie den ‚Machern' der Technik und deren Interessen und Werten eine ungeheure Macht. Hingegen lassen sie die Frage, wie denn der technische Fortschritt durch KI und Digitalisierung in den Dienst der Menschheit gestellt werden kann, etwa zur Realisierung der Nachhaltigkeitsziele der Vereinten Nationen, komplett verschwinden. Keine Rede von demokratischer Mitgestaltung der KI und ihrer Nutzung oder von regulatorischer Einhegung der Macht weniger Personen und Konzerne. Dominanz und Omnipräsenz der großen Technikdebatten in den Medien und der Öffentlichkeit verhindern den Blick auf die Möglichkeiten aktiver Gestaltung, und zwar unabhängig davon, ob Erlösungshoffnungen fantasiert oder die Apokalypse an die Wand gemalt wird. Beiden haftet ein Determinismus bis hin zum Fatalismus an.
>
> Vor dem Hintergrund dieser Beobachtungen sollten wir die Debatte zur künstlichen Intelligenz anders verstehen als bloß weitere, neue Technikwelle, in der ein paar Ethik-Kommissionen schon das Nötige zur Abwägung von Chancen und Risiken sagen werden. Es geht hier eben nicht einfach um Technik mit ihren Chancen und Risiken, ihren Innovationspotenzialen und Nebenfolgen. Vielmehr betrifft der Kern der Debatte uns selbst als Menschen, vor allem unser Menschenbild. Wer sind wir und wer wollen wir sein in einer zusehends technisierten Welt, in der KI uns immer mehr Tätigkeiten abnimmt und immer mehr immer besser kann als wir selbst? Wie stellen wir uns eine Zukunft mit jeder Menge KI vor, und wie soll eine solche Welt aussehen?
>
> Ganz konkret ist, frei nach Immanuel Kant, das Austreten aus der selbst verschuldeten Unmündigkeit des Nachplapperns technikdeterministischer Erzählungen angesagt. Wir müssen ernsthaft die Frage stellen: Wer sind die Macher der KI, wer verbreitet die Erzählungen und wer will hier eigentlich seine Werte und Interessen hinter einem vermeintlichen Technikdeterminismus verstecken? Denn auch in der Welt mit KI dient Technikdeterminismus einer Ideologie der Mächtigen. Er verschleiert, dass jede KI gemacht wird, von Menschen in Unternehmen und Geheimdiensten, nach deren Interessen, Werten und Weltanschauungen. Aufklärung meint heute eine digitale Mündigkeit, in der kritische und unangenehme Fragen gestellt werden. Das vermeintlich Spielerische der Technikdebatten, das Verschieben des existenziellen Antagonismus zwischen Paradies und Untergang in die ferne Zukunft, ist in keiner Weise spielerisch: Vielmehr verschleiert es den Ernst der zentralen Frage, wer zur KI und ihrer Nutzung etwas zu sagen hat und von wem nur noch simple Anpassung erwartet wird. Es ist eine Machtfrage (SZ116).

In diesem Text wird ein *gefährlicher Technikdeterminismus* moniert und die Debatte um KI zur *Machtfrage* erhoben. Interessanterweise wird vom Autor die These aufgestellt, dass die „Dominanz und Omnipräsenz der großen Technikdebatten in den Medien und der Öffentlichkeit [...] den Blick auf die Möglichkeiten aktiver Gestaltung [verhindern]" – nicht also das *wie*, sondern das bloße *dass* und *wie viel/oft*. Wie eine *aktive Gestaltung* gegenüber einer *passiven Anpassung* aussehen möge, bleibt offen.

Geht es hier überhaupt um die Vorstellung eines Jenseits Künstlicher Intelligenz, eines „anti-algorithmischen Denkens"[230] oder nur um eine *aktivere* Gestaltung der dann weiterhin als *unhintergehbar* gedachten Technologien, eben eine, die sich, wie der Autor schreibt, dem Dienst der Menschen verschreibt? „Ist es überhaupt noch möglich", so wird in einem anderen Artikel im Kontext ebendieser Thematik gefragt, „einer solchen Unvermeidlichkeit etwas entgegenzusetzen?" (FAZ90). Diese Frage wird im weiteren Verlauf reflektiert und soll im Folgenden durch die Perspektive der Social-Media-Diskussion um KI stärkere Konturen erhalten.

Diskursive Anstöße für ein Nachdenken über einen gesamtgesellschaftlich mündigen Umgang mit den KI-Technologien
Während es im vorangegangenen Abschnitt darum ging, wie die Gesellschaft selbst explizit über einen kollektiven Umgang mit den KI-Technologien diskutiert und sich daraus bereits Anknüpfungspunkte für das medienkulturrhetorische Projekt ergeben, geht es nun abschließend um die impliziteren Aspekte, in denen sich entweder bereits *alternative Diskursivierungen* von KI manifestieren, die als weitere reflektorische Ausgangspunkte genutzt werden können, oder in denen sich ein rhetorisches Potenzial verbirgt, das es zu kultivieren gilt. Auszumachen sind im untersuchten Material zwei Aspekte, die hier als (1) *Brüche mit Visiotypen sowie Stereotypen* und (2) *Multimodale Kompetenz* bezeichnet werden.

Zu (1): Besonders aufschlussreich ist es, sich anzuschauen, auf welche Weise mit Visiotypen gebrochen wird. Im Folgenden seien dafür einige Beispiele angeführt. Bei dem Bild in Abbildung 91 handelt es sich weniger um den Bruch mit einem im Material vorgefundenen Visiotyp, als um den Bruch mit einem angenommenen *kulturellen Stereotyp*, das Morgan G. Ames (2019) für den US-amerikanischen Raum zur Figur des *technically precocious boy* verdichtet hat und das sich, allein mit einem Blick auf die Statistiken[231] auch für Deutschland – mit gewissen Einschränkungen[232] –, übernehmen lässt. Es geht um die Vorstellung, dass insbesondere Jungen technik-affin sind, wodurch diese auch häufiger Chancen erhalten, sich in MINT-

---

230 In FAZ7 heißt es so etwa: „Und vielleicht ist es das, was die digitalisierte Gesellschaft am allermeisten braucht: eine Unterbrechung. Ein Anfang antialgorithmischen Denkens wäre damit gemacht."
231 Laut einer Studie der Bundesagentur für Arbeit betrug der Frauen-Anteil in MINT-Berufen 2018 lediglich 15,4 Prozent (vgl. https://statistik.arbeitsagentur.de/DE/Statischer-Content/Statistiken/Themen-im-Fokus/Berufe/Generische-Publikationen/Broschuere-MINT.pdf?__blob=publicationFile; letzter Zugriff: 14.03.2023).
232 Der *technically precocious boy* ist an die spezifisch US-amerikanische Hacker-Szene des *Silicon Valley* und *MIT* gekoppelt (vgl. dazu Ames 2019). Inwiefern eine solche Figur in Deutschland existiert, müsste noch untersucht werden.

Fächern auszuprobieren und später mit deutlich erhöhter Wahrscheinlichkeit einen Beruf in diesem Feld ergreifen. Auf dem Bild in Abbildung 91 sieht man jedoch ein offensichtlich konzentriertes und zugleich von der Technik fasziniertes Mädchen, das an einem technischen Gefährt bastelt. Der Betrachter ist mit dem Mädchen auf Augenhöhe, das, obwohl es sich hinter dem technischen Gerät befindet, im Fokus steht, da sein Gesicht durch die Beleuchtung und die Bildschärfe salient gemacht wird. Das Bild scheint zu „sagen": Mädchen können (und sollen) sich auch für Technik begeistern. Es ist ein *Angebot* an die Betrachterin oder den Betrachter, auch die Mädchen in ihrem oder seinem Umfeld an die Technik heranzuführen.

Abbildung 91: Bebilderung des Artikels Spiegel 34.

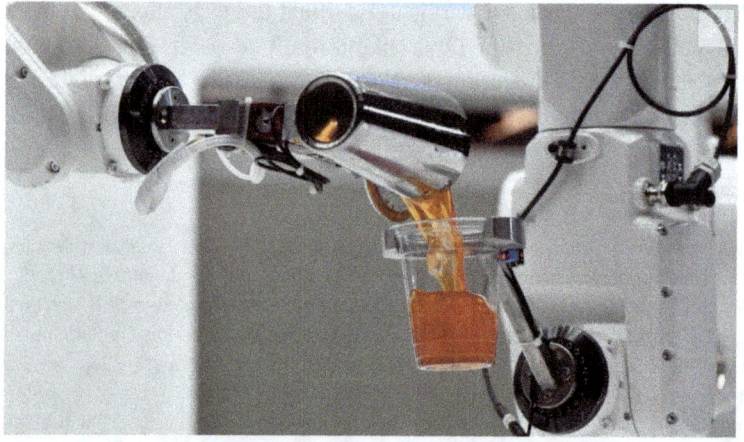

Abbildung 92: Bebilderung des Artikels Spiegel52.

Abbildung 92 wird hier angeführt, da darin mit dem Visiotyp des humanoiden Roboters gebrochen wird. Stattdessen ist eine Art Industrie-Roboter zu sehen, der eine rote Flüssigkeit von einem Becher in den anderen füllt. Dieser Vorgang des Ein- oder Umgießens steht, insbesondere durch die Farbe der Flüssigkeit, und die Platzierung in der Bildmitte, im Vordergrund. Das für den Menschen *Banale*, nämlich Flüssigkeiten ein- oder umgießen zu können, wird allein durch seine Auswahl – es wird in der Zeitung bildlich dargestellt – zum *Besonderen* des Robotischen. Insofern wird dem Robotischen bzw. werden den KI-Technologien hier auch visuell ein Stück weit seine bzw. ihre Bedrohlichkeit genommen, wenn sich aus dem Bild auch herauslesen lässt: *Ein Roboter ist kein omnipotenter Terminator; bei ihm ist selbst das Eingießen von Flüssigkeiten ein bemerkenswerter Akt, den es zu präsentieren gilt.*

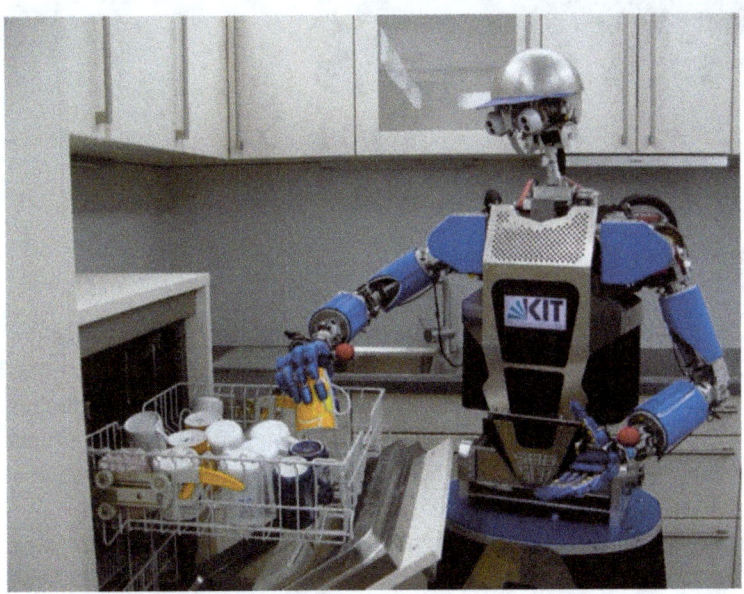

Abbildung 93: Bebilderung des Artikels FAZ8.

In Abbildung 93 ist zwar wieder ein Roboter in humanoider Gestalt zu sehen. An diesem ist jedoch bemerkenswert, wie er konkret dargestellt wird. Zum einen ist seine Erscheinungsform nicht so menschenähnlich wie etwa die des Roboters *Sophia*. Zum anderen wird der Roboter auf eine einzige Aufgabe konzentriert gezeigt – das Ein- oder Ausräumen einer Spülmaschine – und dadurch, dass sich in seinem Rücken eine Wand mit Hängeschränken einer Küche befindet, zugleich visuell eine Grenze markiert. Die Fähigkeiten des Roboters sind auf einen eingeschränkten Tätig- und Gültigkeitsbereich beschränkt, dem Menschen lästige Aufgaben abnehmend. Insofern unterscheidet sich diese Visualisierung deutlich von jenen Robotern, die auf offener Straße in der weiten Lebenswelt der Menschen oder vor einem diffusen, mithin analytischen, Hintergrund gezeigt werden, der prinzipiell Endlosigkeit signalisiert.

Abbildung 94: Bebilderung des Artikels Spiegel46.

Auch Abbildung 94 bricht auf bestimmte Weise mit dem Visiotyp des humanoiden Roboters. Zwar sind auch die beiden dargestellten Roboter (angedeutet) der anatomischen Form des Menschen nachempfunden, doch sind sie nur abgeschnitten zu sehen. Der rechte Roboter befindet sich sogar auf dem Boden, als wäre er kurz zuvor hingefallen. Somit wird hier eine Schwäche und Verwundbarkeit des Robotischen visuell erzeugt, die atypisch für das untersuchte Material ist.

Darüber hinaus wird mit dem Visiotyp *humanoider Roboter* gebrochen, wenn alternative Technikdarstellungen gezeigt werden, z. B. von Smartphones (z. B. Zeit7), Laptops (z. B. FAZ3, dem IBM Supercomputer (z. B. FAZ126), Gesichtserkennungssoftware (z. B. SZ86), Industrieroboter (z. B. Spiegel52), Roboter in anderen Formen als der humanoiden (z. B. SZ18), Avatare (z. B. Bild26), Graphen (z. B. Spiegel57) oder Codes (z. B. FAZ113). Gerade diese alternativen Darstellungen sind aufschlussreich, da sie den Konstruktionscharakter der Visualisierungen verdeutlichen. Einen Artikel über Künstliche Intelligenz mit einem humanoiden Roboter zu bebildern, ist stets eine Entscheidung, die auch anders getroffen werden könnte und anders getroffen wird. Bilder *wirken* und werden *angeeignet*. Daher sind diese Entscheidungen nicht egal, denn sie konfigurieren unsere Vorstellungen der Beschaffenheit und Möglichkeitspotenziale dieser Technologien mit. Auf textueller Ebene wird in manchen Artikeln von einer simplen Strategie Gebrauch gemacht, Distanz zum anthropomorphisierenden Vokabular zu gewinnen, und zwar durch die Verwendung Anführungszeichen: „[...] so kann eine KI doch *„wissen"*, dass zum Beispiel eine Katze auf einem Bild ist, weil sie mit Millionen Katzenbildern trainiert wurde" (SZ43) oder „Über ein Aktivierungswort (z. B. „Alexa" oder „Hallo Magenta") wird der Sprachassistent aktiviert und *„hört"* die folgende Aufgabe" (Bild22); auch die Begriffe *trainieren* (FAZ160; SZ46; Zeit57) und *lernen*[233] (z. B. Bild9; FAZ123; SZ63) finden sich, in Anführungszeichen gesetzt, im untersuchten Material.[234]

Überdies sind im untersuchten Material Bebilderungen zu finden, in denen die *Dominanz des Digitalen* visuell gebrochen wird, wie exemplarisch an den folgenden Beispielen illustriert:

Abbildung 95: Bebilderung des Artikels Spiegel45.

In Abbildung 95 wird das Dominanzverhältnis von Technik und Mensch (in der Form des Visiotyps des „weißen Mannes") umgedreht: Hier stellen sich vier Männer, die offenbar eine Gruppe bilden (sie tragen das gleiche T-Shirt), der Technik – symbolisiert durch das nur in Teilen zu sehende Auto – entgegen. Die Dominanz des Menschlichen gegenüber dem Technischen wird visuell insbesondere durch die Körperhaltung der Männer erzeugt (sie stemmen die Hände in die Hüften, vergrößern ihre Körperfläche) sowie ihre Platzierung im Bild (sie nehmen den größten Raum ein, drängen das Auto buchstäblich zurück, das abgeschnitten und unscheinbar am unteren linken Bildrand zu sehen ist).

---

233 In einem Artikel heißt es, dass neuronale Netze „quasi [Herv. d. Verf.] lernen" (Spiegel40), wodurch gleichermaßen Distanz zum anthropomorphisierenden Begriff eingenommen wird.
234 In den vorangegangenen Zitaten stammen die Kursivsetzungen von der Verfasserin.

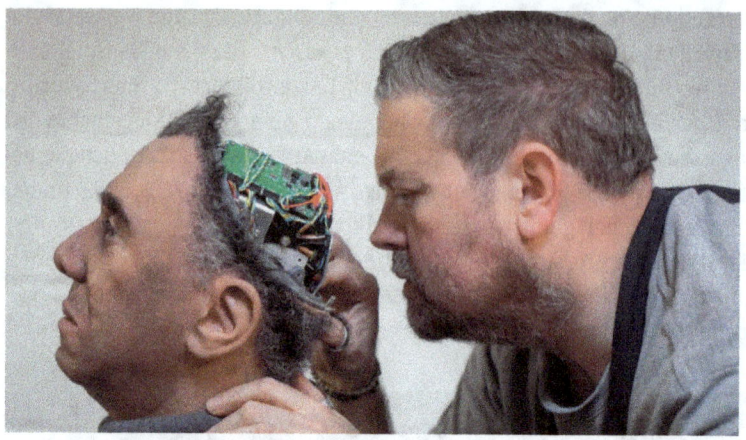

Abbildung 96: Bebilderung des Artikels Zeit20.

Zuletzt sei zum Aspekt der menschlichen Dominanz noch das Beispiel in Abbildung 96 angeführt. Zu sehen ist ein menschlicher Kopf, aus dessen „Hinterkopf" Elektronik herausragt. Daneben befindet sich ein Mann, der die Hände auf die Schultern und an die Elektronik gelegt hat und diese mustert. Den Hintergrund bildet eine zu erahnende weiße Wand. Auch hier wird ein humanoider Roboter gezeigt, der zudem große Ähnlichkeit mit dem Menschen im Bild aufweist, jedoch wird visuell deutlich gemacht, wer die Kontrolle über wen innehat. Der Mensch[235] inspiziert die „Innereien" des Roboters, kennt sich mit diesen aus und kann den Roboter „programmieren", also über ihn verfügen.

Zu (2): Analysiert man das multimodale Zusammenspiel aller Artikelkomponenten[236], d. h. die Interaktion von Layout, Schriftfarbe und -größe, Bebilderungen, Text etc., dann lässt sich feststellen, dass die Artikel weitestgehend durch eine große Komplexität und Ambivalenz in ihrer Botschaft geprägt sind. Erst durch das Zusammenspiel der verschiedenen Modi werden spezifische Lesarten möglich, Lesarten gleichwohl jedoch, die – im Sinne Jägers – durch das beständige Über-

---

[235] In dieser Darstellung könnte man auf einer anderen Ebene wiederum das Stereotyp des „Weißen Mannes" ausmachen, der die Kontrolle innehat, doch geht es mir an dieser Stelle lediglich allgemein um die Umkehrung des Kontrollverhältnisses in der Mensch-Maschine-Beziehung.
[236] Eine solche Analyse wurde hier für einen ausgewählten Ausschnitt aus dem Korpus, der insgesamt 82 Artikel umfasste, durchgeführt. Die Artikel wurden dabei auf zwei Ebenen nach den folgenden Kriterien ausgewählt: Artikel mit besonders reißerischen Schlagzeilen, Artikel, in denen Visualisierungen vorkamen, die sich einer oder mehreren Verdichtung(en) zuordnen ließen (z. B. Visiotyp humanoider Roboter) sowie Artikel, deren Illustrationen sich nicht aus sich selbst heraus erschloss (z. B. Zeit17, vgl. z. B. Abbildung 104).

schreiben durch verschiedene Zeichen fortlaufend modifiziert werden. Es lässt sich grob konstatieren, dass es Artikel gibt, in denen die Komponenten weitestgehend *kongruent* sind und eine spezifische Botschaft des Artikels *verstärken*; Artikel, in denen die verschiedenen Komponenten *ambivalente* Botschaften vermitteln und Artikel, in denen bestimmte Lesarten erst *durch* das multimodale Zusammenspiel ermöglicht werden. Die Übergänge zwischen diesen groben Kategorien sind fließend. Im Folgenden soll die multimodale Bedeutungsgenerierung exemplarisch veranschaulicht werden. Damit verbindet sich die These, dass der Orator im digitalen Zeitalter in besonderer Weise *multimodal geschult* sein sollte, um die verschiedenen (impliziten) Bedeutungsdimensionen symbolischen Materials *erkennen* und in sein eigenes rhetorisches Handeln einbeziehen zu können.

16. Juli 2019, 18:53 Uhr   Künstliche Intelligenz

Werden Computer unsere Oberherren sein?

Der Kontrollverlust der Menschen hat längst begonnen. Maschinen bringen uns dazu, Dinge zu tun. Sie kosten uns Jobs. Und wir verstehen sie immer weniger.

Abbildung 97: Screenshot des Artikels SZ63.

In Abbildung 97 ist ein Artikel zu sehen, in dem das multimodale Zusammenspiel von Schlagzeile, Illustration und Teaser-Text als grundsätzlich kongruent bzw. sich verstärkend/ergänzend gedeutet wird. Die Frage in der Schlagzeile „Werden Computer unsere Oberherren sein?", die noch eine prinzipielle Offenheit impliziert, wird durch Bild und Teaser-Text beantwortet: *Ja, Computer – etwa in Form von humanoiden Robotern – werden unsere Oberherren sein*, denn „[d]er Kontrollverlust der Menschen hat längst begonnen".

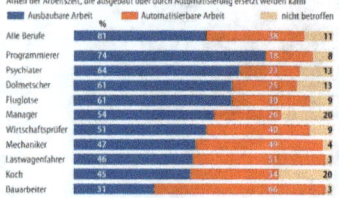

Abbildung 98: Screenshot des Artikels FAZ29.

In Abbildung 98 ist ein komplexerer und mithin subtilerer Fall zu sehen. Erst durch die Schlagzeile wird der visuellen Darstellung des Roboters der Kontext der Arbeitssphäre überschrieben („Machen bald Roboter meine Arbeit?"), da sich die abgebildete Räumlichkeit nicht zwingend als Arbeitsplatz deuten lässt, sondern, insbesondere durch den Teppich, auch etwas „Wohnzimmerhaftes" verliehen bekommt. Das Element des Fragenden findet sich jedoch visuell in der Roboter-Darstellung „gespiegelt". Die Frage des Bildes lässt sich insgesamt als diejenige nach einer Grenzüberschreitung interpretieren. Der Roboter scheint zu fragen: *Soll bzw. darf ich in die Sphäre des Menschlichen eindringen?* Durch die Schlagzeile und das Thema des Artikels wird diese Grenzüberschreitung semantisch präzisiert: Es geht um die Grenzüberschreitung eines Eindringens in die Sphäre der menschlichen *Arbeit*. Im Artikel bleibt die Frage indes ungeklärt, wird beantwortet mit einem *sowohl als auch*, das wiederum durch die abgebildete Grafik weiter konkretisiert wird. In dieser ist visuell aufbereitet, welche Jobs sich zu welchen Anteilen automatisieren lassen, wobei anzumerken ist, dass die automatisierbaren Anteile in roter Signalfarbe eingefärbt sind und somit Gefahr signalisieren. Insgesamt drängt sich bei diesem Artikel die *Frage*, das *Ungewisse*, in den Vordergrund.

Auch bei Abbildung 99 handelt es sich um ein komplexes Beispiel mit ambivalenten multimodalen Ressourcen. An anderer Stelle (vgl. s. Abbildung 17) wurde die Visualisierung dieses Artikels bereits detailliert analysiert. Hier geht es nun darum, welcher multimodale Gesamteindruck bei der Betrachtung des Artikels entsteht. In der vorangegangenen Bild-Analyse wurde insbesondere betont, dass in der Visualisierung der Eindruck der technischen Dominanz, durchaus auch im Sinne einer *Invasion*, transportiert und der Mensch in die Peripherie gedrängt wird. In der Schlagzeile wird gefragt: „Müssen wir Angst vor künstlicher Intelligenz haben?" Die visuelle Antwort darauf würde lauten: Ja, müssen wir, denn die Technik übernimmt die Kontrolle über unsere Leben. In der Bildunterschrift wird das Angst-Motiv noch einmal aufgegriffen, wenn konstatiert wird: „Nichts für jene, die Krabbeltiere fürchten [Herv. d. Verf.]". Auch ist die Rede von einem „Robo-Rudel"; ein Begriff, der zusätzliches Unbehagen hervorrufen könnte, wird damit doch auch die Vielzahl der Roboter betont. All dies steht jedoch im Widerspruch zu der Botschaft des Texts, in dem sich affirmativ mit KI auseinandergesetzt wird. Auf die Zwischenschlagzeilen-Frage „Kann eine KI mein Leben besser machen?" wird beispielsweise geantwortet: „Ja, und vermutlich verwenden Sie schon täglich künstliche Intelligenz, ohne es zu merken" (Bild1). So lässt sich hier feststellen, dass die reißerische Aufmachung des Artikels (Schlagzeile, Visualisierung) mit dem Artikel-Text im Widerspruch steht.

Abbildung 99: Screenshot des Artikels Bild1.

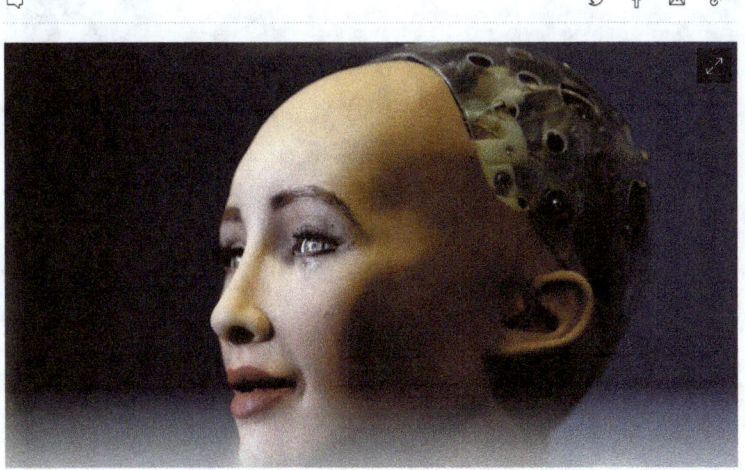

Abbildung 100: Screenshot des Artikels Spiegel 7.

An dem Artikel in Abbildung 100 ist ebenfalls der Kontrast zwischen Schlagzeile, Bebilderung und Inhalt auf Text-Ebene bemerkenswert. Vor einem dunkelblauschwarzen Hintergrund wird der Roboter *Sophia* in Großaufnahme gezeigt, den Blick von der Kamera abgewandt; die Augen wirken durch ihren Glanz unnatürlich, der mechanische Hinterkopf des Roboters ist zu sehen. *Sophia* wirkt hier wenig menschlich, sondern eher unheimlich. Dazu kommt der Titel des Artikels: „Schlechte Nachricht: Die Menschheit rast auf einen Abgrund zu" sowie die Frage im Teaser-Text „Wird künstliche Intelligenz uns einst versklaven, dann vernichten?" Stark negativ konnotierte Begriffe wie *Abgrund, versklaven, vernichten* werfen ein sehr negatives Licht auf Künstliche Intelligenz – Sophia wird zur Repräsentantin dieser Dystopien. Liest man sich den Artikel, der von einer Harvard-Konferenz zu KI handelt, jedoch durch, stellt man fest, dass dieser verschiedene Facetten von KI beleuchtet, Max Tegmark, der das Schlagzeilen-Zitat beisteuerte, einen „Widerpart" hat, der davon ausgeht, dass alles besser werde; dass das Gros der Rednerinnen und Redner „der KI eine große Zukunft voraus[sagten]", es hier jedoch auch Skeptiker gab. Obwohl die Meinung, dass der Siegeszug der KI auf einen Abgrund zuführe, also keineswegs die einzige oder bestimmende Meinung auf der

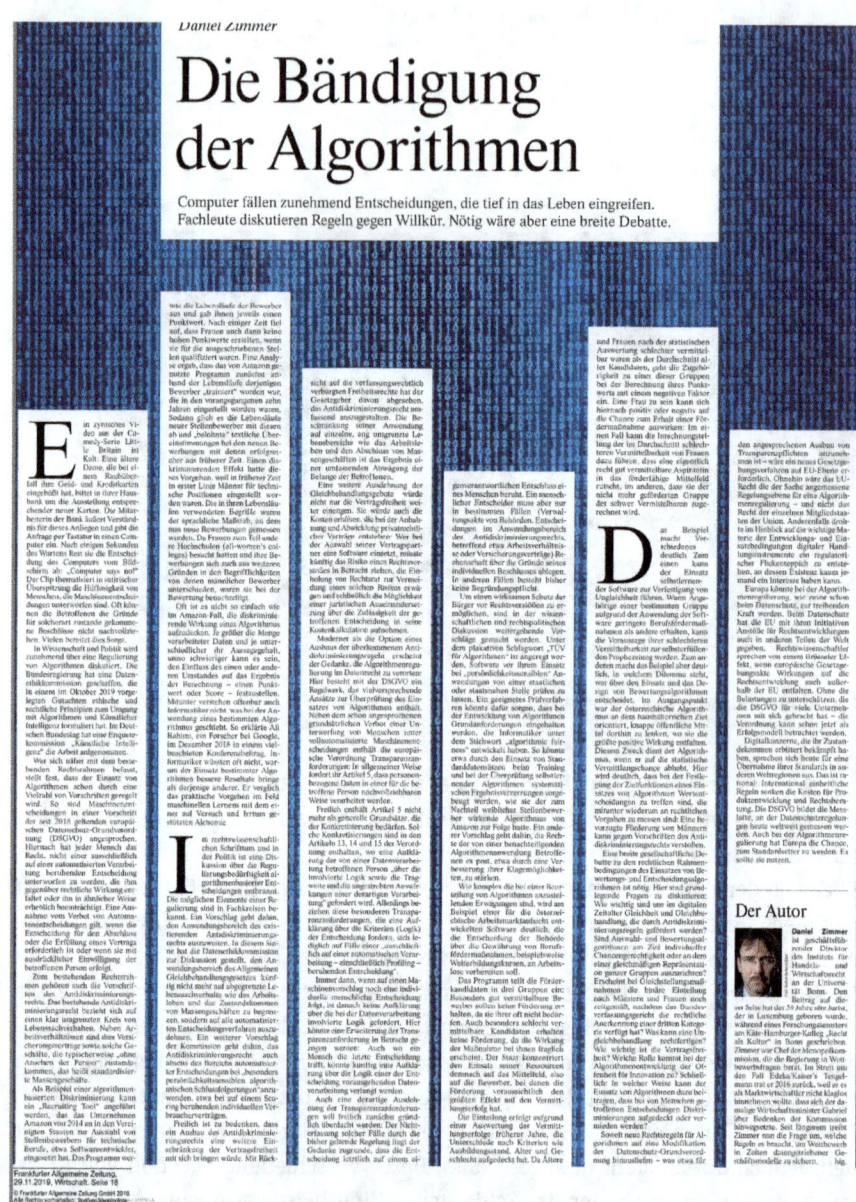

Abbildung 101: Screenshot des Artikels FAZ160.

Konferenz gewesen zu sein scheint, wird gerade diese, auch durch den Einstieg in den Artikel, in den Vordergrund gerückt. Angst, humanoide Robotik und Katastrophenszenarien scheinen die besten Verkaufsargumente für einen Artikel über Künstliche Intelligenz zu sein.

Beim Artikel in Abbildung 101 fällt vor allem das Layout ins Auge. Die Text-Kolonnen sind in unterschiedlichen Höhen angeordnet, wie ein Diagramm, und das auf einem visiotypen blau-schwarzen Hintergrund mit 0en und 1en. In der Schlagzeile wird deagentivierend „[d]ie Bändigung der Algorithmen" konstatiert, sodass man sich unwillkürlich fragt: Wer bändigt was, wer *soll* was bändigen? Der Untertext spezifiziert: „Fachleute diskutieren Regeln gegen Willkür". So soll es also um die Bändigung der Algorithmen *durch den Menschen* gehen. Diese Botschaft wird jedoch durch das Layout konterkariert: Die numerische Logik, visualisiert durch die diagrammische Anordnung sowie die 0en und 1en, bändigt den Text, das menschliche Erzeugnis.

Abbildung 102: Screenshot des Artikels FAZ41.

In Abbildung 102 ist ein Artikel zu sehen, bei dem die Schlagzeile „Der Kampf von Mensch und Maschine" auf subtile Weise semantisch verschoben und umgekehrt das Bild durch die Schlagzeile überschrieben wird. Man sieht in leichter Aufsicht zwei Personen (Männer) in gelben Warnwesten mit dem Rücken zur Kamera (auf der linken steht *GMF*, auf der rechten *INSPECTOR*) im Cockpit eines Flugzeugs. Der rechte Mann zeigt auf etwas, der linke hält eine Art Tablet in der Hand und scheint etwas darauf zu prüfen. Zudem sieht man die Elektronik des Cockpits und durch die Scheibe hindurch verschwommen ein paar weitere Menschen sowie unidentifizierbare Gegenstände. Der Mensch wird in diesem Bild zum „Warter" und Assistenten der Technik. Trotz der Signalfarben der Warnwesten dominiert das Dunkle und „Technische" das Bild. Stellt man sich die Frage, welche alternative Darstellung man hätte wählen können, so kann man an Darstellungen auf Augenhöhe denken, Darstellungen, in denen die Menschen – oder zumindest einer von ihnen – in die Kamera blickt, oder vielleicht sogar eine Darstellung von der anderen Seite der Scheibe ins Cockpit hinein. Diese visuell erzeugte Dominanz des Technischen lässt den in der Schlagzeile konstatierten Kampf von Mensch und Maschine ins Ungleichgewicht geraten; die Technik dominiert den Kampf. Gleichzeitig wird der per se friedliche Vorgang des Wartens eines Flugzeugs erst durch die Schlagzeile zu einem Kampf umgeschrieben. Beim Weiterlesen wird klar, dass es um die mitunter gefährliche (Zusammen-)Arbeit von Menschen mit autonomen Systemen in Flugzeugen geht, die bereits zu Katastrophen geführt hat, wie im Falle der Boeing-737-MAX-Abstürze[237]. Die Beziehung von Mensch und autonomem Flugsystem wird hier, insbesondere durch die Schlagzeile, zum *pars pro toto* für die gesamte Beziehung von KI-Technologien und dem Menschen.

---

237 Die Abstürze zweier Flugzeuge dieses Typs gehen auf Systemfehler zurück (vgl. dazu auch https://www.tagesschau.de/wirtschaft/unternehmen/boeing-737-max-abstuerze-crashs-aktionaere-ryanair-101.html; letzter Zugriff: 14.03.2023). In FAZ41 wird einer der Abstürze als Beispiel für das misslungene Zusammenarbeiten von „Mensch und Maschine" gedeutet.

Abbildung 103: Screenshot des Artikels Spiegel58.

In dem Artikel in Abbildung 103 wird die Uneindeutigkeit der Visualisierung erst im bildlich-textuellen Wechselspiel aufgelöst. Rein auf der Bildebene hat die Visualisierung nichts mit den Technologien Künstlicher Intelligenz zu tun. Zu sehen ist aus der Vogelperspektive eine Masse von Menschen, von denen zumeist nur die Hinterköpfe sichtbar sind. Sie sind in Bewegung, passieren etwas, das wie eine große, lichtdurchflutete Halle aussieht. Die Lichteinstrahlung erweckt – buchstäblich – einen zwielichtigen Eindruck. Unwillkürlich fragt man sich: Was sind das für Menschen? Wohin gehen sie? Wer beobachtet sie? Es gibt keine klarifizierende Bildunterschrift, stattdessen aber die Schlagzeile: „Der Computer will ihren Job" sowie die Unterschlagzeile: „Die Digitalisierung bedroht viele Arbeitsplätze. Eine neue Studie zeigt, wen es treffen könnte". Erst durch die Verschränkung von Text und Bild werden hier Bedeutungen generiert: Es scheint der Computer zu sein, der die zur Arbeit gehenden Menschen beobachtet, bereit zum Angriff, um ihre Tätigkeiten zu übernehmen.

Algorithmen: Wer haftet für die Fehler? | ZEIT ONLINE   22.03.21, 14:51

ZEIT ONLINE

Algorithmen
Wer haftet für die Fehler?

Algorithmen berechnen, wer Kredite oder eine günstige Versicherung bekommt. Verbraucherschützer fordern deshalb mehr Schutz für Kunden – dort, wo die Technik mitbestimmt.

Von **Marcus Rohwetter**

1. Mai 2019, 16:48 Uhr / Editiert am 1. Mai 2019, 20:37 Uhr / DIE ZEIT Nr. 19/2019, 2. Mai 2019 / 19 Kommentare /

AUS DER ZEIT NR. 19/2019

"Hallo, ist da jemand? Ich möchte mich beschweren!" © Joshua Coleman/unsplash.com [https://unsplash.com/@joshstyle]

Sie können kaltherziger sein als jeder menschliche Mitarbeiter im Kundendienst. Und wenn Algorithmen [https://www.zeit.de/thema/algorithmen] Versicherungsprämien oder Kreditzinsen berechnen, Sitzplätze im Flugzeug zuteilen oder Arzttermine vergeben, droht ein Problem: Wer weiß genau, warum manche Kunden oder Patienten mehr bezahlen oder länger warten als andere?

"Es muss unser Ziel sein, dass Mensch und Maschine geltendes Recht einhalten [https://www.zeit.de/2016/07/roboter-haftung-gericht] und unsere Rechte auch durchgesetzt werden", sagt Klaus Müller, Vorstand des Verbraucherzentrale Bundesverbands (vzbv). "Das gilt umso mehr in einer Welt lernender Algorithmen." Software, die

https://www.zeit.de/2019/19/algorithmen-verbraucherschutz-rechte-kunden-gleichbehandlung-software   Seite 1 von 3

Abbildung 104: Screenshot des Artikels Zeit17.

Ähnlich wie mit dem Artikel in Abbildung 103 verhält es sich auch mit jenem in Abbildung 104. Auf dem Bild des Artikels ist ein leerer Gang zu sehen, beleuchtet von industriell anmutenden Lampen; rechts, links und geradeaus befinden sich geschlossene Türen, die wie Garagentüren aussehen. Durch die geschlossenen

Türen, die Schmalheit des Gangs und das kühle Licht wird das Gefühl von Beengtheit und Unbehagen erzeugt. Man stellt sich die Frage, wo man sich befindet und was sich wohl hinter den Türen verbirgt. Die Schlagzeile liest: „Wer haftet für die Fehler?"; im Teaser-Text wird das Thema der Kredite berechnenden Algorithmen eingeführt. Die Bildunterschrift lautet: „„Hallo, ist da jemand? Ich möchte mich beschweren!"" So wird auf textueller Ebene das durch das Bild hervorgerufene beengende Gefühl präzisiert: Es ist niemand da, man ist allein, niemand haftet für die Fehler der Algorithmen. Das Bild beantwortet die in der Schlagzeile aufgeworfene Frage und bekommt seinerseits durch die Informationen auf der Textebene eine spezifische Semantik, die sich auf reiner Bildebene nicht herauslesen ließe.

Abbildung 105: Screenshot des Artikels FAZ47.

Die Bebilderung des in Abbildung 105 zu sehenden Artikels wurde an anderer Stelle bereits analysiert (vgl. Abbildung 11). Hervorzuheben war dabei insbesondere die Tatsache, dass die Menschheit in diesem Bild als museales Ausstellungsstück einer ausgestorbenen Art dargestellt wird, die vom Robotischen – repräsentiert durch einen humanoiden Roboter – begutachtet wird. Durch die Schlagzeile „Die Ära der Maschinen" wird das Bild in seiner Botschaft und seinem Wirkungsbereich verstärkt, die Schlagzeile wiederum semantisch konkretisiert. Wie sieht eine Ära der Maschinen konkret aus? Das Bild beantwortet die Frage: Es ist eine Zeit, in welcher der Mensch abgelöst wurde, ausgestorben ist. Dabei ist anzumerken, dass der Artikel selbst, wie so häufig im untersuchten Material, deutlich differenzierter ist als es das ihn eröffnende Bild und seine Schlagzeile sind.

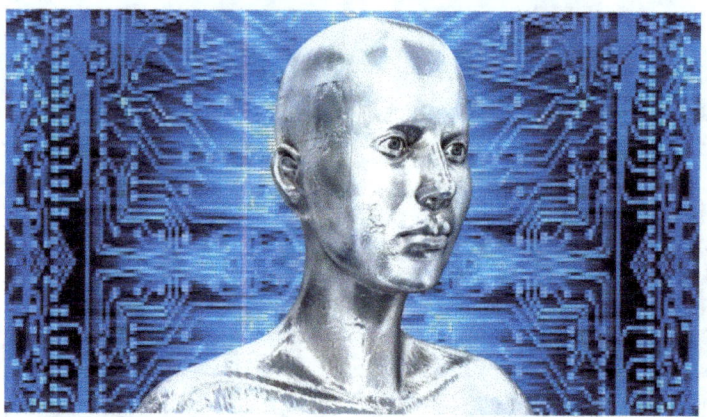

Abbildung 106: Screenshot des Artikels Bild17.

Neben den verschiedenen Arten, auf die im multimodalen Zusammenspiel Bedeutungen erzeugt werden, sei hier noch auf einen weiteren auffälligen Aspekt verwiesen, der sich aus der multimodalen Analyse ergibt. Bereits bei den visuellen Verdichtungen war gleichermaßen auffällig wie erwartbar, wie häufig Visualisierungen humanoider Roboter zur Bebilderung von Artikeln herangezogen werden. Betrachtet man diese Visualisierungen allerdings nicht länger allein auf reiner Bildebene, sondern nimmt auch die Text-Ebene hinzu, wird deutlich, dass es in den meisten Fällen nicht oder allenfalls peripher um humanoide Roboter geht. Dieser Widerspruch wird in manchen Artikeln besonders deutlich, wie anhand der folgenden beiden Abbildungen gezeigt werden soll.

Die Schlagzeile des Artikels in Abbildung 106 lautet: „Computer komponieren selbstständig Musik". Bebildert wird der Artikel mit der Darstellung eines humanoiden Roboters. So werden die „selbstständig komponierenden Computer" hier als humanoide Roboter/künstliche Menschen dargestellt, versehen mit der Bildunterschrift „Musizieren ist typisch menschlich – nun gibt es Programme, die Songs für Videospiele von allein schreiben". Es geht also insbesondere um Software, die in diesem Fall (beim Komponieren) nichts mit humanoiden Robotern zu tun hat und dennoch robotisch dargestellt wird. Im Infokasten wird diese Diskrepanz besonders deutlich, wenn es heißt: „Künstliche Intelligenz (KIs) sind nicht automatisch Roboter. Es sind lernende Computerprogramme, die Maschinen „intelligent" machen, indem sie auf Bedürfnisse reagieren können". Neben der fragwürdigen Definition von Künstlicher Intelligenz fällt auf, dass es eine Diskrepanz zwischen der bildlichen Darstellung, dem Artikel-Sujet und dem Erklär-Text gibt. Obwohl humanoide Roboter nicht den Akt des Komponierens ausführen und anerkannt wird, dass KI nicht gleichzusetzen ist mit humanoiden Robotern, wird als Illustration des Artikels dennoch die Darstellung eines humanoiden Roboters gewählt.

Abbildung 107: Screenshot des Artikels FAZ93.

In Abbildung 107 wird diese multimodale Diskrepanz noch deutlicher. Im Text heißt es: „Bei der robotergesteuerten Prozessautomatisierung kommen – anders als bei der automatisierten Fertigung in den Fabrikhallen – keine physischen Roboter zum Einsatz. Es handelt sich vielmehr um Software, die aufgespielt wird und andere Programme wie E-Mail, Excel oder SAP quasi wie von Geisterhand bedient". Obwohl also bei der thematisierten *Prozessautomatisierung* gerade „keine physischen Roboter zum Einsatz" kommen, wird der Artikel dennoch mit physischen Robotern bebildert. Für diese Inkongruenz zwischen Illustration und Thema bei humanoiden Robotern gibt es noch einige weitere Beispiele im Korpus, z. B. FAZ61, FAZ63, FAZ90, Spiegel25, Spiegel33, SZ20, SZ27, SZ56, SZ106, SZ111, Zeit21, Zeit34. Einerseits wirft dies erneut die Frage auf, inwiefern eine solche Form der Berichterstattung auf kollektiver Ebene ein profunderes Verständnis der KI-Technologien untergräbt. Andererseits unterstreicht es die Notwendigkeit, Menschen die Mittel an die Hand zu geben, solche Kommunikate zu dechiffrieren.

Im Korpus sind zwei Beispiele von Visualisierungen zu finden, die für zwei unterschiedliche Artikel zweier Zeitungen verwendet wurden (vgl. FAZ47 und SZ61 (Abbildung 22) sowie Spiegel 28 und FAZ178 (Abbildung 108 und Abbildung 109). Anhand dieser Beispiele soll zuletzt noch ein Blick auf den Aspekt *alternativer Darstellungen* geworfen werden. Verwendet wurde die an anderer Stelle (vgl. S. 164) bereits diskutierte Darstellung eines Handschlags von Mensch und humanoidem Roboter, welche die Kooperation zwischen beiden Akteuren unterstreicht, jedoch auch den Roboter in den Vordergrund rückt, da nur dessen „Hand" vollständig gezeigt wird. Im Spiegel-Artikel, in dem diese Abbildung verwendet wird (s. Abbildung 108), lautet die Bildunterschrift: „Mensch und Maschine: Wer gratuliert künftig eigentlich wem zum neuen Job?" Die Kooperation wird dadurch ad absurdum geführt, dass die Unterschrift suggeriert, dass der Mensch dem Roboter zur Übernahme von dessen eigenem Job gratulieren könnte. Eröffnet wird der Kontext der Sphäre des Arbeitsplatzes, den auch ein Handschlag indizieren könnte, jedoch in diesem Bild nicht in der gleichen Eindeutigkeit wie der Text. Im Artikel geht es um das Projekt *Ethik der Algorithmen* der Bertelsmann Stiftung; Algorithmen werden auch hier wieder robotisch dargestellt.

mit ihrem Projekt "Ethik der Algorithmen" versucht die Bertelsmann Stiftung, den Einfluss von automatisierten Entscheidungen auf unser Leben zu erklären. Am heutigen Montag hat sie im Rahmen dieses Projekts, zusammen mit der Stiftung Neue Verantwortung, ein lesenswertes Paper zum Einsatz von Algorithmen im Personalwesen veröffentlicht.

Dieser Einsatz nämlich finde längst statt, heißt es darin, "von der Analyse des Arbeitsmarktes und seiner Entwicklung über Tools, die die Wechselwilligkeit von potenziellen Mitarbeiter:innen berechnen, bis hin zu automatisierten Lösungen, die Bewerbungen filtern oder gar (Vor-)Auswahlgespräche führen". Mit anderen Worten: Die wenigen Jobs, die uns Software künftig nicht ohnehin wegnimmt, verteilt eine andere Software unter uns.

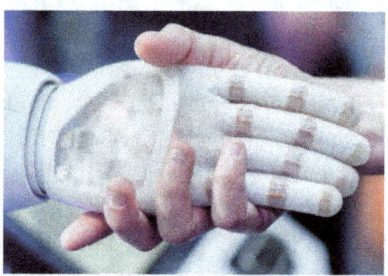

Allerdings, heißt es in dem Paper von Carla Hustedt und Tobias Knobloch, wüssten nur 35 Prozent der Deutschen, dass Algorithmen bereits bei der Personalauswahl verwendet würden. Ich empfehle die Lektüre deshalb vor allem den anderen 65 Prozent.

Mir gab ein Abschnitt besonders zu denken. Darin geht es um ein "maschinelles Wettrüsten zwischen den Algorithmen der

Abbildung 108: Screenshot des Artikels Spiegel28.

Wirtschaft warnt vor falscher KI-Strategie

BDI kritisiert zu wenig Förderung und zu viel Regulierung / Europa versucht Amerika und China Paroli zu bieten

joe. BERLIN. Künstliche Intelligenz, kurz KI, gilt als der Schlüssel für das Wirtschaftswachstum der kommenden Jahre. Selbstlernende Software hilft Ärzten bei der Auswertung von Röntgenbildern, Autoherstellern beim Steuern autonom fahrender Autos und Banken beim Erkennen von Kreditkartenbetrug. Im Herbst 2018 hat die Bundesregierung deshalb eine KI-Strategie verabschiedet und 3 Milliarden Euro Fördermittel in Aussicht gestellt. In der Haushaltsplanung bis 2023 ist bislang aber nur eine Milliarde Euro vorgesehen. Die Wirtschaft greift die Bundesregierung deshalb nun scharf an.

Deutschland entferne sich immer weiter von dem Ziel, 3,5 Prozent des Bruttoinlandsprodukts für Forschung und Entwicklung auszugeben, heißt es in einem bislang unveröffentlichten Positionspapier des Wirtschaftsverbands der Deutschen Industrie (BDI). „Die Bundesregierung sollte zumindest an dem Drei-Milliarden-Euro-Ziel festhalten und hierfür zusätzliche Haushaltsmittel zur Verfügung stellen", so die Forderung. Während die Vereinigten Staaten bei konsumentennahen KI-Anwendungen dominieren und China im Bereich innere Sicherheit, soll sich Europa nach dem Willen des Verbands in der industriellen KI einen Namen machen. Doch bis dahin ist es, nach den Zahlen des Verbands zu urteilen, noch ein weiter Weg: Demnach setzen erst 15 Prozent der kleinen und mittleren Unternehmen in Deutschland Künstliche Intelligenz ein. Selbst unter den großen Industrieunternehmen liegt der Anteil erst bei 25 Prozent.

Hauptkritikpunkt der Wirtschaft ist, dass der Großteil der staatlichen Fördermittel nach dem Willen von Bundesfinanzminister Olaf Scholz (SPD) nicht zusätzlich, sondern durch Kürzungen an anderer Stelle fließen soll. „Dies ist der falsche Weg", heißt es in dem Zehn-Punkte-Plan des BDI, bei dem es sich um die erste Positionierung des Verbands zu diesem Thema handelt. Er verweist darauf, dass durch den Einsatz von Künstlicher Intelligenz im verarbeitenden Gewerbe bis zum Jahr 2035 ein zusätzliches jährliches Wachstum von 2,3 Prozent erzielt werden könnte. Damit liege das Wachstumspotential in der Industrie klar über dem in anderen Wirtschaftszweigen. „Deutschland und Europa dürfen sich in der KI-Förderung nicht verzetteln", warnte Iris Plöger, Mitglied der Hauptgeschäftsführung des BDI, gegenüber der F.A.Z. „Der Fokus muss klar auf industriellen Anwendungsfeldern liegen. Dort bestehen die besten Wachstumschancen."

Schon in den vergangenen Wochen hatte es Kritik aus der Wirtschaft gegeben. Tenor: Die mit viel Aufwand verabschiedete KI-Strategie der Regierung könnte zu einem Papiertiger werden. Von den geplanten 100 Professuren für Künstliche Intelligenz seien erst 30 ausgeschrieben worden, kritisierte beispielsweise der IT-Branchenverband Bitkom. Die Vereinigten Staaten diskutierten derweil über ein 100-Milliarden-Dollar-Programm zur KI-Förderung. „Wir müssen das Tempo massiv erhöhen", forderte Bitkom-Hauptgeschäftsführer Bernhard Rohleder. Auch Antonio Krüger, Chef des Deutschen Forschungszentrums für Künstliche Intelligenz, sagte: „Wir können als deutsche Volkswirtschaft mehr leisten." Druck kommt nicht zuletzt aus Frankreich. Wirtschaftsminister Bruno Le Maire drängt seinen deutschen Amtskollegen Peter Altmaier (CDU) schon seit längerem, mehr zu tun. Letzterer antwortete mit Plänen zu einer europäischen Datencloud namens Gaia-X. Diese soll aber großteils von den Unternehmen selbst aufgebaut werden, das Wirtschaftsministerium will sich auf eine Anschubhilfe in zweistelliger Millionenhöhe beschränken.

Der BDI fordert, dass sich der Fokus der Politik schon wieder weg von der finanziellen Förderung hin zu mehr Regulierung verschiebe. „Die ehrgeizige Ankündigung von EU-Kommissionspräsidentin Ursula von der Leyen, innerhalb der ersten 100 Tage ihrer Amtszeit einen Legislativvorschlag für Künstliche Intelligenz vorzulegen, bereitet Sorge", sagte Plöger. Bei allen KI-Anwendungen, die keine Entscheidungen über Menschen treffen, sollte nach der Politik ihrer Ansicht nach herausaushalten. „Sonst würde der regulatorische Schnellschuss zur Innovationsbremse für die Industrie."

Als positive Beispiele nennt das Papier, über das der Verband im neuen Jahr mit der Bundesregierung sprechen will, unter anderem eine Technik von Siemens, die den Stickoxid-Ausstoß von Gasturbinen um 20 Prozent senken kann. Volkswagen nutze KI, um anhand von Bilddaten auch kleinste Fehler in der Autoproduktion zu erkennen. Altmaier wiederum war kürzlich zu Besuch bei einem Berliner Start-up, das eine Software entwickelt hat, die anhand von Bildern auf drohende Waldbrände hinweist.

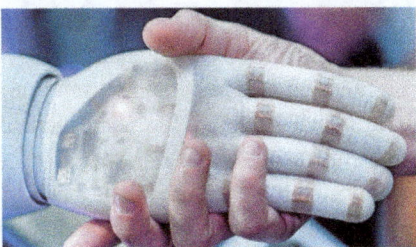

KI hautnah: *Ein Mann hält die Hand eines Roboters.* Foto dpa

Frankfurter Allgemeine Zeitung,
27.12.2019, Wirtschaft, Seite 21
© Frankfurter Allgemeine Zeitung GmbH 2019.
Alle Rechte vorbehalten.

Abbildung 109: Screenshot des Artikels FAZ178.

Bei dem Artikel in Abbildung 109 wird das Bild in einen anderen Kontext gestellt, wenn es um den Umgang Deutschlands und Europas mit Künstlicher Intelligenz im Angesicht der beiden „KI-Supermächte" USA und China geht. Auf den ersten Blick scheint die Botschaft ambivalent zu sein. In der Schlagzeile wird vor der „falsche[n] KI-Strategie" gewarnt, das Bild zeigt den Handschlag zwischen Mensch und humanoidem Roboter. Ist es die falsche Strategie mit „Robotern" zu kooperieren und mehr in KI zu investieren? Ist dies genau die richtige Strategie, die einer falschen ex negativo (weil sie gerade *nicht* zu sehen ist) entgegengesetzt wird? Im Zusammenspiel mit der Unterschlagzeile „BDI kritisiert zu wenig Förderung und zu viel Regulierung/Europa versucht Amerika und China Paroli zu bieten" und dem Artikel insgesamt erscheint dies als die deutlich wahrscheinlichere Lesart. Die deskriptive Bildunterschrift instanziiert die Nähe zwischen Mensch und KI: „KI hautnah: Ein Mann hält die Hand eines Roboters". Hier soll abschließend festgehalten werden, dass diese Beispiele neben der grundsätzlichen – transkriptiven – Polysemie multimodaler Kompositionen auch veranschaulichen, inwiefern die Bilder durch verschiedene Kontextualisierungen andere Bedeutungen zugewiesen bekommen können. Insofern ist es essenziell zu betonen, dass die Artikel in ihren multimodalen Erscheinungsformen das Ergebnis bewusster Produktionsentscheidungen sind, die stets auch anders hätten getroffen werden können, und spezifische (polyseme) Botschaften, Atmosphären und Einsichten transportieren, die es für den Orator zu dechiffrieren gilt.

4.2.4 Medienkulturrhetorische Fallstudie – zweites Zwischenfazit

Wie die vorangegangenen Ausführungen gezeigt haben, bietet eine Analyse des KI-Diskurses nicht allein Erkenntnisse darüber, *wie wir als „Algorithmuskultur" über uns selbst diskutieren*, welche Themen und Positionen relevant gesetzt und zum Schauplatz von Bedeutungskämpfen werden, sondern auch, welche Leerstellen und Potenziale sich für ein Nachdenken über einen mündigen Umgang mit den Technologien und deren Gestaltungsmöglichkeiten – in der medienkulturrhetorischen Perspektive – verstanden als ein Nachdenken über rhetorische Anknüpfungspunkte, ergeben, und damit einhergehend, für eine Kritik gegenwärtiger Kommunikationspraktiken. Wenngleich beispielsweise die *Filterblase* empirisch in ihrer (raumgreifenden) Existenz infrage gestellt wird, wird diese massenmedial weiterhin reproduziert. Obwohl die Robotik, zumal die *humanoide* Robotik, nur einen kleinen Teilbereich von *KI* ausmacht, es heutzutage bei *KI* meist um *Deep-Learning*-Verfahren geht, wird in den Massenmedien stets visuell wie textuell *der menschliche Roboter* als Sinnfigur aufgerufen und perpetuiert. Einerseits lässt sich dies als ein Versuch der Komplexitätsreduktion in einem sich nicht nur als (über-)komplex darstellenden, sondern auch *diskursiv* als solchem *hergestellten*, Technologie- und Diskursgeflecht interpretieren. So muss auch gefragt werden, wie viel Journalistinnen und Journalisten selbst von den Technologien verstehen, über die sie berichten. Andererseits scheinen kommerzielle Interessen über Bildungsinteressen gestellt zu werden, wenn beispielsweise in einem Artikel ein Interviewter mit Sorgen zitiert wird, dass die Massenmedien zur Bebilderung von KI-Themen oftmals den *Terminator* heranziehen, und ebendieser Artikel mit einem *Terminator*-Foto bebildert wird (Spiegel10; vgl. Abbildung 90).

Ex negativo eröffnen sich hier Anknüpfungspunkte für sprachkritische, mithin rhetorische, Interventionen. Aufschlussreich war in diesem Zusammenhang auch zu untersuchen, wie im Diskurs darüber diskutiert wird, wie die „neuen" Technologien zu handhaben sind. Unterm Strich verweist die Debatte über den Umgang mit KI darauf, dass auf dem *Markt der Ideen* verschiedene Vorstellungen miteinander in Konkurrenz treten, deren Verwirklichung jedoch weitreichende Konsequenzen für unsere demokratische(n) Gesellschaft(en) haben, was einmal mehr deutlich macht, dass es rhetorisch gebildeter Subjekte bedarf, die sich in diese fortlaufenden Gestaltungsprozesse informiert einbringen. Was die Vermittlungsebene betrifft, fanden sich so im untersuchten Material auch erste Ansätze *alternativer* Kommunikationspraktiken rund um KI, die es möglich machen, sich jenseits klischeehafter und irreführender Darstellungen über KI zu informieren, sei es etwa durch den Bruch mit Visiotypen oder das *auf Distanz gehen* zu Anthropomorphisierungen durch die simple Verwendung von Anführungszeichen. *Multimodale Kompetenz*, so das abschließende, empirisch untermauerte Argument, ist dabei essenziell, um das symbolische Material in seinen vielfältigen, mitunter ambivalenten, Bedeutungsdimensionen einschätzen zu können.

4.3 Reflexion

Wie die vorangegangene Präsentation der Ergebnisse der empirischen Studie zu einem kleinen Ausschnitt aus dem Kontinuum der *Rhetoriken Künstlicher Intelligenz* deutlich gemacht hat, sind die Debatten, die sich rund um die neuen Technologien formieren, äußerst komplex, heterogen und dispers. Simple Antworten gibt es keine; es lässt sich nicht sagen, der Diskurs sei auf diese oder jene Weise beschaffen, was mit der allgemeinen Logik von Diskursen zusammenhängt, die Foucault mit seinem Œuvre herausgearbeitet hat und für die das zuvor Ausgeführte symptomatisch ist. In der öffentlichen Diskussion werden zwar im Zuge einer diskursiven Selbstreflexion bisweilen gewisse Eindeutigkeiten suggeriert – sei es, dass der Diskurs zwischen Euphorie und Dystopie oszilliere, sei es die Trope des Arbeitsplatzverlusts durch KI, sei es das konstatierte „Abgehängtsein" Deutschlands und Europas im Hinblick auf die neuen Technologien – es ist jedoch essenziell, diese Eindeutigkeiten selbst als *diskursiv gemachte* zu erkennen, mithin als Strategie der Komplexitätsreduktion, die einer offenen demokratischen Debatte abträglich sein kann. Im Folgenden sollen die Ergebnisse der empirischen Studie auf der Hintergrundfolie des zuvor erarbeiteten medienkulturrhetorischen Forschungsprogramms (vgl. dazu Kapitel 2. Grundzüge des kulturwissenschaftlichen Programms einer Medienkulturrhetorik – Disziplinäre und theoretisch-methodologische Verortung) im Gesamten reflektiert und perspektiviert werden. Dies mündet in drei Hauptaspekten, einem (1) innerakademisch-methodologischem, einem (2) methodisch-didaktischem und einem (3) gesellschaftlich-praktischen.

(1) Wie die Diskussion der Studien der *Critical Algorithm Studies* gezeigt hat, wird Künstliche Intelligenz von den Kulturwissenschaften vorrangig kritisch in den Blick genommen. Die (potenziell) schädlichen Aspekte der Technologien stehen bei vielen Forschungsvorhaben im Vordergrund. Auf diesen Studien aufbauend und zugleich mit dem eingenommenen Blickwinkel davon abweichend ist dasjenige, was in dieser Arbeit heuristisch als *postkritische Algorithmusstudien* bezeichnet wird. Damit sind insbesondere die Überlegungen gemeint, die von Seaver und Gillespie

hinsichtlich einer „intellektuellen" bzw. „epistemologischen Falle" angestellt wurden. Wird „der" Algorithmus, den es so nur als analytische Figur überhaupt gibt, als *Externes von Kultur* gedacht, der auf Kultur unidirektional *einwirkt*, wird die gesellschaftliche Wirklichkeit verkannt, in der, im Einklang mit den theoretischen Prämissen dieser Arbeit, Objekt und Subjekt vielmehr als analytische denn als ontologische Kategorien zu denken sind – eine Ansicht, die sich wiederum dem zurechnen lässt, was Seaver als Algorithmen-*als*-Kultur-Ansatz bezeichnet. Ein Ziel des hiesigen Forschungsvorhabens bestand darin, diese postkritische Verschiebung des Blickwinkels durchzuführen und das Potenzial medienkulturrhetorischer Fallstudien zu Künstlicher Intelligenz aufzuzeigen. Diese können dabei an einige Pionierstudien zu diskursiven wie nutzerbasierten Aneignungen der KI-Technologien anknüpfen.

Für den innerakademischen Diskurs können Studien wie die hier durchgeführte von großem Gewinn sein, da der unvoreingenommene kulturwissenschaftliche Blick auf die Daten, der (zunächst) hinsichtlich der möglichen Gefahren von KI agnostisch ist, es ermöglicht, die diskursive Wirklichkeit rund um die Auseinandersetzung mit KI zu erforschen und wie ein Detektiv (Vidal; vgl. S. 13) tieferliegende Sinnstrukturen zu ergründen. Durch das bewusst weit angelegte Forschungsdesign konnten die empirischen Daten *panoramisch* untersucht werden und spezifische Verdichtungen *bottom up* aus dem Material selbst emergieren, was durch eine vorab vorgenommene Zuspitzung auf bestimmte Diskursthemen nicht möglich gewesen wäre. Den Diskurs anhand von Diskursmustern (Thimm/Bächle 2019) zu ordnen, bietet zwar eine grobe Orientierung, greift jedoch letztlich zu kurz, da den Debatten um einzelne Aspekte wie etwa *KI und Arbeitswelt* nicht mit einem übergreifenden und Nuancen planierenden Deutungsmuster beigekommen werden kann. Von grundlegender Bedeutung ist dabei die Einbeziehung multimodaler Analyseverfahren. Somit versteht sich die hier durchgeführte Studie als Bestandteil einer Grundlagenforschung, auf der zukünftige Forschungen aufbauen können (vgl. dazu auch *5. Schluss*). Zu empfehlen ist auch, wie es bereits Tereick (2016) tut, nicht allein die hegemoniale Ebene der Massenmedien oder auch Popkultur, Politik etc. (von denen Letztgenannte hier nicht in den Blick genommen werden konnten) zu berücksichtigen, sondern auch die der sozialen Medien. Dort werden Themen auf andere, mithin drastische, multimodale und auch kreative Weise, diskutiert, finden sich Hinweise darauf, wie es um den Orator im 21. Jahrhundert bestellt ist, der dort mitunter das *Undenkbare*, das *Unsagbare*, artikuliert – von Sexismen, die es weiterhin zu bekämpfen gilt, bis zum Utopischem, dem Jenseits von KI.

(2) Eine in dieser Arbeit immer wieder aufgeworfene Frage war diejenige nach der Notwendigkeit und Implementierung einer *Algorithmic Literacy*. Sie wird insbesondere unter (3) noch diskutiert werden, hängt jedoch mit dem hier angeführten didaktischen Aspekt eng zusammen. Die medienkulturrhetorische Fallstudie

zu den *Rhetoriken Künstlicher Intelligenz* soll deutlich gemacht haben, dass spezifische analytische Fähigkeiten, d. h. vor allem *rhetorische* Fähigkeiten, unabdingbar sind, um sich als Orator in der heutigen Zeit zurechtfinden und informiert in laufende Debatten um die Gestaltung der neuen Technologien einzubringen. Die Erforschung dieser Rhetoriken, so die hier vertretene Überzeugung, bietet Anknüpfungspunkte für die didaktische Praxis, sei es an Universitäten, in Schulen oder anderen Bildungsinstitutionen, aber auch für die Weiterbildung beispielsweise von Journalistinnen und Journalisten, um verantwortungsbewusst und sachgerecht über die KI-Technologien berichten zu können.

So gilt es etwa, Verdichtungen wie jene in Zeitungsartikeln teils explizit, teils implizit, bildlich-textuell instanziierte *Unhintergehbarkeit der KI-Technologien* zu durchschauen, um über die utopischen Möglichkeitspotenziale unserer Gesellschaft(en) auf profunde Weise nachdenken zu können; es gilt, Anthropomorphisierungen als solche zu identifizieren sowie zu hinterfragen und zu erkennen, warum manche Berichterstattungen spezifische – bspw. *bedrohliche* – Wirkungen erzielen. All diese Aspekte konstituieren sich erst durch ein komplexes Zusammenspiel verschiedener multimodaler Komponenten, die sich dechiffrieren lassen – wenn man entsprechend geschult ist. Journalisten wiederum müssen ihre Darstellungen von KI-Sachverhalten stets reflektieren, sich fragen, ob sie dem „Komplexitätsproblem KI" mit ihren Bearbeitungen gerecht werden, dieses einerseits angemessen differenziert und nicht überkomplex, andererseits verständlich, aber auch nicht simplifizierend, etwa durch (übermäßige) Anthropomorphisierungen und Visiotype, behandeln. Die angeführten alternativen Darstellungen von KI, die mit Visiotypen und textuellen Klischees brechen (vgl. S.), illustrieren, dass es immer auch *alternative Möglichkeiten der (Re-)Präsentation* gibt.

(3) Zuletzt soll es nun um die mehrfach aufgeworfene Frage nach der Möglichkeit und Sinnhaftigkeit einer *Algorithmic Literacy* gehen, deren Bearbeitung hier nur angedeutet werden kann und somit vor allem die Notwendigkeit weitergehender Forschungen aufzeigt. Es ist die Überzeugung der Verfasserin, dass medienkulturrhetorische Fallstudien wie die hiesige von einem gesamtgesellschaftlich praktischen Nutzen sein können, wenn sie, wie dies bei der *These III* (vgl. S.) getan worden ist, auf Reflexionspotenziale der Situation des Orators abgeklopft werden. Dieser hängt, wie bereits erwähnt, eng mit dem didaktischen Potenzial dechiffrierender Diskursanalysen rund um KI zusammen, geht jedoch darüber hinaus. Denn es gilt, beständig den Blick auf das *große Ganze* zu lenken und sich zu fragen, wie es um das Subjekt, das zum handlungsfähigen Orator werden muss, um Gesellschaft zu gestalten, beschaffen ist – und medienkulturrhetorische Studien können helfen, eine diesbezügliche Bestandsaufnahme durchzuführen.

Unter dem schon erwähnten Stichwort der *Algorithmic Literacy* wird zunehmend diskutiert, inwiefern und in welchem Maße Subjekte heutzutage mit Fähigkeiten ausgestattet werden müssen, um mit den neuen Technologien kompetent umgehen zu können. Hier geht es nicht um kulturwissenschaftlich-analytische Fähigkeiten wie die bei (2) genannten, sondern insbesondere um konkretes KI-Wissen und praktische Kompetenzen wie Programmieren. Auf dem Spiel steht viel, wird doch bei einer vorhandenen oder nicht vorhandenen Literazität im Hinblick auf die neuen Technologien schon von einem neuen „digital divide" (Gran/Booth/Bucher 2021) gesprochen. Anne Oeldorf-Hirsch und German Neubaum (2021), ebenso wie Davy Tsz Kit Ng et al. (2021), haben jüngst zusammengetragen, was bereits an Forschung zu *Algorithmic* bzw. *AI Literacy* besteht. Neben diesen Begrifflichkeiten besteht noch eine Reihe an weiteren verwandten Begriffen, sei es *Digital Literacy, Coding Literacy, Interface Literacy, Algorithmic Awareness, Algorithmic Knowledge,* oder *Algorithmic Skills*. Oeldorf-Hirsch und Neubaum (2021) listen davon nur die letzten drei auf und argumentieren für den Begriff der *Algorithmic Literacy*, da dieser die drei genannten einschließe und sich am bereits existierenden Rahmenkonzept der *Digital Literacy* orientiere (vgl. ebd. 6). Dabei ist hier jedoch wichtig zu betonen, dass es nicht allein um Wortklauberei geht, sondern diese Begriffe ihrerseits zum Schauplatz von Bedeutungskämpfen werden können, wenn entschieden wird, welche Kompetenzen in einer Gesellschaft erlernt werden sollten.

Oeldorf-Hirsch und Neubaum (2021) stützen sich auf die *Algorithmic Literacy*-Definition von Leyla Dogruel, Philipp Masur und Sven Joeckel (2021, 4), die schreiben:

> Algorithm literacy can thus be defined as being aware of the use of algorithms in online applications, platforms, and services, knowing how algorithms work, being able to critically evaluate algorithmic decision-making as well as having the skills to cope with or even influence algorithmic operations.

Ng et al. (2021) definieren *AI Literay* weit als „having the essential abilities that people need to live, learn and work in our digital world through AI-driven technologies […]". Es geht also darum, sich der Existenz von algorithmischen Agenzien bewusst zu sein, zu verstehen, wie diese funktionieren und diese kritisch zu reflektieren, als *essenzielle* Fähigkeiten, um sich in der Arbeitswelt und, ganz basal, im Leben orientieren zu können. Oeldorf-Hirsch und Neubaum (2021) sehen dabei Studien zu *Folk Theories* (vgl. dazu auch S. 104), *Einstellungen gegenüber Algorithmen* und *Mensch-Maschine-Interaktion* etc. als gewinnbringend an, um sich dem Stand des kursierenden Wissens bzw. der *Algorithmic Awareness* anzunähern. Diskursanalysen ließen sich an dieser Stelle nahtlos einreihen.

Eine methodische Schwierigkeit bei der Evaluierung des Status Quo einer *Algorithmic Literacy* ist dabei, diese überhaupt zu messen (vgl. dazu auch Oeldorf-

Hirsch/Neubaum 2021, 17 ff.). So kann man sich zwar durch standardisierte und nicht-standardisierte Untersuchungen wie Befragungen u. a. daran annähern, was Subjekte über KI und Algorithmen wissen bzw. zu wissen glauben. Doch worin besteht der Standard, mit dem man dieses Wissen abgleichen kann? Thao Ngo und Nicole Krämer (2021) haben sich dieser Thematik angenommen, indem sie das algorithmische Wissen von Experten und Laien miteinander verglichen haben. Dabei kamen sie u. a. zu dem Ergebnis, dass Experten KI-Sachverhalte auf einer abstrakteren Ebene reflektieren, während Laien sich auf „more visible and tangible elements, such as their user input and the output" (ebd., nicht paginiert) fokussierten und zudem Algorithmen anthropomorphisierten. Hier findet sich womöglich ein Hinweis auf den Einfluss anthropomorphisierender Berichterstattung, wenngleich sich die Studie der Autoren auf ein kleines Sample stützte und daher nicht generalisierbar ist.

Ngos und Krämers Ergebnisse sind auf der Hintergrundfolie der Ausführungen dieser Arbeit als zweischneidig einzuordnen. Einerseits gibt es die zu erwartenden qualitativen Unterschiede in der Einschätzung von KI-Themen zwischen Experten und Laien, andererseits muss, mit Blick auf Seaver und seinem Hinweis auf informatische Exklusionspraktiken (vgl. S. 95), davor gewarnt werden, einer binären falsch/richtig-Logik zu verfallen. Wird Seavers Algorithmen-*als*-Kultur-Ansatz ernst genommen, kann nicht positivistisch über die Beschaffenheit und Funktionslogik algorithmischer Agenzien entschieden werden, gestaltet sich die Situation wesentlich komplexer, als eine Gegenüberstellung von „wissenden Experten" und „unwissenden Laien", die noch belehrt werden müssen, dies einfangen könnte. Eine Herausforderung unserer Zeit wird demnach darin bestehen, so die hier vertretene Auffassung, dass sich zwar auf technische Fakten, auch im Sinne eines didaktischen Kanons, verständigt werden muss, diese Fakten andererseits aber auch stets in ihrer kulturellen Verwobenheit reflektiert werden müssen.

Aus den Zusammenfassungen des Forschungsstands zu *Algorithmic Literacy* leiten Oeldorf-Hirsch und Neubaum (2021) sowie Ng (2021) die Notwendigkeit ab, das Feld weiter auszubauen und z. B. auf grundlegende Theoretisierungen dieses Konzepts hinzuarbeiten (vgl. Oeldorf-Hirsch/Neubaum 2021, 19 f.). *Dass* eine *Algorithmic Literacy* jedoch angestrebt werden sollte, wird nicht infrage gestellt, wodurch sich diese Studien gewissermaßen als „Gehilfen" des gesamtgesellschaftlichen Narrativs der *Unhintergehbarkeit der Künstliche-Intelligenz-Technologien* begreifen lassen. „AI literacy", so schreiben Ng et al. (2021), „has emerged as a new skill set that everyone should [Herv. d. Verf.] learn in response to this new era of intelligence". KI wird als „fundamental skill for everyone, not just for computer scientists" (ebd.) bezeichnet. Vor diesem Hintergrund gilt es, nun erneut nach den Möglichkeitsbedingungen des Orators zu fragen und damit zugleich auch bereits auf Limitationen medienkulturrhetorischer Studien zu sprechen zu kommen.

Eine *postkritische* Untersuchung der *Rhetoriken Künstlicher Intelligenz* kann keine verlässlichen Aussagen zu der grundsätzlichen Handlungsfähigkeit des Subjekts im „algorithmischen Zeitalter" treffen. Sie muss Hand in Hand mit den *kritischen* Algorithmusstudien arbeiten, den Blick für die vielen Restriktionen und Problematiken offenhalten, die sich durch algorithmische Agenzien ergeben und die Oratoren in ihrem Wirkungsbereich zumindest *beschränken* – seien es opake und überkomplexe Situationen, automatisierte Rassismen, Tendenzen einer Numerokratie, das Agens von Technologien etc. –, jedoch *agnostisch* an der *prinzipiellen* Handlungsfähigkeit von Subjekten festhalten. Diese wird etwa durch die Existenz des Social-Media-Orators untermauert[238], der in den sozialen Netzwerken in Erscheinung tritt und hegemoniale Deutungsmuster kommunikativ unterwandert. Werden Social-Media-Kommunikate – im Einklang mit der theoretischen Basis dieser Arbeit – als *leibperformative* bzw. potenziell *medienkörperkräftige* Sprechakte verstanden, kommt ihnen ein besonderes Gewicht zu. Aber auch in der Tatsache, dass es *immer auch anders sein könnte* und mitunter Sachverhalte *alternativ dargestellt werden*, finden sich die Spuren der Möglichkeit von *aktiver Gestaltung*. Ob es ein Jenseits „des" Algorithmus geben kann, muss hier offenbleiben – wichtig ist allein, dass dieses *gedacht werden kann* und – zumindest in sozialen Medien – auch *wird*. Und wenn sich die Verneinung dieses Jenseits als vorherrschende Position durchsetzt, wie dies bereits geschehen ist, und auf dieser Basis algorithmische Kompetenz gefordert wird, muss hier nach dem *Wie* und dem *Warum* gefragt werden. Denn wenn es nur noch um die Gestaltung des unausweichlich Vorhandenen bzw. Kommenden geht, kann immer noch gefragt werden, ob wir dieses (weiterhin) allein entlang der Linien neoliberaler Diskurse tun wollen oder – auf der Suche nach neuen Utopien – die Technologien so (umzu-)formen versuchen, dass sie auf das Gemeinwohl ausgerichtet sind.

Sollten KI-Systeme über Menschen entscheiden, Gate Keeper bei Jobs sein, AWS zum Einsatz kommen? Sind KI-Simulakren notwendig (vgl. dazu Dobler 2021)? Schreiben wir KI-Kunst einen (zu) großen Wert zu? Sollte jeder menschliche Schritt „algorithmisch" überwacht und dokumentiert werden, ... ? Auch im „Diesseits" des Algorithmus – mit Bächle (2015) gesprochen, im *Mythos Algorith-*

---

[238] Im Kontext von *Hate Speech/Counter Speech* haben die Kommunikationswissenschaftler Dennis Friess, Marc Ziegele und Dominique Heinbach (2020) die Kommunikationspraktiken der *Counter-Speech*-Facebook-Gruppe #ichbinhier untersucht und sind dabei zu dem Ergebnis gekommen, dass Mitglieder dieser Gruppe grosso modo rationaler kommentieren und damit deliberative Diskussionen im weiteren Verlauf anstoßen. Wenngleich eine eigene Studie der Autorin zu #ichbinhier (vgl. die unveröffentlichte Masterarbeit der Verfasserin *Empowerment 2.0*, Fn. 37) mitunter zu ambivalenten Ergebnissen kommt, was die Praktiken der Gruppe angeht, deutet sich hier jedoch das Potenzial von informierten Social-Media-Oratoren an.

mus – gibt es viel zu entscheiden, doch nur mündige Bürgerinnen und Bürger, mithin *Oratoren*, werden dazu in der Lage sein, dies informiert zu tun. Dabei gilt es, einen Blick hinter die diskursiv reproduzierten *Wahrheiten* zu werfen, um so auch die richtigen, eigentlich drängenden Fragen zu stellen.[239] Die bedrohlichen Entwicklungen, die aktuell zu beobachten sind, werden, so Ralph-Miklas Dobler (2020b, 105), nur dann zu einer Bedrohung,

> wenn die gesamte vernetzte Bevölkerung es verpasst, die neue digitale Welt aktiv und passiv zu gestalten. Grundvoraussetzung dafür ist eine neue Wissens- und Bildungsgesellschaft, die mündige Persönlichkeiten auf eine Welt mit erkennenden, denkenden und handelnden Programmen vorbereitet, mit denen künftig jeder ganz selbstverständlich interagieren wird.[240]

Dies ist in hohem Maße anschlussfähig an das, was Vidal 2010 im Lichte der Wissenschaft der Rhetorik schon über die Herausforderungen der digitalen Welt, der *konkreten Virtualität*, geschrieben hat:

> Da die Kultur der konkreten Virtualität in allen Bereichen der Lebenswelt für das rhetorische Setting bestimmend wird, muss das Subjekt – wenn es nicht auf eine passive Rolle begrenzt werden will – auf diese Kultur gestaltend einwirken. Da das rhetorische Konzept der Angemessenheit auch in dieser virtuellen Kultur durchgesetzt werden muss, bedarf es immer des kritischen Blicks auf diese Kultur. Daraus folgt, dass der Mensch in Zukunft rhetorische Kompetenzen erwerben sollte, um einen ideologiekritischen Blick auf den kulturellen Wandel zu werfen, weil er beurteilen sollte, inwiefern er diese Veränderungen mit tragen oder ihnen entgegen wirken will; dass er rhetorische Kompetenzen braucht, um die Mittel der Kultur für sein rhetorisches Handeln zu nutzen; und vor allem, dass nur sein rhetorisches Arbeitsvermögen dazu beitragen kann, nicht muss, die Gesellschaft im Sinne einer sozialen Emanzipation zu gestalten (ebd. 398).

Diese Worte haben nichts an Aktualität eingebüßt, sie treffen noch immer auf die Herausforderungen unserer Zeit zu, mit dem Unterschied, dass wir heute vermehrt von KI und Algorithmen, anstatt vom *Digitalen* bzw. *Virtuellen* sprechen. Fragen, die hier offenbleiben mussten, können und *müssen* auf der Hintergrundfolie dieser Position zur Bearbeitung an die gegenwärtigen und zukünftigen Ora-

---

239 So weist Dobler (2020a, 35) etwa darauf hin, dass die „teils sensationellen Visionen [Nick Bostroms oder Stephen Hawkings, Anm. d. Verf.] [...] tatsächliche Probleme und Fragen [überdecken]" wie etwa die Annäherung von „Mensch und Maschine", jedoch nicht durch eine „Superintelligenz" von Letztgenannter, sondern durch die zunehmende Einfalt des Menschen.
240 In diesem Zusammenhang sei auf den interessanten Vorschlag Mark Coeckelberghs (2021) hingewiesen, der hinsichtlich der Verantwortung des Menschen bei KI auch für eine *narrative Verantwortung* (i. O. *narrative responsibility*) plädiert. Damit ist gemeint, dass wir uns nicht von KI unser Leben „erzählen", im Sinne von *vorgeben*, lassen sollen, sondern eigene Interpretationen und Narrative bezüglich der Gestaltung unserer Gesellschaft entwerfen.

toren delegiert werden. Die hiesige Studie soll deutlich gemacht haben, dass eine Untersuchung der *Rhetoriken Künstlicher Intelligenz* auch deshalb lohnenswert ist, weil sie einen reflektorischen Ausgangspunkt für die drängenden Problemstellungen gesellschaftlicher Praxis bieten. Eine *Algorithmic Literacy*, die sich in ihrer Konzeption auf die wesentlichen Einsichten der Wissenschaft der Rhetorik stützt, könnte eine solche sein, in der die benannten, vielleicht nur *scheinbar* gegensätzlichen, Pole miteinander vereinbart werden.[241]

---

[241] Verwiesen sei hier erneut (vgl. S. 39) auf die Arbeit von Institutionen wie dem *Center for Humane Technology* in San Francisco, das sich beispielsweise zur Aufgabe gemacht hat, einen auf das *human flourishing* ausgerichteten Umgang mit den neuen Technologien gesellschaftlich zu erlernen und zu kultivieren, akzeptierend, dass sich die Zeit nicht zurückdrehen lässt und es darauf ankommt, gestalterisch aktiv zu werden (vgl. https://www.humanetech.com; letzter Zugriff: 14.03.2023).

5 Schluss

Mit den vorangegangenen Ausführungen wurde das Ziel verfolgt, sich den *Rhetoriken Künstlicher Intelligenz* als Schlüssel zu einem besseren Verständnis unserer gegenwärtigen mediatisierten Welt anzunähern. Gerade in der „präpandemischen" Zeit, und jüngst wieder besonders befeuert von den Entwicklungen rund um den Chatbot *ChatGPT* von *OpenAI*, wurde über kaum ein Thema so viel geschrieben und leidenschaftlich diskutiert wie über die „neuen" Technologien, die in verschiedenen Anwendungsbereichen unseren Alltag maßgeblich prägen. Künstliche Intelligenz und deren „Geist" (vgl. S. 49) *Algorithmen* sind als Begriffe in den letzten Jahren in den öffentlichen Diskurs migriert und dort zu einer essenziellen Deutungskategorie aufgestiegen, mittels derer der erlebten Alltagswirklichkeit *Sinn gegeben und zugeschrieben wird*. Diese diskursiven Suchbewegungen nach dem Sinn unserer Gegenwart sind dabei genuiner Forschungsgegenstand der Kulturwissenschaft, und so hat es sich diese Untersuchung, als zuvorderst kulturwissenschaftliche Arbeit, zur Aufgabe gemacht, einen Blick *zweiter Ordnung* auf die Selbstbeobachtungen unserer Gesellschaft zu werfen.

Dafür wurde in dieser Arbeit zunächst im Kapitel *2. Grundzüge des kulturwissenschaftlichen Programms einer Medienkulturrhetorik – Disziplinäre und theoretisch-methodologische Verortung* die theoretisch-methodologische Positionierung des hiesigen Forschungsvorhabens herausgearbeitet. Kulturwissenschaftliche Studien stehen stets vor der Herausforderung, dass sie sich die Heterogenität ihrer methodischen und theoretischen Zugänge sinnvoll zunutze machen müssen. Die Ubiquität und damit einhergehende Unbestimmtheit des Kulturbegriffs bildet in dieser Hinsicht das Ausgangsproblem, dem sich angenommen werden muss. Daher wurde die Überzeugung vertreten, dass kulturwissenschaftliche Forschung sich gewissermaßen forschend definieren und fortschreiben muss. Kerneinsichten für dieses Verständnis lieferten Jürgen Goldstein mit seiner Erschließung der *Wunderkammer* als analytischem Zugriff auf Kultur, Dirk Quadfliegs *Frage der Kultur* und Francesca Vidals Metapher des *kulturwissenschaftlichen Detektivs*. Vor Beliebigkeit und Willkür kann sich die kulturwissenschaftliche Forschung, so die hier vertretene Position, schützen, indem sie sich der Kategorie des *Persuasiven* der Wissenschaft der Rhetorik bedient. Es geht dann weniger darum, sich auf einen vorhandenen Kanon zu stützen, als darum, mit der eingenommenen Perspektive argumentativ zu überzeugen.

Ausgehend von dieser Sichtweise auf Kulturwissenschaft wurde der spezifische Zugriff des *medienkulturrhetorischen* Vorhabens erläutert. Dafür galt es, in Unterkapitel *2.1 Medien – Kultur – Medienkultur(en)* zunächst wesentliche Begrifflichkeiten zu klären. Mit dem Medien- und Kulturwissenschaftler Michael Klemm (vgl. S. 16) wurde von einem engen, „technischen" Medienbegriff ausgegangen, um diesen Begriff nicht etwa durch seine Bedeutung als allgemeiner „Mittler" zu verwässern. Beim Kulturbegriff wurde sich für den „Koblenzer" Kulturbegriff entschieden, da dieser mit seinen fünf Bedeutungsdimensionen die Kernaspekte von Kultur abdeckt. Diese wurden im weiteren Verlauf der Arbeit explizit um poststrukturalistische und posthumanistische Erkenntnisse ergänzt. Kultur wurde dementsprechend als holistisch, nicht elitär, als semiotisch, d. h. sich aus sichtbaren Zeichen konstituierend, konstruktivistisch, d. h. von Subjekten kontinuierlich und iterativ hergestellt, pluralistisch, d. h. *vielfältig*, und sozial, d. h. als konzertiertes Handeln von mehreren Subjekten, nicht vom Einzelnen, verstanden.

Am Poststrukturalismus, wenngleich womöglich ähnlich unter- und überbestimmt wie *Kultur*, führt in gegenwärtiger kulturwissenschaftlicher Forschung kein Weg vorbei, so stark haben dessen Einsichten diese akademische Disziplin geprägt. Neben einem Rekurs auf „klassische" poststrukturalistische[242] Wissenschaftler wie Foucault und dessen wichtigen Diskurs- und Dispositivbegriff, wurde sich hier insbesondere auf die feministische Theoretikerin Judith Butler gestützt und mit ihr Kultur als *brüchiger leibperformativer Sprechakt* bestimmt, mit dem sich symbolische Verletzungen gleichermaßen wie gesellschaftliche Transformationen erklären lassen. Erst durch die Möglichkeit einer *verschiebenden Wiederholung* des Sprechakts öffnen sich Räume für Veränderungen, wie Butler (2013/[1997], 230) etwa am Beispiel Rosa Parks aufzeigt, die das Recht, mit der Segregation zu brechen, nicht vorgängig innehatte, sondern dieses selbst performativ instanziierte.

Der poststrukturalistischen Theorienbildung, insbesondere Butler, wurde dabei in jüngerer Zeit vorgeworfen, das Semiotische überzubetonen. In ihren *Anmerkungen zu einer performativen Theorie der Versammlung* (2016) wendet sie sich zwar dem Leiblichen zu, jedoch lässt sich mit ihr nicht das Agens von Medien konzeptualisieren. Die Medienwissenschaftlerin und Soziologin Jennifer Eickelmann (2017) bringt Butler und die posthumanistische Theoretikerin Karen Barad zusammen, um mit ihnen Medien und Kultur neu zu denken; ein Ansatz, dem sich hier angeschlossen wurde. In dieser Perspektive werden Dichotomien wie *Natur* und *Kultur*, *Materie* und *Diskurs*, *Subjekt* und *Objekt* lediglich als analytische denn als ontologische gedacht, die durch phänomenale Intraaktivität (vgl. S. 27) als Phänomene erst hervorgebracht werden. Insgesamt ergab sich so ein Blick auf Kultur *als* Medienkultur, in der das Diskursive *machtvoll*, jedoch nicht omnipotent ist, da es einerseits *verschiebbar* und andererseits von einer *handlungsfähigen Materie* durchdrungen ist.

---

[242] Gerade im Hinblick auf Foucault sind die Begriffe *klassisch* und *poststrukturalistisch* mehr heuristisch zu verstehen, insofern er sich nicht durch solche Kategorisierungen einhegen lässt, in dieser Arbeit jedoch mit seinem Œuvre poststrukturalistisch gedeutet wurde.

Im Unterkapitel *2.2 Rhetorik – Medien – Medienrhetorik* wurde die traditionsreiche Wissenschaft der Rhetorik auf ihre Potenziale für das hiesige Vorhaben abgeklopft. Gestützt wurde sich dabei insbesondere auf die in jüngerer Zeit emergierende Perspektive der *Medienrhetorik* (Scheuermann/Vidal 2016a), wie sie insbesondere auch von Vidal (2010), gewissermaßen *avant la lettre*, entworfen wurde. Die entscheidende Frage, die Vidals Untersuchung leitet und die auch für das hiesige Vorhaben von übergeordneter Bedeutung war, war diejenige nach den Rahmenbedingungen unserer Gesellschaft, für Subjekte im heutigen mediatisierten Zeitalter ihre Subjektivität in einer Weise ausbilden zu können, die es ihnen erlaubt, zum kulturschöpferischen Orator werden zu können. Einerseits gilt es dafür die *Rhetorizität* des Mediums zu verstehen, andererseits muss jedoch auch an der Handlungsfähigkeit des Subjekts festgehalten werden, das auf gegenwärtige Entwicklungen nicht nur *reagieren*, sondern proaktiv einwirken und nach dem Utopischen Ausschau halten sollte. Die Frage, die Vidal damals aufgeworfen hat, ist dabei heute noch genauso aktuell und wurde in den weiteren Verlauf der Arbeit hineingetragen, um diese bezogen auf den spezifischen Gegenstand *Künstliche Intelligenz* erneut und aktualisiert stellen zu können. In Unterkapitel *2.3 Medienkultur – Medienrhetorik – Medienkulturrhetorik* wurden die vorangegangenen Ausführungen synthetisiert. *Medienkulturrhetorik* versteht sich somit als ein kulturwissenschaftliches „Programm", das die kaleidoskopische Sicht auf eine als soziomateriell verstandene *Medien*kultur mit dem emanzipativen Impetus der Rhetorik wagt.

Wie bereits mehrfach erwähnt, werden gegenwärtige Medienkulturen maßgeblich durch KI-Technologien geprägt. Deshalb liegt es nahe, den medienkulturrhetorischen Blick auf ebendiesen Forschungsgegenstand zu richten. Im Kapitel *3. Künstliche Intelligenz – disziplinäres Wissen und die medienkulturrhetorische Perspektive* galt es dafür zunächst, sich wichtiger Begrifflichkeiten rund um KI anzunähern, das Verhältnis von Informatik/Computerwissenschaften und Kulturwissenschaften zu bestimmen und schließlich die existierenden kulturwissenschaftlichen Zugänge zu diesem Thema zu untersuchen, bei denen sich eine analytische Verschiebung andeutet, die in dieser Arbeit mitgegangen wurde. In Unterkapitel *3.1 Künstliche Intelligenz, Algorithmen, Machine Learning & Co. – worum geht es eigentlich?* wurden Begrifflichkeiten wie *Künstliche Intelligenz*, *Algorithmus*, *Machine Learning* und *Deep Learning* kursorisch examiniert. Da es sich bei KI mehr um einen, durchaus umstrittenen, Dachbegriff als um einen präzisen analytischen Begriff handelt, ließ dieser sich nicht leicht einhegen. Zumindest aber ließ sich feststellen, dass heutzutage zumeist das *Deep Learning* bzw. *Künstliche Neuronale Netze* gemeint sind, wenn von KI die Rede ist und somit ein an biologischen Neuronen orientiertes hochkomplexes und selbst für KI-Forscherinnen und -Forscher kaum vollständig durchschaubares Verfahren, das sich mittels parallel ablaufender Prozesse etwa zur Analyse und Mustererkennung riesiger Datenmengen verwenden lässt.

Im Unterkapitel *3.2 KI, Algorithmen und die Kulturwissenschaften* wurde sodann ein genauerer Blick auf die KI-Forschung der Geistes-, Sozial- und Kulturwissenschaften geworfen, die zumeist unter dem Begriff der *Critical Algorithm Studies* firmieren. Unter diesem Oberbegriff versammeln sich heterogene Forschungsansätze, denen gemein ist, dass sie versuchen, die KI-Medienwirklichkeit, in der wir leben, zu verstehen. Anhand ausgewählter wichtiger Aspekte der *CAS* wurden diese Forschungen vorgestellt. So hat, wie in Unterkapitel *3.2.1.1 Algorithmische Filterblase* dargestellt, Eli Pariser (2012) die These aufgestellt, dass der in algorithmische Systeme eingebaute Personalisierungsmechanismus für eine Fragmentierung und Kompartmentalisierung der gesellschaftlichen Wirklichkeit in Myriaden von individualisierten Wirklichkeiten sorge, durch die unsere Demokratien bedroht würden. Gerade aus der Perspektive der Rhetorik betrachtet, wäre dies ein besorgniserregendes Szenario, da das Entfallen einer geteilten Agora es verunmöglicht, gesamtgesellschaftlich zu debattieren. Allerdings war eine wichtige Einsicht, dass die Existenz genuiner *Filterblasen* schon zu Erscheinen von Parisers namensgebender Monographie durch empirische Forschung infrage gestellt wurde und durch Forschungen jüngeren Datums weiter infrage gestellt wird. Es scheint so zu sein, dass der konstatierte Effekt nicht in dem bedrohlichen Maße existiert, wie dies von Pariser dargestellt wird. Umso wichtiger ist es daher, auf etwaige Reproduktionen dieser Annahme im öffentlichen Diskurs zu achten.

Im Unterkapitel *3.2.1.2 Algorithmische Opazität* ging es insbesondere um die im Zusammenhang mit KI oft genannte *Black-Box*-Thematik. Mit Frank Pasquale (2015a) ließen sich die opaken Praktiken im Bereich des US-amerikanischen Finanz- und Technologiesektors skizzieren, die, so das gezogene Fazit, für rhetorisch handelnde Subjekte eine besondere Herausforderung darstellen, da sie nicht intelligibel sind und nur – wenn überhaupt – mit einer konzertierten gesellschaftlichen Kraftanstrengung *lesbar gemacht* werden können. Anschließend wurde sich in Unterkapitel *3.2.1.3 Algorithmic Governance/Das algorithmische Subjekt* mit dem Prozess der Subjektivation in einer zunehmend von Zahlen „regierten" Welt auseinandergesetzt. Thomas Christian Bächle (2015) spricht in diesem Zusammenhang vom *Mythos Algorithmus*, der in der heutigen Zeit nachgerade totalisiert wird. Wenngleich Bächles Gesellschaftsanalyse in vielerlei Hinsicht gewinnbringend ist, wurde ein solch weiter Algorithmus-Begriff zurückgewiesen. Mit Steffen Mau (2017) lässt sich auf ähnliche Weise über die strukturelle Beschaffenheit unserer Gesellschaft nachdenken, in der das Numerische zunehmend an Bedeutung gewinnt, ohne dass dafür der Algorithmus-Begriff bis zur Unkenntlichkeit gedehnt werden muss.

Im darauffolgenden Unterkapitel *3.2.1.4 Algorithmen als „Massenvernichtungswaffen"* wurde mit Cathy O'Neils *Weapons of Math Destruction* (2016) ein weiteres Schlüsselwerk der CAS untersucht, das zwar nicht selbst aus den Kulturwissenschaften stammt, für diese jedoch wichtige Impulse geliefert hat. O'Neil zeigt auf, wie (teils fehlerhaft angelegte) algorithmische Systeme fatale Konsequenzen für Subjekte haben können, ohne dass diese ebenjene überhaupt nachvollziehen können, was auch an der bereits benannten *Black-Box*-Logik liegt. Damit eng verwandt ist der im Unterkapitel *3.2.1.5 Algorithmen und Rassismus* mit den Forscherinnen Safiya Umoja Noble (2018) und Ruha Benjamin (2019) behandelte Zusammenhang von KI-Systemen und Rassismen. Während Noble sich in ihrer Untersuchung insbesondere auf die Suchmaschine Google fokussiert und die in diese eingebetteten Entsprechungen eines gesellschaftlich existierenden systemischen Rassismus darlegt, zeigt Benjamin in panoramischer Perspektive die vielen digitalen Versatzstücke scheinbar harmloser Störungen im System als Zeichen eines in den neuen Technologien fortlebenden oppressiven Regimes auf. Dass eine Twitter-Nutzerin darauf aufmerksam macht, dass das *Google-Maps*-Navigationssystem den Namen des Bürgerrechtlers Malcolm X nicht korrekt ausspricht, ist für Benjamin daher keine zu vernachlässigende Lappalie, sondern die Spur zur Detektion einer tieferliegenden rassistischen Logik, die gerade deswegen so gefährlich ist, weil sie im Gewand des scheinbar Banalen daherkommt.

Im Anschluss wurden die rekapitulierten und analysierten Studien in *3.2.1.6 Algorithmus-Kritiken – erstes Zwischenfazit* zusammengefasst, um von dort ausgehend die methodologische Verschiebung in den *CAS* herauszuarbeiten, die in *3.2.2 „Post-critical" Algorithm Studies* mit dem heuristischen Behelfsbegriff *postkritisch* analytisch greifbar gemacht werden sollte. Forscher wie Nick Seaver und Tarleton Gillespie haben zu einer Selbstreflexion der eigenen theoretischen Prämissen der *CAS* angeregt. Gillespie (2017) warnt davor, fixe Erzählungen von einem wirkmächtigen Algorithmus zu reproduzieren bzw. in Umlauf zu bringen, die letztlich nur selbstrekursiv den Beweis für das theoretisch bereits Bewiesene erbringen und ihrerseits performativ-diskursiv wirksam werden – eine Perspektive, die sich mit Nick Seaver als *Algorithmen*-in-*Kultur*-Ansatz fassen ließ, da Algorithmen hier als das *Andere* von Kultur gedacht werden. Auch Paul Dourish (2016), der dafür plädiert, dass Kulturwissenschaftler die emischen Begriffe der Computerwissenschaften übernehmen sollten, zählt Seaver zu einem solchen Ansatz, dem er einen Algorithmen-*als*-Kultur-Ansatz gegenüberstellt. In diesem werden Algorithmen als das immer schon Kulturelle konzeptualisiert. Mittels einer Synthese der überzeugendsten Argumente der in diesem Unterkapitel behandelten Forschern wurde dieser Ansatz als *postkritischer Algorithmen*-als-*Kultur*-Ansatz übernommen. Algorithmen lassen sich in dieser Perspektive *analytisch* als mit Kultur *intraagierende* Artefakte betrachten, die es insbesondere *bottom up* zu untersuchen gilt. Nur durch sich gegenseitig befruchtende, gleichermaßen wie sich korrigierende, kritische *und* postkritische Studien kann man sich, so die hier vertretene Überzeugung, an ein Verständnis unserer gegenwärtigen Kultur(en) annähern. Im Unterkapitel *3.2.2.2 Forschungsansätze und Anwendungsfelder eines postkritischen Algorithmen-als-Kultur-Ansatzes* wurden dann einige Forschungsansätze vorgestellt, die sich einem postkritischen Ansatz zuordnen ließen.

Im Kapitel *4. Medienkulturrhetorische Fallstudie – Die Untersuchung der Rhetoriken Künstlicher Intelligenz* ging es über in den empirischen Teil der Arbeit. Dafür wurde zunächst der aktuelle Forschungsstand zu den *Rhetoriken Künstlicher Intelligenz* rekapituliert. So existieren zwar nach Wissen der Verfasserin keine Studien, die die spezifische Perspektive dieser Arbeit einnehmen und die Diskursivierungen *Künstlicher Intelligenz* somit als *Rhetoriken* rahmen, jedoch gibt es bereits fruchtbare Ansätze zur Untersuchung der Nutzeraneignungen von KI sowie von deren öffentlich-massenmedialer Rezeption, an denen die hiesige empirische Fallstudie anknüpfen konnte. Im Wesentlichen handelt es sich dabei um die Erforschung von *Folk Theories* (vgl. S. 104) auf der einen Seite, bei der die Alltagstheorien von Nutzerinnen und Nutzern rund um KI und Algorithmen examiniert werden, und die Analyse der massenmedialen Berichterstattung zu spezifischen KI-Themen – insbesondere (inter-)nationale KI-Strategien (vgl. S. 106) – auf der anderen Seite. In keiner der Verfasserin bekannten Untersuchungen wurde die öffentliche Rezeption von KI-Technologien jedoch (1) mit einer grundständig offenen kulturwissenschaftlichen Ausgangsfrage und (2) im Wechselspiel von hegemonialem Diskurs (hier Massenmedien) und subversivem Social-Media-Diskurs (hier am Beispiel Facebook) in den Blick genommen. Die Aneignungspraktiken von Facebook-Nutzern unter KI-Zeitungsartikeln wurden bislang noch gar nicht untersucht. Die Fallstudie hat daher an dieser Forschungslücke angesetzt.

In Unterkapitel *4.1 Forschungsdesign* wurde erläutert, welche Erhebungs- und Auswertungsmethoden für die durchgeführte Fallstudie angewendet wurden. Da es darum ging, sich der Fragestellung anzunähern, wie wir *jetzt, in diesem Moment der Geschichte*, als „Algorithmuskultur" über uns selbst in Deutschland *allgemein* diskutieren, musste ein Einschnitt in das diskursive Kontinuum gemacht werden, da sich nicht an spezifischen KI-Ereignissen oder -Themen orientiert werden sollte. Mit den limitierten Ressourcen dieses Vorhabens wurde sich schließlich dafür entschieden, die KI-Berichterstattung eines breiten Spektrums deutscher Zeitungen (*Bild-Zeitung, FAZ, Der Spiegel, SZ, Die Zeit*) über ein Jahr hinweg zu untersuchen. Die Wahl fiel auf das Jahr 2019 als dem letzten „präpandemischem" Jahr, in dem besonders intensiv über KI-Technologien debattiert wurde. Mittels Stichwortsuchen zu *Künstliche Intelligenz* sowie *Algorithmus/Algorithmen* wurde aus den Datenbanken der Zeitungen ein Korpus zusammengetragen, das durch ein iteratives Analyseverfahren auf ein kleineres Korpus für die Feinanalyse reduziert wurde. Am Ende umfasste das Korpus 456 Zeitungsartikel, von dem ausgewählte Artikel in ihrer Rezeption auf Facebook untersucht wurden. Das Social-Media-Korpus bestand aus 743 Facebook-Kommentaren. Beide Korpora wurden mittels kulturwissenschaftlicher

Analysewerkzeuge multimodal ausgewertet, mit besonderer Berücksichtigung des sozialsemiotischen Ansatzes nach Kress/van Leeuwen (2021), und rhetorisch reflektiert.

Die im Kapitel *4.2 Forschungsergebnisse* präsentierten Ergebnisse der Fallstudie ergaben in der Gesamtschau ein disperses, heterogenes und mitunter ambivalentes Bild von den vielfältigen Debatten, die um *Künstliche Intelligenz* im öffentlichen Diskurs ranken. Betrachtet durch die Linse der medienkulturrhetorischen Perspektive ließen sich die aus den Ergebnissen hervorgehenden Verdichtungen auf drei übergeordnete Thesen zuspitzen, die sich auch als Anknüpfungspunkte für weitergehende Forschungen in diesem Bereich verstehen. Die erste These wurde im gleichlautenden Unterkapitel *4.2.1 These I: Die KI-Technologien werden zum Schauplatz von Bedeutungskämpfen diskursiver Kontinuitäten* vorgestellt und erläutert. Damit ist gemeint, dass sich KI-Technologien im untersuchten Material, wenngleich diskursiv häufig mit dem Air des „Neuen" versehen, insbesondere als Schauplätze der Aushandlung altbekannter Thematiken rund um Ontologie, Anthropologie sowie die Beschaffenheit und Wirkmacht des Mediums darstellten.

Wenn KI-Technologien als *unhintergehbar bedeutsam* und *revolutionär* instanziiert werden, so verbergen sich dahinter Fragestellungen, welche die Menschheit auch im Hinblick auf andere Medien bereits umgetrieben hat und umtreibt: *In welcher Medienwirklichkeit leben wir eigentlich? Welche Macht haben die Medien über uns?* Immer erscheint das Gegenwärtige als das Exzeptionelle – und dennoch wäre es zu kurz gegriffen, auf medienhistorische Wellenbewegungen zu verweisen; dass also der „Hype" um KI wieder abebben werde, weil dies immer schon der Fall bei neuen (Medien-)Technologien gewesen sei. Dies lässt sich nicht abschließend beurteilen; die Kategorie des „Neuen" sollte deswegen jedoch nicht gänzlich aufgegeben werden (vgl. S. 88). Dennoch ist die Selbstbeobachtung, am historischen Scheidepunkt zu stehen, *nicht neu*. Ebenso wenig, wie es die Vorstellung ist, dass Medientechnologien sich verselbstständigen (bei KI also etwa zur *Singularität* aufsteigen; vgl. S. 151), dass diese *bedrohlich* (vgl. S. 127), dass diese *perfekter* als der Mensch seien und diesen selbst *perfektionieren* könnten, womit auch an neoliberale Diskurse angeknüpft wird, dass also *an Medien-Technologien das menschliche Sein und dessen strukturelle Situation ausgehandelt wird*, was sich im untersuchten Material durchaus ambivalent darstellt. Vielfach wird ein Antagonismus zwischen Mensch und Maschine ins Feld geführt (vgl. S. 137), dann wiederum steht die Kooperation von Mensch und Maschine im Vordergrund (vgl. S. 163); mal wird der Mensch als letzter Entscheidungsträger konzeptualisiert, mal hat sich die „Maschine" den Menschen bereits unterworfen; mal werden Mensch und Technologie als miteinander verschmolzener Cyborg gedacht (vgl. S. 154), mal als dezidiert getrennt (vgl. S. 159).

Bei der zweiten, in Unterkapitel *4.2.2 These II: Social-Media-Kommunikation bildet ein diskursives Gegengewicht, das gleichermaßen Gefahren wie Potenziale für demokratische Gesellschaften birgt* behandelten, These ging es um die spezifischen Qualitäten der Social-Media-Kommunikation, die sich im untersuchten Material als zweischneidig darstellten. Es fanden sich dort Positionen, die in dieser Weise im hegemonialen massenmedialen Diskurs nicht eingenommen werden, wie dies von Tereick (2016) bereits in einem anderen Kontext festgestellt wurde. So wurde etwa *Künstliche Intelligenz als solche* infrage gestellt (vgl. S. 167f.), diskutierten Nutzerinnen und Nutzer untereinander über die richtigen Deutungen von KI (vgl. S. 185), und wurde metadiskursive Kritik geübt (vgl. S. 187) – kommunikative Praktiken, die hier, medienkulturrhetorisch reflektiert, als Praktiken mit demokratischem Potenzial interpretiert werden. So könnten sich in sozialen Medien Gegenentwürfe zu massenmedialen Visionen einer ohne ein Jenseits von KI nicht denkbaren Gesellschaft aufspüren lassen. Die Nutzer konfrontieren sich gegenseitig, womit etwaigen Filterblasen-Effekten entgegengewirkt wird, diskutieren die Inhalte der Artikel und *helfen* sich auf diese Weise, und die massenmedial präsentierten Rahmungen und Darstellungen der Technologien werden explizit hinterfragt. Gleichzeitig wurden KI-Themen von den Facebook-Nutzern jedoch auch für spezifische politische Positionierungen genutzt, die mit einer Diskussion der KI-Technologien wenig bis gar nichts zu tun hatten, und wurden dort diskriminierende wie sexistische Äußerungen getätigt, die einem friedlichen Verständnis von Gesellschaft diametral entgegengesetzt sind. Es wurde das vorläufige Fazit gezogen, dass es für Nutzerinnen und Nutzer sozialer Medien umso mehr auf das Erlenen und Kultivieren rhetorischer Fähigkeiten ankommt, um ihr kommunikatives Handeln auf die Gestaltung einer friedlich-demokratischen Gesellschaft auszurichten (vgl. S. 192f.).

Mit dem Unterkapitel *4.2.3 These III: Die Ergebnisse medienkulturrhetorischer Untersuchungen Künstlicher Intelligenz erlauben eine kritische Reflexion der gegenwärtigen (Un-)Möglichkeitsbedingungen des Orators* wurde schließlich die das medienkulturrhetorische Projekt leitende Ausgangsthese aufgegriffen, dass Studien wie die durchgeführte Fallstudie wichtige Anknüpfungspunkte für die Reflexion der gegenwärtigen Situation des Orators bieten. Im untersuchten Material hat sich gezeigt, dass sich in den Diskursivierungen *Künstlicher Intelligenz* in der Tat wichtige Hinweise auf kritisierbare kommunikative Praktiken, aber auch Potenziale, im Hinblick auf einen informierten Umgang mit den neuen Technologien, finden. So lässt sich beispielsweise die Reproduktion des Konzepts der *Filterblase* oder die übermäßig häufige Verwendung textueller wie bildlicher Anthropomorphisierungen kritisieren, die mithin zu verzerrten Vorstellungen der Technologien – und des *Menschen* – beitragen können, wenn aufgrund dessen etwa angenommen wird, „der Mensch sei wie eine Maschine beständig zu optimieren oder gar durch eine Maschine zu ersetzen" (Dobler 2020a, 29). Auch muss gefragt werden, ob mit der Komplexität von KI, gerade journalistisch, angemessen umgegangen wird und ob es zielführend ist, gemäß eines *(visually) doing complexity* Komplexität zu (re-)produzieren oder gar zu performieren.

Wer berichtet über KI und wer sollte es auf welche Weise, zum gesamtgesellschaftlichen Nutzen, tun? Sind Anthropomorphisierungen notwendige Veranschaulichungen oder kann auf sie (teils) verzichtet werden? Das und noch vieles mehr sind Reflexionsfragen, die sich aus den Ergebnissen der Fallstudie ergeben. Sowohl die (metadiskursive) Diskussion des Umgangs mit KI als auch die Brüche mit textuellen Stereotypen und Visiotypen geben Auskunft über sinnvolle alternative Kommunikationspraktiken; seien es die geforderten Regulierungen von KI oder deren *Demystifizierung*, seien es alternative Darstellungen zu humanoiden Robotern, Darstellungen von programmierenden Frauen/Mädchen oder schlichtweg die simple Verwendung einfacher Anführungszeichen, wenn KI anthropomorphisierendes Vokabular verwendet wird. Die Ergebnisse dieser Studie konnten dabei erst durch eine *genuin multimodale* Analyse ermittelt werden, woraus sich das Plädoyer ergibt, (1) massenmediale wie Social-Media-Diskurse auf Forschungsseite stets in ihrer multimodalen Verschränkung zu analysieren und (2) für die Verbreitung multimodaler Analysekompetenz in der Gesellschaft zu sorgen, da nur so die verschiedenen transportierten Bedeutungsdimensionen mediatisierter (z. B. massenmedialer) Kommunikate dechiffriert werden können[243]; ein Anliegen, dem sich eine angewandte Rhetorik zuwenden kann und sollte.

Insgesamt soll diese Arbeit deutlich gemacht haben, dass die Erforschung der *Rhetoriken Künstlicher Intelligenz* lohnend ist und einen Anstoß für weitergehende Forschungen in diesem Bereich geben. Als Kulturwissenschaftler gilt es, wie ein Detektiv (Vidal) in den Myriaden zirkulierender soziomaterieller Ressourcen unserer *Wunderkammer* (Goldstein) Kultur die tieferliegenden Sinnstrukturen zu rekonstruieren und dabei aus dem Brüchigen, Ambivalenten und mitunter Konfusen das *Überzeugende* herauszuarbeiten. Neben einem Einblick in die Beschaffenheit gegenwärtiger Medienwirklichkeit(en) und somit in die (Subjektivations-)Bedingungen unserer heutigen Zeit bietet die Perspektive der Rhetorik immer auch die Möglichkeit, nach dem Emanzipationspotenzial zu fragen, das sich in diesen Spuren verbirgt. Versteht man Rhetorik dabei als die traditionsreiche Wissenschaft, die sie ist, und nicht als *Soft-Skills*-Reservoir oder Manipulationstechnik, ist daran auch stets die Hoffnung auf die Gestaltung einer *besseren* Welt geknüpft, sind Rhetorik – mit ihrem Rednerideal des *vir bonus*, des *guten Mannes* (vgl. auch Ueding 2011, 45) – und Ethik sowie Humanismus doch nicht voneinander zu trennen. So lässt sich die Trope von der Unhintergehbarkeit der

---

243 Vgl. dazu auch S. 234f.

diesseitig-totalen KI-Technologien in dieser Perspektive vielleicht hinterfragen und lassen sich, damit einhergehend, neue Denkhorizonte eröffnen.

Dass diese Arbeit nur einen ersten Anstoß liefern kann, liegt dabei insbesondere in der Begrenztheit ihrer Ressourcen[244] begründet, wodurch sich vermutlich mehr Fragen als Antworten eröffnen – doch wenn man mit Quadflieg Kultur *als Frage* begreift, ist das womöglich nicht einmal schlecht. Während in dieser Arbeit nur die Berichterstattungen von einem Jahr ausgewertet werden konnten, würde es sich anbieten, diese Spur, auch über andere Massenmedien hinweg, weiter zu verfolgen – in die vergangenen und noch kommenden Jahre; d. h. neben synchronen auch diachrone Untersuchungen durchzuführen – um so etwaige Differenzen, Entwicklungen und Verschiebungen detektieren zu können.[245] Auch beschränkte sich die Analyse der Social-Media-Kommentierungen auf wenige Fallbeispiele der einzeln betrachteten Plattform Facebook. In Zukunft könnten weit mehr Facebook-Kommentare ausgewertet und die Analysen auf andere Plattformen wie Twitter, YouTube oder TikTok ausgeweitet sowie um quantitative Studien[246] ergänzt werden. Zudem konnten keine audiovisuellen Daten wie Filme berücksichtig werden, die, gerade auf der Basis einer Analyse multimodaler Transkripte, erkenntnisreich sein können. Darüber hinaus sollten interkulturelle Studien zu den *Rhetoriken Künstlicher Intelligenz* durchgeführt werden, den Faden aufgreifend, den Bareis und Katzenbach (2021) bereits zu spinnen begonnen haben, um spezifisch nationale Unterschiede und internationale Gemeinsamkeiten in der Diskursivierung von KI herausarbeiten zu können. Schließlich wurde in dieser Arbeit der Fokus auf die *Rhetoriken* von KI gerichtet, während die *Rhetorizität* von KI nur gestreift werden

---

[244] In dieser Arbeit wurde der Versuch unternommen, im Sinne einer transdisziplinären Kulturwissenschaft im Singular, verschiedene disziplinäre Perspektiven auf den Gegenstand zu vereinen – die fruchtbare Diskussion im Austausch mit Perspektiven anderer Forschender lässt sich dadurch freilich nicht ersetzen und wurde in besonderem Maße durch das *KI-Interdisziplinär*-Projekt der Hochschule München demonstriert (vgl. die daraus hervorgegangenen Publikationen Brandstetter/Dobler/Ittstein 2020, 2021).

[245] Es ist begrüßenswert, dass mit dem *Zentrum für rhetorische Wissenschaftskommunikationsforschung zur Künstlichen Intelligenz* (RHET AI Center) an der Eberhard Karls Universität Tübingen ein Forschungszentrum entstanden ist, das in verschiedenen Research Units u. a. die (visuelle) Diskursivierung von KI in den Vordergrund rückt (vgl. dazu https://uni-tuebingen.de/fakultaeten/philosophische-fakultaet/forschung/zentren-und-interdisziplinaere-einrichtungen/rhet-ai-center/research-units/#c1427235; letzter Zugriff: 14.03.2023).

[246] Wenngleich hier der Wert genuin qualitativer Studien als Wert an sich hochgehalten wird, ist Klemm und Michel (2014b) zuzustimmen, dass für ein profundes Verständnis von Big-Data-Themen eine Triangulation quantitativer und qualitativer Studien sinnvoll ist, wobei Erstgenannte, wie die Autoren (ebd. 96) betonen, eher als „Heuristik, [als] Suchhilfe" denn „als ein fertiges Ergebnis" zu verstehen sind.

konnte.[247] Im Sinne eines Ineinandergreifens von kritischen und postkritischen Ansätzen schließt diese Arbeit mit dem Desideratum, die Rhetoriken von KI in ihrem *Wechselspiel* mit deren Rhetorizität zu erforschen, um so ein umfassendes Bild unserer gegenwärtigen „Algorithmuskultur(en)" zu erhalten. In Zukunft wird es darauf ankommen, zu erforschen, auf *welche Weise wir über uns selbst als Algorithmuskultur sprechen* und *welche Narrative wir dabei kreieren*, um nach dem utopisch Unabgegoltenen Ausschau halten zu können, das der Orator als *vir bonus* für sich und die Gesellschaft gestalterisch zu nutzen lernen muss. Die Kulturwissenschaft kann und *sollte* hierzu – als eigenständige Disziplin – einen entscheidenden Beitrag leisten.

---

247 Es ließe sich argumentieren, dass sich insbesondere die CAS mit der Rhetorizität von KI beschäftigt haben und beschäftigen, wenngleich Analysen der Rhetorizität der Technologien durch eine spezifisch technikrhetorische Perspektive anders ausfallen können, weswegen auch hier ein interdisziplinärer Zusammenschluss sinnvoll wäre.

Literaturverzeichnis

Ackermann, Andreas (2016): *Wider die ‚Culturbrille' – Versuch, Hartmut Böhmes ‚Perspektiven der Kulturwissenschaft' auszuweiten*. In: Kulturwissenschaftliche Zeitschrift 1, 1/2016. S. 33–38.

Alexander, Michelle (2012): *The New Jim Crow: Mass Incarceration in the Age of Colorblindness*. New York: New Press.

Ames, Morgan G. (2019): *The Charisma Machine: The Life, Death, and Legacy of One Laptop per Child*. Cambridge, MA: MIT Press.

Aristoteles (2019): *Rhetorik*. Ditzingen: Reclam.

Assmann, Aleida (2017): *Einführung in die Kulturwissenschaft. Grundbegriffe, Themen, Fragestellungen*. 4., durchgesehene Auflage. Berlin: E. Schmidt (= GrAA 27).

Austin, John l. (2002/[1962]): *Zur Theorie der Sprechakte*. Stuttgart: Reclam.

Babin, J. Jobu (2016): *A Picture is Worth a Thousand Words: Computer-Mediated Communication, Emojis and Trust*. Verfügbar unter: https://papers.ssrn.com/sol3/papers.cfm?abstract_id=2883578; letzter Zugriff: 14.03.2023.

Bachmann-Medick, Doris (2010): *Cultural Turns. Neuorientierungen in den Kulturwissenschaften*. ⁴Reinbek bei Hamburg: Rohwolt Taschenbuch Verlag.

Bächle, Thomas Christian (2015): *Mythos Algorithmus. Die Fabrikation des computerisierbaren Menschen*. Wiesbaden: Springer.

Balfanz, Dirk (2016): *Rhetorische Situation und Neue Medien*. In: Scheuermann, Arne/Francesca Vidal (Hg.): Handbuch Medienrhetorik. Berlin/Boston: de Gruyter (= Handbücher Rhetorik 6). S. 85–106.

Barad, Karen (2012): *Agentieller Realismus. Über die Bedeutung materiell-diskursiver Praktiken*. Berlin: Suhrkamp (= edition unseld 45).

Bareis, Jascha/Christian Katzenbach (2021): *Talking AI into Being: The Narratives and Imaginaries of National AI Strategies and Their Performative Politics*. In: Science, Technology, & Human Values. S. 1–27 (verfügbar unter: https://journals.sagepub.com/doi/full/10.1177/01622439211030007; letzter Zugriff: 14.03.2023).

Barocas, Solon/Sophie Hood/Malte Ziewitz (2013) *Governing algorithms: A provocation piece*. Verfügbar unter: http://governingalgorithms.org/resources/provocation-piece/; letzter Zugriff: 14.03.2023.

Beer, David (2017): *The social power of algorithms*. In: Information, Communication & Society 20, 1/ 2017. S. 1–13.

Benjamin, Ruha (2019): *Race After Technology: Abolitionist Tools for the New Jim Code*. Cambridge, UK, Medford: Polity Press.

Berger, Peter l./thomas luckmann (2016/[1966]): *Die gesellschaftliche Konstruktion der Wirklichkeit. Eine Theorie der Wissenssoziologie*. Frankfurt a. M.: Fischer.

Bidder, Benjamin/Matthias Schepp (2010): Die fünfte Gewalt. In: Der Spiegel, Nr. 35, 30.8.2010. S. 144–145. Verfügbar unter: http://www.spiegel.de/spiegel/print/d-73479924.html; letzter Zugriff: 14.03.2023.

Bieber, Christoph/Constantin Härthe/Caja Thimm (Hg.) (2015): *Erregungskampagnen in Politik und Wirtschaft. Digitale Öffentlichkeit zwischen Candy- und Shitstorms*. Bonn: BAPP/IfAN.

Birkbak, Andreas/Hjalmar Bang Carlsen (2016): *The Public and its Algorithms. Comparing and experimenting with calculated publics*. In: Amoore, Louise/Volha Piotukh (Hg.): Algorithmic Life. Calculative devices in the age of big data. London, New York: Routledge. S. 20–33.

Boden, Margaret A. (2018): *Artificial Intelligence: A Very Short Introduction*. Oxford: Oxford University Press.

Böhme, Hartmut/Peter Matussek/Lothar Müller (2007): *Orientierung Kulturwissenschaft. Was sie kann, was sie will.* ³Reinbek bei Hamburg: Rohwolt Taschenbuch Verlag.

Bostrom, Nick (2018): *Die Zukunft der Menschheit.* Berlin: Suhrkamp (= stw 2245).

Brandstetter, Nicole (2020): *Künstliche Wesen. Roboter in der Literatur.* In: dies./Ralph-Miklas Dobler/Daniel Jan Ittstein (Hg.): Künstliche Intelligenz. Interdisziplinär. München: UVK. S. 13–26.

Brandstetter, Nicole (2021): *KI und Literatur. Gesellschaftsentwürfe und Zukunftsbilder.* In: dies./Ralph-Miklas Dobler/Daniel Jan Ittstein (Hg.): Mensch und Künstliche Intelligenz. Herausforderungen für Kultur, Wirtschaft und Gesellschaft. München: UVK. S. 71–88.

Brandstetter, Nicole/Ralph-Miklas Dobler/Daniel Jan Ittstein (Hg.) (2020): *Künstliche Intelligenz. Interdisziplinär.* München: UVK.

Brandstetter, Nicole/Ralph-Miklas Dobler/Daniel Jan Ittstein (Hg.) (2021): *Mensch und Künstliche Intelligenz. Herausforderungen für Kultur, Wirtschaft und Gesellschaft.* München: UVK.

Brecht, Bertolt (1967): *Bertolt Brecht. Gesammelte Werke.* Band 18. Frankfurt a. M.: Suhrkamp (= werkausgabe edition suhrkamp Bertolt Brecht Gesammelte Werke in 20 Bänden).

Brevini, Benedetta/frank pasquale (2020): *Revisiting the Black Box Society by rethinking the political economy of big data.* In: Big Data & Society. S. 1–4. Verfügbar unter: https://journals.sagepub.com/doi/full/10.1177/2053951720935146; letzter Zugriff: 14.03.2023.

Bucher, Taina (2017): *The algorithmic imaginary: exploring the ordinary affects of Facebook algorithms.* In: Information, Communication & Society 20, 1/2017. S. 30–44.

Büchi, Moritz/eduard fosch-villaronga/christoph lutz/aurelia tamò-larrieux/shruthi velidi (2021): *Making sense of algorithmic profiling: user perceptions on Facebook.* In: Information, Communication & Society. S. 1–18 (verfügbar unter: https://www.tandfonline.com/doi/full/10.1080/1369118X.2021.1989011; letzter Zugriff: 14.03.2023).

Bundesregierung, Die (2018): *Strategie künstlicher Intelligenz der Bundesregierung.* Verfügbar unter: https://www.bmbf.de/files/Nationale_KI-Strategie.pdf; letzter Zugriff: 14.03.2023.

Burke, Adam (2019): *Occluded Algorithms.* In: Big Data & Society 6, 2/2019. S. 1–15.

Butler, Judith (2013/[1997]): *Haß spricht. Zur Politik des Performativen.* ⁴Berlin: Suhrkamp (= edition suhrkamp 2414).

Butler, Judith (2016): *Anmerkungen zu einer performativen Theorie der Versammlung.* Berlin: Suhrkamp.

Butler, Judith (2020/[1991]): *Das Unbehagen der Geschlechter.* ²¹Berlin: Suhrkamp (= edition suhrkamp 722).

Camaj, Lindita (2021): *Real time political deliberation on social media: can televised debates lead to rational and civil discussions on broadcasters' Facebook pages?.* In: Information, Communication & Society 24, 13/2021. S. 1907–1924.

Cheney-Lippold, John (2011): *A New Algorithmic Identity. Soft Biopolitics and the Modulation of Control.* In: Theory, Culture & Society 28, 6/2011. S. 164–181.

Coeckelberghs, Mark (2021): *Narrative responsibility and artificial intelligence. How AI challenges human responsibility and sense-making.* In: AI & Society (nicht paginiert; verfügbar unter: https://link.springer.com/article/10.1007/s00146-021-01375-x; letzter Zugriff: 14.03.2023).

Culkin, John m. (1967): *A Schoolman's Guide to Marshall McLuhan.* In: The Saturday Review. S. 51–53, 70–72.

Dasgupta, Subrata (2016): *Computer Science. A Very Short Introduction.* Oxford: Oxford University Press.

DeLanda, Manuel (2019/[2006]): *A New Philosophy of Society. Assemblage Theory and Social Complexity.* London u.a.: Bloomsbury Academic.

Deleuze, Gilles/Félix Guattari (1977): *Rhizom.* Berlin: Merve Verlag.

Deterding, Sebastian (2009): *Henry Jenkins: Textuelles Wildern und Konvergenzkultur.* In: Hepp, Andreas/ Friedrich Krotz/Tanja Thomas (Hg.): Schlüsselwerke der Cultural Studies. Wiesbaden: VS Verlag (= Medien – Kultur – Kommunikation). S. 235–246.

Dobler, Ralph-Miklas (2018): *Visueller Diskurs in Sozialen Medien.* Vortrag vom 10. Juni 2018 im Rahmen der Tagung *Audiovisuelle Rhetorik brisanter Diskurse* an der Universität Koblenz-Landau, unveröffentlichtes Redemanuskript.

Dobler, Ralph-Miklas (2020a): *Mensch und Maschine.* In: Brandstetter, Nicole/Ralph-Miklas Dobler/ Daniel Jan Ittstein (Hg.): Künstliche Intelligenz. Interdisziplinär. München: UVK. S. 98–106.

Dobler, Ralph-Miklas (2020b): *Grenzen.* In: Brandstetter, Nicole/Ralph-Miklas Dobler/ Daniel Jan Ittstein (Hg.): Künstliche Intelligenz. Interdisziplinär. München: UVK. S. 98–106.

Dobler, Ralph-Miklas (2021): *„Künstliche Intelligenz" als Simulation und als Simulakrum.* In: Brandstetter, Nicole/Ralph-Miklas Dobler/ Daniel Jan Ittstein (Hg.): Mensch und Künstliche Intelligenz. Herausforderungen für Kultur, Wirtschaft und Gesellschaft. München: UVK. S. 35–49.

Dobler, Ralph-Miklas/Daniel Jan Ittstein (Hg.) (2019): *Fake. Interdisziplinär.* München: UVK.

Dogruel, Leyla (2021): *Folk theories of algorithmic operations during Internet use: A mixed methods study.* In: The Information Society. S. 1–12 (verfügbar unter: https://www.tandfonline.com/doi/abs/10.1080/01972243.2021.1949768?journalCode=utis20; letzter Zugriff: 14.03.2023).

Dogruel, Leyla/Dominique Facciorusso/Birgit Stark (2020): *‚I'm still the master of the machine.' Internet users' awareness of algorithmic decision-making and their perception of its effect on their autonomy.* In: Information, Communication & Society. S. 1–22 (verfügbar unter: https://www.tandfonline.com/doi/abs/10.1080/1369118X.2020.1863999?journalCode=rics20; letzter Zugriff: 14.03.2023).

Dogruel, Leyla/Philipp Masur/Sven Joeckel (2021): *Development and Validation of an Algorithm Literacy Scale for Internet Users.* In: Communication Methods and Measures. S. 1–19 (verfügbar unter: https://www.tandfonline.com/doi/full/10.1080/19312458.2021.1968361; letzter Zugriff: 14.03.2023).

Dourish, Paul (2016): *Algorithms and their others: Algorithmic culture in context.* In: Big Data & Society 3, 2/2016. S. 1–11.

Dubois, Elizabeth/Grant Blank (2018): *The echo chamber is overstated: the moderating effect of political interest and diverse media.* In: Information, Communication & Society 21, 5/2018. S. 729–745.

Dudhwala, Farzana/Lotta Björklund Larsen (2019): *Recalibration in counting and accounting practices: Dealing with algorithmic output in public and private.* In: Big Data & Society. S. 1–12 (verfügbar unter: https://journals.sagepub.com/doi/10.1177/2053951719858751; letzter Zugriff: 14.03.2023).

Du Sautoy, Marcus (2019): *The Creativity Code. How AI is Learning to Write, Paint and Think.* London: 4th Estate.

Eickelmann, Jennifer (2017): *„Hate Speech' und Verletzbarkeit im digitalen Zeitalter. Phänomene mediatisierter Missachtung aus Perspektive der Gender Media Studies.* Bielefeld: transcript.

Elish, Madeleine Clare/Tim Hwang (2016): *An AI Pattern Language.* New York: Data & Society, 8.

Enzensberger, Magnus (1970): *Baukasten zu einer Theorie der Medien.* In: ders. (1974): Palaver. Politische Überlegungen (1967–1973). Frankfurt a. M.: Suhrkamp (= edition suhrkamp 696).

Ernst, Christoph/Irina Kaldrack/Jens Schröter/Andreas Sudmann (2019): *Künstliche Intelligenzen. Einleitung in den Schwerpunkt.* Zeitschrift für Medienwissenschaft 21, 2/2019. S. 10–19.

Fabian, Johannes (2016/[1993]): *Präsenz und Repräsentation. Die Anderen und das anthropologische Schreiben.* In: Berg, Eberhard/Martin Fuchs (Hg.): Kultur, soziale Praxis, Text. Die Krise der ethnographischen Repräsentation. [4]Frankfurt a. M.: Suhrkamp (= stw 1051). S. 335–364.

Fauser, Markus (2011): *Einführung in die Kulturwissenschaft.* 5., durchgesehene Auflage. Darmstadt: WBG.

Feuz, Martin/Matthew Fuller/Felix Stalder (2011): *Personal Web searching in the age of semantic capitalism: Diagnosing the mechanisms of personalization.* In: First Monday 16, 2/2011. S. 2–18.

Foucault, Michel (2020/[1969]): *Archäologie des Wissens*. [19]Frankfurt a. M.: Suhrkamp (= stw 356).
Foucault, Michel (2016/[1994]): *Schriften in vier Bänden. Dits et Ecrits. Band III. 1976–1979*. Hg. von Daniel Defert und François Ewald unter Mitarbeit von Jacques Lagrange. [2]Frankfurt a. M.: Suhrkamp.
Fouquaert, Thibault/Peter Mechant (2021): *Making curation algorithms apparent: a case study of, Instawareness' as a means to heighten awareness and understanding of Instagram's algorithm*. In: Information, Communication & Society. S. 1–21 (verfügbar unter: https://www.tandfonline.com/doi/abs/10.1080/1369118X.2021.1883707; letzter Zugriff: 14.03.2023).
Frey, Carl Benedikt/Osborne, Michael A. (2013): *The future of employment: How susceptible are jobs to computarisation?* Oxford Martin Programme on Technology and Employment.
Friedrich, Volker (2018): *Zur Rhetorik der Technik. Aufriss eines Forschungsgebietes*. In: ders. (Hg.): Technik denken. Philosophische Annäherungen. Festschrift für Klaus Kornwachs. Stuttgart: Franz Steiner. S. 249–259.
Friess, Dennis/Marc Ziegele/Dominique Heinbach (2020): *Collective Civic Moderation for Deliberation? Exploring the Links between Citizens' Organized Engagement in Comment Sections and the Deliberative Quality of Online Discussions*. In: Political Communication. S. 1–23 (verfügbar unter: https://www.tandfonline.com/doi/abs/10.1080/10584609.2020.1830322; letzter Zugriff: 14.03.2023).
Galloway, Alexander R. (2006): *Gaming: Essays on Algorithmic Culture*. Minneapolis, MN: University of Minnesota Press.
Geertz, Clifford (1983): *Dichte Beschreibung. Beiträge zum Verstehen kultureller Systeme*. Frankfurt a. M.: Suhrkamp.
Gehring, Petra (2007): *Über die Körperkraft von Sprache*. In: Herrmann, Steffen K./Sybille Krämer/Hannes Kuch (Hg.): Verletzende Worte. Die Grammatik sprachlicher Missachtung. Bielefeld: transcript. S. 211–228.
Gillespie, Tarleton (2016): *Algorithm*. In: Peters, Benjamin (Hg.): Digital Keywords. A Vocabulary of Information Society & Culture. S. 18–30. Princeton, Oxford: Princeton University Press.
Gillespie, Tarleton (2017): *#trendingistrending. Wenn Algorithmen zu Kultur werden*. In: Seyfert, Robert/Jonathan Roberge (Hg.): Algorithmuskulturen. Über die rechnerische Konstruktion der Wirklichkeit. Bielefeld: transcript. S. 75–106.
Gillespie, Tarleton (2020): *Content moderation, AI, and the question of scale*. In: Big Data & Society. S. 1–5 (verfügbar unter. https://journals.sagepub.com/doi/full/10.1177/2053951720943234; letzter Zugriff: 14.03.2023).
Gillespie, Tarleton/nick seaver (2015): *Critical Algorithm Studies: a Reading List*. Verfügbar unter: https://socialmediacollective.org/reading-lists/critical-algorithm-studies/; letzter Zugriff: 14.03.2023.
Gnosa, Tanja (2016): *Im Dispositiv. Macht, Medium, Wissen*. Veröffentlicht via Open Access.
Goldstein, Jürgen (2017): *Blau. Eine Wunderkammer seiner Bedeutungen*. [2]Berlin: Matthes & Seitz.
Govrin, Jule Jakob (2013): *SlutWalk – Resignifizierung von Feminitäten und Feminismen*. In: Gender. Zeitschrift für Geschlecht, Kultur und Gesellschaft 5, 01/2013. S. 88–103.
Gran, Anne-Britt/Peter Booth/Taina Bucher (2021): *To be or not to be algorithm aware: a question of a new digital divide?* In: Information, Communication & Society 24, 12/2021. S. 1779–1796.
Habermas, Jürgen (2016/[1981]: *Theorie des kommunikativen Handelns*. 2 Bde. [10]Frankfurt a. M.: Suhrkamp.
Han, Byung-Chul (2014): *Im digitalen Panoptikum*. In: *Der Spiegel* vom 05.01.2014. Verfügbar unter: https://www.spiegel.de/kultur/im-digitalen-panoptikum-a-d7fcf4c4-0002-0001-0000-000124276508; letzter Zugriff: 14.03.2023.

Hansen, Klaus p. (2011): *Kultur und Kulturwissenschaft. Eine Einführung.* 4., vollständig überarbeitete Auflage. Tübingen, Basel: A. Francke Verlag (= UTB1846).

Haraway, Donna (1995): *Die Neuerfindung der Natur. Primaten, Cyborgs und Frauen.* Frankfurt/New York: Campus.

Hargittai, Eszter/Jonathan Gruber/Teodora Djukaric/Jaelle Fuchs/lisa Brombach (2020): *Black box measures? How to study people's algorithm skills.* In: Information, Communication & Society 23, 5/2020. S. 764–775.

Herrmann, Steffen (2013): *Symbolische Verletzbarkeit. Die doppelte Asymmetrie des Sozialen nach Hegel und Levinas.* Bielefeld: transcript (= Sozialphilosophische Studien).

Hickethier, Knut (1995): *Dispositiv Fernsehen. Skizze eines Modells.* In: montage/av 4, 1/1995. S. 63–83.

Hochscherf, Tobias/Bernd Steinbrink (2016): *Journalismus: „Wortwandlungen und Blumwerk gehören in die Zeitungen nicht".* In: Scheuermann, Arne/Francesca Vidal (Hg.): Handbuch Medienrhetorik. Berlin/Boston: de Gruyter (= Handbücher Rhetorik 6). S. 227–255.

Hoffmann, E. T. A. (2018/[1817]): *Der Sandmann.* Studienausgabe, hg. von Ulrich Hohoff. Ditzingen: Reclam.

Holly, Werner (2006): *Mit Worten sehen. Audiovisuelle Bedeutungskonstitution und Muster ‚transkriptiver Logik' in der Fernsehberichterstattung.* In: Deutsche Sprache 1–2/2006. S. 135–150.

Hooks, Bell (1992): *Black Looks: Race and Representation.* Boston: South End Press.

Iliadis, Andrew/Federica Russo (2016): *Critical data studies: An introduction.* In: Big Data & Society. S. 1–7 (verfügbar unter: https://journals.sagepub.com/doi/10.1177/2053951716674238; letzter Zugriff: 14.03.2023).

Inguanzo, Isabel/Bingbing Zhang/Homero Gil De Zúñiga (2021): *Online cultural backlash? Sexism and political user-generated content.* In: Information, Communication & Society. S. 1–20.

Introna, Lucas D. (2017): *Die algorithmische Choreographie des beeindruckbaren Subjekts.* In: Seyfert, Robert/Jonathan Roberge (Hg.): Algorithmuskulturen. Über die rechnerische Konstruktion der Wirklichkeit. Bielefeld: transcript. S. 41–74.

Jackson, John. l. (2013): *Thin Description: Ethnography and the African Hebrew Israelites of Jerusalem.* Cambridge, MA/London: Harvard University Press.

Jacobsen, Benjamin N. (2020): *Algorithms and the narration of past selves.* In: Information, Communication & Society. S. 1–16 (verfügbar unter: https://www.tandfonline.com/doi/abs/10.1080/1369118X.2020.1834603?journalCode=rics20; letzter Zugriff: 14.03.2023).

Jäger, Ludwig (2002): *Transkriptivität. Zur medialen Logik der kulturellen Semantik.* In: ders./Georg Stanitzek (Hg.): Transkribieren. Medien / Lektüre. München: Wilhelm Fink. S. 19–41.

Jasanoff, Sheila/Sang-Hyun Kim (Hg.) (2015): *Dreamscapes of modernity: sociotechnical imaginaries and the fabrication of power.* Chicago: The University of Chicago Press.

Joas, Hans/Wolfgang Knöbl (2017): *Sozialtheorie. Zwanzig einführende Vorlesungen.* 5., aktualisierte, mit neuem Vorwort versehene Ausgabe, Berlin: Suhrkamp (= stw 1669).

Kanai, Akane/Caitlin McGrane (2021): *Feminist filter bubbles: ambivalence, vigilance and labour.* In: Information, Communication & Society 24, 15/2021. S. 2307–2322.

Karizat, Nadia/Daniel Delmonaco/Motahhare Eslami/Nazanin Andalibi (2021): *Algorithmic Folk Theories and Identity: How TikTok Users Co-Produce Knowledge of Identity and Engage in Algorithmic Resistance.* Preprint des für die CSCW 2021 angenommenen Artikels. S. 1–26.

Katzenbach, Christian (2021): *‚AI will fix this' – The Technical, Discursive, and Political Turn to AI in Governing Communication.* In: Big Data & Society. S. 1–8 (verfügbar unter: https://journals.sagepub.com/doi/full/10.1177/20539517211046182; letzter Zugriff: 14.03.2023).

Kaye, Linda K./Stephanie A. Malone/Helen J. Wall (2017): *Emojis: Insights, affordances, and possibilities for psychological science.* Trends in Cognitive Sciences 21, 2/2017. S. 66–68.

Kearns, Michael/Aaron Roth (2020): *The Ethical Algorithm*. Oxford: Oxford University Press.
Keller, Reiner (2013): *Zur Praxis der Wissenssoziologischen Diskursanalyse*. In: ders./Inga Truschkat (Hg.): Methodologie und Praxis der Wissenssoziologischen Diskursanalyse. Wiesbaden: Springer VS. S. 27–68.
Kennedy, Randall (2002): *Nigger. The Strange Career of a Troublesome Word*. New York: Pantheon Books.
Kipper, Jens (2020): *Künstliche Intelligenz – Fluch oder Segen?*. Berlin: J. B. Metzler.
Kitchin, Rob (2017): *Thinking critically about and researching algorithms*. In: Information, Communication & Society 20, 1/2017. S. 14–29.
Klemm, Michael (2008): *Medienkulturen. Versuch einer Begriffsklärung*. Yousefi, Hamid Reza/Klaus Fischer/Regine Kather/Peter Gerdsen (Hg.): Wege zur Kultur. Gemeinsamkeiten – Differenzen – Interdisziplinäre Dimensionen. Nordhausen: Traugott Bautz. S. 127–149.
Klemm, Michael (2011): *Bilder der Macht. Wie sich Spitzenpolitiker visuell inszenieren lassen. Eine bildpragmatische Analyse*. In: Diekmannshenke, Hajo/ders./Hartmut Stöckl (Hg.): Bildlinguistik. Berlin: Erich-Schmidt-Verlag. S. 187–209.
Klemm, Michael (2012): *Doing being a fan im Web 2.0. Selbstdarstellung, soziale Stile und Aneignungspraktiken in Fanforen*. In: Zeitschrift für angewandte Linguistik 56, 1/2012. S. 3–32.
Klemm, Michael (2015): *Komische Zuschauer. Praktiken und Strategien des Do-it-yourself-Vergnügens im Social TV*. In: Diekmannshenke, Hajo/Stefan Neuhaus/Ute Schaffers (Hg.): Das Komische in der Kultur. Marburg: Tectum. S. 209–227.
Klemm, Michael (2016a): *World Wide Web: Politische Kommunikation online gestalten*. In: Scheuermann, Arne/Francesca Vidal (Hg.): Handbuch Medienrhetorik. Berlin/Boston: de Gruyter (= Handbücher Rhetorik 6). S. 525–544.
Klemm, Michael (2016b): *Ich reise, also blogge ich. Wie Reiseberichte im Social Web zur multimodalen Echtzeit-Selbstdokumentation werden*. In: Hahn, Kornelia/Alexander Schmidl (Hg.): Websites & Sightseeing. Tourismus in Medienkulturen. Wiesbaden: Springer VS. S. 31–62.
Klemm, Michael (2017a): *Bloggen, Twittern, Posten und Co. Grundzüge einer ‚Social-Media-Rhetorik'*. In: Rhetorik. Ein Internationales Jahrbuch 36, 1/2017. S. 5–30.
Klemm, Michael (2017b): *Audiovisuelle Inszenierungen der Demokratie – und/oder des Populismus? Zur Analyse und Interpretation audiovisueller Politik im interkulturellen Vergleich*. In: Fuchs, Christine (Hg.): Politisches Design. Demokratie gestalten. Dokumentation des Kulturpolitischen Forums Tutzing. Ingolstadt: Stadtkultur. S. 55–75.
Klemm, Michael/sascha michel (2014a): *Medienkulturlinguistik. Plädoyer für eine holistische Analyse von (multimodaler) Medienkommunikation*. In: Benitt, Nora/Christopher Koch/Katharina Müller/Sven Saage/ Lisa Schüler (Hg.) (2014): Korpus – Kommunikation – Kultur. Ansätze und Konzepte einer kulturwissenschaftlichen Linguistik. Trier: WVT. S. 183–215.
Klemm, Michael/Sascha Michel (2014b): *Big Data – Big Problems? Zur Kombination qualitativer und quantitativer Methoden bei der Erforschung politischer Social-Media-Kommunikation*. In: Ortner, Heike/Daniel Pfurtscheller/Michaela Rizzolli/Andreas Wiesinger (Hg.): Datenflut und Informationskanäle. Innsbruck: Innsbruck University Press. S. 83–98.
Klemm, Michael/Sascha Michel (2017): *TV-Duell und Elefantenrunde: Social TV zwischen Deliberation und Wahlkampfarbeit*. In: Aptum. Zeitschrift für Sprachkritik und Sprachkultur 12, 3/2016. S. 276–301.
Klemm, Michael/Hartmut Stöckl (2011): *Bildlinguistik. Standortbestimmung, Überblick, Forschungsdesiderate*. In: Diekmannshenke, Hajo/ders./Hartmut Stöckl (Hg.): Bildlinguistik. Berlin: Erich-Schmidt-Verlag. S. 7–18.
Kling, Marc-Uwe (2019): *Qualityland*. Berlin: Ullstein.
Knape, Joachim (2000): *Was ist Rhetorik?*. Stuttgart: Reclam.

Köstler, Lea/Ringo Ossewaarde (2021): *The making of AI society: AI futures frames in German political and media discourses*. In: AI & Society 37, 1/2022. S. 249–263.

Kofman, Ava (2018): *Bruno Latour, the Post-Truth Philosopher, Mounts a Defense of Science*. In: New York Times, 25.10.2018. Verfügbar unter: https://www.nytimes.com/2018/10/25/magazine/bruno-latour-post-truth-philosopher-science.html; letzter Zugriff: 14.03.2023.

Kolkman, Daan (2022): *The (in)credibility of algorithmic models to non-experts*. In: Information, Communication & Society 25, 1/2022. S. 93–109.

Kozyreva, Anastasia/Philipp Lorenz-Spreen/Ralph Hertwig/Stephan Lewandowsky/Stefan M. Herzog (2021): *Public attitudes towards algorithmic personalization and use of personal data online: evidence from Germany, Great Britain, and the United States*. In: Humanities & Social Sciences Communications. S. 1–11 (verfügbar unter: https://www.nature.com/articles/s41599-021-00787-w; letzter Zugriff: 14.03.2023).

Krafft, Tobias D./Michael Gamer/Katharina A. Zweig (2018): *Wer sieht was? Personalisierung, Regionalisierung und die Frage nach der Filterblase in Googles Suchmaschine*. Verfügbar unter: https://www.blm.de/files/pdf2/bericht-datenspende – wer-sieht-was-auf-google.pdf; letzter Zugriff: 14.03.2023.

Kress, Gunther/Theo Van Leeuwen (2021): *Reading Images: The Grammar of Visual Design*. [3]London, New York: Routledge.

Kreye, Andrian (2019): *Künstliche Intelligenz. Heilsversprechen, Science Fiction oder das Ende der Menschheit: Wie stark wird KI unser Leben bestimmen?* In: Süddeutsche Zeitung, 29.11.2019. Verfügbar unter: https://www.sueddeutsche.de/kultur/zukunftstechnologien-kuenstliche-intelligenz-1.4697533; letzter Zugriff: 14.03.2023.

Kriegeskorte, Nikolaus (2021): *Open evaluation: a vision for entirely transparent post-publication peer review and rating for science*. In: Frontiers in Computational Neuroscience 6. S. 1–18.

Kriegeskorte, Nikolaus/diana deca (2012): *Beyond open access: Visions for open evaluation of scientific papers by post-publication peer review*. Frontiers E- Books. Verfügbar unter: https://www.frontiersin.org/research-topics/137/beyond-open-access-visions-for-open-evaluation-of-scientific-papers-by-post-publication-peer-review; letzter Zugriff: 14.03.2023.

Krizhevsky, Alex/Ilya Sutskever/Geoffrey E. Hinton (2012): *ImageNet classification with deep convolutional neural networks*. In: Advances in Neural Information with Deep Convolutional Neural Networks 25. S. 1097–1105.

Krönert, Veronika (2009): *Michel de Certeau: Alltagsleben, Aneignung und Widerstand*. In: Hepp, Andreas/Friedrich Krotz/Tanja Thomas (Hg.): Schlüsselwerke der Cultural Studies. Wiesbaden: VS Verlag (= Medien – Kultur – Kommunikation). S. 47–57.

Krotz, Friedrich (2007): *Mediatisierung: Fallstudien zum Wandel von Kommunikation*. Wiesbaden: VS Verlag.

Kuhn, Thomas S. (1967): *Die Struktur wissenschaftlicher Revolutionen*. Frankfurt a. M.: Suhrkamp.

Lagerspetz, Mikko (2021): *„The Grievance Studies Affair" Project: Reconstructing and Assessing the Experimental Design*. In: Science, Technology, & Human Values 46, 2/2021. S. 402–424.

Latour, Bruno (2014): *Existenzweisen. Eine Anthropologie der Modernen*. Frankfurt a. M.: Suhrkamp.

Latour, Bruno (2017/[1991]): *Wir sind nie modern gewesen. Versuch einer symmetrischen Anthropologie*. [6]Frankfurt a. M.: Suhrkamp (= stw 1861).

Lee, Francis (2021): *Enacting the Pandemic: Analyzing Agency, Opacity, and Power in Algorithmic Assemblages*. In: Science & Technology Studies 34, 1/2021. S. 65–90.

Lee, Francis/lotta björklund larsen (2019): *How should we theorize algorithms? Five ideal types in analyzing algorithmic normativities*. In: Big Data & Society. S. 1–6 (verfügbar unter: https://journals.sagepub.com/doi/full/10.1177/2053951719867349; letzter Zugriff: 14.03.2023).

Lenzen, Manuela (2018): *Künstliche Intelligenz. Was sie kann & was uns erwartet*. München: Beck.
Lindsay, James A./Peter Boghossian/Helen Pluckrose (2018): *Academic Grievance Studies and the Corruption of Scholarship*. Verfügbar unter: https://areomagazine.com/2018/10/02/academic-grievance-studies-and-the-corruption-of-scholarship/; letzter Zugriff: 14.03.2023.
Liu, Chuncheng/Ross Graham (2021): *Making sense of algorithms: Relational perception of contact tracing and risk assessment during COVID-19*. In: Big Data & Society. S. 1–13 (verfügbar unter: https://journals.sagepub.com/doi/full/10.1177/2053951721995218; letzter Zugriff: 14.03.2023).
Liu, Zheng (2021): *Sociological perspectives on artificial intelligence: A typological reading*. In: Sociology Compass 15, 3/2021. S. 1–13.
Lury, Celia /Sophie Day (2019): *Algorithmic Personalization as a Mode of Individuation*. In: Theory, Culture & Society 36, 2/2019. S. 17–37.
Mager, Astrid (2012): *Algorithmic Ideology: How Capitalist Society Shapes Search Engines*. In: Information, Communication & Society 15, 5/2012. S. 769–787.
Marchart, Oliver (2018): *Cultural Studies*. [2]München: UVK.
Marcuse, Herbert (1973): *Über den affirmativen Charakter der Kultur*. In: ders. (Hg.): Kultur und Gesellschaft I. Frankfurt a. M.: Suhrkamp. S. 56–101.
Mau, Steffen (2018): *Das metrische Wir. Über die Quantifizierung des Sozialen*. [3]Berlin: Suhrkamp.
Mayer-Schönberger, Viktor/Thomas Ramge (2017): *Das Digital. Markt, Wertschöpfung und Gerechtigkeit im Datenkapitalismus*. [3]Berlin: Econ.
McCarthy, John/Marvin I. Minsky/Nathaniel Rochester/Claude E. Shannon(1955): *A Proposal for the Dartmouth Summer Research Project on Artificial Intelligence*.
Michel, Sascha (2018): *Mediatisierungslinguistik. Medienkulturlinguistische Untersuchungen zur Mediatisierung am Beispiel des Handlungsfeldes Politik*. Unveröffentlichte Dissertation an der Universität Koblenz-Landau, Campus Koblenz.
Moats, David/Nick Seaver (2019):,*You Social Scientists Love Mind Games': Experimenting in the 'divide' between data science and critical algorithm studies*. In: Big Data & Society 6, 1/2019, 1–11.
Moebius, Stephan (2016): *Programmatik der Kulturwissenschaft. Eine Ergänzung zu Hartmut Böhmes Perspektiven der Kulturwissenschaft*. In: Kulturwissenschaftliche Zeitschrift 1, 1/2016. S. 63–69.
Morozov, Evgeny (2017): *Big Tech und die Krise des Finanzkapitalismus*. In: Augstein, Jakob (Hg.): Reclaim Autonomy. Selbstermächtigung in der digitalen Weltordnung. Berlin: Suhrkamp. S. 99–119.
Münker, Stefan/Alexander Roesler (2012): *Poststrukturalismus*. 2., aktualisierte und erweiterte Auflage. Stuttgart, Weimar: J.B. Metzler (= Sammlung Metzler 322).
Murthy, Dhiraj et al. (2020): *Understanding the meaning of emoji in mobile social payments: Exploring the use of mobile payments as hedonic versus utilitarian through skin tone modified emoji usage*. In: Big Data & Society. S. 1–18 (verfügbar unter: https://journals.sagepub.com/doi/full/10.1177/2053951720949564; letzter Zugriff: 14.03.2023).
Neudert, Lisa-Maria/Aleksi Knuutila/Philip N. Howard (2020): *Global Attitudes Towards AI, Machine Learning & Automated Decision Making. Implications for Involving Artificial Intelligence in Public Service and Good Governance*. In: Oxford Commission on AI & Good Governance. S. 1–9 (verfügbar unter: https://oxcaigg.oii.ox.ac.uk/wp-content/uploads/sites/124/2020/10/GlobalAttitudesTowardsAIMachineLearning2020.pdf; letzter Zugriff: 14.03.2023).
Ng, Davy Tsz Kit/Jac Ka Lok Leung/Samuel K.W. Chu/Maggie Qiao Shen (2021): *Conceptualizing AI literacy: An exploratory review, Computers and Education: Artificial Intelligence*. In: Computers and Education: Artificial Intelligence (Journal Pre-proof; verfügbar unter: https://www.sciencedirect.com/science/article/pii/S2666920X21000357; letzter Zugriff: 14.03.2023).
Ngo, Thao/Nicole Krämer (2021): *It's Just a Recipe? Comparing Expert and Lay User Understanding of Algorithmic Systems*. In: Technology, Mind, and Behavior 2, 4/2021. Nicht paginiert.

Nida-Rümelin, Julian/Nathalie Weidenfeld (2018): *Digitaler Humanismus. Eine Ethik für das Zeitalter der Künstlichen Intelligenz.* München: Piper.

Noble, Safiya Umoja (2018): *Algorithms of Oppression. How Search Engines Reinforce Racism.* New York: New York University Press.

Nünning, Ansgar/vera Nünning (2008): *Einführung in die Kulturwissenschaften. Theoretische Grundlagen – Ansätze – Perspektiven.* Stuttgart, Weimar: J. B. Metzler.

Oeldorf-Hirsch, Anne/Neubaum German (2021): *What Do We Know about Algorithmic Literacy? The Status Quo and a Research Agenda for a Growing Field* (Preprint). S. 1–32.

Ohme, Jakob (2020): *Algorithmic social media use and its relationship to attitude reinforcement and issue-specific political participation: The case of the 2015 European immigration movements.* Journal of Information Technology & Politics. S. 1–19.

O'Neil, Cathy (2016): *Weapons of Math Destruction: How Big Data Increases Inequality and Threatens Democracy.* New York: Crown Publishers.

Pariser, Eli (2012): *The filter bubble: What the Internet is hiding from you.* New York: Penguin Press.

Parr, Rolf (2014): *Diskurs.* In: Kammler, Clemens/Rolf Parr/Ulrich Schneider (Hg.): Foucault Handbuch. Leben – Werk – Wirkung. Stuttgart, Weimar: J.B. Metzler. S. 233–237.

pasquale, frank (2015a): *The Black Box Society: The Secret Algorithms That Control Money and Information.* Cambridge, MA/London: Harvard University Press.

Pasquale, Frank (2015b): *The Algorithmic Self.* In: The Hedgehog Review 17, 1/2015. S. 30–45.

Pilipets, Elena/Susanna Paasonen (2020): *Nipples, memes, and algorithmic failure: NSFW critique of Tumblr censorship.* In: New Media & Society. S. 1–22 (verfügbar unter: https://journals.sagepub.com/doi/10.1177/1461444820979280; letzter Zugriff: 14.03.2023).

Pinch, Trevor J./Wiebe E. Bijker (2012/[1989]): *The Social Construction of Facts and Artifacts: Or How the Sociology of Science and the Sociology of Technology Might Benefit Each Other.* In: Bijker, Wiebe E./Thomas P. Hughes/Trevor Pinch (Hg.): The Social Construction of Technological Systems: New Directions in the Sociology and History of Technology. Anniversary edition. Cambridge, MA, London: MIT Press. S. 11–44.

Pluckrose, Helen (2017): *How French,Intellecutals' Ruined the West: Postmodernism and Its Impact, Explained.* Verfügbar unter: https://areomagazine.com/2017/03/27/how-french-intellectuals-ruined-the-west-postmodernism-and-its-impact-explained/; letzter Zugriff: 14.03.2023.

Pörksen, Bernhard (2015): *Die fünfte Gewalt des digitalen Zeitalters.* In: Cicero. Magazin für politische Kultur, 17.04.2015. Verfügbar unter: https://www.cicero.de/innenpolitik/trolle-empoerungsjunkies-und-kluge-koepfe-die-fuenfte-gewalt-des-digitalen; letzter Zugriff: 14.03.2023.

Pörksen, Uwe (1997): *Weltmarkt der Bilder. Eine Philosophie der Visiotype.* Stuttgart: Klett-Cotta.

Precht, Richard David (2020): *Künstliche Intelligenz und der Sinn des Lebens.* München: Goldmann.

Püschel, Ulrich (1995): *Stilpragmatik – Vom praktischen Umgang mit Stil.* In: Stickel, Gerhard (Hg.): Stilfragen. Berlin, New York: de Gruyter. S. 303–328.

Quadflieg, Dirk (2019): *Kultur als Frage der Moderne.* In: Deutsche Zeitschrift für Philosophie 67, 3/2019. S. 329–348.

Ramge, Thomas (2018): *Mensch und Maschine: Wie Künstliche Intelligenz und Roboter unser Leben verändern.* [5]Ditzingen: Reclam (= Was bedeutet das alles?).

Reiss, Michael v./noemi festic/michael latzer/tanja rüedy (2021): *The relevance internet users assign to algorithmic-selection applications in everyday life.* In: Studies in Communication Sciences 21, 1/2021. S. 71–90.

Roberge, Jonathan/Marius Senneville/Kevin Morin (2020): *How to translate artificial intelligence? Myths and justifications in public discourse*. In: Big Data & Society. S. 1–13 (verfügbar unter: https://journals.sagepub.com/doi/full/10.1177/2053951720919968; letzter Zugriff: 14.03.2023).

Roberge, Jonathan/Robert Seyfert (2017): *Was sind Algorithmuskulturen?* In: dies. (Hg.): Algorithmuskulturen. Über die rechnerische Konstruktion der Wirklichkeit. Bielefeld: transcript. S. 7–40.

Rosa, Hartmut (2016): *Resonanz. Eine Soziologie der Weltbeziehung*. Berlin: Suhrkamp.

Russell, Stuart/Peter Norvig (2021): *Artificial Intelligence. A Modern Approach*. ⁴London: Pearson.

Schanze, Helmut (2016): *Historizität und Medienwandel nach 1750*. In: Scheuermann, Arne/Francesca Vidal (Hg.): Handbuch Medienrhetorik. Berlin/Boston: de Gruyter (= Handbücher Rhetorik 6). S. 65–83.

Scheuermann, Arne/Francesca Vidal (Hg.) (2016a): *Handbuch Medienrhetorik*. Berlin/Boston: de Gruyter (= Handbücher Rhetorik 6).

Scheuermann, Arne/Francesca Vidal (Hg.) (2016b): *Einleitung*. In: dies. (Hg.): Handbuch Medienrhetorik. Berlin/Boston: de Gruyter (= Handbücher Rhetorik 6). S. 1–7.

Schmidt, Jan-Hinrik (2018): *Social Media*. 2., aktualisierte und erweiterte Auflage. Wiesbaden: Springer.

Searle, John R. (1980): *Minds, brains, and programs*. In: Behavioral and Brain Sciences 3, 3/1980. S. 417–457.

Seaver, Nick (2017): *Algorithms as culture: Some tactics for the ethnography of algorithmic systems*. In: Big Data & Society. S. 1–12 (verfügbar unter: https://journals.sagepub.com/doi/full/10.1177/2053951717738104; letzter Zugriff: 14.03.2023).

Seaver, Nick (2019/[2014]): *Knowing Algorithms*. In: Vertesi, Janet/David Ribes (Hg.): digitalSTS. A Field Guide for Science & Technology Studies. Princeton, Woodstock: Princeton University Press. S. 412–422.

Seele, Peter (2020): *Künstliche Intelligenz und Maschinisierung des Menschen*. Köln: Halem (= Schriften zur Rettung des öffentlichen Diskurses 1).

Segesten, Anamaria Dutceac/Michael Bossetta/Nils Holmberg/Diederick Niehorster (2020): *The cueing power of comments on social media: how disagreement in Facebook comments affects user engagement with news*. In: Information, Communication & Society. S. 1–20 (verfügbar unter: https://www.tandfonline.com/doi/full/10.1080/1369118X.2020.1850836; letzter Zugriff: 14.03.2023).

Seyfert, Robert (2021): *Algorithms as regulatory objects*. In: Information, Communication & Society. S. 1–17 (verfügbar unter: https://www.tandfonline.com/doi/abs/10.1080/1369118X.2021.1874035; letzter Zugriff: 14.03.2023).

Shifman, Limor (2014): *Memes in digital culture*. Cambridge, MA, London: MIT Press.

Sielke, Sabine (2019): *Der Mensch als „Gehirnmaschine". Kognitionswissenschaft, visuelle Kultur, Subjektkonzepte*. In: Thimm, Caja/Thomas Christian Bächle (Hg.): Die Maschine: Freund oder Feind? Mensch und Technologie im digitalen Zeitalter. Wiesbaden: Springer VS. S. 41–65.

Siles, Ignacio/Andrés Segura-Castillo/Ricardo Solís/Monica Sancho (2020): *Folk theories of algorithmic recommendations on Spotify: Enacting data assemblages in the global South*. In: Big Data & Society 7, 1/2020. S. 1–15.

Simmel Georg (1983): *Der Begriff und die Tragödie der Kultur*. In: ders.: Philosophische Kultur. Über das Abenteuer, die Geschlechter und die Krise der Moderne. Gesammelte Essays. Berlin: Wagenbach. S. 183–207.

Sommerfeld, Alicia (2018): *Was tun gegen den Hass im Netz? Über verletzende Sprechakte und sprachliche Gegenstrategien im Zeitalter der Mediatisierung*. In: Pädagogische Rundschau. Rhetorik und Pädagogik 72, 6/2018. S. 723–738.

Sommerfeld, Alicia (2021): *Zu den Rhetoriken Künstlicher Intelligenz*. In: Brandstetter, Nicole/Ralph-Miklas Dobler/Daniel Jan Ittstein (Hg.): Mensch und Künstliche Intelligenz. Herausforderungen für Kultur, Wirtschaft und Gesellschaft. München: UVK. S. 123–136.

Sommerfeld, Alicia (2022a): *Zwischen Bubblesort und Systemkritik. Plädoyer für eine holistische kulturwissenschaftliche Analyse Künstlicher Intelligenz*. In: Signifikant. Jahrbuch für Strukturwandel und Diskurs 4, 1/2022 (in Vorbereitung).

Sommerfeld, Alicia (2022b): *KI Made in Europe. Über die multimodale Konstruktion diskursiver Unhintergehbarkeiten und deren Potenziale für eine angewandte Rhetorik*. In: Rhetorik. Ein internationales Jahrbuch 41, 1/2022 (in Vorbereitung).

Strick, Simon (2021): *Rechte Gefühle. Affekte und Strategien des digitalen Faschismus*. Bielefeld: transcript (= X-Texte zu Kultur und Gesellschaft).

Sudmann, Andreas (2018a): *Zur Einführung. Medien, Infrastrukturen und Technologien des maschinellen Lernens*. In: Engemann, Christoph/ders. (Hg.): Machine Learning. Medien, Infrastrukturen und Technologien der Künstlichen Intelligenz. Bielefeld: transcript (= Digitale Gesellschaft 14). S. 9–36.

Sudmann, Andreas (2018b): *Szenarien des Postdigitalen. Deep Learning als MedienRevolution*. In: Engemann, Christoph/ders. (Hg.): Machine Learning. Medien, Infrastrukturen und Technologien der Künstlichen Intelligenz. Bielefeld: transcript (= Digitale Gesellschaft 14). S. 9–36.

Sykora, Martin/Suzanne Elayan/Thomas W. Jackson (2020): *A qualitative analysis of sarcasm, irony and related #hashtags on Twitter*. In: Big Data & Society. S. 1–15 (verfügbar unter: https://journals.sagepub.com/doi/10.1177/2053951720972735; letzter Zugriff: 14.03.2023).

Tereick, Jana (2013): *Die ‚Klimalüge' auf YouTube: Eine korpusgestützte Diskursanalyse der Aushandlung subversiver Positionen in der partizipatorischen Kultur*. In: Fraas, Claudia/Stefan Meier/ Christian Pentzold (Hg.): Online-Diskurse. Theorien und Methoden transmedialer Online-Diskursforschung. Köln: Halem. S. 226–257.

Tereick, Jana (2016): *Klimawandel im Diskurs. Multimodale Diskursanalyse crossmedialer Korpora*. Berlin/Boston: de Gruyter (= Diskursmuster – Discourse Patterns 13).

Thimm, Caja/Thomas Christian Bächle (2019): *Die Maschine: Freund oder Feind? Perspektiven auf ein interdisziplinäres Forschungsfeld*. In: dies. (Hg.): Die Maschine: Freund oder Feind? Mensch und Technologie im digitalen Zeitalter. Wiesbaden: Springer VS. S. 1–13.

Thimm, Caja (2019): *Die Maschine – Materialität, Metapher, Mythos. Ethische Perspektiven auf das Verhältnis zwischen Mensch und Maschine*. In: dies./Thomas Christian Bächle (Hg.): Die Maschine: Freund oder Feind? Mensch und Technologie im digitalen Zeitalter. Wiesbaden: Springer VS. S. 17–39.

Tilley, Christopher (2001): *Ethnography and Material Culture*. In: Atkinson, Paul/Amanda Coffey/Sara Delamont/John Lofland/Lyn Lofland (Hg.): Handbook of Ethnography. London: Sage. S. 258–272.

Ueding, Gert (2011 *Klassische Rhetorik*. [5]München: C.H.Beck.

Ueding, Gert/Bernd Steinbrink (2011): *Grundriß der Rhetorik: Geschichte – Technik – Methode*. 5., aktualisierte Auflage. Stuttgart, Weimar: J.B. Metzler.

Uricchio, William (2011): *The algorithmic turn: photosynth, augmented reality and the changing implications of the image*. In: Visual Studies 26, 1/2011. S. 25–35.

Van Leeuwen, theo (2005): *Introducing Social Semiotics*. London, New York: Routledge.

Vidal, Francesca (2010): *Rhetorik des Virtuellen. Die Bedeutung rhetorischen Arbeitsvermögens in der Kultur der konkreten Virtualität*. Mössingen-Talheim: Talheimer (= sammlung kritisches wissen 64).

Vidal, Francesca (2013): *Sherlock Holmes in der Kulturwissenschaft – eine Spurensuche mit Ernst Bloch*. Zugleich übersetzt in Portugiesisch v. Rosalvo Schütz u. Adriano Steffler: Sherlock Holmes nos Estudos Culturais: procura de vestígios com Ernst Bloch. In: Chagas, Eduardo (Hg.): Revista Dialectus 2, 1/2013. S. 95–111; 287–302.

Vidal, Francesca (2022): *Hoffnung heißt nicht Zuversicht. Zur Bedeutung der Verantwortung in der Philosophie der Hoffnung von Ernst Bloch*. In: Kahle, Reinhard/Niels Weidtmann (Hg.): Verantwortung. Ein Begriff in seiner Aktualität. Paderborn: Brill mentis. S. 121–138.

Waldschmidt, Anne/Anne Klein/Miguel Tamayo Korte (2009): *Das Wissen der Leute. Bioethik, Alltag und Macht im Internet*. Unter Mitarbeit von Sibel Dalman-Eken. Wiesbaden: VS Verlag.

Winner, Langdon (1980): *Do Artifacts Have Politics?*. In: Daedalus 109, 1/1980. S. 121–136.

Zeng, Jing/Crystal Abidin (2021): *'#OkBoomer, time to meet the Zoomers': studying the memefication of intergenerational politics on TikTok*. In: Information, Communication & Society 24, 16/2021. S. 2459–2481.

Zeng, Jing/Chung-Hong Chan/Mike S. Schäfer (2022): *Contested Chinese Dreams of AI? Public discourse about Artificial intelligence on WeChat and People's Daily Online*. In: Information, Communication & Society 25, 3/2022. S. 319–340.

Zidani, Sulafa (2021): *Messy on the inside: internet memes as mapping tools of everyday life*. In: Information, Communication & Society. S. 1–25 (verfügbar unter: https://www.tandfonline.com/doi/abs/10.1080/1369118X.2021.1974519?journalCode=rics20; letzter Zugriff: 14.03.2023).

Ziem, Alexander (2005): *Frame-Semantik und Diskursanalyse. Zur Verwandtschaft zweier Wissensanalysen*. Paper für die Konferenz Diskursanalyse in Deutschland und Frankreich. Aktuelle Tendenzen in den Sozial- und Sprachwissenschaften vom 30. Juni-2. Juli an der Université Val-de-Marne, Paris. S. 1–12.

Ziewitz, Malte (2017): *A not quite random walk: Experimenting with the ethnomethods of the algorithm*. In: Big Data & Society 4, 2/2017. S. 1–13.

Anhang

Anhang I: Abbildungsverzeichnis

Abbildung 1	Bebilderung des Artikels FAZ164 ——	**124**
Abbildung 2	Bebilderung des Artikels SZ21 ——	**124**
Abbildung 3	Ausschnitt aus der Bebilderung des Artikels FAZ160 ——	**125**
Abbildung 4	Bebilderung des Artikels Spiegel17 ——	**128**
Abbildung 5	FAZ167_TLK10_SLK2 ——	**134**
Abbildung 6	FAZ30_TLK2_SLK3 ——	**134**
Abbildung 7	Bebilderung des Artikels FAZ6 ——	**136**
Abbildung 8	Bebilderung des Artikels SZ78 ——	**137**
Abbildung 9	Bebilderung des Artikels Spiegel13 ——	**139**
Abbildung 10	Bebilderung des Artikels FAZ4 ——	**143**
Abbildung 11	Bebilderung des Artikels FAZ47 ——	**144**
Abbildung 12	Bebilderung des Artikels SZ63 ——	**145**
Abbildung 13	Bebilderung des Artikels SZ74 ——	**146**
Abbildung 14	Bebilderung des Artikels FAZ43 ——	**147**
Abbildung 15	Bebilderung des Artikels SZ71 ——	**148**
Abbildung 16	Bebilderung des Artikels Zeit21 ——	**149**
Abbildung 17	Bebilderung des Artikels Bild1 ——	**149**
Abbildung 18	Bebilderung des Artikels Bild21 ——	**156**
Abbildung 19	Bebilderung des Artikels Zeit35 ——	**157**
Abbildung 20	Bebilderung des Artikels FAZ124 ——	**157**
Abbildung 21	Bebilderung des Artikels SZ28 ——	**158**
Abbildung 22	Bebilderung des Artikels FAZ47 und SZ61 ——	**159**
Abbildung 23	Bebilderung des Artikels Spiegel26 ——	**160**
Abbildung 24	Bebilderung des Artikels Zeit66 ——	**161**
Abbildung 25	FAZ30_TLK29 ——	**162**
Abbildung 26	Bebilderung des Artikels Spiegel25 ——	**162**
Abbildung 27	Bebilderung des Artikels SZ72 ——	**163**
Abbildung 28	Visualisierung der Artikel FAZ178 und Spiegel28 ——	**164**
Abbildung 29	Bebilderung des Artikels SZ111 ——	**165**
Abbildung 30	Bebilderung des Artikels SZ7 ——	**165**
Abbildung 31	Bebilderung des Artikels Zeit11 ——	**166**
Abbildung 32	Bebilderung des Artikels Zeit62 ——	**166**
Abbildung 33	FAZ30_TLK13 ——	**168**
Abbildung 34	Spiegel55_TLK15 ——	**169**
Abbildung 35	FAZ114_TLK27_SLK3 ——	**169**
Abbildung 36	Spiegel6_TLK23 ——	**170**
Abbildung 37	Spiegel6_TLK42 ——	**170**
Abbildung 38	Facebook-Post mit Teaser-Zitat aus FAZ179 ——	**171**
Abbildung 39	FAZ179_TLK1 ——	**172**
Abbildung 40	FAZ179_TLK32 und: FAZ179_TLK32_SLK1 ——	**172**
Abbildung 41	FAZ179_TLK34 ——	**173**
Abbildung 42	FAZ179_TLK35; FAZ179_TLK35_SLK1 und FAZ179_TLK35_SLK2 ——	**173**

Abbildung 43	Zeit3_TLK7 —— **174**	
Abbildung 44	FAZ167_TLK13 und FAZ167_TLK13_SLK1 —— **174**	
Abbildung 45	Bebilderung des Artikels Zeit14 —— **176**	
Abbildung 46	Bebilderung des Artikels SZ105 —— **176**	
Abbildung 47	Bebilderung des Artikels FAZ44 —— **176**	
Abbildung 48	Bebilderung des Artikels Spiegel27 —— **177**	
Abbildung 49	Bebilderung des Artikels FAZ54 —— **177**	
Abbildung 50	FAZ114_TLK29 —— **178**	
Abbildung 51	FAZ167_TLK12 —— **178**	
Abbildung 52	Spiegel55_TLK13 —— **179**	
Abbildung 53	FAZ20_TLK28 —— **179**	
Abbildung 54	Zeit3_TLK3; Zeit3_TLK3_SLK1; Zeit3_TLK3_SLK2 —— **180**	
Abbildung 55	Spiegel6_TLK40 —— **180**	
Abbildung 56	FAZ114_TLK19 —— **181**	
Abbildung 57	FAZ20_TLK22 —— **181**	
Abbildung 58	FAZ20_TLK16 —— **182**	
Abbildung 59	FAZ20_TLK18 und FAZ20_TLK18_SLK3 —— **182**	
Abbildung 60	SZ81_TLK1 —— **183**	
Abbildung 61	Spiegel6_TLK27 —— **184**	
Abbildung 62	FAZ30_TLK26, FAZ30_TLK26_SLK1 und FAZ30_TLK26_SLK2 —— **186**	
Abbildung 63	FAZ179_TLK7 —— **188**	
Abbildung 64	FAZ179_TLK7_SLK1 —— **188**	
Abbildung 65	FAZ179_TLK7_SLK2 —— **189**	
Abbildung 66	FAZ179_TLK7_SLK4 —— **190**	
Abbildung 67	FAZ179_TLK42 —— **190**	
Abbildung 68	FAZ179_TLK31 —— **191**	
Abbildung 69	FAZ114_TLK10_SLK3 —— **192**	
Abbildung 70	Roboter Pepper, Zeit21 —— **196**	
Abbildung 71	Roboter Pepper, Spiegel33 —— **197**	
Abbildung 72	Roboter Sophia, Spiegel7 —— **197**	
Abbildung 73	Bebilderung des Artikels FAZ93 —— **202**	
Abbildung 74	Bebilderung des Artikels S20 —— **203**	
Abbildung 75	Bebilderung des Artikels FAZ63 —— **204**	
Abbildung 76	Bebilderung des Artikels Zeit34 —— **205**	
Abbildung 77	Bebilderung des Artikels FAZ45 —— **205**	
Abbildung 78	Bebilderung des Artikels SZ56 —— **206**	
Abbildung 79	Bebilderung des Artikels SZ120 —— **209**	
Abbildung 80	Bebilderung des Artikels FAZ166 —— **210**	
Abbildung 81	Bebilderung des Artikels SZ42 —— **211**	
Abbildung 82	Google Bilder-Rückwärtssuche der Bebilderung des Artikels SZ42, zuletzt durchgeführt am 20.02.2022 —— **211**	
Abbildung 83	Bebilderung des Artikels SZ10 —— **212**	
Abbildung 84	Zeit3_TLK9_SLK3 —— **217**	
Abbildung 85	FAZ20_TLK63 —— **218**	
Abbildung 86	FAZ20_TLK20 —— **218**	
Abbildung 87	FAZ20_TLK7 —— **218**	
Abbildung 88	FAZ20_TLK15 —— **219**	

Abbildung 89	FAZ20_TLK15_SLK2 —— **219**	
Abbildung 90	Bebilderung eines KI-Artikels mit Terminator-Darstellung, Spiegel10 —— **225**	
Abbildung 91	Bebilderung des Artikels Spiegel 34 —— **230**	
Abbildung 92	Bebilderung des Artikels Spiegel52 —— **230**	
Abbildung 93	Bebilderung des Artikels FAZ8 —— **231**	
Abbildung 94	Bebilderung des Artikels Spiegel46 —— **232**	
Abbildung 95	Bebilderung des Artikels Spiegel45 —— **233**	
Abbildung 96	Bebilderung des Artikels Zeit20 —— **234**	
Abbildung 97	Screenshot des Artikels SZ63 —— **235**	
Abbildung 98	Screenshot des Artikels FAZ29 —— **236**	
Abbildung 99	Screenshot des Artikels Bild1 —— **238**	
Abbildung 100	Screenshot des Artikels Spiegel 7 —— **239**	
Abbildung 101	Screenshot des Artikels FAZ160 —— **240**	
Abbildung 102	Screenshot des Artikels FAZ41 —— **241**	
Abbildung 103	Screenshot des Artikels Spiegel58 —— **243**	
Abbildung 104	Screenshot des Artikels Zeit17 —— **244**	
Abbildung 105	Screenshot des Artikels FAZ47 —— **245**	
Abbildung 106	Screenshot des Artikels Bild17 —— **246**	
Abbildung 107	Screenshot des Artikels FAZ93 —— **248**	
Abbildung 108	Screenshot des Artikels Spiegel28 —— **250**	
Abbildung 109	Screenshot des Artikels FAZ178 —— **251**	

Anhang II: Korpus Zeitungsartikel Feinanalyse

Artikel-ID	Titel	Datum	Autor(en)
Bild-Zeitung (Bild)			
Bild1	Müssen wir Angst vor künstlicher Intelligenz haben?	08.01.19	Sven Stein
Bild2	Meine Tops und Flops von der CES in Las Vegas	12.01.19	Frank Ochse
Bild3	Dieses schlaue Kästchen weiß, wen Sie gerade treffen	13.01.19	Sven Stein
Bild4	Facebook zahlt 7,5 Millionen Dollar	20.01.19	–
Bild5	Googles KI DeepMind schlägt Pro-Gamer in „Starcraft 2"	25.01.19	–
Bild6	Diese Person gibt es in Wirklichkeit nicht	23.02.19	–
Bild7	Nehmen Roboter uns die Jobs weg?	04.03.19	Frank Schmiechen
Bild8	Mit Künstlicher Intelligenz und Bio-Tech-Aktien verdienen	19.03.19	Beate Sander

(fortgesetzt)

Artikel-ID	Titel	Datum	Autor(en)
Bild9	Reise-Roboter helfen künftig an Bahnhof und Flughafen	31.03.19	Lisa Goedert
Bild10	TV-Star erklärt die unheimliche Macht der Computer	09.04.19	Fabian Hartmann
Bild11	Was macht eigentlich so ein Smart Display?	03.05.19	Marin Eisenlauer
Bild12	Wo Entwickler mit künstlicher Intelligenz tanzen	09.05.19	Sven Stein
Bild13	Deutschland investiert weniger in KI als nötig	17.05.19	–
Bild14	Roboter der Deutschen hat keinen Plan	13.06.19	Katja Colmenares
Bild15	Sagen uns bald Computer, wie Krebs behandelt wird?	23.06.19	Sarah Majorczyk
Bild16	Das bringen lernende Maschinen in Zukunft	23.06.19	Sarah Majorczyk
Bild17	Computer komponieren selbstständig Musik	10.07.19	Maja Hoock
Bild18	Computer schlägt fünf Poker-Profis auf einmal	12.07.19	–
Bild19	Diese schlauen Maschinen sind Kult	26.07.19	Christian Klotz
Bild20	Künstliche Intelligenz soll Kinderpornos erkennen	05.08.19	Jörg Löbker
Bild21	Amazon-Gesichtserkennung erkennt jetzt auch Angst	15.08.19	–
Bild22	Wozu werten echte Menschen Sprachbefehle aus?	17.08.19	Maja Hoock
Bild23	Schauspiel-Kollege verwandelt sich in Tom Cruise	19.08.19	n/a
Bild24	Die Mutti von morgen	21.08.19	Markus Tschiedert
Bild25	Haben wir bald alle einen Chip im Kopf?	08.09.19	Sarah Majorczyk, Sven Kuschel
Bild26	Animierte Japan-Alexa soll Einsamkeit vertreiben	26.09.19	Maja Hoock
Bild27	Künstliche Intelligenz gegen Knast-Suizide	22.10.19	Peter Poensgen
Bild28	Apple Card soll Frauen diskriminieren	11.11.19	–
Bild29	Was bringt der TÜV für Künstliche Intelligenz?	13.11.19	Maja Hoock

(fortgesetzt)

Artikel-ID	Titel	Datum	Autor(en)
Bild30	Roboter-Experte baut sich selbst zum Cyborg um	15.11.19	–
Bild31	Künstliche Intelligenz vollendet Beethovens Unvollendete	08.12.19	–
Bild32	Hier versteckt sich künstliche Intelligenz in unserem Alltag	25.12.19	Thomas Porwol
Frankfurter Allgemeine Zeitung (FAZ)			
FAZ1	Wer legt besser an: Mensch oder Maschine?	04.01.19	mann.
FAZ2	Kluge Karren	04.01.19	Martin Gropp
FAZ3	Nachhilfe für Nerds	05.01.19	Nina Himmer
FAZ4	Digital lernen lässt sich auch ohne Ausstattung	10.01.19	Ines de Florio-Hansen
FAZ5	Die Ethik-Falle	10.01.19	Erny Gillen
FAZ6	Maschinen herrschen	10.01.19	Ranga Yogeshwar
FAZ7	Wir müssen neu schreiben lernen	12.01.19	Hannah Bethke
FAZ8	Deutschland, Roboterland	13.01.19	Patrick Bernau
FAZ9	Gibt es ein nicht-algorithmisches Leben?	13.01.19	Mark Siemons
FAZ10	Kuratiert	15.01.19	eer.
FAZ11	Der gepflegte Dialog der Drähte	16.01.19	Manfred Lindinger
FAZ12	Halten Sie an der Grenze Ihr Smartphone bereit	21.01.19	Constanze Kurz
FAZ13	Digitale Erneuerer statt Sklaven der Algorithmen	22.01.19	Klaus Schwab
FAZ14	Googles KI schlägt auch Computerspieler	26.01.19	Jonas Jansen
FAZ15	Müssen wir uns vor Google fürchten, Herr Pichai?	27.01.19	Patrick Bernau, Corinna Budras, Sundar Pichai
FAZ16	Die Strategie der Konquistadoren	29.01.19	Erny Gillen, Ranga Yogeshwar
FAZ17	Vertrauenswürdige Künstliche Intelligenz	30.01.19	Pekka Ala-Pietilä
FAZ18	Bosch setzt Milliarden auf das erste Roboterauto	31.01.19	Susanne Preuß

(fortgesetzt)

Artikel-ID	Titel	Datum	Autor(en)
FAZ19	Gebaute Filterblasen	03.02.19	Adrian Lobe
FAZ20	„Hälfte der EU-Bürger weiß nicht, was ein Algorithmus ist"	06.02.19	Quelle: dpa
FAZ21	Roboter auf dem Weg zur Selbsterkenntnis	08.02.19	fib.
FAZ22	Da kommt nichts Neues	15.02.19	Jan Brachmann
FAZ23	Der Homo technologicus	16.02.19	Hans Georg Näder
FAZ24	Ganz im Vertrauen	17.02.19	Georg Rüschemeyer
FAZ25	Supertrolle am Start	19.02.19	Manuela Lenzen
FAZ26	KI auf dem Chefsessel	20.02.19	tih
FAZ27	Lernende Systeme brauchen Transparenz	20.02.19	Andreas Dehio, Florian Reul
FAZ28	Warum sollte man einem Computer vertrauen?	23.02.19	Christoph Markschies
FAZ29	Machen bald Roboter meine Arbeit?	23.02.19	Uwe Marx, Till Neuscheler
FAZ30	Jeder Zweite verschmäht KI	24.02.19	mec
FAZ31	In der Falle der Algorithmen	28.02.19	Gerhard Wagner, Horst Eidenmüller
FAZ32	Das ist der perfekte Shitstorm	02.03.19	Stefan Herwig
FAZ33	So was von sicher	03.03.19	Walter Wille
FAZ34	Vernunft ist auch eine Herzenssache	09.03.19	Ulla Hahn
FAZ35	Auch Maschinen haben Vorurteile	10.03.19	Hanno Beck
FAZ36	Der Professor und seine Roboter	10.03.19	Sebastian Balzter
FAZ37	Regeln statt Moral	13.03.19	Hendrik Wieduwilt
FAZ38	Gesucht: Vorbilder für kluge Automaten	13.03.19	Christoph von der Malsburg
FAZ39	Serie über das Gehirn im digitalen Zeitalter	13.03.19	FAZ
FAZ40	Kein Grund zur Panik	16.03.19	Alexander Armbruster
FAZ41	Der Kampf von Mensch und Maschine	17.03.19	Ralph Bollmann, Corinna Budras, Dyrk Scherff

(fortgesetzt)

Artikel-ID	Titel	Datum	Autor(en)
FAZ42	Die zwei Gesichter der intelligenten Assistenten	18.03.19	Nico Dannenberger, Lena Herzog
FAZ43	Sophia, warum siehst du aus wie eine Frau?	19.03.19	Ursula Scheer
FAZ44	Wovon träumen Algorithmen, Trevor Paglen?	21.03.19	Kolja Reichert, Trevor Paglen
FAZ45	Kollege Computer	22.03.19	Andreas Nefzger
FAZ46	Ohne Begrifflichkeit keine menschenähnliche KI	23.03.19	Ernst Hildebert Kratzsch
FAZ47	Die Ära der Maschinen	26.03.19	Alexander Armbruster
FAZ48	Wie das Gehirn, nur schneller	27.03.19	Manfred Lindinger
FAZ49	Im Zeitalter der Nerds	27.03.19	Alexander Armbruster
FAZ50	Turing-Award für drei Pioniere der KI	28.03.19	ala
FAZ51	Autonome Waffen	29.03.19	Christoph Strauch
FAZ52	Wie groß ist die Gefahr für die Demokratie?	31.03.19	Philip Eppelsheim, Susanne Kusicke
FAZ53	„Die komplett menschenleere Fabrik ist eine Fiktion"	01.04.19	Uwe Marx, Martin Ruskowski
FAZ54	„Nicht jeder muss ein Informatiker sein"	01.04.19	Alexander Armbruster, Sabine Bendiek
FAZ55	Alle Daten in den Pool	01.04.19	hw
FAZ56	Ingenieure warnen vor Desaster mit Künstlicher Intelligenz	02.04.19	umx
FAZ57	An den Schnittstellen sind wir noch in der Steinzeit	03.04.19	Joachim Müller-Jung
FAZ58	Besser leben mit Bits und Bytes	08.04.19	Thiemo Heeg
FAZ59	Ethik-Checkliste für die Künstliche Intelligenz	09.04.19	hmk
FAZ60	„Ich will Musik komponieren"	12.04.19	Ursula Scheer, Roboter Sophia
FAZ61	Unberechenbare Roboter	14.04.19	Corinna Budras
FAZ62	Alexa, warum belauschst du mich?	14.04.19	Anna Steiner
FAZ63	Kunst aus dem Automaten	14.04.19	Ursula Scheer

(fortgesetzt)

Artikel-ID	Titel	Datum	Autor(en)
FAZ64	Sind Quantencomputer wichtiger als Diesel?	16.04.19	Carsten Knop
FAZ65	Was wir in Zukunft arbeiten	27.04.19	Benjamin Fischer
FAZ66	Der Roboter als Kundenberater	05.05.19	Thomas Klemm
FAZ67	Die Theologie des Silicon Valley	05.05.19	Patrick Bernau, Oliver Nachtwey
FAZ68	Künstliche Intelligenz ist wie ein Kleinkind	06.05.19	Horst Wildemann
FAZ69	Diese Frauen machen Computer schlau	12.05.19	Corinna Budras
FAZ70	Superstars aus der Maschine	12.05.19	Patrick Bernau
FAZ71	Von der Vernetzung zur Intelligenz	15.05.19	Moritz Helmstaedter
FAZ72	KI verstehen	15.05.19	sian
FAZ73	Lichtblick für neuronale Netzwerke	15.05.19	Manfred Lindinger
FAZ74	Auf solche Ideen kommt kein Kunsthirn	17.05.19	Oliver Jungen
FAZ75	Wann der erste Roboter die Menschen kontrollieren wird	17.05.19	guth
FAZ76	Digitales Tulpenfieber	18.05.19	Ursula Scheer
FAZ77	Wir sehnen uns nach künstlichen Menschen	18.05.19	Gina Thomas, Ian McEwan
FAZ78	Mit Visionen gegen Dystopien	21.05.19	Sibylle Anderl
FAZ79	Ein kleines Monster für den Hausgebrauch	22.05.19	Tobias Döring
FAZ80	Alexa, förderst du Vorurteile über Frauen?	24.05.19	Julia Anton
FAZ81	Theorem: If $x^3 - 6x^2 + 11x - 6 = 2x - 2$, dann $x = 1$ oder $x = 4$.	24.05.19	Dietmar Dath
FAZ82	Wie viel Hassrede erkennt Facebook?	25.05.19	Alexander Armbruster
FAZ83	Bedroht Digitalisierung die Arbeitswelt	27.05.19	Holger Bonin
FAZ84	Klug verdrahtet	29.05.19	mli
FAZ85	Spielintelligenz	01.06.19	jom
FAZ86	Was Roboter wollen	02.06.19	Tobias Rüther
FAZ87	Vom Oberbuchhalter zum KI-Experten	03.06.19	Barbara Weißenberger
FAZ88	Der Tech-Streit um den Rest der Welt	05.06.19	Alexander Armbruster

(fortgesetzt)

Artikel-ID	Titel	Datum	Autor(en)
FAZ89	Unter der Fahrzeughaube menschelt es nur marginal	05.06.19	Joachim Müller-Jung
FAZ90	Kein Mensch unter dieser Nummer	09.06.19	Mark Siemons
FAZ91	Das Nonnen-Experiment	11.06.19	Jochen Zenthöfer
FAZ92	Kannst du coden?	11.06.19	Julia Bröder
FAZ93	Fünf Fakten zu Robotic Process Automation	11.06.19	Olav Strand
FAZ94	Intelligenz ist grün, oder?	12.06.19	Joachim Müller-Jung
FAZ95	Krass und krasser	16.06.19	Claudius Seidl
FAZ96	Wen der Algorithmus liebt	16.06.19	Florentin Schumacher
FAZ97	Oxford-Ökonom: Bedenken gegen KI ernst nehmen	19.06.19	theu.
FAZ98	Künstliche Intelligenz	19.06.19	zer.
FAZ99	„Lass uns Rohre verlegen, mein Schöner!" „Ich hau' dir auf den Spitz, mein Zwergbüffel!"	23.06.19	Adrian Lobe
FAZ100	Intelligente Maschinen hinter ethischen Rauchwänden	24.06.19	Mona Sloane
FAZ101	Das würde ich nie sagen	25.06.19	Nina Rehfeld
FAZ102	Wenn Computer Bewerber auswählen	29.06.19	Nadine Bös
FAZ103	KI-Land Deutschland	03.07.19	Uwe Marx
FAZ104	Die Filterblase zum Platzen bringen	03.07.19	Constantin von Lijnden
FAZ105	Ein Gesetzbuch für Roboter	08.07.19	Corinna Budras
FAZ106	KI aus der Kiste	12.07.19	miha.
FAZ107	Schneller gesund dank Künstlicher Intelligenz	15.07.19	Michaela Seiser
FAZ108	Bessere Therapien durch Künstliche Intelligenz	16.07.19	Michaela Seiser
FAZ109	Elon Musk will Gehirne mit Computern verbinden	18.07.19	lid.
FAZ110	Nach dem Anthropozän	26.07.19	Joachim Müller-Jung
FAZ111	Geht uns die Arbeit aus?	28.07.19	Rainer Hank
FAZ112	KI im Bett	31.07.19	jom.

(fortgesetzt)

Artikel-ID	Titel	Datum	Autor(en)
FAZ113	Die Zukunft ist nur noch verlängerte Gegenwart	03.08.19	Ernst-Wilhelm Händler
FAZ114	Wir Cyborgs	04.08.19	Mark Siemons
FAZ115	Röntgentod	06.08.19	jom.
FAZ116	Chinesischer Chip in der Chinesischen Kammer	07.08.19	Johanna Michaels
FAZ117	Ersetzt Künstliche Intelligenz den Radiologen?	11.08.19	Johannes Winterhagen
FAZ118	Der seelenlose Cyborg	11.08.19	Novina Göhlsdorf
FAZ119	So wird die Schiene schlauer	18.08.19	Peter Thomas
FAZ120	Wenn die Welt wieder zur Wildnis wird	18.08.19	Julia Dettke
FAZ121	Trügerische Ähnlichkeit	21.08.19	Philip Gerhardt
FAZ122	ByeByeBubble	01.09.19	Anna Prizkau
FAZ123	Intelligenz ist menschlich, nicht künstlich	05.09.19	Paul Kirchhof
FAZ124	Die Verdoppelung der Welt	06.09.19	Cornelia Koppetsch
FAZ125	Kollidierende Filterblasen	07.09.19	Ulf von Rauchhaupt
FAZ126	Den Superrechnern geht die Luft aus	17.09.19	Peter Welchering
FAZ127	Ein Code soll den Straßenverkehr revolutionieren	30.09.19	mj.
FAZ128	Sie sind pfiffige Unternehmer	02.10.19	Alexander Armbruster, Kai-Fu Lee
FAZ129	Eine neue Hoffnung	02.10.19	Alexander Armbruster, Carsten Knop
FAZ130	Vorsicht vor dem Dateneigentum	05.10.19	Hendrik Wieduwilt
FAZ131	Virtuelle Realität im Kampf gegen Alzheimer	09.10.19	Joachim Müller-Jung, Nadine Diersch
FAZ132	Sportroboter, am besten mit Herz	12.10.19	Michael Eder
FAZ133	Die Angst vor dem Nichtgreifbaren	15.10.19	Sibylle Anderl
FAZ134	Sind alle Bots Nazis?	20.10.19	Niklas Maak
FAZ135	Europa muss die KI-Experten halten	21.10.19	Gerhard Weiss
FAZ136	Automatisierte Armut	21.10.19	Johann Laux
FAZ137	Google gibt größte Algorithmus-Änderungen seit Jahren bekannt	25.10.19	Gustav Theile

(fortgesetzt)

Artikel-ID	Titel	Datum	Autor(en)
FAZ138	Algorithmen für Einsteiger	28.10.19	Alexander Armbruster
FAZ139	Heraus aus den Echokammern	31.10.19	mfds.
FAZ140	Match mit Maschine	31.10.19	Axel Weidemann
FAZ141	Suche im Smog nach intensiven Beziehungen	02.11.19	Till Fähnders
FAZ142	Quanten-Goldrausch	02.11.19	Sibylle Anderl
FAZ143	Hilfe, wo sehe ich die beste Serie?	03.11.19	Thomas Klemm
FAZ144	Auf der Couch des Roboters	03.11.19	Piotr Heller
FAZ145	Ein Computer, der Fragen besser beantworten kann als ein Mensch	04.11.19	Bastian Benrath
FAZ146	Kennen Sie Ihren Algorithmus?	04.11.19	Eva Kühne-Hörmann
FAZ147	Die gestaffelten Algorithmen	06.11.19	Roya Sangi
FAZ148	Die Vermessenheit der Künstlichen Intelligenz	06.11.19	Regina Ammicht Quinn
FAZ149	Hoher Konsum, geringe Kompetenz	06.11.19	Heike Schmoll
FAZ150	Monopol der Datengiganten brechen	07.11.19	Lars Klingbeil
FAZ151	Annäherungen an die Zone des Unheimlichen	09.11.19	Carmela Thiele
FAZ152	Benachteiligt Apple Frauen?	12.11.19	lid.
FAZ153	Künstliche Intelligenz als Gesundheitsnavigator	14.11.19	Martin Hirsch
FAZ154	Der neue Weg zur Sklaverei	15.11.19	Christian Schubert
FAZ155	Warum wir KI nicht vertrauen sollten	18.11.19	Sibylle Anderl
FAZ156	Gutgläubig	20.11.19	Sibylle Anderl
FAZ157	„Nutzer überschätzen den Wert ihrer Daten"	22.11.19	Carsten Knop, Peter Buxmann
FAZ158	„Männer entwickeln Dinge, die für Männer gut sind"	22.11.19	KNA
FAZ159	Digitalisierung als Bedrohung? Für mich doch nicht	27.11.19	nab.
FAZ160	Die Bändigung der Algorithmen	29.11.19	Daniel Zimmer
FAZ161	„Alleine können wir nicht mithalten"	29.11.19	Alexander Armbruster, Antonio Krüger

(fortgesetzt)

Artikel-ID	Titel	Datum	Autor(en)
FAZ162	Glosse auf Knopfdruck	30.11.19	Nadine Bös
FAZ163	Ersetzt von der Maschine	30.11.19	Nadine Bös
FAZ164	Wenn Computer Bewerber sichten	30.11.19	Nadine Bös, Uwe Marx
FAZ165	Tüfteln bis Feierabend	30.11.19	Madeleine Brühl, Johannes Höhne
FAZ166	Im Labyrinth der Künstlichen Intelligenz	30.11.19	Carolin Wilms
FAZ167	Kann KI Bewerber diskriminieren?	01.12.19	Doris-Maria Schuster
FAZ168	Gläserne Kollegen	01.12.19	Lisa Kuner
FAZ169	Klüger wirtschaften	04.12.19	Joachim Müller-Jung
FAZ170	Ein Einstellungstest kann objektiv sein - und dennoch völlig wertlos	04.12.19	Nadine Bös
FAZ171	Beethovens Unvollendete wird vollendet	08.12.19	Bettina Weiguny
FAZ172	Großreinemachen	09.12.19	Fridtjof Küchemann
FAZ173	Mitarbeiter nach Bauchgefühl	10.12.19	Nadine Bös
FAZ174	Sprachkunst können Rechner noch nicht	11.12.19	Paul Ostwald, Marcus du Sautoy
FAZ175	KI ist kein Wundermittel – hilft aber	16.12.19	Gerhard Weiß
FAZ176	Wie die Maschine mein Geld anlegt	20.12.19	Antonia Mannweiler
FAZ177	Geburtstagsgabe der KI?	21.12.19	Melchior von Borries
FAZ178	Wirtschaft warnt vor falscher KI-Strategie	27.12.19	loe.
FAZ179	„Künstliche Intelligenz nimmt uns nichts weg"	28.12.19	Marisa Mohr im Interview
Der Spiegel (Spiegel)			
Spiegel1	Erkennt der Computer, welcher Bewerber etwas taugt?	11.01.19	Martin U. Müller
Spiegel2	Die KI-Revolution im Reagenzglas	13.01.19	Christian Stöcker
Spiegel3	Roboter-Hotel schmeißt Roboter raus	16.01.19	brt
Spiegel4	Wie die Polizei mit Algorithmen experimentiert	20.02.19	Sonja Peteranderl
Spiegel5	Moralisches Dilemma	23.02.19	Julia Köppe

(fortgesetzt)

Artikel-ID	Titel	Datum	Autor(en)
Spiegel6	Autonome Waffen außer Kontrolle	24.02.19	Julia Merlot
Spiegel7	„Schlechte Nachricht: Die Menschheit rast auf einen Abgrund zu"	27.02.19	Johann Grolle
Spiegel8	Irreführende Algorithmen	03.03.19	–
Spiegel9	„Künstliche Intelligenz muss entzaubert werden"	05.03.19	Sonja Peteranderl, Stefania Druga
Spiegel10	Warum wir oft ein falsches Bild von künstlicher Intelligenz haben	14.03.19	Ole Reißmann
Spiegel11	Wenn die Software lieber Männer auswählt	15.03.19	Ann-Kathrin Nezik
Spiegel12	„Utopie und Horror liegen dicht nebeneinander"	11.04.19	Bernhard Pötter, Dirk Messner
Spiegel13	Du sollst keine anderen Götter bauen neben mir	21.04.19	Christian Stöcker
Spiegel14	Wir können uns den Wohlstand bald ans Faxgerät schmieren	24.04.19	Sascha Lobo
Spiegel15	Es war einmal ein Exportweltmeister	28.04.19	Sascha Lobo
Spiegel16	Ministerin fordert umweltfreundliche Algorithmen	07.05.19	höh/AFP
Spiegel17	Wie uns die Maschinen unterjochen	13.05.19	Christian Buß
Spiegel18	Mutter einer neuen Spezies	16.05.19	–
Spiegel19	Diese Maschine wird unser Leben ändern	17.05.19	Thomas Schulz
Spiegel20	Kann mein Chef mich gegen einen Roboter austauschen?	17.05.19	Nina Golombek, Martina Benecke
Spiegel21	Hey Siri, was vermittelst du für ein Frauenbild?	23.05.19	Markus Böhm
Spiegel22	Wie menschlich ist der Android?	27.05.19	Claudia Voigt
Spiegel23	Diese Pädagogin bringt Informatik an Grundschulen – und vertreibt Klischees aus den Köpfen	30.05.19	Korinna Kurze, Katharina Hölter
Spiegel24	„Onlineplattformen wissen mehr über uns als die Stasi"	14.06.19	Katja Thimm
Spiegel25	Leicht zu täuschen	14.06.19	Martin Schlak

(fortgesetzt)

Artikel-ID	Titel	Datum	Autor(en)
Spiegel26	Wozu noch Buchhalter?	14.06.19	Tim Bartz
Spiegel27	Wie viel Rassismus steckt in Algorithmen?	15.06.19	Sonja Peteranderl
Spiegel28	Liebe Leserin, lieber Leser	24.06.19	Patrick Beuth
Spiegel29	„Natürlichere Gespräche mit der Maschine"	28.06.19	gmi, Richard Socher
Spiegel30	Poker-Software besiegt Profispieler	12.07.19	pbe/dpa
Spiegel31	Elon Musk will in Ihren Kopf	17.07.19	chs
Spiegel32	Wie arbeitet jemand, der Siri-Aufnahmen auswertet?	08.08.19	Matthias Kremp
Spiegel33	Wenn Computer mogeln	09.08.19	Hilmar Schmundt
Spiegel34	Roboter programmieren? Kinderspiel!	31.08.19	Carsten Görig
Spiegel35	Wir löten uns einen Cyborg	06.09.19	Christian Buß
Spiegel36	So sieht „While True: Learn()" aus	09.09.19	–
Spiegel37	Künstliche Intelligenz für die Katz	09.09.19	Jörg Breithut
Spiegel38	Im falschen Film	12.09.19	Patrick Beuth
Spiegel39	Alexa, bist du jetzt überall?	26.09.19	Matthias Kremp
Spiegel40	Ist hier noch irgendjemand echt?	30.09.19	Christoph Dernbach, dpa/mbö
Spiegel41	Und plötzlich ist da eine andere Welt	06.10.19	Christian Stöcker
Spiegel42	Was ist ein Wunschbild, was ist ein Monster?	12.10.19	Anne Haeming
Spiegel43	Nicht von der Arbeit befreien, sondern die Arbeit befreien – das ist das Ziel	18.10.19	Romain Leick
Spiegel44	Ist dieses Gebäude nun die Zukunft?	25.10.19	Hilmar Schmundt
Spiegel45	Farbkleckse bringen selbstfahrende Autos durcheinander	29.10.19	ene
Spiegel46	Warum Computer nicht mal bis sieben zählen können	01.11.19	Manfred Dworschak
Spiegel47	So will dieser Mathematiker das Land neu einteilen	01.11.19	Marcel Pauly
Spiegel48	Informatik als Pflichtfach – unbedingt!	05.11.19	–

(fortgesetzt)

Artikel-ID	Titel	Datum	Autor(en)
Spiegel49	Drei von zehn Schülern können nur „Links anklicken und ihr Handy streicheln"	05.11.19	Swantje Unterberg
Spiegel50	Ist künstliche Intelligenz die größte Bedrohung für die Menschheit?	06.11.19	–
Spiegel51	Diese künstliche Intelligenz schreibt beängstigend gut	07.11.19	Matthias Kremp
Spiegel52	KI-überwachung soll noch in diesem Jahr starten – mit acht Stellen	12.11.19	Patrick Beuth
Spiegel53	„Fast wie ein Mafia-Clan"	17.11.19	Sonja Peteranderl, Margaret O'Mara
Spiegel54	„Künstliche Intelligenz ist wie ein dreijähriges Kind"	03.12.19	Jörg Breithut, Saqib Shaikh
Spiegel55	Künstliche Intelligenz soll Beethovens Unvollendete vollenden	07.12.19	apr
Spiegel56	Was die TU München im Stillen für Facebook erforscht	13.12.19	Markus Böhm, Armin Himmelrath
Spiegel57	An diesen Fotos scheitert künstliche Intelligenz	14.12.19	Jörg Breithut
Spiegel58	Der Computer will Ihren Job	20.12.19	Markus Dettmer
Spiegel59	Elf Prognosen für das neue Jahrzehnt	27.12.19	Tim Bartz et al.
Süddeutsche Zeitung (SZ)			
SZ1	„Spinne ich, wenn ich denke, dass sie ausschließlich meine Arbeit genutzt haben?"	02.01.19	Bernd Graff
SZ2	Wie Technik das Leben von Menschen mit Behinderung erleichtert	03.01.19	Maximilian Gerl, Dietrich Mittler
SZ3	Mit Messern und Steinen gegen selbstfahrende Autos	04.01.19	Caroline Freigang
SZ4	Maschinen schaffen mehr Jobs als sie vernichten	09.01.19	Alexander Hagelüken
SZ5	Dein Freund, der Roboter	09.01.19	Alexander Hagelüken
SZ6	Smarter wohnen	13.01.19	Michael Moorstedt
SZ7	Ich zeige Mitgefühl, also bin ich	15.01.19	Manfred Geier

(fortgesetzt)

Artikel-ID	Titel	Datum	Autor(en)
SZ8	TU München verteidigt Kooperation mit Facebook	21.01.19	Mirjam Hauck
SZ9	Die TU München hätte zu Facebook besser „Nein, Danke" gesagt	22.01.19	Helmut Martin-Jung
SZ10	Was KI schon kann – und was nicht	22.01.19	Helmut Martin-Jung
SZ11	Künstliche Intelligenz: Chance und Gefahr?	23.01.19	–
SZ12	„Weltuntergangs-Szenarien sind Unsinn"	04.02.19	Joachim Laukenmann, Garri Kasparow
SZ13	Tiefer Blick	08.02.19	Patrick Illinger
SZ14	Die Blackbox-Diagnosen	08.02.19	Astrid Viciano, Sarah Unterhitzenberger
SZ15	Der menschliche Makel	10.02.19	Michael Moorstedt
SZ16	Der Kamp der Petaflops	13.02.19	Stefan Kornelius
SZ17	Algorithmus auf der Kinderstation	13.02.19	Kathrin Zinkant
SZ18	„Sie wird überall sein und jeden Teil unseres Lebens verändern"	19.02.19	Matthias Kolb
SZ19	Von Gorillas und Menschen	19.02.19	Helmut Martin-Jung
SZ20	Von Maschinen geschrieben	21.02.19	Michael Moorstedt
SZ21	Woran Software-Prophezeiungen scheitern	26.02.19	Michael Moorstedt
SZ22	Zwischen den Giganten	01.03.19	Alexander Hagelüken
SZ23	Morgen ein Mörder	04.03.19	Jannis Brühl, Ronen Steinke
SZ24	Müssen wir künstlicher Intelligenz gegenüber höflich sein?	07.03.19	Johanna Adorján
SZ25	Künstliche Kunst	10.03.19	Michael Moorstedt
SZ26	Techlash? Ach was!	12.03.19	Ulrich Schäfer
SZ27	Halt den Mund, Alexa!	14.03.19	Philipp Bovermann
SZ28	Die überfällige Debatte	14.03.19	Andrian Kreye
SZ29	Der Geist in der Maschine	14.03.19	John Brockman
SZ30	Wenn Samantha Migränen hat	18.03.19	Susan Vahabzadeh

(fortgesetzt)

Artikel-ID	Titel	Datum	Autor(en)
SZ31	Malen nach Zahlen	18.03.19	Bernd Graff
SZ32	Was ist überhaupt Intelligenz?	20.03.19	Steven Pinker
SZ33	Mensch, hab Vertrauen in dich!	22.03.19	Verschiedene (Leserbriefe)
SZ34	Der Mensch als Fehler	24.03.19	Sarah Spiekermann
SZ35	Die Roboter kommen – und bringen Getränke mit	24.03.19	Malte Conradi
SZ36	Mein Smartphone weiß, dass ich wütend bin	27.03.19	Johannes Kuhn
SZ37	Mensch plus Maschine	29.11.19	Eva Weber-Guskar
SZ38	Wesen und Werkzeuge	01.04.19	Daniel C. Dennett
SZ39	Maschinen aus Fleisch und Blut	09.04.19	W. Daniel „Danny" Hillis
SZ40	Unberechenbarer Mensch	23.04.19	Anca Dragan
SZ41	Moral für Maschinen	25.04.19	Andrian Kreye
SZ42	Der Staat wird digitaler, die Bürger misstrauischer	26.04.19	Valentin Dornis
SZ43	Menschlicher Faktor	02.05.19	Christian Hoffmann
SZ44	Das Ende ist nah	05.05.19	Nicolas Freund
SZ45	Mein Chef, der Roboter	05.05.19	Michael Moorstedt
SZ46	Neutrale Algorithmen? Von wegen!	05.05.19	Meike Zehlike, Gert G. Wagner
SZ47	Wenn Streaming das Klima anheizt	13.05.19	Johannes Kuhn
SZ48	„Wir müssen reden, künstliche Intelligenz"	14.05.19	Mirjam Hauck
SZ49	Was künstliche Intelligenz ist	15.05.19	Mirjam Hauck
SZ50	Grenzen undurchsichtigen Lernens	15.05.19	Judea Pearl
SZ51	Wir müssen so viele wichtige Fragen entscheiden	21.05.19	Cathrin Kahlweit, Ian McEwan
SZ52	Sex können sie, Romane nicht	28.05.19	Martin Ebel
SZ53	Der Kreis schließt sich	04.06.19	Neil Gershenfeld
SZ54	„Künstliche Intelligenz kann keine Empathie"	04.06.19	Anna Gentrup

(fortgesetzt)

Artikel-ID	Titel	Datum	Autor(en)
SZ55	Qualen nach Zahlen	11.06.19	Adrian Lobe
SZ56	Künstliche Insuffizienz	17.06.19	Stefan Mayr
SZ57	Wer KI mit Menschen vergleicht, missversteht sie	24.06.19	Bernhard Dotzler
SZ58	News aus dem Maschinenraum	30.06.19	Benedict Witzenberger, Nicholas Diakopoulos
SZ59	Vorfahrt für den Code	02.07.19	Adrian Lobe
SZ60	Warten auf die Revolution	05.07.19	Helmut Martin-Jung
SZ61	Entlasten oder entlassen?	08.07.19	Katharina Kutsche
SZ62	Künstliche Intelligenz: Chance oder Gefahr für die Arbeitswelt?	09.07.19	–
SZ63	Werden Computer unsere Oberherren sein?	16.07.19	Venki Ramakrishnan
SZ64	Wenn Maschinen selbständig lernen	17.07.19	Norbert Hofmann
SZ65	Elon Musk plant Computer-Implantate fürs Gehirn	18.07.19	Tobias Herrmann
SZ66	„Hey Google, wer hört uns noch zu?"	23.07.19	Simon Hurtz
SZ67	Der menschliche Faktor	23.07.19	Alex „Sandy" Pentland
SZ68	Hallo?!	23.07.19	Simon Hurtz
SZ69	Gesunder Menschenverstand	28.07.19	Michael Moorstedt
SZ70	„Algorithmen werden am besten vorhersagen, wen wir heiraten sollen"	29.07.19	Alexander Hagelüken, Markus Brunnermeier
SZ71	Fluch und Segen zugleich	30.07.19	Verschiedene (Leserbriefe)
SZ72	„Man kann sehr wohl Empathie hineinschreiben"	05.08.19	Andrian Kreye, Mariana Lin
SZ73	Sprachassistenten verlieren ihre menschlichen Ohren	06.08.18	Simon Hurtz
SZ74	Endlich die Wahrheit	10.08.19	Peter Galison
SZ75	Die blinden Flecken der künstlichen Intelligenzen	11.08.19	Michael Moorstedt
SZ76	In der Technologiefalle	21.08.19	Carl Benedikt Frey

(fortgesetzt)

Artikel-ID	Titel	Datum	Autor(en)
SZ77	KI als Schulfach	23.08.19	Gerhard Weiss
SZ78	Und zum Schluss die Gehirne	25.08.19	Alexander Filipović
SZ79	Zu KI und zu Israel	04.09.19	Verschiedene (Leserbriefe)
SZ80	Alles erleuchtet, nichts zu sehen	16.09.19	Burkhard Müller
SZ81	Kein Kredit mit dieser Nase	23.09.19	Michael Moorstedt
SZ82	Eine Frage des Glaubens	23.09.19	George Dyson
SZ83	Schritt für Schritt zum Kino-Hit	27.09.19	Josef Grübl
SZ84	Der Mensch bedient die Maschine	30.09.19	Andrian Kreye
SZ85	Das Unheimliche an ihnen ist, dass sie gar nicht unheimlich wirken	30.09.19	Bernd Graff
SZ86	Künstliche Intelligenz, menschliche Vorurteile	05.10.19	Andrian Kreye
SZ87	Künstliche Intelligenz und Vorurteile: Wo sind die Grenzen?	05.10.19	–
SZ88	Clouds voller CO2	08.10.19	Adrian Lobe
SZ89	Die Killerroboter kommen	13.10.19	Elke Schwarz
SZ90	Zieht Deep Blue den Stecker!	13.10.19	Sebastian Winter
SZ91	Rückkehr zum Geist	16.10.19	Andrian Kreye
SZ92	Diskriminiert von der Blackbox	16.10.19	Max Muth
SZ93	Wenn der Algorithmus dichtet	18.10.19	Jens-Christian Rabe
SZ94	Skurrile Algorithmen	18.10.19	Florian J. Haamann
SZ95	Eiskalt durchgerechnet	23.10.19	Jannis Brühl
SZ96	Was der Quantencomputer-Durchbruch bedeutet	24.10.19	Andrian Kreye
SZ97	Digitalkompetenz	05.11.19	Max Muth
SZ98	Farewell in Ohio	05.11.19	Gianna Niewel
SZ99	Die eigenen Stärken nutzen	12.11.19	Helmut Martin-Jung
SZ100	Wie künstliche Intelligenz unser Leben verändern wird	13.11.19	Andrian Kreye, Lars Langenau

(fortgesetzt)

Artikel-ID	Titel	Datum	Autor(en)
SZ101	Angriff der Robo-Personaler	24.11.19	Michael Moorstedt
SZ102	„Alexa, heul nicht rum!"	27.11.19	Helmut Martin-Jung
SZ103	Da torkelt der Algorithmus	28.11.19	Christina Rechenberg (Leserbrief)
SZ104	Künstliche Intelligenz	29.11.19	Andrian Kreye
SZ105	Der Computerflüsterer	03.12.19	Stefan Mayr
SZ106	Bits und Bots	05.12.19	Benjamin Haerdle
SZ107	Die große Zukunft	06.12.19	Felix Hütten
SZ108	Der große Bluff	06.12.19	Werner Bartens
SZ109	So funktioniert KI in der Medizin	10.12.19	Felix Hütten, Sead Mujic
SZ110	Hinter jeder Maschine steht ein Mensch	10.12.19	Veronika Wulf
SZ111	Der Computer, ein fehlbares Wesen	14.12.19	Thomas Hahn
SZ112	Die Summe der Schönheit	15.12.19	Bernd Graff
SZ113	Wenn Daten in die Irre führen	17.12.19	Katharina Kutsche
SZ114	Schwer zu kopieren	17.12.19	Helmut Martin-Jung
SZ115	Gegen Künstliche Intelligenz und Transhumanismus	25.12.19	dpa/epd/bix
SZ116	Gretchenfrage 4.0	26.12.19	Armin Grunwald
SZ117	Prognosestress	29.12.19	Michael Moorstedt
SZ118	Nix da mit Terminator	30.12.19	Helmut Martin-Jung
SZ119	In der Welt der Quanten	30.12.19	Helmut Martin-Jung
SZ120	Die Zukunft der Technik	30.12.19	Helmut Martin-Jung
Die Zeit (Zeit)			
Zeit1	Anna schreibt: „Ich kann nicht schlafen". Bot antwortet: „Du kannst mit mir über alles reden"	16.01.19	Anna Mayr
Zeit2	Rage Against the Machine	21.01.19	Adrian Lobe
Zeit3	Denken intelligente Maschinen wie Männer?	26.01.19	Luisa Jacobs, Manuela Lenzen
Zeit4	Deutschland muss lernen, anders zu denken	27.01.19	Ayad Al-Ani

(fortgesetzt)

Artikel-ID	Titel	Datum	Autor(en)
Zeit5	Die Seele auf der Zunge	06.02.19	Eva Wolfangel
Zeit6	Ach, wenn die Roboter lustvoll loslegen	27.02.19	Nora Voit
Zeit7	Die Wiege der künstlichen Intelligenz	27.02.19	Jürgen Schmidhuber
Zeit8	Gar nicht so smarte Assistenten	13.03.19	Harro Albrecht
Zeit9	Der Herr der Schwärme	25.03.19	Jonas Vogt
Zeit10	Was tun gegen Software, die Frauen diskriminiert?	26.03.19	Juliane Frisse
Zeit11	Eine Frage der Ethik	08.04.19	Lisa Hegemann
Zeit12	Wir Ahnungslosen	10.04.19	Jörg Dräger, Ralph-Müller Eiselt
Zeit13	Wenn die Roboter kommen	11.04.19	Kolja Rudzio, Mark Schieritz, Jens Südekum
Zeit14	Künstliche Intelligenzen überlegen nicht, was sie nach Feierabend tun	16.04.19	Jochen Wegner, Richard Socher
Zeit15	Sie spricht Zukunft	24.04.19	Deborah Steinborn
Zeit16	Ist der neue Kollege ein Roboter?	25.04.19	Lisa Herzog
Zeit17	Wer haftet für die Fehler?	01.05.19	Marcus Rohwetter
Zeit18	Informatik für alle	09.05.19	Julia Bernewasser
Zeit19	Sie kommen	15.05.19	Tillmann Prüfer
Zeit20	Hier wird der neue Mensch programmiert	22.05.19	Iris Radisch
Zeit21	Bloß nicht zerreden	29.05.19	Olaf Groth, Toni Kaatz-Dubberke, Tobias Straube
Zeit22	Frauen an die Codes	29.05.19	Judith E. Innerhofer
Zeit23	Künstliche Intelligenz schlägt Mensch im Teamspiel	31.05.19	dpa, tst
Zeit24	„Bitte entschuldige mein Unvermögen"	12.06.19	Sören Götz
Zeit25	Robby, fass!	12.06.19	Josef Joffe
Zeit26	Glückwunsch, Sie haben die KI überzeugt!	13.06.19	Lisa Herzog
Zeit27	Die Angst des Arztes vor KI	26.06.19	Jan Schweitzer

(fortgesetzt)

Artikel-ID	Titel	Datum	Autor(en)
Zeit28	Mein Dozent, der Roboter	27.06.19	Sven Kästner
Zeit29	„Sinatra könnte bald wieder singen"	03.07.19	Christoph Dallach, Holly Herndon
Zeit30	„Welche Funktionen wollen wir auf Maschinen übertragen, welche nicht?"	04.07.19	Lisa Hegemann, Meike Laaff
Zeit31	Sie kommen!	04.07.19	Wlada Kolosowa
Zeit32	Soll uns ein Algorithmus sagen, wann wir Sex haben dürfen?	09.07.19	Diana Weis
Zeit33	In Schockstarre	10.07.19	Christine Scheucher
Zeit34	Schafft euch nicht ab!	17.07.19	Konstantin Richter
Zeit35	Sie entscheiden über unser Leben	29.07.19	Martin Kolmar, Johannes Binswanger
Zeit36	Woher wissen wir, dass KI-Experten richtig entscheiden?	31.07.19	Lisa Herzog
Zeit37	Polnische Hausfrauen	07.08.19	Jens Jessen
Zeit38	Die Angst der Maschine	07.08.19	Eva Wolfangel
Zeit39	Ein Leben nach dem Internet. Jetzt.	11.08.19	Anna Miller
Zeit40	Fröhliche Unbedarftheit in Sachen Wirklichkeit	14.08.19	Harald Welzer
Zeit41	„Ich bin hier, falls du reden möchtest"	16.08.19	Janne Knödler
Zeit42	Kitsch und Maschinen	20.08.19	Julia Dettke
Zeit43	„Algorithmen diskriminieren eher Leute in machtlosen Positionen"	29.08.19	Dirk Peitz, Meike Laaff
Zeit44	Roboter, die bluffen	04.09.19	Fabian Scheler
Zeit45	Wenn die Roboter kommen	04.09.19	Sascha Lobo
Zeit46	Machen uns Algorithmen dümmer, als wir sind?	12.09.19	Lisa Herzog
Zeit47	„Das GPS war aus – woher weiß Google trotzdem, wo ich bin?"	16.09.19	Eike Kühl
Zeit48	Was, Ihr Kind kann nicht programmieren?	21.09.19	Jakob von Lindern
Zeit49	Wenn Computer Röntgenbilder auswerten	25.09.19	sr, dal

(fortgesetzt)

Artikel-ID	Titel	Datum	Autor(en)
Zeit50	„Wir sollten nicht all unsere Hoffnungen in den Computer setzen"	25.09.19	Tobi Müller, James Bridle
Zeit51	Was dürfen Rechner entscheiden, Frau Zweig?	09.10.19	Stefan Schmitt
Zeit52	Die Zungenbürste	09.10.19	Britta Stuff
Zeit53	Die Maschine, Tekoäly und ich	16.10.19	Jenni Roth
Zeit54	Wenn Maschinen kalt entscheiden	23.10.19	Ann-Kathrin Nezik
Zeit55	Die Kunst braucht Schutz vor der quantitativen Logik	31.10.19	Dagmar Leupold
Zeit56	Im Körper der Stars	01.11.19	Tobi Müller
Zeit57	Wenn die KI daneben liegt	06.11.19	Tin Fischer
Zeit58	Hello, Adele – bist du's wirklich?	10.11.19	Meike Laaff
Zeit59	Arbeitsministerium schafft TÜV für künstliche Intelligenz	12.11.19	sho
Zeit60	„Die Alternative ist: Irgendwann ist dein Arbeitsplatz fort"	12.11.19	Sophia Schirmer, Shirley Ogolla, Josef Bednarski
Zeit61	Ist das wirklich ein Toaster?	13.11.19	Stefan Schmitt
Zeit62	„Das ist noch kein TÜV wie fürs Auto"	18.11.19	Meike Laaff, Björn Böhning
Zeit63	Weiblich, Ehefrau, kreditunwürdig?	21.11.19	Lisa Hegemann
Zeit64	Barista aus Stahl	27.11.19	Felix Lill
Zeit65	Malende Maschinen	11.12.19	Hanno Rauterberg
Zeit66	„Das Internet wird vielfach als Sündenbock missbraucht"	22.12.19	Christoph Drösser, Tim O'Reilly

Anhang III: In dieser Arbeit zitierte Facebook-Kommentare aus dem Korpus

FAZ20_TLK7

Kann man das so beschreiben: wenn ich irgendwo schreibe "1,2,3,4,5 und der Computer gibt wieder 1,2,3,4,5,6,7,8"? Ich denke dazu gehörte eine Logik und eine Wahrscheinlichkeit oder?

Gefällt mir · Antworten · 2 J.

FAZ20_TLK15

>Wissen Sie was der Begriff bedeutet? <
Ich auch nicht.
Und nach dem Lesen des Artikels weiß ich auch nicht. ob es was Böses oder Gutes ist. Nur, daß das Teil mir nicht zugute kommt.

Gefällt mir · Antworten · 2 J. · Bearbeitet

FAZ20_TLK15_SLK2

ist nicht einfach zu erklären, aber Algorithmen sind ein bisschen wie Regenwolken. Sie stören den Sonnenanbeter, aber nähren den Acker. Trotzdem können sie Schlammlawinen auslösen. Algorithmen treffen Entscheidungen auf einer Progammebene, ohne geht es nicht. Böse sind Algorithmen grundsätzlich nicht, sie können nur missbraucht werden.

Gefällt mir · Antworten · 2 J. 👍 1

FAZ20_TLK16

Der hätt sisch doch vatippt da, ett heißt Aldi-Rüttmus. Für wennse einkaufen gehen.

Gefällt mir · Antworten · 2 J. · Bearbeitet

FAZ20_TLK18 *und* **FAZ20_TLK18_SLK3**

⊕ Top-Fan

Hat das nicht was mit Pflanzen im Meer und Ebbe und so zu tun? ...frage für einen Freund.

Gefällt mir · Antworten · 2 J. 😂👍 9

Ja,genau das wird es sein...der Rhythmus der Alge auf der Welle😊

Gefällt mir · Antworten · 2 J.

FAZ20_TLK20

nö weiss ich nicht. irgendwas sich wiederholendes.. aber auch wieder so ein neumodisches Wort für superbrains.

Gefällt mir · Antworten · 2 J. · Bearbeitet

FAZ20_TLK22

🔷 Top-Fan

Jeden Tag ein Feierabendbier - das ist mein Alko-Rhythmus.

Gefällt mir · Antworten · 2 J.

FAZ20_TLK25

Ich habe zwar den Artikel nicht gelesen, da es aus meiner Sicht keine Befragung wert ist, diese Information zu erheben. Denn wir wissen alle nicht, wie der Großteil der Algorithmen arbeitet. Daher ist es auch nicht überlebenswichtig, zu wissen, was ein Algorithmus ist. Allerdings haben viele der Kommentare echten Unterhaltungswert.

So erhält der Artikel trotzdem eine gewisse Daseinsberechtigung. 😅

Gefällt mir · Antworten · 2 J. · Bearbeitet

FAZ20_TLK28

Das werden die Lehrenden den Schülenden schon beibringen. Hoffen wir es mal.

Gefällt mir · Antworten · 2 J.

FAZ20_TLK63

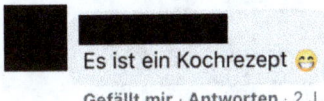

Es ist ein Kochrezept 😊

Gefällt mir · Antworten · 2 J.

FAZ20_TLK65

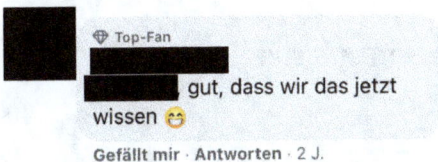

🏅 Top-Fan

gut, dass wir das jetzt wissen 😄

Gefällt mir · Antworten · 2 J.

FAZ20_TLK65_SLK1

ja! So schnell wächst uns die KI nicht über den Kopf 👍😄

Gefällt mir · Antworten · 2 J.

FAZ30_TLK2

Für meine Arbeit ist KI ungeeignet, weil es um Menschen geht

👍 4

Gefällt mir · Antworten · 2 J.

FAZ30_TLK2_SLK3

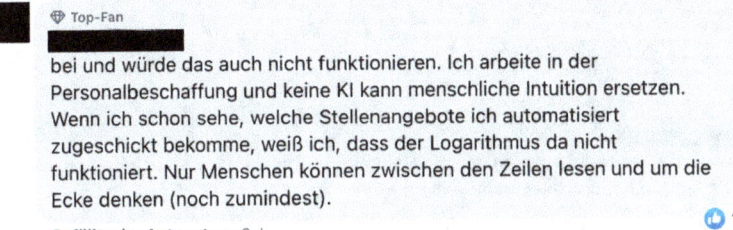

🏅 Top-Fan

bei und würde das auch nicht funktionieren. Ich arbeite in der Personalbeschaffung und keine KI kann menschliche Intuition ersetzen. Wenn ich schon sehe, welche Stellenangebote ich automatisiert zugeschickt bekomme, weiß ich, dass der Logarithmus da nicht funktioniert. Nur Menschen können zwischen den Zeilen lesen und um die Ecke denken (noch zumindest).

👍 1

Gefällt mir · Antworten · 2 J.

FAZ30_TLK13

Die **#Digitalisierung** ist keine 'Naturgewalt', wie manche Werbung zu diesem Thema es nahelegt. Neben Vorteilen gibt es bei dem Thema durchaus auch Nachteile und ungeklärte Risiken. Insofern empfiehlt sich eine gut informierte Debatte, in deren Verlauf echte neue Kompetenzen entstehen. (Digitale Bildung, Digitale Sicherheit etc.) 💜📚 **#newsfhg** P.S. Lasst euch von "Deutschland verpasst.." bzw. "Deutschland verschläft.." -Rhetorik nicht verrückt machen!:-D

Gefällt mir · Antworten · 2 J.

FAZ30_TLK26, FAZ30_TLK26_SLK1 und FAZ30_TLK26_SLK2

Zur Zeit gibt es eine hype zur künstlichen Intelligenz. Alle paar Jahre gibt es sowas, von der gelben Gefahr bis zum Waldsterben und den selbstfahrenden Autos und den Mini-U-booten, die durch unsere Adern fahren und Diagnosen stellen. Mit der Zeit wird sich zeigen, wo künstliche Intelligenz eingesetzt werden kann und wo sie sinnvoll ist. Es wird vermutlich nur wenige Bereiche betreffen.

Gefällt mir · Antworten · 2 J. 11

Sehe ich auch so. Ich mein, es ist ja nicht so das Google respektive Alphabet KI in *allen* ihren Services *seit Jahren* anbietet und damit mehr als 6(!) Mal soviel Gewinn erwirtschaftet wie der ganze VW Konzern. Und auch fast doppelt soviel Umsatz...aber klar: nur wenige Bereiche und uninteressant, kann man in 10 Jahren mal angehen, wenn man vollständig abgehängt ist.

Gefällt mir · Antworten · 2 J. 3

stimmt, wer kennt nicht die Google Fertigungsstraße, das Google Krankenhaus und die Google Feuerwehr. Google ist halt doch nur in einem Bereich unterwegs.
Volkswagen 2018: 17 Mrd Euro Gewinn
Google 2018: 30,74 Mrd USD (27,1 Mrd Euro) Gewinn

Wo das 6-Fach sein soll....

Gefällt mir · Antworten · 2 J. · Bearbeitet

FAZ30_TLK29

Das liegt möglicherweise daran das die Hälfte der deutschen Unternehmen über ausreichend natürliche Intelligenz verfügt.

Gefällt mir · Antworten · 2 J.

FAZ114_TLK10_SLK3

Da wir eh schon alle Cyborgs sind, ist die Schnittstelle weiter zu entwickeln ein wichtiger Punkt. Eine schnellere Schnittstelle ist übrigens keine k.I! Der Bericht ist fehlerhaft, da er falsche Aussagen macht.

Heutzutage müssen wir unsere Infos aus dem Handy holen, die Idee hier: Den Prozess schneller machen. Das hat erst mal nichts mit k.I. zu tun.

Gefällt mir · Antworten · 1 J. 👍 2

FAZ114_TLK19

Elon Murks

Gefällt mir · Antworten · 1 J.

FAZ114_TLK27_SLK3

ich Scheisse auf KI! Evolution im Rückwärtsgang!

Gefällt mir · Antworten · 1 J.

FAZ114_TLK29

Vielleicht hilft das ja gegen den Klimawahn...

Gefällt mir · Antworten · 1 J. 4

FAZ154_TLK12

👑 Top-Fan

Ich verstehe das Problem ehrlich gesagt nicht, liegt vielleicht auch an der Paywall im Artikel. Aber der Status Quo ist, Google und co. kriegen meine Daten und ich habe ein wesentlich bequemeres Leben. Ist doch alles gut.

Gefällt mir · Antworten · 1 J. · Bearbeitet 7

FAZ167_TLK10_SLK2

Intelekt und Empathie erfordernde Aufgaben einer Maschine zu überlassen zeugt von Gehirnamputation.

Gefällt mir · Antworten · 1 J.

FAZ167_TLK12

Was kommt wohl dabei heraus, wenn man eine KI über Asylanträge entscheiden lässt?

Gefällt mir · Antworten · 1 J.

FAZ167_TLK13 und FAZ167_TLK13_SLK1

KI bewertet auf der Grundlage von Daten bisheriger Mitarbeiter, die zufriedenstellend arbeiten. Ergeben diese ein Muster, nach dem die KI suchen soll, wird sie aus der Reihe fallende Bewerber aussortieren. Deshalb hat die KI der US Army ausschließlich männliche Soldaten für fähig befunden.

Gefällt mir · Antworten · 1 J. 👍 2

was nach langjähriger Erfahrung ja auch völlig korrekt ist, 😂

Gefällt mir · Antworten · 1 J. 😂 1

FAZ179_TLK1

Tja, Mint ist eben nicht geeignet für Frauen.

Gefällt mir · Antworten · 1 J. 😂😢 2

FAZ179_TLK7

Liebe FAZ, nutzt doch bitte ein anderes Zitat als Teaser, das hier steckt die Frau nur in eine Kiste und fasst das, was sie zu sagen hat, nicht wirklich zusammen. „KI nimmt uns nichts weg" ist wesentlich gehaltvoller.

Gefällt mir · Antworten · 1 J.   6

FAZ179_TLK7_SLK1

🎤 Verfasser
FAZ.NET - Frankfurter Allgemeine Zeitung

Danke für Ihr Feedback, lieber ▮▮▮▮▮▮. Wie bereits im Teaser erklärt, spricht die 26 Jahre alte Ingenieurin über ihre Erwartungen an Künstliche Intelligenz, gefährdete Arbeitsplätze und ihren Arbeitsalltag. Der niedrige Anteil an Frauen in Ihrer Branche hat dabei natürlich auch einen Einfluss auf den Arbeitsalltag von Marisa Mohr. Näheres erfahren Sie im Beitrag. Beste Grüße aus Frankfurt!

Gefällt mir · Antworten · 1 J.   4

FAZ179_TLK7_SLK2

FAZ.NET - Frankfurter Allgemeine Zeitung ... den ich gelesen habe. Ich sage ja, sie hat weit mehr zu sagen als das, was im Kommentarbereich diskutiert wird. Oder wird etwa über ihre Aussage debattiert, KI würde sich nur transformierend auf den Arbeitsmarkt auswirken? Das ist immerhin eine These, die ziemlich konträr zu den Mutmaßungen der Befürworter eines bedingungslosen Grundeinkommens ist.

FAZ.NET
Aktuelle Nachrichte...

Gefällt mir · Antworten · 1 J.   👍 2

FAZ179_TLK7_SLK3

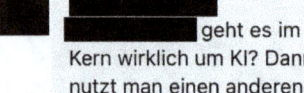 geht es im Kern wirklich um KI? Dann nutzt man einen anderen Teaser!

Gefällt mir · Antworten · 1 J.

FAZ179_TLK7_SLK4

Verfasser
FAZ.NET - Frankfurter Allgemeine Zeitung

Lieber ███████████, es ist jedoch nicht möglich, in einem Teaser jeden Aspekt eines Artikels oder eines Interviews darzustellen – mit dem Teaser wollen wir den Lesern Lust machen, sich das Interview durchzulesen. Schade, dass Sie den Teaser nicht gelungen finden, allerdings haben wir uns bei der Auswahl durchaus etwas gedacht. Beste Grüße aus Frankfurt

Gefällt mir · Antworten · 1 J.

FAZ179_TLK31

Die Kommentare hier machen wenig Hoffnung, dass es in absehbarer Zeit besser wird. Schade.

Gefällt mir · Antworten · 1 J.   25

FAZ179_TLK32 und FAZ179_TLK32_SLK1

Ich würde eher auf Zusammenarbeit setzen, was ein größeres Vergnügen wäre als die überkommene Konfrontation der Geschlechter. Nebenbei schätze ich häufiger Kommentare männlicher Menschen, da sie weniger von Gefühlen eingetrübt sind. 44

Gefällt mir · Antworten · 1 J. · Bearbeitet

👑 Top-Fan
Schön zu wissen, dass man nicht alleine so denkt. Danke! 😊 👍😂 5

Gefällt mir · Antworten · 1 J.

FAZ179_TLK34

Wie soll das was werden mit künstlicher Intelligenz, wenn es noch biologische 'Intelligenz' gibt, die das Wort "Mansplaining" benutzt?
#feminismiscancer 8

Gefällt mir · Antworten · 1 J. · Bearbeitet

FAZ179_TLK35; FAZ179_TLK35_SLK1 und FAZ179_TLK35_SLK2

FAZ179_TLK40_SLK6

FAZ179_TLK42

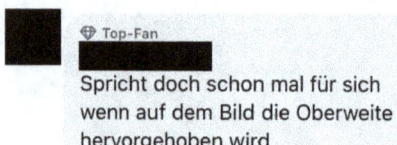

Spricht doch schon mal für sich wenn auf dem Bild die Oberweite hervorgehoben wird

Spiegel6_TLK23

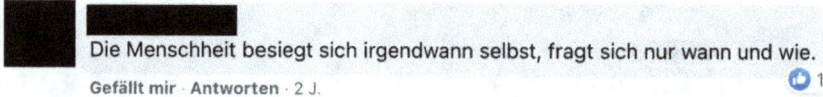

Die Menschheit besiegt sich irgendwann selbst, fragt sich nur wann und wie.

Spiegel6_TLK27

Spiegel6_TLK40

Stell dir vor, es ist Krieg, und kein -Mensch- geht hin.

Spiegel55_TLK9

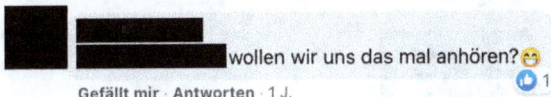
wollen wir uns das mal anhören? 😄
Gefällt mir · Antworten · 1 J.   👍 1

Spiegel55_TLK9_SLK1

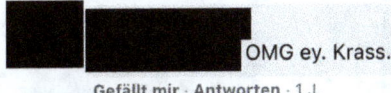
OMG ey. Krass.
Gefällt mir · Antworten · 1 J.

Spiegel55_TLK15

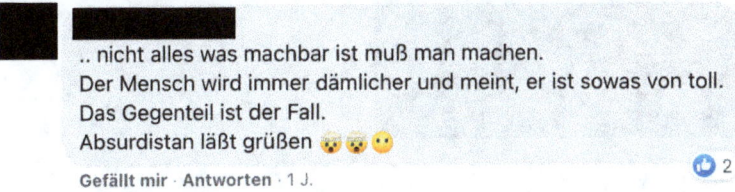
.. nicht alles was machbar ist muß man machen.
Der Mensch wird immer dämlicher und meint, er ist sowas von toll.
Das Gegenteil ist der Fall.
Absurdistan läßt grüßen 😱😱🙂
Gefällt mir · Antworten · 1 J.   👍 2

Spiegel55_TLK13

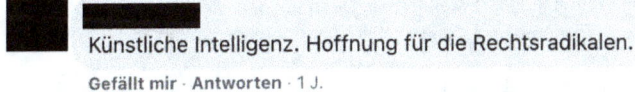
Künstliche Intelligenz. Hoffnung für die Rechtsradikalen.
Gefällt mir · Antworten · 1 J.

SZ81_TLK1

Gefällt mir · Antworten · 1 J.

Zeit3_TLK3; Zeit3_TLK3_SLK1; Zeit3_TLK3_SLK2

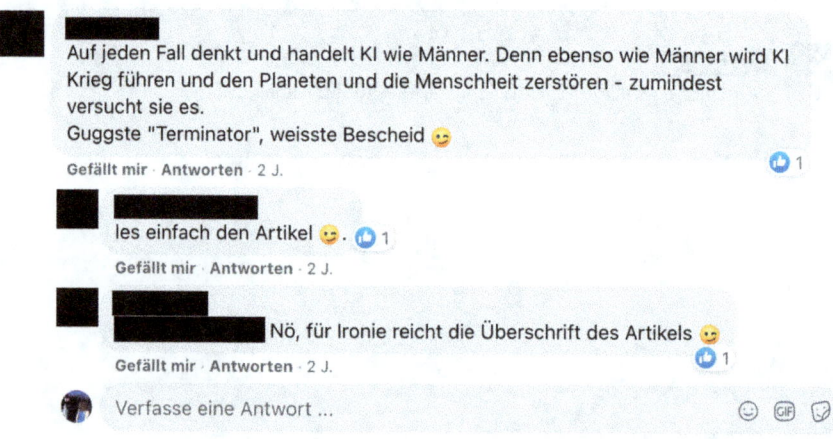

Zeit3_TLK7

Wenn die Alternative eine KI mit Menstruation ist dann gerne.

Gefällt mir · Antworten · 2 J.   4

Zeit3_TLK9_SLK3

Maschinen/Algorithmen denken nicht, sondern sie rechnen. Und natürlich rechnen sie völlig anders, als es ein Mensch bzw. der Programmierer täte. Nehmen wir einen Sortieralgorithmus für Zahlen, z.B. "Quicksort". Dieser Algorithmus bewerkstelligt Sortieraufgaben auf eine Weise, wie es ein Mensch niemals machen würde. Aber wir können auch noch viel einfacher anfangen. Nehmen wir die simple Addition von 2 Zahlen. Das macht der Computer auf eine Weise, wie es niemals ein Mensch machen würde. Der Programmierer eines Schachprogramms wird durch sein eigenes Programm geschlagen, wenn er ein gutes Programm schrieb. Jeder Computer ist schneller und präziser im Rechnen als sein Programmierer. Desweiteren ist es fraglich, was man mit "weil der Roboter letztlich nur darauf aufbaut, was ihm vorgegeben wurde" anfangen soll. Was der Programmierer "vorgibt", ist ihm, dem Programmierer bei jedem etwas komplexeren Programms kaum noch klar. Ein Beispiel wäre z.B. ein Schachprogramm. Der Programmierer gibt eine Art Rechenvorschrift vor, ohne zu wissen, was bei konkreten Rechnungen dabei rauskommt. Der Programmierer gibt also eine Rechenvorschrift vor - nicht das Ergebnis.

Gefällt mir · Antworten · 2 J.   👍 3

www.ingramcontent.com/pod-product-compliance
Lightning Source LLC
Chambersburg PA
CBHW051559230426
43668CB00013B/1907